教育部2007年度普通高等教育精品教材
普通高等教育"十一五"国家级规划教材
高等教育土建学科专业"十二五"规划教材
全国高职高专教育土建类专业教学指导委员会规划推荐教材

建 筑 材 料

（第四版）

范文昭　范红岩　主　编

宋岩丽　副主编

贾福根　耿震岗　主　审

中国建筑工业出版社

图书在版编目（CIP）数据

建筑材料/范文昭，范红岩主编．—4 版．—北京：中国建筑
工业出版社，2012.12（2023.1重印）
教育部 2007 年度普通高等教育精品教材
普通高等教育"十一五"国家级规划教材
高等教育土建学科专业"十二五"规划教材
全国高职高专教育土建类专业教学指导委员会规划推荐教材
ISBN 978-7-112-14950-6

Ⅰ.①建… Ⅱ.①范…②范… Ⅲ.①建筑材料-高等学校-
教材 Ⅳ.①TU5

中国版本图书馆 CIP 数据核字（2012）第 288979 号

本书是全国高职高专教育土建类专业教学指导委员会规划推荐教材，是根据土建类高职建筑工程技术、建筑工程经济管理和房地产类专业本课程教学大纲编写的。介绍常用建筑材料的品种、规格、性能、应用和保管知识，以及试验检测方法。编写过程中对理论和应用知识力求深入浅出结合工程实际，注重试验和检测技能的训练培养。

本教材随着新标准、新规范的实施而不断修改。

本书可作为高等职业教育土建相关专业教材，也可用作本课程各种培训或供有关工程技术人员参考。

为更好地支持相应课程的教学，我们向采用本书作为教材的教师提供教学课件，有需要者可与出版社联系，邮箱：jckj@cabp.com.cn，电话：(010) 58337285，建工书院 https://edu.cabplink.com（PC 端）。

* * *

责任编辑：张 晶 王 跃
责任设计：陈 旭
责任校对：张 颖 赵 颖

教育部2007年度普通高等教育精品教材
普通高等教育"十一五"国家级规划教材
高等教育土建学科专业"十二五"规划教材
全国高职高专教育土建类专业教学指导委员会规划推荐教材

建 筑 材 料
（第四版）

范文昭 范红岩 主 编
宋岩丽 副主编
贾福根 耿震岗 主 审

*

中国建筑工业出版社出版、发行（北京西郊百万庄）
各地新华书店、建筑书店经销
北京红光制版公司制版
北京建筑工业印刷厂印刷

*

开本：787×1092毫米 1/16 印张：20¼ 字数：510 千字
2013 年 8 月第四版 2023 年 1 月第三十次印刷
定价：**38.00** 元（赠教师课件）
ISBN 978-7-112-14950-6
（23026）

修订版教材编审委员会名单

主　　任：李　辉

副主任：黄兆康　夏清东

秘　　书：袁建新

委　　员：（按姓氏笔画排序）

王艳萍　田恒久　李永光　李洪军　李英俊

刘　阳　刘建军　刘金海　张秀萍　张小林

陈润生　杨　旗　胡六星　郭起剑

教材编审委员会名单

主　任：吴　泽

副主任：陈锡宝　范文昭　张怡朋

秘　书：袁建新

委　员：（按姓氏笔画排序）

马纯杰　王武齐　田恒久　任　宏　刘　玲

刘德甫　汤万龙　杨太生　何　辉　但　霞

宋岩丽　张小平　张凌云　迟晓明　陈东佐

项建国　秦永高　耿震岗　贾福根　高　远

蒋国秀　景星蓉

修 订 版 序 言

　　住房和城乡建设部高职高专教育土建类专业教学指导委员会工程管理类专业分委员会（以下简称工程管理类分指委），是受教育部、住房和城乡建设部委托聘任和管理的专家机构。其主要工作职责是在教育部、住房和城乡建设部、全国高职高专教育土建类专业教学指导委员会的领导下，按照培养高端技能型人才的要求，研究和开发高职高专工程管理类专业的人才培养方案，制定工程管理类的工程造价专业、建筑经济管理专业、建筑工程管理专业的教育教学标准，持续开发"工学结合"及理论与实践紧密结合的特色教材。

　　高职高专工程管理类的工程造价、建筑经济管理、建筑工程管理等专业教材自2001年开发以来，经过"专业评估"、"示范性建设"、"骨干院校建设"等标志性的专业建设历程和普通高等教育"十一五"国家级规划教材、教育部普通高等教育精品教材的建设经历，已经形成了有特色的教材体系。

　　通过完成住建部课题"工程管理类学生学习效果评价系统"和"工程造价工作内容转换为学习内容研究"任务，为该系列"工学结合"教材的编写提供了方法和理论依据。使工程管理类专业的教材在培养高素质人才的过程中更加具有针对性和实用性。形成了"教材的理论知识新颖、实践训练科学、理论与实践结合完美"的特色。

　　本轮教材的编写体现了"工程管理类专业教学基本要求"的内容，根据2013年版的《建设工程工程量清单计价规范》内容改写了与清单计价和合同管理等方面的内容。根据"计标［2013］44号"的要求，改写了建筑安装工程费用项目组成的内容。总之，本轮教材的编写，继承了管理类分指委一贯坚持的"给学生最新的理论知识、指导学生按最新的方法完成实践任务"的指导思想，让该系列教材为我国的高职工程管理类专业的人才培养贡献我们的智慧和力量。

住房和城乡建设部高职高专教育土建类专业教学指导委员会

工程管理类专业分委员会

2013 年 5 月

第 二 版 序 言

　　高职高专教育土建类专业教学指导委员会（以下简称教指委）是在原"高等学校土建学科教学指导委员会高等职业教育专业委员会"基础上重新组建的，在教育部、建设部的领导下承担对全国土建类高等职业教育进行"研究、咨询、指导、服务"责任的专家机构。

　　2004年以来教指委精心组织全国土建类高职院校的骨干教师编写了工程造价、建筑工程管理、建筑经济管理、房地产经营与估价、物业管理、城市管理与监察等专业的主干课程教材。这些教材较好地体现了高等职业教育"实用型""能力型"的特色，以其权威性、科学性、先进性、实践性等特点，受到了全国同行和读者的欢迎，被全国高职高专院校相关专业广泛采用。

　　上述教材中有《建筑经济》、《建筑工程预算》《建筑工程项目管理》等11本被评为普通高等教育"十一五"国家级规划教材，另外还有36本教材被评为普通高等教育土建学科专业"十一五"规划教材。

　　教材建设如何适应教学改革和课程建设发展的需要，一直是我们不断探索的课题。如何将教材编出具有工学结合特色，及时反映行业新规范、新方法、新工艺的内容，也是我们一贯追求的工作目标。我们相信，这套由中国建筑工业出版社陆续修订出版的、反映较新办学理念的规划教材，将会获得更加广泛的使用，进而在推动土建类高等职业教育培养模式和教学模式改革的进程中、在办好国家示范高职学院的工作中，做出应有的贡献。

高职高专教育土建类专业教学指导委员会

2008 年 3 月

第 一 版 序 言

全国高职高专教育土建类专业教学指导委员会工程管理类专业指导分委员会（原名高等学校土建学科教学指导委员会高等职业教育专业委员会管理类专业指导小组）是建设部受教育部委托，由建设部聘任和管理的专家机构。其主要工作任务是，研究如何适应建设事业发展的需要设置高等职业教育专业，明确建设类高等职业教育人才的培养标准和规格，构建理论与实践紧密结合的教学内容体系，构筑"校企合作、产学结合"的人才培养模式，为我国建设事业的健康发展提供智力支持。

在建设部人事教育司和全国高职高专教育土建类专业教学指导委员会的领导下，2002年以来，全国高职高专教育土建类专业教学指导委员会工程管理类专业指导分委员会的工作取得了多项成果，编制了工程管理类高职高专教育指导性专业目录；在重点专业的专业定位、人才培养方案、教学内容体系、主干课程内容等方面取得了共识；制定了"工程造价"、"建筑工程管理"、"建筑经济管理"、"物业管理"等专业的教育标准、人才培养方案、主干课程教学大纲；制定了教材编审原则；启动了建设类高等职业教育建筑管理类专业人才培养模式的研究工作。

全国高职高专教育土建类专业教学指导委员会工程管理类专业指导分委员会指导的专业有工程造价、建筑工程管理、建筑经济管理、房地产经营与估价、物业管理及物业设施管理等6个专业。为了满足上述专业的教学需要，我们在调查研究的基础上制定了这些专业的教育标准和培养方案，根据培养方案认真组织了教学与实践经验较丰富的教授和专家编制了主干课程的教学大纲，然后根据教学大纲编审了本套教材。

本套教材是在高等职业教育有关改革精神指导下，以社会需求为导向，以培养实用为主、技能为本的应用型人才为出发点，根据目前各专业毕业生的岗位走向、生源状况等实际情况，由理论知识扎实、实践能力强的双师型教师和专家编写的。因此，本套教材体现了高等职业教育适应性、实用性强的特点，具有内容新、通俗易懂、紧密结合工程实践和工程管理实际、符合高职学生学习规律的特点。我们希望通过这套教材的使用，进一步提高教学质量，更好地为社会培养具有解决工作中实际问题的有用人才打下基础。也为今后推出更多更好的具有高职教育特色的教材探索一条新的路子，使我国的高职教育办的更加规范和有效。

全国高职高专教育土建类专业教学指导委员会

工程管理类专业指导分委员会

2004 年 5 月

第 四 版 前 言

按照住房和城乡建设部人事司和全国高职高专教育土建类专业教学指导委员会关于"十二五"规划教材建设编写要求，编者对本教材第三版的部分内容做了修订。特别是针对部分材料，如混凝土、建筑砂浆、建筑钢材等新标准、新规范的颁布与实施，其相应的教学内容和材料试验方面有较大变化。

本教材绪论、第九、十二章由范文昭编写；第一、四、五章由宋岩丽编写；第七、八、十四章由范红岩编写；第十、十一、十三章由陈立东编写；第二、三、六章由王居林编写。

山西建筑职业技术学院《建筑材料》课程，2006年被评为国家级精品课程，为该课程教学所编写的课件、教案、自测练习题等资料放在校园网上，可供师生参考使用。

限于编者水平有限，书中错漏不当之处，欢迎广大读者提出宝贵意见。

2012 年 10 月

第 三 版 前 言

按照全国高职高专教育土建类专业教学指导委员会关于教材建设和改革的要求，以及第二版以来部分建材新标准、新规范的实施，编者对本教材第二版的部分内容做了修改。力求反映新型建筑材料和绿色环保理念。注重工学结合、理论联系工程实际和加强专业技能的培养。

山西建筑职业技术学院《建筑材料》课程，2006 年被评为国家级精品课程，该课程教学资源放在校园网上并不断充实和修改，可供师生参考浏览。

在本书编写修改过程中，得到耿震岗高级工程师和贾福根教授的指导，也收到一些读者提出的宝贵意见，在此一并表示感谢。

限于编者水平有限，书中错漏不当之处，恳请批评指正。

2009 年 12 月

第 二 版 前 言

按照高职高专教育土建类专业教学指导委员会关于建设类高职专业教材建设和改革的精神，编者对本教材第一版的部分内容做了修改。力求体现最新技术标准和技术规范，反映新型建筑材料和绿色环保理念。注重理论联系工程实际和加强专业技能的培养。

本书绪论、第二、九、十二章由范文昭编写；第一、三、四、五章由宋岩丽编写；第七、八章和试验部分由范红岩编写；第六、十、十一、十三章由陈立东编写。

山西建筑职业技术学院《建筑材料》课程被评为国家级精品课程，该课程的教学资源可供师生上网共享。

在本书编写修改过程中，得到山西建筑科学研究院建材室耿震岗老师和太原理工大学建材教研室贾福根老师的审阅和指导。在第一版教材的使用过程中也收到师生和工程人员的宝贵意见，在此一并表示感谢。

限于编者水平有限，书中错漏不当之处，恳请读者批评指正。

第 一 版 前 言

按照全国高职高专教育土建类专业教育指导委员会工程管理类专业指导分委员会关于建设类高等职业教育专业教材编审原则意见和教育部关于高职高专教育教学改革精神，近年来我们积极探索建筑工程、房地产及建筑经济管理等土建类高职专业所开设的建筑材料课程的教学内容、教学方法和教学手段等方面的改进工作，并在此基础上编写了本教材。力求体现高等职业技术教育的特色和达到培养高等技术应用型专门人才的目标。

本教材编写过程中，注意理论联系实际，注重与工程实践相结合和技能的培养。对传统教学内容体系作了适当的调整，删减了某些陈旧的或因危害健康而日渐淘汰的产品，增加了建材产品中新概念和新型材料的介绍。编写中采用了最新技术标准和技术规范，采用了法定计量单位。

本书由山西建筑职业技术学院范文昭主编，宋岩丽任副主编。其中绪论和第 2、9、12 章由范文昭编写；第 1、3、4、5 章由宋岩丽编写；第 7、8 章和试验部分由范红岩编写；第 6、10、11、13 章由陈立东编写。

在本书编写过程中，得到山西建筑科学研究院的工程技术人员和太原理工大学建材教研室老师的指导和帮助，在此一并表示感谢。

限于编者水平有限，书中错漏和不妥之处，恳请读者批评指正。

目　录

0 绪 论

0.1 建筑材料的定义与分类

建筑材料是指建造建筑物和构筑物所用材料及其制品的统称，它是一切建筑工程的物质基础。本课程所讨论的建筑材料，是指用于建筑物地基、基础、地面、墙体、梁、板、柱、屋顶和建筑装饰的建造材料。

建筑材料品种繁多，性能用途各异，价格相差悬殊，在建筑工程中用量巨大，其费用在工程总造价中往往占到 50％ 左右。所以，能够正确选择和合理使用建筑材料对保证工程质量和合理的造价、提高投资效益有着重大的意义。

建筑材料可按多种方式进行分类，通常我们按化学成分和用途进行分类。

按照材料的化学成分可将建筑材料分为无机材料、有机材料和复合材料三大类，如图 0-1 所示。

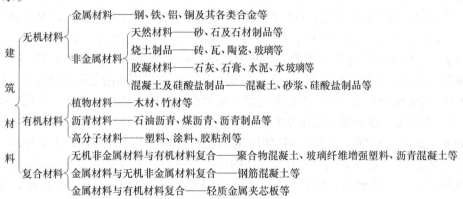

图 0-1 建筑材料按化学成分分类

建筑材料按用途通常分为：结构材料、墙体材料、防水材料、绝热材料、吸声材料、装饰材料等。

0.2 建筑材料的发展概况和发展方向

建筑材料科学的发展，是随着社会生产力的发展而发展的。

我国古代历史上有着成功应用建筑材料建造出辉煌建筑物的范例。我国劳动人民在 3000 年前已能烧制石灰、砖瓦。始建于春秋战国时期的万里长城，其砖石材料用量达 1 亿 m^3。建于唐代的山西五台山佛光寺木结构大殿和建于辽代的应县木塔至今保存完好。建于宋朝的福建泉州洛阳桥，是用石材建造的，其中一块石材重达二百余吨。

自新中国成立之后，特别是改革开放以来，我国建筑材料工业得到迅速发展，水泥、平板玻璃、建筑和卫生陶瓷等产量一直位居世界第一，我国建材行业总体科技水平和产品质量档次正在稳步提高。

为了适应我国经济建设和社会发展的需要，建筑材料工业应向研制、开发高性能建筑材料和绿色建筑材料方向发展。

高性能建筑材料是指性能质量更加优异的，轻质、高强、多功能和更加耐久、更富装饰效果的材料，是便于机械化施工和更有利于提高施工生产效率的材料。

绿色建筑材料又称生态建筑材料或无公害建筑材料。它是指生产建筑材料的原料尽可能少用天然资源，大量使用工业废渣、废液，采用低能耗制造工艺和无污染环境的生产技术，原料配制和产品生产过程中不使用有害和有毒物质，产品设计以人为本，以改善生活环境、提高生活质量为宗旨，以及产品可循环再利用，不产生污染环境的废弃物。总之，绿色建材是既能满足可持续发展，又做到发展与环保统一；既能满足现代人需要——安居乐业、健康长寿，又不损害后代人利益的建筑材料。绿色建材已成为世界各国 21 世纪建材工业发展的战略重点。

0.3　建筑材料的技术标准

建筑材料的技术标准是材料生产和使用单位检验、确定产品质量是否合格的技术文件。为了确保建材产品的质量，进行现代化生产和科学管理，必须对建材产品的技术要求制定统一的执行标准。其主要内容有：产品规格、分类、技术要求、检验方法、验收规则、标志、运输和贮存注意事项等。在我国，技术标准分为四级：国家标准、行业（或部）标准、地方标准和企业标准。国家标准是由国家标准局颁布的全国性的技术文件，代号为 GB；行业标准是由主管生产的部委或总局颁布的全国性的技术文件，其代号按部委（或总局）名而定；地方标准是地方主管部门发布的地方性的技术文件；企业标准仅适用于本企业，其代号为 QB，凡没有制定国家标准、行业标准的产品应制定企业标准。四级标准代号见表 0-1。随着我国对外开放程度的加深，我们还将涉及一些与建材关系密切的国际或外国标准，主要有：国际标准，代号为 ISO；美国材料试验学会标准，代号为 ASTM；日本工业标准，代号为 JIS；德国工业标准，代号为 DIN；英国标准，代号为 BS；法国标准，代号为 NF 等。

四 级 标 准 代 号　　　　　　　　　　　　　　　　表 0-1

标准种类	代　　号	表示内容	表 示 方 法
国家标准	GB GB/T	国家强制性标准 国家推荐性标准	由标准名称、部门代号、标准编号、颁布年份等组成，例如： 《通用硅酸盐水泥》GB 175—2007《碳素结构钢》GB/T 700—2006、《普通混凝土配合比设计规程》JGJ 55—2011
行业标准	JC JGJ YB JT SD	建材行业标准 建设部行业标准 冶金行业标准 交通标准 水电标准	
地方标准	DB DB/T	地方强制性标准 地方推荐性标准	
企业标准	QB	适用于本企业	

0.4　本课程的内容和任务

本课程是"建筑工程技术"、"建筑工程管理"、"房地产经营与估价"、"建筑经济管理"等土建类专业的一门技术基础课。主要讲述常用建筑材料的组成、性能、试验方法、储运保管和应用等方面的知识。为学习其他相关课程，也为今后实际工作中能够正确选择、鉴别、管理和合理地使用建筑材料，奠定基本的理论知识和进行初步的训练。

试验课是本课程重要的教学内容，其任务是验证基本理论、掌握试验方法、培养科学研究能力和严谨的科学态度。做试验之前应认真预习，有条件的可观看试验操作录像片。做试验时要严肃认真，一丝不苟地按程序操作，填写试验报告。要了解试验条件对试验结果的影响，并对试验结果作出正确的分析和判断。

1 建筑材料的基本性质

建筑材料是人类建造活动所用一切材料的总称。建筑材料在其使用期间要受到各种外界因素的作用，如：结构用材料受到各种外力作用，因而材料应具有一定的力学性质；屋面材料应具有一定的防水、保温、隔热等性质；地面材料应具有较高的强度、耐磨、防滑等性质；墙体材料应具有一定的强度、保温、隔热等性质；某些特殊的工业建筑所用材料还应具备耐热、耐化学腐蚀等性质。建筑物长期暴露在大气中，还会受到风吹、日晒、雨淋、冰冻等引起的温、湿度变化以及冻融循环作用，这些因素都不同程度地使建筑材料遭受破坏。因此，为了保证建筑物在使用环境中能够安全、适用、耐久，材料应具备抵抗上述各种因素作用的性质。

建筑材料的性质是多方面的，而各类材料又各自具有自己的特殊性。本章仅就建筑材料共有的基本性质（包括物理性质、力学性质、耐久性）进行介绍，每种材料的特殊性将分别在有关章节进行叙述。

1.1 材料的基本物理性质

1.1.1 与质量有关的基本物理性质

1. 密度

密度是指材料在绝对密实状态下，单位体积的质量。其计算式为：

$$\rho = \frac{m}{V} \tag{1-1}$$

式中 ρ——密度（g/cm^3）；

m——材料在干燥状态下的质量（g）；

V——材料在绝对密实状态下的体积（cm^3）。

材料在绝对密实状态下的体积是指不包括材料孔隙在内的固体实体积。在建筑工程材料中，除了钢材、玻璃等极少数材料可认为不含孔隙外，绝大多数材料内部都存在孔隙。如图 1-1 所示，固体材料的总体积包括固体物质体积与孔隙体积两部分。孔隙按常温、常压下水能否进入分为开口孔隙和闭口孔隙。开口孔是指在常温、常压下水可以进入的孔隙；闭口孔是指在常温、常压下水不能进入的孔隙。孔隙按尺寸的大小又可分为极微细孔隙、细小孔隙和粗大孔隙。

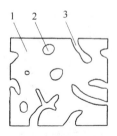

图 1-1 固体材料的
体积构成
1—固体物质体积 V；
2—闭口孔隙体积 V_B；
3—开口孔隙体积 V_K

为了测定有孔材料的密实体积，通常把材料磨成细粉（粒径小于 0.2mm），以便去除其内部孔隙，干燥后用李氏瓶（密度瓶）通过排液体法测定其密实体积。材料磨得越细，细粉体积越接近其密实体积，所测得密度值也就越精确。

密度是材料的基本物理性质，与材料的其他性质存在着密切关系。

2. 表观密度

表观密度是指多孔固体材料在自然状态下单位体积的质量，亦称体积密度。其计算式为：

$$\rho_0 = \frac{m}{V_0} \qquad (1-2)$$

式中　ρ_0——表观密度或体积密度（kg/m³ 或 g/cm³）；

　　　m——材料的质量（kg 或 g）；

　　　V_0——材料在自然状态下的体积（m³ 或 cm³）。

材料在自然状态下的体积是指构成材料的固体物质体积与全部孔隙体积（包括闭口孔隙体积和开口孔隙体积）之和。对于形状规则的体积可以直接量测计算而得（比如各种砌块、砖）；形状不规则的体积可将其表面用蜡封以后用排水法测得。

工程中常用的散粒状材料如砂、石，其颗粒内部孔隙极少，用排水法测出的颗粒体积（材料的密实体积与闭口孔隙体积之和，但不包括开口孔隙体积）与其密实体积基本相同，因此，砂、石的表观密度可近似地当作其密度，故称视密度。

当材料孔隙内含有水分时，其质量和体积均有所变化，因此测定材料表观密度时，必须注明其含水状态，如绝干（烘干至恒重）、风干（长期在空气中干燥）、含水（未饱和）、吸水饱和等，相应的表观密度称为干表观密度、气干表观密度、湿表观密度、饱和表观密度。通常所说的表观密度是指干表观密度。

3. 堆积密度

堆积密度是指粉状、颗粒状材料在堆积状态下单位体积的质量。其计算式为：

$$\rho_0' = \frac{m}{V_0'} \qquad (1-3)$$

式中　ρ_0'——堆积密度（kg/m³）；

　　　m——材料质量（kg）；

　　　V_0'——材料的堆积体积（m³）。

材料的堆积体积包括颗粒体积（颗粒内有开口孔隙和闭口孔隙）和颗粒间空隙的体积，如图 1-2 所示。砂、石等散粒状材料的堆积体积，可通过在规定条件下用所填充容量筒的容积来求得，材料堆积密度大小取决于散粒材料的视密度、含水率以及堆积的疏密程度。在自然堆积状态下称松散堆积密度，在振实、压实状态下称为紧密堆积密度。除此之外，材料的含水程度也影响堆积密度，通常指的堆积密度是在干燥状态下的，称为干堆积密度，简称堆积密度。

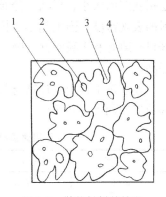

图 1-2　散粒材料的堆积
体积示意图
1—颗粒中固体物质体积；2—颗粒中的闭口孔隙；3—颗粒中的开口孔隙；4—颗粒间空隙

4. 密实度与孔隙率

（1）密实度

密实度是指材料体积内被固体物质所充实的程度。其计算式为：

$$D = \frac{V}{V_0} \times 100\% = \frac{\dfrac{m}{\rho}}{\dfrac{m}{\rho_0}} \times 100\% = \frac{\rho_0}{\rho} \times 100\% \tag{1-4}$$

对于绝对密实材料，因 $\rho_0 = \rho$，故 $D=1$ 或 100%，对于大多数建筑材料，因 $\rho_0 < \rho$，故 $D<1$ 或 $D<100\%$。

（2）孔隙率

孔隙率是指材料体积内，孔隙体积占总体积的百分率，其计算式为：

$$P = \frac{V_0 - V}{V_0} \times 100\% = \left(1 - \frac{V}{V_0}\right) \times 100\% = \left(1 - \frac{\rho_0}{\rho}\right) \times 100\% = 1 - D \tag{1-5}$$

由上式可见：

$$P + D = 1 \tag{1-6}$$

孔隙率由开口孔隙率和闭口孔隙率两部分组成。开口孔隙率指材料内部开口孔隙体积与材料在自然状态下体积的百分比，即被水饱和的孔隙体积所占的百分率。其计算式为：

$$P_K = \frac{V_K}{V_0} \times 100\% = \frac{m_2 - m_1}{V_0} \cdot \frac{1}{\rho_w} \times 100\% \tag{1-7}$$

式中　P_K——材料的开口孔隙率（%）；

m_1——干燥状态下材料的质量（g）；

m_2——吸水饱和状态下材料的质量（g）；

ρ_w——水的密度（g/cm³）。

闭口孔隙率指材料总孔隙率与开口孔隙率之差，用下式表示：

$$P_B = P - P_K \tag{1-8}$$

材料的密实度和孔隙率是从两个不同侧面反映材料的密实程度，通常用孔隙率来表示。

建筑材料的许多性质如强度、吸水性、抗渗性、抗冻性、导热性及吸声性都与材料的孔隙有关。这些性质除取决于孔隙率的大小外，还与材料的孔隙特征密切相关，孔隙特征是指孔隙的大小、形状、分布、连通与否等。一般情况下，材料内部的孔隙率越高，则材料的表观密度、强度越小，抗冻性、抗渗性、耐腐蚀性、耐水性及其他耐久性越差。通常开口孔隙有利于吸水性、吸声性、透水性的增强；而闭口孔隙则有利于材料保温隔热性的提高。

在建筑工程中，计算材料的用量经常用到材料的密度、视密度、表观密度和堆积密度等数据，如表1-1所示。

常用建筑材料的密度、视密度、表观密度和堆积密度数值　　　　表1-1

材料名称	密度（g/cm³）	视密度（g/cm³）	表观密度（kg/m³）	堆积密度（kg/m³）
钢材	7.85	—	7850	—
花岗岩	2.6～2.9	—	2500～2850	—
石灰岩	2.4～2.6	—	2000～2600	—
普通玻璃	2.5～2.6	—	2500～2600	—
烧结普通砖	2.5～2.7	—	1500～1800	—
建筑陶瓷	2.5～2.7	—	1800～2500	—

材料名称	密度（g/cm³）	视密度（g/cm³）	表观密度（kg/m³）	堆积密度（kg/m³）
普通混凝土	2.6～2.8	—	2300～2500	
普通砂	2.6～2.8	2.55～2.75	—	1450～1700
碎石或卵石	2.6～2.9	2.55～2.85	—	1400～1700
木材	1.55	—	400～800	
泡沫塑料	1.0～2.6	—	20～50	

5. 填充率与空隙率

（1）填充率

填充率是指散粒材料在其堆积体积中，被其颗粒填充的程度，以 D' 表示，用下式计算：

$$D' = \frac{V_0}{V'_0} \times 100\% = \frac{\rho'_0}{\rho_0} \times 100\%$$

(1-9)

（2）空隙率

空隙率是指散粒材料在其堆积体积中，颗粒之间空隙体积占材料堆积体积的百分率，以 P' 表示。用下式计算：

$$P' = \frac{V'_0 - V_0}{V'_0} \times 100\% = \left(1 - \frac{\rho'_0}{\rho_0}\right) \times 100\% = 1 - D'$$

(1-10)

即　$D' + P' = 1$

填充率和空隙率是从两个不同侧面反映散粒材料的颗粒互相填充的疏密程度。空隙率可以作为控制混凝土骨料级配及计算砂率的依据。

【例 1-1】 已知某卵石的密度为 2.65g/cm^3，表观密度为 2610kg/m^3，堆积密度为 1680kg/m^3。求石子的孔隙率和空隙率？

解 孔隙率：　$P = \left(1 - \frac{\rho_0}{\rho}\right) \times 100\% = \left(1 - \frac{2.61}{2.65}\right) \times 100\% = 1.5\%$

空隙率：　$P' = \left(1 - \frac{\rho'_0}{\rho_0}\right) \times 100\% = \left(1 - \frac{1680}{2610}\right) \times 100\% = 35.6\%$

1.1.2 材料与水有关的性质

1. 亲水性与憎水性

材料在与水接触时，不同材料遇水后和水的互相作用情况是不一样的，根据材料表面被水润湿的情况，分为亲水性材料和憎水性材料。

润湿是水在材料表面被吸附的过程。当材料在空气中与水接触时，在材料、水、空气交界处，沿水滴表面所作切线与材料表面所夹的角，称为润湿角 θ。若材料分子与水分子间相互作用力大于水分子之间作用力时，材料表面就会被水润湿，此时 $\theta \leqslant 90°$ ［图1-3 (a)］，这种材料称为亲水性材料。反之，若材料分子与水分子之间相互作用力小于水分子间作用力时，则认为材料不能被水润湿，此时 $90° < \theta < 180°$ ［图1-3 (b)］，这种材料称为憎水性材料。很显然 θ 越小，材料的亲水性越好，$\theta = 0°$ 时表明材料完全被水润湿。

多数建筑材料，如石料、砖、混凝土、木材等都属于亲水性材料。沥青、石蜡、塑料等属于憎水性材料，这类材料能阻止水分渗入材料内部，降低材料吸水性。因此，憎水性

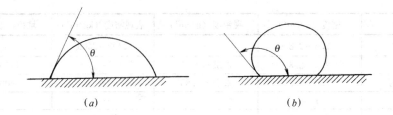

图 1-3 材料的润湿角

(a) 亲水材料；(b) 憎水材料

材料经常作为防水、防潮材料或用作亲水性材料表面的憎水处理。

2. 吸水性

吸水性是指材料在水中吸收水分的性质，其大小用吸水率表示。吸水率有质量吸水率和体积吸水率之分。

质量吸水率：材料在吸水饱和状态下，吸收水分的质量占材料干燥质量的百分率。其计算式为：

$$W_{质} = \frac{m_{吸} - m_{干}}{m_{干}} \times 100\%$$ (1-11)

式中　$W_{质}$——材料的质量吸水率（%）；

　　　$m_{吸}$——材料吸水饱和后的质量（g）；

　　　$m_{干}$——材料在干燥状态下的质量（g）。

体积吸水率：材料吸水饱和后，吸入水的体积占干燥材料自然体积的百分率。其计算式为：

$$W_{体} = \frac{m_{吸} - m_{干}}{V_{干}} \cdot \frac{1}{\rho_w} \times 100\%$$ (1-12)

式中　$m_{吸}$，$m_{干}$，同式（1-11）；

　　　$W_{体}$——材料的体积吸水率（%）；

　　　ρ_w——水的密度（通常情况下 $\rho_w = 1g/cm^3$）；

　　　$V_{干}$——干燥材料在自然状态下的体积（cm^3）。

由式（1-11）和式（1-12）可知，质量吸水率与体积吸水率的关系为：

$$W_{体} = W_{质} \cdot \rho_0$$ (1-13)

计算材料吸水率时，一般用质量吸水率，但对于某些轻质多孔材料如加气混凝土、软木等，由于具有很多开口且微小的孔隙，其质量吸水率往往超过 100%，此时常用体积吸水率来表示其吸水性。如无特别说明，吸水率通常指质量吸水率。

材料吸水率不仅与材料的亲水性、憎水性有关，而且与材料的孔隙率和孔隙特征有密切的关系。一般来说，密实材料或具有闭口孔隙的材料是不吸水的；具有粗大孔隙的材料因其水分不易存留，吸水率一般小于孔隙率；而孔隙率较大且有细小开口连通孔隙的亲水材料，吸水率较大。

材料吸收水分后，不仅表观密度增大、强度降低，保温、隔热性能降低，且更易受冰冻破坏，因此，材料吸水后对材质是不利的。

3. 吸湿性

干燥材料在空气中，吸收空气中水分的性质，称为吸湿性。吸湿性大小可用含水率表示，其计算式为：

$$W_{含} = \frac{m_{含} - m_{干}}{m_{干}} \times 100\%$$ (1-14)

式中　$W_{含}$——材料的含水率（%）；

　　　$m_{含}$——材料含水时的质量（g）；

　　　$m_{干}$——材料干燥至恒重时的质量（g）。

材料含水率的大小，除了与本身的性质如孔隙大小及孔隙特征有关之外，还与周围空气的温湿度有关。含水率随着空气温湿度大小变化，作相应的变化，当空气湿度大且温度较低时，材料的含水率就大，反之则小。当材料的含水率与空气湿度相平衡时，其含水率称为平衡含水率，当材料吸水达到饱和状态时的含水率即为吸水率。

由式（1-14）可得：
$$m_{含} = m_{干} \times (1 + W_{含})$$ (1-15)

$$m_{干} = \frac{m_{含}}{1 + W_{含}}$$ (1-16)

式（1-15）中是根据干重计算材料湿重的公式，式（1-16）是根据湿重计算材料干重的公式，均为材料用量计算中常用的两个公式。

【例 1-2】　烧结普通砖的尺寸为240mm×115mm×53mm，已知其孔隙率为37%，干燥质量为2487g，浸水饱和后质量为2984g。求该砖的密度、干表观密度、吸水率、开口孔隙率及闭口孔隙率？

解　密度　$\rho = \dfrac{m}{V} = \dfrac{2487}{24 \times 11.5 \times 5.3 \times (1 - 37\%)} = 2.70\text{g/cm}^3$

　　干表观密度　$\rho_0 = \dfrac{m}{V_0} = \dfrac{2.487}{0.24 \times 0.115 \times 0.053} = 1700\text{kg/m}^3$

　　吸水率　$W_{质} = \dfrac{m_{吸} - m_{干}}{m_{干}} \times 100\% = \dfrac{2984 - 2487}{2487} = 20\%$

　　开口孔隙率　$P_K = \dfrac{V_{吸水}}{V_0} \times 100\% = \dfrac{2984 - 2487}{24 \times 11.5 \times 5.3} \times 100\% = 34\%$

　　闭口孔隙率　$P_B = P - P_K = 37\% - 34\% = 3\%$

4. 耐水性

材料长期处于饱和水作用下不被破坏，其强度也不显著降低的性质，称为耐水性。材料的耐水性用软化系数来表示，计算式为：

$$K_{软} = \frac{f_{饱}}{f_{干}}$$ (1-17)

式中　$K_{软}$——软化系数；

　　　$f_{饱}$——材料在饱和水状态下的强度（MPa）；

　　　$f_{干}$——材料在干燥状态下的强度（MPa）。

材料处于饱和水状态下，水分侵入材料内部毛细孔，减弱了材料内部的结合力，使强度有不同程度降低，不同建筑材料的耐水性差别很大，软化系数的波动范围为0～1。钢、玻璃、沥青等材料的软化系数基本为1，而未经处理的生土软化系数为0，花岗岩等密实石材的软化系数接近于 1。用于严重受水侵蚀或潮湿环境的材料，其软化系数应不低于 0.85，用于受潮较轻的或次要结构物的材料，则不宜小于 0.75。软化系数值越大，耐水性越好，通常认为软化系数大于 0.80 的材料为耐水材料。

5. 抗渗性

抗渗性是指材料抵抗压力水渗透的性质。渗透是指水在压力作用下，通过材料内部毛细孔的迁移过程，材料的抗渗性可以用渗透系数来表示，其表达式为：

$$K = \frac{Qd}{AtH} \tag{1-18}$$

式中　K——渗透系数（cm/h）；

　　　d——试件厚度（cm）；

　　　A——渗水面积（cm²）；

　　　Q——渗水量（cm³）；

　　　t——渗水时间（h）；

　　　H——静水压力水头（cm）。

渗透系数反映了材料在单位时间内，在单位水头作用下通过单位面积及厚度的渗透水量。K 值越大，材料的抗渗性越差。

表示抗渗性的另一指标是抗渗等级，用 PN 来表达。其中 N 表示试件所能承受的最大水压的 10 倍，如 P4、P6、P8 分别表示材料能承受 0.4MPa、0.6MPa、0.8MPa 的水压而不透水。

材料的抗渗性与材料的孔隙率及孔隙特征有关。密实的材料及具有闭口微细小孔的材料，具有较好的抗渗性；具有较大孔隙及细微连通的毛细孔的亲水性材料往往抗渗性较差。

对于地下建筑及水工构筑物、压力管道等经常受压力水作用的工程所需的材料及防水材料等都应具有良好的抗渗性。

6. 抗冻性

抗冻性是指材料在吸水饱和状态下，经过多次冻融循环作用而不被破坏，强度也不显著降低的性质。一次冻融循环是指材料吸水饱和后，先在 −15℃ 的温度下（水在微小的毛细管中低于 −15℃ 才能冻结）冻结后，然后再在 20℃ 的水中融化。

材料经过多次冻融循环作用后，表面将出现裂纹、剥落等现象，造成质量损失及强度降低。这是由于材料孔隙内饱和水结冰时其体积增大约 9％，在孔隙内产生很大的冰胀应力使孔壁受到相应的拉应力，当拉应力超过材料的抗拉强度时，孔壁将出现局部裂纹或裂缝。随着冻融循环次数的增多，裂纹或裂缝不断扩展，最终使材料受冻破坏。

材料的抗冻性常用抗冻等级来表示。如混凝土材料用 FN 表示其抗冻等级。其中 N 表示混凝土试件经受冻融循环试验后，强度及质量损失不超过国家规定标准值时，所对应的最大冻融循环次数，如 F25、F50 等。

材料的抗冻性取决于材料的孔隙特征、吸水饱和程度以及抵抗冰胀应力的能力。如果材料具有细小的开口孔隙，孔隙率大且处于饱和水状态下材料容易受冻破坏，若孔隙中含水，但并未饱和，仍有足够的自由空间时，即使受冻也不致产生破坏；粗大的开口孔隙体积，因其水分不易存留，很难达到吸水饱和程度，所以抗冻性也较强。一般来说，密实的材料、具有闭口孔隙且强度较高的材料，有较强的抗冻能力。

抗冻性虽是衡量材料抵抗冻融循环作用的能力，但经常作为无机非金属材料抵抗大气物理作用的一种耐久性指标。抗冻性良好的材料，对于抵抗温度变化、干湿交替等风化作用的能力也强。所以，对于温暖地区的建筑物，虽无冰冻作用，但为抵抗大气的作用，确保建筑物耐久，对材料往往也提出一定的抗冻性要求。

1.1.3 材料的热工性质

在建筑物中，建筑材料除需满足强度、耐久性等要求外，还需使室内维持一定的温度，为人们的工作和生活创造一个舒适的环境，同时也为降低建筑物的使用能耗。因此在选用围护结构材料时，要求建筑材料具有一定的热工性质。

1. 导热性

当材料两侧存在温度差时，热量从材料的一侧传递至材料另一侧的性质，称为材料的导热性。导热性大小可以用导热系数 λ 表示，其计算式为：

$$\lambda = \frac{Qd}{A(T_1 - T_2) \cdot t} \tag{1-19}$$

式中　　λ——导热系数 [W/(m·K)]；

Q——传导的热量（J）；

d——材料的厚度（m）；

A——传热面积（m²）；

$(T_1 - T_2)$——材料两侧的温度差（K）；

t——传热时间（s）。

导热系数 λ 的物理意义：表示单位厚度的材料，当两侧温差为 1K 时，在单位时间内通过单位面积的热量见图 1-4。导热系数是评定建筑材料保温隔热性能的重要指标，导热系数愈小，材料的保温隔热性能愈好。

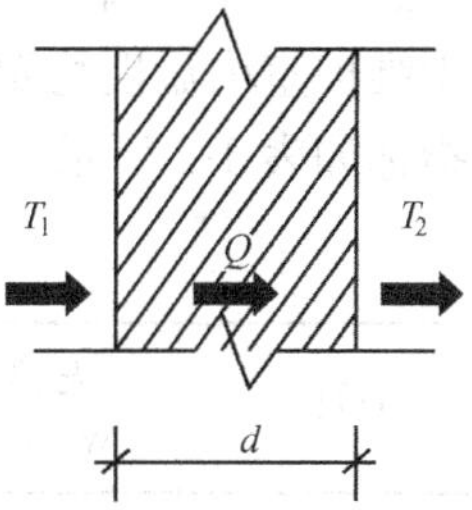

影响材料导热系数的主要因素如下：

（1）材料的化学组成与结构

导热是材料分子热运动的结果，因此，材料的化学组成与结构是影响导热性的决定因素。通常金属材料、无机材料、晶体材料的导热系数大于非金属材料、有机材料、非晶体材料。

图 1-4　材料导热示意图

（2）材料的表观密度（包括材料的孔隙率、孔隙的性质和大小等）

绝大多数材料是由固体物质和气体两部分组成，因此，当材料的密度一定时，表观密度愈小反映材料孔隙率愈大，则材料导热系数愈小。这是由于材料的导热系数大小取决于固体物质的导热系数和孔隙中空气的导热系数，而空气的导热系数又几乎是材料导热系数中最低的 [在静态 0℃时空气的导热系数为 0.023W/(m·K)]。因此孔隙率大小对材料的导热系数起着非常重要的作用。

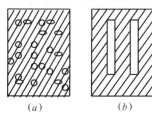

图 1-5　孔隙构造不同的材料示意图

当材料孔隙率相同而孔隙构造不同时，即使是同种材料导热系数也不相同。假想有两种材料其化学组成相同，孔隙率相同，但孔隙构造不同，如图 1-5 所示，此时，传热的方式不单纯是导热，同时还存在孔隙中气体的对流和孔壁间的辐射传热，因而（b）图所示材料的导热系数要高于（a）图所示材料的导热系数。

（3）环境的温湿度

材料受气候、施工等环境因素的影响容易受潮，这将会增大材料的导热系数。其原因是材料受潮后，材料中原有的静态空气变成水分，而水的导热系数 $\lambda_水 = 0.58 W/(m \cdot K)$ 比静态空气的导热系数大 20 倍，而当受潮材料再受冻后，水又变成冰，冰的导热系数 $\lambda_冰 = 2.20 W/(m \cdot K)$ 又是水的 4 倍，即材料在不同的温、湿度环境中，导热系数将会有很大的差别。由此可知，保温材料在其贮存、运输、施工过程中应特别注意防潮、防冻。

2. 热容量和比热容

材料在受热时吸收热量，冷却时放出热量的性质称为材料的热容量。

质量一定的材料，温度发生变化时，则材料吸收或放出的热量与质量成正比，与温差成正比，用公式表示即为：

$$Q = cm(T_2 - T_1) \tag{1-20}$$

式中　　Q——材料吸收或放出的热量（J）；

　　　　c——材料比热容 [J/(g·K)]；

　　　　m——材料质量（g）；

　　$(T_2 - T_1)$——材料受热或冷却前后的温差（K）。

比热容 c 表示 1g 材料温度升高或降低 1K 时所吸收或放出的热量，比热容与材料质量的乘积为材料的热容量值。由式（1-20）可看出，热量一定的情况下，热容量值愈大，温差愈小。作为墙体、屋面等围护结构材料，应采用导热系数小、热容量值大的材料，这对于维护室内温度稳定，减少热损失，节约能源起着重要的作用。几种典型材料的热工性质指标如表 1-2 所示。

几种典型材料的热工性质指标

表 1-2

材料	导热系数 [W/(m·K)]	比热容 [J/(g·K)]	材料	导热系数 [W/(m·K)]	比热容 [J/(g·K)]
铜	370	0.38	泡沫塑料	0.03	1.70
钢	58	0.46	水	0.58	4.20
花岗岩	2.90	0.80	冰	2.20	2.05
普通混凝土	1.80	0.88	密闭空气	0.023	1.00
普通黏土砖	0.57	0.84	石膏板	0.30	1.10
松木顺纹	0.35	2.50	绝热纤维板	0.05	1.46
松木横纹	0.17				

1.2　材料的力学性质

材料受到外力作用后，都会不同程度产生变形，当外力超过一定限度后，材料将被破坏，材料的力学性质就是指材料在外力作用下，产生变形和抵抗破坏方面的性质。

1.2.1 材料的强度

1. 材料强度

材料强度是以材料试件在静荷载作用下，达到破坏时的极限应力值来表示的。当材料受到外力作用时，在材料内部相应地产生应力，外力增大，应力也随之增大，直到应力超过材料内部质点所能抵抗的极限时，材料就发生破坏，此时的极限应力值即材料强度，也称极限强度。根据外力作用方式不同，材料强度有抗压、抗拉、抗剪、抗折（抗弯）强度等（图1-6）。

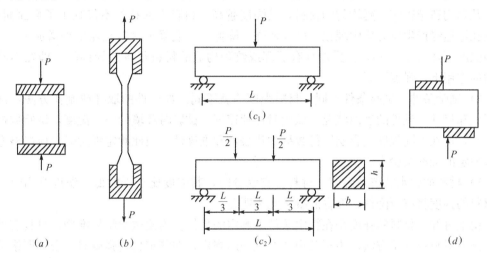

图 1-6　材料所受外力示意图

（*a*）压缩；（*b*）拉伸；（c_1、c_2）弯曲；（*d*）剪切

材料的强度是在试验室按照国家规定的标准试验方法测得的。

（1）材料的抗压、抗拉、抗剪强度

材料的抗压、抗拉、抗剪强度的计算式为：

$$f = \frac{P}{A} \tag{1-21}$$

式中　f——材料的强度（MPa）；

P——材料破坏时最大荷载（N）；

A——试件的受力面积（mm^2）。

（2）材料的抗弯强度（或称抗折强度）

材料的抗弯强度与试件受力情况、截面形状及支承条件有关。一般试验方法是将矩形截面的条形试件放在两支点上，中间作用一集中荷载［如图1-6（c_1）］，则抗弯强度计算式为：

$$f_弯 = \frac{3PL}{2bh^2} \tag{1-22}$$

当在三分点上加两个集中荷载［如图1-6（c_2）］，则抗弯强度计算式为：

$$f_弯 = \frac{PL}{bh^2} \tag{1-23}$$

13

式中　f——抗弯强度（MPa）；

　　　P——弯曲破坏时最大集中荷载（N）；

　　　L——两支点间距离（mm）；

　b、h——试件截面的宽与高（mm）。

（3）影响材料强度的因素

1）影响材料强度的主要因素是材料的组成及构造　不同的材料由于其组成、构造不同，其强度不同；同一种材料，即使其组成相同，但构造不同，材料的强度也有很大差异。凡是构造越密实、越均匀的材料，其强度越高。材料内部孔隙不仅减小了截面面积，而且孔隙边缘产生应力集中现象，因而使强度降低。如混凝土材料孔隙率每增加 1%，相应地强度要降低 3%～5%。另外具有层理或纹理构造的材料是各向异性的，即在不同方向力的作用下，强度不同。

2）试验条件　试验条件不同，材料强度值就不同。如试件的取样或制作方法，试件的形状和尺寸，试件的表面状况，试验时加荷速度，试验时环境的温、湿度，试验数据的取舍等，均在不同程度上影响所得数据的代表性和准确性，因此测定强度时，应严格遵守国家规定的标准试验方法。

3）材料的含水状态及温度　材料含有水分时，其强度比干燥时低；温度升高时，一般材料的强度将有所降低，沥青混凝土尤为明显。

由上可知，材料的强度是在特定条件下测定的数值。为使试验结果准确，且具有可比性，国家对材料试验方法、步骤及设备有统一的规定，在测定材料强度时，必须严格按照规定的试验方法进行。

2. 强度等级

为了掌握材料的力学性质，合理选择和正确使用材料，常将建筑材料按其强度值，划分为若干个等级，即强度等级。如混凝土按其抗压强度标准值划分有 C15、C20 等 19 个强度等级；硅酸盐水泥按其抗压和抗折强度划分成 42.5、42.5R 等 6 个强度等级。强度值与强度等级不能混淆，强度值是表示材料力学性质的指标，强度等级是根据强度值划分的级别。

3. 比强度

对于不同强度的材料进行比较，可采用比强度这个指标。比强度是按单位体积质量计算的材料强度指标，其值等于材料的强度与其表观密度之比。比强度是评价材料是否轻质高强的指标，其数值大，表明材料轻质高强特性好，表 1-3 是几种主要材料的比强度值。

几种主要材料的比强度值　　　　　　　　　　　　　表 1-3

材　　料	表观密度（kg/m³）	抗压（拉）强度（MPa）	比　强　度
普通混凝土	2400	40	0.017
低碳钢（抗拉）	7850	420	0.054
松木（顺纹抗拉）	500	100	0.200
烧结普通砖	1700	10	0.006

1.2.2 弹性和塑性

材料在外力作用下产生变形，外力撤掉后变形能完全恢复的性质，称为弹性。相应的变形称为弹性变形（或瞬时变形）。

材料在外力作用下产生变形，若除去外力后仍保持变形后的形状和尺寸，并且不产生裂缝的性质称为塑性。相应的变形称为塑性变形（或残余变形）。

单纯的弹性材料是没有的。有的材料受力不大时产生弹性变形；受力超过一定限度后即产生塑性变形。有的材料，如图1-7所示的混凝土，在受力时弹性变形和塑性变形同时存在。如果取消外力后，弹性变形 ab 可以恢复，而塑性变形 Ob 不能恢复，通常将这种材料称为弹塑性材料。

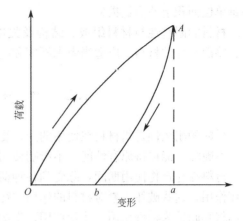

图1-7 混凝土材料的弹、塑性变形曲线

1.2.3 脆性和韧性

材料在外力达到一定程度时，突然发生破坏，并无明显的变形，这种性质称为脆性。大部分无机非金属材料均属脆性材料，如天然石材、烧结普通砖、陶瓷、普通混凝土、砂浆等，脆性材料的破坏是突然的，危害比较大，其抵抗变形或冲击振动荷载的能力差，所以仅用于承受静压力作用的结构或构件，如柱子、墩座等。

材料在冲击或动力荷载作用下，能吸收较大能量而不破坏的性质称为韧性，如低碳钢、低合金钢、木材、钢筋混凝土等都属于韧性材料。在工程中，对于要求承受冲击和振动荷载作用的结构，如吊车梁、桥梁、路面及有抗震要求的结构均要求所用材料具有较高的韧性。

1.2.4 硬度和耐磨性

1. 硬度

硬度指材料表面的坚硬程度，是抵抗其他物体刻划、压入其表面的能力。硬度的测定方法有刻划法、回弹法、压入法等，不同材料其硬度的测定方法不同。

回弹法用于测定混凝土表面硬度，并间接推算混凝土的强度，也用于测定砖、砂浆等的表面硬度；刻划法用于测定天然矿物的硬度；压入法是用硬物压入材料表面，通过压痕的面积和深度测定材料的硬度。钢材、木材的硬度，常用钢球压入法测定。

通常，硬度大的材料耐磨性较强，但不易加工。在工程中，常利用材料硬度与强度间的关系间接测定材料强度。

2. 耐磨性

材料受外界物质的摩擦作用而质量和体积减小的现象称为磨损。

耐磨性是材料表面抵抗磨损的能力，材料的耐磨性用磨损率表示。计算公式如下：

$$N = \frac{m_1 - m_2}{A} \tag{1-24}$$

式中 N——材料的磨损率（g/cm^2）；

m_1——试件磨损前的质量（g）；

m_2——试件磨损后的质量（g）；

A——试件受磨面积（cm^2）。

试件的磨损率表示一定尺寸的试件在一定压力作用下，在磨料机上磨一定次数后，试件每单位面积上的质量损失。

材料的耐磨性与材料组成、结构及强度、硬度等有关。建筑中用于地面、踏步、台阶、路面等处的材料，应适当考虑硬度和耐磨性。

1.3 材料的耐久性

材料的耐久性是指材料在使用期间，受到各种内在的或外来因素的作用，能经久不变质、不破坏，能保持原有性能，不影响使用的性质。

材料在建筑物使用期间，除受到各种荷载作用之外，还受到自身和周围环境各因素的破坏作用。这些破坏因素对材料的作用往往是复杂多变的，它们单独或相互交叉作用。一般可将其归纳为物理作用、化学作用、生物作用。

物理作用包括干湿变化、温度变化、冻融循环、磨损等，这些作用使材料发生体积膨胀、收缩或导致内部裂缝的扩展，长期的、反复多次的作用使材料逐渐破坏；化学作用包括有害气体以及酸、碱、盐等液体对材料产生的破坏作用；生物作用包括昆虫、菌类的作用，使材料虫蛀、腐朽破坏。

材料的耐久性是材料抵抗上述多种作用的一种综合性质，它包括抗冻性、抗腐蚀性、抗渗性、抗风化性、耐热性、耐酸性、耐腐蚀性等各方面的内容。

一般情况下，矿物质材料如石材、混凝土、砂浆等直接暴露在大气中，受到风霜雨雪的物理作用，主要表现为抗风化性和抗冻性；当材料处于水中或水位变化区，主要受到环境水的化学侵蚀、冻融循环作用；钢材等金属材料在大气或潮湿条件下，易遭受电化学腐蚀；木材、竹材等植物纤维质材料常因腐朽、虫蛀等生物作用而遭受破坏；沥青以及塑料等高分子材料在阳光、空气、水的作用下逐渐老化。

为提高材料的耐久性，应根据材料的特点和使用情况采取相应措施，通常可以从以下几方面考虑：

（1）设法减轻大气或其他介质对材料的破坏作用，如降低温度、排除侵蚀性物质等。

（2）提高材料本身的密实度，改变材料的孔隙构造。

（3）适当改变成分，进行憎水处理及防腐处理。

（4）在材料表面设置保护层，如抹灰、做饰面、刷涂料等。

耐久性是材料的一项长期性质，需对其在使用条件下进行长期的观察和测定。近年来已采用快速检验法，即在试验室模拟实际使用条件进行有关的快速试验，根据试验结果对耐久性作出判定。

提高材料的耐久性，对保证建筑物的正常使用，减少使用期间的维修费用，延长建筑物的使用寿命，起着非常重要的作用。

复 习 思 考 题

1. 试解释下列名词：密度、表观密度、视密度、堆积密度、孔隙率、空隙率、吸水率、含水率、强度、比强度、弹性、塑性、脆性、韧性。

2. 简述材料的孔隙率和孔隙特征与材料的表观密度、强度、吸水性、抗渗性、抗冻性及导热性等性质的关系。

3. 材料的孔隙率与空隙率有何区别？

4. 韧性材料和脆性材料在外力作用下，其变形性能有何区别？

5. 何谓材料的抗冻性？材料冻融破坏的原因是什么？饱和水程度与抗冻性有何关系？

6. 何谓材料的抗渗性？如何表示抗渗性的好坏？

7. 评价材料热工性能的常用指标有哪几个？欲保持建筑物内温度的稳定并减少热损失，应选择什么样的建筑材料？

8. 某材料的体积吸水率为 10%，密度为 $3.0g/cm^3$，绝干时的表观密度为 $1500kg/m^3$。试求该材料的质量吸水率、开口孔隙率、闭口孔隙率，并估计该材料的抗冻性如何？

9. 某石灰岩的密度为 $2.60g/cm^3$，孔隙率为 1.20%。今将该石灰岩破碎成碎石，碎石的堆积密度为 $1580kg/m^3$，求此碎石的表观密度和空隙率？

10. 已测得陶粒混凝土的导热系数为 $0.35W/(m \cdot K)$，普通混凝土的导热系数为 $1.40W/(m \cdot K)$，在传热面积、温差、传热时间均相同的情况下，问要使和厚 20cm 的陶粒混凝土墙所传导的热量相同，则普通混凝土墙的厚度应为多少？

11. 何谓材料的耐久性？若提高材料的耐久性，可采取哪些措施？

2 天 然 石 材

采自天然岩石，经过加工或未经加工的石材，统称为天然石材。

天然石材是最古老的建筑材料之一。国内外许多著名的古建筑，如埃及的金字塔、古罗马斗兽场、比萨斜塔、河北省的赵州桥，还有许多著名的雕塑，如人民英雄纪念碑等所用材料都是天然石材。由于天然石材具有很高的抗压强度、良好的耐磨性和耐久性，经加工后表面花纹美观、色泽艳丽、富于装饰性，资源分布广泛、蕴藏量十分丰富，便于就地取材，所以至今仍得到广泛的应用。如重质致密的块状石材，可用于砌筑基础、桥涵、护坡、挡土墙、沟渠等砌体工程；散粒状石料，如碎石、砾石、砂等广泛被用作混凝土骨料；轻质多孔的石材中，块状的可用作墙体材料，粒状的可用于拌制轻质混凝土；经过精加工的各种饰面石材用于室内外墙面、地面、柱面、踏步台阶等处的装饰工程中。

天然石材除直接应用于工程外，还是生产其他建筑材料的原料。如生产石灰、建筑石膏、水泥和无机绝热材料等。

天然石材属脆性材料，抗拉强度低，自重大、硬度高，加工和运输比较困难。

2.1 建筑中常用的岩石

岩石是由各种不同的地质作用所形成的天然固态矿物的集合体。由单一造岩矿物组成的岩石叫单矿岩。如石灰岩主要是由方解石（结晶 $CaCO_3$）组成的单矿岩。大多数岩石是由多种造岩矿物组成的，叫多矿岩。如花岗岩是由长石（铝硅酸盐）、石英（结晶 SiO_2）、云母（钾、镁、锂、铝等的铝硅酸盐）等矿物组成的多矿岩。同一类岩石由于产地不同，其矿物组成、颗粒结构都有差异，因而其颜色、强度等性能也有差别。岩石的性质是由其矿物的特性、结构、构造等因素决定的。所谓岩石的结构，是指矿物的结晶程度、结晶大小和形态。如玻璃状、细晶状、粗晶状、斑状等。岩石的构造是指矿物在岩石中的排列及相互配置关系。如致密状、层状、多孔状、流纹状、纤维状等。

天然岩石按照地质成因可分为岩浆岩、沉积岩、变质岩三大类。

2.1.1 岩浆岩

岩浆岩也称火成岩，是由地壳深处熔融岩浆上升冷却而形成。根据冷却条件的不同，岩浆岩可分为以下三种：

1. 深成岩

深成岩是地表深处岩浆受上部覆盖层的压力作用，缓慢均匀地冷却而形成的岩石。其特点是结晶完全、晶粒粗大、结构致密、表观密度大、抗压强度高、吸水率小、抗冻性和耐久性好。

花岗岩是常用的一种深成岩浆岩。其主要矿物组成呈酸性，由于次要矿物成分含量的不同呈灰、白、黄、粉红、红、黑等多种颜色。表观密度为2500～2850kg/m³，抗压强度为120～250MPa，孔隙率和吸水率小（0.1％～0.7％），莫氏硬度为6～7，抗冻性、耐磨性和耐久性好。由于花岗岩中所含石英在573℃时会发生晶型转变，所以耐火性差，遇高温时将因不均匀膨胀而崩裂。

花岗岩主要用于砌筑基础、勒脚、踏步、挡土墙等。经磨光的花岗岩板材装饰效果好，可用于外墙面、柱面和地面装饰。花岗岩有较高的耐酸性，可用于工业建筑中的耐酸衬板或耐酸沟、槽、容器等。花岗岩碎石和粉料可配制耐酸混凝土和耐酸胶泥。

深成岩中除花岗岩外还有正长岩、闪长岩、辉长岩等，它们的性能和应用都与花岗岩相近。

2. 喷出岩

喷出岩是岩浆喷出地表后，在压力骤减和迅速冷却的条件下形成的岩石。其特点是结晶不完全，多呈细小结晶或玻璃质结构，岩浆中所含气体在压力骤减时会在岩石中形成多孔构造。建筑中用到的喷出岩有玄武岩、辉绿岩、安山岩等。玄武岩和辉绿岩十分坚硬难以加工，常用作耐酸和耐热材料，也是生产铸石和岩棉的原料。

3. 火山岩

火山岩是火山爆发时岩浆被喷到空中，在压力骤减和急速冷却条件下形成的多孔散粒状岩石。如火山灰、火山渣、浮石等。火山凝灰岩是由散粒状火山岩层在覆盖层压力作用下胶结而成的岩石。

火山灰可用作生产水泥时的混合材料。浮石是配制轻质混凝土的一种天然轻骨料。火山凝灰岩容易分割，可用于砌筑墙体等。

2.1.2　沉积岩

沉积岩也称水成岩，是各种岩石经风化、搬运、沉积和再造岩作用而形成的岩石。沉积岩呈层状构造，孔隙率和吸水率较大，强度和耐久性较火成岩低。但因沉积岩分布较广、容易加工，在建筑上应用广泛。

沉积岩按照生成条件分为以下三种：

1. 机械沉积岩

机械沉积岩是风化破碎后的岩石又经风、雨、河流及冰川等搬运、沉积、重新压实或胶结而成的岩石。主要有砂岩、砾岩和页岩等，其中常用的是砂岩。

砂岩是由砂粒经胶结而成，由于胶结物和致密程度的不同而性能差别很大。胶结物有硅质、石灰质、铁质和黏土质4种。致密的硅质砂岩性能接近于花岗岩，表观密度达2600kg/m³，抗压强度达250MPa，质地均匀、密实，耐久性高，如白色硅质砂岩是石雕制品的好原料。石灰质砂岩性能类似于石灰岩，抗压强度为60～80MPa，加工比较容易。铁质砂岩性能较石灰质砂岩差。黏土质砂岩强度不高，耐水性也差。

2. 生物沉积岩

是由各种有机体死亡后的残骸沉积而成的岩石。如石灰岩、硅藻土等。

石灰岩的主要成分是方解石（$CaCO_3$），常含有白云石、菱镁矿、石英、蛋白石、含铁矿物和黏土等。颜色通常为浅灰、深灰、浅黄、淡红等色。表观密度为2000～2600kg/m³，抗压强度为20～120MPa。多数石灰岩构造致密，耐水性和抗冻性较好。石灰岩分布广，易于开采加工。块状材料可用于砌筑工程，碎石可用作混凝土骨料。石灰岩还是生产石灰、水泥等建筑材料的原料。

硅藻土是由硅藻的细胞壁沉积而成。其富含无定形 SiO_2，浅黄或浅灰色，质软多孔，易磨成粉末，有极强的吸水性。硅藻土是热、声和电的不良导体，可用作轻质、绝缘、隔声的建筑材料。

3. 化学沉积岩

化学沉积岩是由溶解于水中的矿物经富集、反应、结晶、沉积而成的岩石。如石膏、白云石、菱镁矿等。

石膏的化学成分为 $CaSO_4 \cdot 2H_2O$，是烧制建筑石膏和生产水泥的原料。白云石的主要成分是 $CaCO_3 \cdot MgCO_3$，较纯的白云石为白色，其性能接近于石灰岩。菱镁矿的化学成分为 $MgCO_3$，是生产耐火材料的原料。

2.1.3 变质岩

变质岩是地壳中原有的岩石在地层的压力或温度作用下，原岩在固态下发生矿物成分、结构构造变化形成的新岩石。建筑中常用的变质岩有大理岩、石英岩、片麻岩等。

1. 大理岩

大理岩经人工加工后称大理石，是由石灰岩、白云石经变质而成的具有细晶结构的致密岩石。大理岩在我国分布广泛，以云南大理最负盛名。大理岩表观密度为 $2500 \sim 2700kg/m^3$，抗压强度为 $50 \sim 140MPa$。大理岩质地密实但硬度不高，锯切、雕刻性能好，表面磨光后十分美观，是高级的装饰材料。纯大理石为白色，称作汉白玉，若含有不同的矿物杂质则呈灰色、黄色、玫瑰色、粉红色、红色、绿色、黑色等多种色彩和花纹，是高级装饰材料。

大理岩的主要矿物成分是方解石和白云石，是不耐酸的，所以不宜用在室外或有酸腐蚀的场合。

2. 石英岩

石英岩是由硅质砂岩变质而成，质地均匀致密，硬度大，抗压强度高达 $250 \sim 400MPa$，加工困难，耐久性高。石英岩板材可用作建筑饰面材料、耐酸衬板或用于地面、踏步等部位。

3. 片麻岩

片麻岩是由花岗岩变质而成。其矿物组成与花岗岩相近，呈片状构造，各个方向物理力学性质不同。垂直于片理方向，抗压强度为 $120 \sim 200MPa$，沿片理方向易于开采和加工。片麻岩吸水性高，抗冻性差。通常加工成毛石或碎石，用于不重要的工程。

2.2 天然石材的技术性质和类型

2.2.1 石材的主要技术性质

1. 表观密度

石材按照表观密度的大小分为重质石材和轻质石材两类。表观密度大于 $1800kg/m^3$ 的为重质石材，主要用于基础、桥涵、挡土墙及道路工程等。表观密度小于 $1800kg/m^3$ 的为轻质石材，多用作墙体材料。

2. 耐水性

石材的耐水性以软化系数表示。软化系数＞0.90的为高耐水性，软化系数在0.75～0.90之间的为中耐水性，软化系数在0.60～0.75之间的为低耐水性，软化系数＜0.60的石材不允许用于重要建筑物中。

3. 强度等级

石材的强度等级是根据三个70mm×70mm×70mm立方体试块在水饱和状态下的抗压强度平均值划分为：MU100、MU80、MU60、MU50、MU40、MU30、MU20、MU15和MU10九个强度等级。试块也可采用表2-1所列的其他尺寸的立方体，但应对其试验结果乘以相应的换算系数后方可作为石材的强度等级。

石材强度等级的换算系数　　　　　　　　　　　　　　　　　表2-1

立方体边长（mm）	200	150	100	70	50
换算系数	1.43	1.28	1.14	1	0.86

4. 硬度

石材的硬度反映其加工的难易性和耐磨性。石材的硬度常用莫氏硬度表示，它是一种矿物相对刻划硬度，分为10级。各莫氏硬度级的标准矿物如表2-2所列。

矿物的莫氏硬度　　　　　　　　　　　　　　　　　表2-2

硬度	1	2	3	4	5	6	7	8	9	10
矿物	滑石	石膏	方解石	萤石	磷灰石	长石	石英	黄玉	刚玉	金刚石

如在某石材一平滑面上，用磷灰石刻划不能留下刻痕，而用长石刻划可以留下刻痕，那么此种石材的莫氏硬度为6。

2.2.2　常用石材

1. 毛石

毛石（也称片石或块石）是在采石场由爆破直接获得的石块。按其表面的平整程度分为乱毛石和平毛石两类。

（1）乱毛石

形状不规则，一个方向长度达300～400mm，中部厚度不应小于200mm，重约20～30kg。

（2）平毛石

是由乱毛石略经加工而成，基本上有6个面，但表面粗糙。

毛石可用于砌筑基础、勒脚、墙身、堤坝、挡土墙等，乱毛石也可用作毛石混凝土的骨料。

2. 料石

料石是由人工或机械开采出的较规则的六面体石块，再略经凿琢而成。根据表面加工的平整程度分为毛料石、粗料石、半细料石和细料石4种。

（1）毛料石

外形大致方正，一般不加工或稍加修整，高度不小于 200mm，长度为高度的 1.5～3 倍，叠砌面凹入深度不大于 25mm。

（2）粗料石

截面的宽度和高度都不小于 200mm，且不小于长度的 1/4，叠砌面凹入深度不大于 20mm。

（3）半细料石

规格尺寸同粗料石，叠砌面凹入深度不大于 15mm。

（4）细料石

经过细加工，外形规则，规格尺寸同粗料石，叠砌面凹入深度不大于 10mm。

料石一般由致密均匀的砂岩、石灰岩、花岗岩加工而成。用于砌筑墙身、踏步、地坪、拱和纪念碑等；形状复杂的料石制品可用作柱头、柱基、窗台板、栏杆和其他装饰等。

3. 饰面板材

建筑上常用的饰面板材，主要有天然花岗石和天然大理石板材。

（1）天然花岗石建筑板材

天然花岗石建筑板材是用花岗石荒料经锯解、切削、表面进一步加工制成。

按照形状分为普型板（PX）即正方形或长方形板；圆弧板（HM）即装饰面轮廓线的曲率半径处处相同的饰面板材；异型板（YX）即普型板和圆弧板以外的其他形状的板材。按照表面加工程度分为粗面板（CM）、亚光板（YG）、镜面板（JM）三类。

粗面板　饰面粗糙规则有序，端面锯切整齐的板材。如机刨板、剁斧板、锤击板、烧毛板等，适用于建筑物外墙面、勒脚、柱面、台阶、路面等处。

亚光板　饰面平整细腻，能使光线产生漫反射现象的板材。

镜面板　饰面平整光滑具有镜面光泽。是经过研磨、抛光加工制成的，其晶体裸露，色泽鲜明，主要用于外墙面、柱面和人流较多处的地面。

天然花岗石建筑板材按照加工精度和外观质量分为优等品（A）、一等品（B）、合格品（C）三个等级（GB/T 18601—2009）。

天然花岗石板材抗压强度高，可达 120～250MPa，耐磨及耐久性好，耐用年限可达 75～200 年。

（2）天然大理石建筑板材

天然大理石建筑板材是用大理石荒料经锯解、切削、研磨、抛光等工序加工而成。按形状分为普型板（PX）和圆弧板（HM）两类。按照加工精度和外观质量分为优等品（A）、一等品（B）、合格品（C）三个等级（GB/T 19766—2005）天然大理石板材材质均匀，硬度小，易于加工和磨光，表面花纹自然美观，装饰效果好，是建筑物室内墙面、柱面、墙裙、地面、台面等处较高级的饰面材料。由于大理石耐气候性较差，用于室外时易受腐蚀，只有少数几种如汉白玉、艾叶青等质地较纯净、杂质少的品种可用于室外。大理石板材在正常环境下的耐用年限约为 40～100 年。常用规格为厚度 20mm，宽度 150～915mm，长度 300～1220mm。

4. 色石渣

色石渣也称色石子，是由天然大理石、白云石、方解石或花岗石等石材经破碎筛选加工而成，作为骨料主要用于人造大理石、水磨石、水刷石、干粘石、斩假石等建筑物面层的装饰工程。其规格品种和质量要求见表 2-3。

色石渣的规格、品种及质量要求 表 2-3

规 格 俗 称	平均粒径（mm）	常 用 品 种	质 量 要 求
大二分	20	白石渣、房山白、奶油白、湖北黄、易县黄、松杏石、东北红、盖平红、桃红、东北绿、丹东绿、玉泉灰、墨玉、苏州黑等	颗粒坚固，无杂色，有棱角，洁净、不含有风化颗粒，使用时须冲洗干净
一分半	15		
大八厘	8		
中八厘	6		
小八厘	4		
米粒石	0.3～1.2		

复 习 思 考 题

1. 岩石按照地质形成条件分为几类？各有何特性？
2. 比较大理岩和花岗岩在组成、结构、技术性质和使用部位的差异？
3. 为什么普通大理石不适用于室外工程？
4. 石材的主要技术性质有哪些？
5. 常用的色石渣有哪些规格、品种？主要用于何处？

3 气硬性胶凝材料

胶凝材料是指经过自身的物理化学作用后，能够由浆体变成固体并在变化过程中把一些散粒材料或块状材料胶结成具有一定强度的整体的材料。

胶凝材料按其化学成分可分为无机胶凝材料和有机胶凝材料。无机胶凝材料是以无机矿物为主要成分，有机胶凝材料是以天然或人工合成的高分子化合物为基本组分的一类胶凝材料，如沥青、树脂等。

无机胶凝材料按照其硬化条件可分为气硬性胶凝材料和水硬性胶凝材料。气硬性胶凝材料只能在空气中硬化并保持和发展其强度，一般只适用于地上或干燥环境，不宜用于潮湿环境或水中，如石膏、石灰、水玻璃和菱苦土等；水硬性胶凝材料不仅可用于干燥环境，而且能更好地在水中保持并发展其强度，如各种水泥等。本章主要介绍气硬性胶凝材料，下一章介绍水硬性胶凝材料。

3.1 建 筑 石 灰

建筑石灰是一种古老的建筑材料，它是不同化学组成和物理形态的生石灰、消石灰、水硬性石灰的统称。由于其来源广泛，生产工艺简单，成本低廉，所以至今仍被广泛应用于建筑工程中。

3.1.1 生石灰的生产

生产生石灰的原料主要是以含 $CaCO_3$ 为主的天然岩石，如石灰石、白垩等。将这些原料在高温下煅烧，即得生石灰，其主要成分为氧化钙，反应方程式如下：

$$CaCO_3 \xrightarrow{900℃} CaO + CO_2 \uparrow$$

其间，原料中的次要成分碳酸镁也发生相应分解，其反应式为：

$$MgCO_3 \xrightarrow{700℃} MgO + CO_2 \uparrow$$

在煅烧过程中，由于火候控制的不均，会出现过火石灰、欠火石灰和正火石灰。正火石灰是正常温度下煅烧得到的石灰，具有多孔结构，内部孔隙率大，表观密度小，与水作用速度快；欠火石灰是由于煅烧温度过低或煅烧时间不足，内部残留一部分未分解的石灰岩核芯，而外部为正常煅烧的石灰，欠火石灰只是降低了石灰的利用率，不会带来危害；过火石灰由于煅烧温度过高或煅烧时间过长，孔隙率减小，表观密度增大，结构致密，表面常被熔融的黏土杂质形成的玻璃物质所包裹，因此过火石灰熟化十分缓慢，可能在石灰使用之后熟化，体积膨胀，致使已硬化的砂浆产生"崩裂"或"鼓泡"现象，影响工程质量。

3.1.2 生石灰的熟化

生石灰在使用前，一般要加水使之熟化成熟石灰粉或石灰浆之后再使用。

1. 熟化过程

熟化（也称淋灰）是指生石灰加水反应生成氢氧化钙，同时放出一定热量的过程。其反应式如下：

$$CaO + H_2O \longrightarrow Ca(OH)_2 + 64.8kJ$$

生石灰的水化能力极强，同时放出大量的热，生石灰在最初 1h 放出的热量几乎是硅酸盐水泥 1d 放热量的 9 倍。熟化后体积可增大 1~2.5 倍。一般煅烧良好、氧化钙含量高、杂质少的生石灰，不但熟化速度快，放热量大，而且体积膨胀也大。

2. 熟化方法

根据熟化时加水量的不同，石灰熟化的方式分为以下两种。

一是熟化成石灰膏。在化灰池中，生石灰加大量的水熟化成石灰乳，然后经筛网流入储灰池，经沉淀去除多余的水分得到的膏状物即为石灰膏。为消除过火石灰对工程的危害，在熟化过程中先将较大尺寸的过火石灰（同时包括大块尺寸的欠火石灰）用筛网剔除，之后石灰膏要在储灰池中存放两周以上，即"陈伏"，"陈伏"期间，为防止石灰与空气中的二氧化碳发生碳化反应，石灰膏表面应保持一层水分，用以隔绝空气。

二是熟化成熟石灰粉。每隔半米厚的生石灰块，淋适量的水（生石灰量的 60%~80%），分层堆放和淋水，以能充分熟化而又不过湿成团为度，经熟化得到的粉状物称为熟石灰粉。熟石灰粉在使用之前，也有类似石灰浆的陈伏时间。

不同品质的石灰其熟化速度快慢不等。对于不同熟化速度的石灰，应注意控制熟化时的温度。对放热量大、熟化速度快的石灰要保证充足的水量，并不断搅拌，以保证热量尽快散发；对熟化慢的石灰，加水应少而慢，保持较高的温度，促使熟化尽快完成。

3.1.3 石灰的硬化

石灰浆在空气中逐渐干燥变硬的过程，称为石灰的硬化。硬化包括以下两个同时进行的过程。

1. 结晶过程

石灰浆体中多余水分蒸发或被砌体吸收而使石灰粒子紧密，获得一定强度，随着游离水的减少，氢氧化钙逐渐从饱和溶液中结晶析出。

2. 碳化过程

氢氧化钙吸收空气中的二氧化碳，生成碳酸钙并放出水分，反应式如下：

$$Ca(OH)_2 + nH_2O + CO_2 \longrightarrow CaCO_3 + (n+1)H_2O$$

石灰浆的硬化是由结晶和碳化两个过程完成，而这两个过程都需在空气中才能进行，所以石灰是气硬性胶凝材料，只能用于干燥的环境中。

石灰浆的硬化进行得非常缓慢，而且在较长时间内处于湿润状态，不易硬化，强度、硬度不高。其主要原因是空气中 CO_2 含量稀薄，故上述碳化反应速度非常慢，而且表面石灰浆一旦被碳化，形成 $CaCO_3$ 坚硬外壳，阻碍了 CO_2 的透入，同时又使内部的水分无法析出，影响结晶和碳化过程的进行。

3.1.4 石灰的技术要求

1. 生石灰及生石灰粉的技术要求

按生石灰中 MgO 的含量，将生石灰、生石灰粉分为钙质石灰（MgO<5%）和镁质石灰（MgO≥5%），建筑生石灰、生石灰粉各等级的技术指标如表 3-1、表 3-2 所示。

项　目	钙质生石灰			镁质生石灰		
	优等品	一等品	合格品	优等品	一等品	合格品
（CaO＋MgO）含量（%），不小于	90	85	80	85	80	75
未消化残渣含量（5mm圆孔筛余量，%），不大于	5	10	15	5	10	15
CO_2 含量（%），不大于	5	7	9	6	8	10
产浆量（L/kg），不小于	2.8	2.3	2.0	2.8	2.3	2.0

注：1. 氧化钙、氧化镁含量为有效成分含量；
　　2. 未消化残渣含量即欠火石灰、过火石灰及杂质含量；
　　3. CO_2 含量反映石灰的欠火程度；
　　4. 产浆量指 1kg 生石灰形成石灰膏的升数 L，它间接地反映了石灰中有效胶凝物质的含量。

项　目		钙质生石灰粉			镁质生石灰粉		
		优等品	一等品	合格品	优等品	一等品	合格品
（CaO＋MgO）含量（%），不小于		85	80	75	80	75	70
CO_2 含量（%），不大于		7	9	11	8	10	12
细度	0.90mm 筛余量（%），不大于	0.2	0.5	1.5	0.2	0.5	1.5
	0.125mm 筛余量（%），不大于	7.0	12.0	18.0	7.0	12.0	18.0

注：细度要求主要是保证消石灰粉充分发挥其活性。

2. 消石灰粉的技术要求

按消石灰粉中氧化镁的含量将消石灰粉划分为钙质消石灰粉（MgO＜4%）、镁质消石灰粉（4%≤MgO≤24%）和白云石消石灰粉（24%＜MgO＜30%）。消石灰粉各等级的技术指标如表 3-3 所示。

项　目		钙质消石灰粉			镁质消石灰粉			白云石消石灰粉		
		优等品	一等品	合格品	优等品	一等品	合格品	优等品	一等品	合格品
（CaO＋MgO）含量（%），不小于		70	65	60	65	60	55	65	60	55
游离水（%）		0.4~2	0.4~2	0.4~2	0.4~2	0.4~2	0.4~2	0.4~2	0.4~2	0.4~2
体积安定性		合格	合格	—	合格	合格	—	合格	合格	—
细度	0.9mm 筛余量（%），不大于	0	0	0.5	0	0	0.5	0	0	0.5
	0.125mm 筛余量（%），不大于	3	10	15	3	10	15	3	10	15

注：1. 游离水含量的控制主要是防止消石灰粉粘结成团；
　　2. 体积安定性是用来表示在消石灰中是否存在过火石灰，该指标主要用来防范过火石灰的危害。

3.1.5　常用建筑石灰的品种

根据成品的加工方法不同，石灰有以下五种成品：

1. 生石灰块

生石灰块是由石灰石煅烧成的白色或灰色疏松结构的块状物，主要成分为 CaO，密度 3.10~3.40g/cm³，表观密度 800~1000kg/m³。块状生石灰放置太久，会吸收空气中的水分而自动熟化成熟石灰粉，还会再吸收空气中的二氧化碳反应生成碳酸钙，失去胶结能力。所以贮存生石灰块，要防止受潮，且不宜贮存过久，一般是运到现场后，立即熟化成石灰浆，将贮存期变为陈伏期。

2. 磨细生石灰粉

磨细生石灰粉是以块状生石灰为原料经破碎、磨细而成，也称建筑生石灰粉。目前，建筑工程中大量采用磨细生石灰粉来代替石灰膏或消石灰粉配制砂浆或灰土，或直接用于制造硅酸盐制品，其主要优点如下：

（1）磨细生石灰粉具有很高的细度，表面积极大，水化反应速度可大大提高，所以可不经"陈伏"而直接使用，提高了工效。

（2）过火石灰由于磨细加快了熟化，欠火石灰也因磨细混合均匀，提高了石灰的质量和利用率。

（3）石灰的熟化过程与硬化过程合二为一，熟化时产生的热量能促进硬化，克服了石灰硬化慢的缺点。

3. 消石灰粉

消石灰粉是将块状生石灰淋以适量的水，经熟化所得的主要成分为 $Ca(OH)_2$ 的粉末状产品，其熟化方法如前所述。

4. 石灰膏

石灰膏是将块状生石灰用过量水（约为生石灰体积的 3～4 倍）消化，或将消石灰粉和水拌合而成的膏状物，其主要成分为 $Ca(OH)_2$。石灰膏的表观密度为 1300～1400kg/m³，常用于调制石灰砌筑砂浆或抹面砂浆，也常调制混合砂浆。

5. 石灰乳

用过量的水冲淡石灰膏即成石灰乳，常用于粉刷墙壁等。

3.1.6 石灰的特性和应用

1. 石灰的特性

（1）良好的可塑性及保水性。

生石灰熟化后形成颗粒极细（粒径为 0.001mm）呈胶体分散状态的 $Ca(OH)_2$ 粒子，颗粒表面能吸附一层较厚的水膜，因而使石灰具有良好的可塑性及保水性。利用这一性质，在水泥砂浆中加入石灰，可明显提高砂浆的可塑性，改善砂浆的保水性。

（2）凝结硬化慢，强度低。

从石灰的凝结硬化过程中可知，石灰的凝结硬化速度非常缓慢。生石灰熟化时的理论需水量较小，为了使石灰具有良好的可塑性，常常加入较多的水，多余的水分在硬化后蒸发，在石灰内部形成较多的孔隙，使硬化后的石灰强度不高，1：3 石灰砂浆 28d 抗压强度通常为 0.2～0.5MPa。

（3）耐水性差。

石灰是一种气硬性胶凝材料，不能在水中硬化。对于已硬化的石灰浆体，若长期受到水的作用，会因 $Ca(OH)_2$ 溶解而导致破坏，所以石灰耐水性差，不宜用于潮湿环境及遭受水侵蚀的部位。

（4）体积收缩大。

石灰浆体在硬化过程中要蒸发大量的水，使石灰内部毛细孔失水收缩，引起体积收缩。因此纯石灰浆一般不单独使用，必须掺入填充材料，如掺入砂子配成石灰砂浆，可减少收缩,而且掺入的砂能在石灰浆内形成连通的毛细孔道,使内部水分蒸发,并进一步碳化,以加快硬化。此外还常在石灰砂浆中加入纸筋、麻刀等纤维状材料制成石灰纸筋灰、石灰麻刀灰以减少收缩裂缝。

(5)吸湿性强。

生石灰吸湿性强,保水性好,是传统的干燥剂。

2. 石灰的应用

(1)拌制灰土或三合土。

灰土即熟石灰粉和黏土按一定比例拌和均匀,夯实而成,常用有二八灰土及三七灰土(体积比);三合土即熟石灰粉、黏土、骨料按一定的比例混合均匀并夯实。夯实后的灰土和三合土广泛用作建筑物的基础、路面或地面的垫层,其强度比石灰和黏土都高,其原因是黏土颗粒表面的少量活性 SiO_2、Al_2O_3 与石灰发生反应生成水化硅酸钙和水化铝酸钙等不溶于水的水化矿物的缘故。

(2)配制石灰砂浆和石灰乳。

用水泥、石灰膏、砂配制成的混合砂浆广泛用于砌筑工程。用石灰膏与砂、纸筋、麻刀配制成的石灰砂浆、石灰纸筋灰、石灰麻刀灰广泛用作内墙、天棚的抹面砂浆。由石灰膏稀释成石灰乳,可用作简易的粉刷涂料。

(3)生产硅酸盐制品。

磨细生石灰与砂或粒化高炉矿渣、炉渣、粉煤灰等硅质材料混合成型,再经常压或高压蒸汽养护,就可制得密实或多孔的硅酸盐制品,如灰砂砖、粉煤灰砖、加气混凝土砌块等。

(4)生产碳化石灰板。

将磨细的生石灰、纤维状填料(如玻璃纤维)或轻质骨料按比例混合搅拌成型,再通入 CO_2 进行人工碳化,可制成轻质板材,称为碳化石灰板。为提高碳化效果,减轻自重,可制成空心板。该制品表观密度小,导热系数低,主要用作非承重的隔墙板、天花板等。

(5)加固含水的软土地基。

生石灰可用来加固含水的软土地基,如石灰桩,它是在桩孔内灌入生石灰块,利用生石灰吸水熟化时体积膨胀的性能产生膨胀压力,从而使地基加固。

3.2 建 筑 石 膏

石膏作为传统的气硬性胶凝材料,有着悠久的历史。在我国石膏资源丰富,广泛分布于山西、甘肃、青海、湖北等地,兼之其生产工艺简单,具有质轻、耐火、隔声、绝热等优良性能。近年来各种建筑石膏制品发展很快,是一种极有发展前途的高效节能材料。另外,石膏作为重要的外加剂,广泛应用于水泥、水泥制品及硅酸盐制品的生产中。

3.2.1 石膏的生产与种类

生产石膏的主要原料是天然二水石膏($CaSO_4 \cdot 2H_2O$)和一些含有 $CaSO_4 \cdot 2H_2O$ 的化工副产品及废渣(称为化工石膏)。石膏的生产,通常是将二水石膏在不同压力和温度下煅烧,再经磨细制得的。同一原料,煅烧条件不同,得到的石膏品种不同,其结构性质也不同。

1. 建筑石膏

将天然二水石膏或化工石膏在炒锅或沸腾炉内煅烧(温度控制在 $107\sim170℃$),二水石膏脱水成为细小晶体的 β 型半水石膏，再经磨细制成的白色粉末称为建筑石膏，其反应式如下：

$$CaSO_4 \cdot 2H_2O \xrightarrow{107\sim170℃} CaSO_4 \cdot \frac{1}{2}H_2O + 1\frac{1}{2}H_2O$$

（β 型半水石膏）

2. 模型石膏

模型石膏也是 β 型半水石膏，但杂质少，色白，主要用于陶瓷的制坯工艺，少量用于装饰浮雕。

3. 高强石膏

将二水石膏置于蒸压锅内，经 0.13MPa 的水蒸气（125℃）蒸压脱水，得到的晶粒比 β 型半水石膏粗大，称为 α 型半水石膏，将此石膏磨细得到的白色粉末称为高强石膏。其反应式如下：

$$CaSO_4 \cdot 2H_2O \xrightarrow[0.13MPa]{125℃} CaSO_4 \cdot \frac{1}{2}H_2O + 1\frac{1}{2}H_2O$$

压蒸条件（α 型半水石膏）

高强石膏由于晶体颗粒较粗，表面积小，拌制相同稠度时需水量比建筑石膏少（约为建筑石膏的一半左右），因此该石膏硬化后结构密实、强度高，7d 可达 15～40MPa。高强石膏生产成本较高。主要用于室内高级抹灰、装饰制品和石膏板等。

此外，还有粉刷石膏、地板石膏等品种，石膏品种繁多，但建筑上应用最广泛的仍为建筑石膏，本节主要介绍建筑石膏的特性及应用。

3.2.2 建筑石膏的凝结与硬化

1. 建筑石膏的水化

建筑石膏加水拌合后，与水发生化学反应（简称水化），其反应式如下：

$$CaSO_4 \cdot \frac{1}{2}H_2O + 1\frac{1}{2}H_2O \longrightarrow CaSO_4 \cdot 2H_2O$$

半水石膏通过上述反应，生成二水石膏。由于二水石膏的溶解度较半水石膏的溶解度小得多，所以二水石膏不断从过饱和溶液中析出并沉淀，二水石膏的析出又促使上述反应不断进行，直到半水石膏全部转变为二水石膏为止。这一过程的进行，大约持续7～12min。

2. 建筑石膏的凝结硬化

随着浆体中自由水分的水化消耗、蒸发及被水化产物吸附，自由水不断减少，浆体逐渐变稠而失去可塑性，这一过程称为凝结。

在失去可塑性的同时，二水石膏胶体微粒逐渐变为晶体，晶体颗粒逐渐长大，且晶体颗粒间相互搭接、交错、共生（两个以上晶粒生长在一起），晶体之间摩擦力、粘结力逐渐增大，强度不断增长，直至最大值，这一过程称为硬化。石膏的凝结硬化过程实质上是一个连续进行的过程，在整个进行过程中既有物理变化又有化学变化。

3.2.3 建筑石膏的技术要求

根据《建筑石膏》GB/T 9776—2008 的规定，建筑石膏按 2h 抗折强度分为 3.0、2.0、1.6 三个等级，要求如下：

1. 组成

建筑石膏组成中 β 半水硫酸钙的含量应不小于 60.0%。

2. 物理力学性能

建筑石膏的物理力学性能应符合表 3-4 的要求。

建筑石膏物理力学性能（GB/T 9776—2008）　　表 3-4

等　级	细度（0.2mm 方孔筛筛余）（%）	凝结时间（min）		2h 强度（MPa）	
		初凝	终凝	抗折	抗压
3.0				≥3.0	≥6.0
2.0	≤10	≥3	≤30	≥2.0	≥4.0
1.6				≥1.6	≥3.0

3. 放射性核素限量及限制成分

工业副产品建筑石膏的放射性核素限量应符合 GB 6566 的要求，限制成分 K_2O、Na_2O、MgO、P_2O_5 和 F 的含量由供需双方商定。

3.2.4　建筑石膏的特性

1. 凝结硬化快

建筑石膏加水拌合后，浆体几分钟后便开始失去可塑性，30min 内完全失去可塑性而产生强度。这对成型带来一定的困难，因此在使用过程中，常掺入一些缓凝剂，如亚硫酸盐、酒精废液、硼砂、柠檬酸等，其中硼砂缓凝剂效果好，用量为石膏质量的 0.2%～0.5%。

2. 体积微膨胀性

多数胶凝材料在硬化过程中一般都会产生收缩变形，而建筑石膏在硬化时却体积膨胀，膨胀率为 0.5%～1%。这一性质使石膏制品尺寸准确，形体饱满，再加上石膏本身颜色洁白，质地细腻，因而特别适合制作建筑装饰制品。

3. 多孔性

为了使石膏浆体具有施工要求的可塑性，建筑石膏在加水拌合时往往加入大量的水（约占建筑石膏质量的 60%～80%），而建筑石膏理论需水量仅占 18.6%，这些多余的自由水蒸发后留下许多孔隙。因此石膏制品具有孔隙率大、表观密度小、保温隔热性能好等优点，同时也带来强度低、吸水率大、抗渗性差等缺点。

4. 防火性好，但耐火性差

建筑石膏硬化后主要成分为 $CaSO_4 \cdot 2H_2O$，其中的结晶水在常温下是稳定的，但当遇到火灾时，结晶水吸收大量热量，蒸发变为水蒸气，一方面延缓石膏表面温度的升高，另一方面水蒸气幕可有效地阻止火势蔓延，起到了防火作用。但二水石膏脱水后，强度下降，因此耐火性差。

5. 环境的调节性

建筑石膏是一种无毒无味、不污染环境、对人体无害的建筑材料。由于其具有较强的吸湿性，热容量大、保温隔热性能好，故在室内小环境条件下，能在一定程度上调节环境的温、湿度，使室内环境更符合人类生理需要，有利于人体健康。

6. 耐水性、抗冻性差

建筑石膏制品的孔隙率大，且二水石膏微溶于水，遇水后强度大大降低，其软化系数仅有 0.2～0.3，是不耐水材料。若石膏制品吸水后受冻，会因孔隙中水分结冰膨胀而破坏。因此石膏制品不宜用在潮湿寒冷的环境中。

3.2.5 建筑石膏的应用

建筑石膏的用途广泛，主要用于室内抹灰、粉刷，生产各种石膏板及装饰制品，用作水泥原料中的缓凝剂和激发剂等。

1. 室内抹灰和粉刷

以建筑石膏为基料加水、砂拌合成的石膏砂浆，用于室内抹灰，因其具有良好的装饰性及调节环境温湿度的特点，给人以舒适感。粉刷石膏是在建筑石膏中掺加可优化抹灰性能的辅助材料及外加剂等配制而成的一种新型内墙抹灰材料，该抹灰表面光滑、细腻、洁白，具有防火、吸声、施工方便、粘结牢固等特点，同时石膏抹灰的墙面、天棚还可以直接涂刷涂料及粘贴壁纸。

2. 建筑石膏制品

建筑石膏制品主要有纸面石膏板、装饰石膏板、吸声穿孔石膏板等，由于石膏制品具有良好的装饰功能，而且具有不污染、不老化、对人体健康无害等优点，近年来备受青睐。

（1）纸面石膏板

纸面石膏板有普通纸面石膏板、耐水纸面石膏板、耐火纸面石膏板和纸面石膏装饰吸声板。纸面石膏板以建筑石膏为原料，掺入适量特殊功能的外加剂构成芯材，并与特制的护面纸牢固地结合在一起。

（2）纤维石膏板

纤维石膏板是以建筑石膏粉为原料，以各种纤维（纸纤维、玻璃纤维等）为增强材料，并掺加适量外加剂制成的石膏板材。纤维石膏板综合性能优越，除具有纸面石膏板优点外，还具有质轻、高强、耐水、隔声、韧性高等特点，并可进行加工，施工简便。可用于工业与民用建筑物的内隔墙、天花板和石膏复合隔墙板。

（3）装饰石膏板

装饰石膏板是一种不带护面纸的装饰板材，是以建筑石膏为主要原料，掺入少量短玻璃纤维增强材料和聚乙烯醇外加剂，与水一起搅拌成均匀的料浆，采用带有图案的硬质塑料模具浇注成型，干燥而成的板材。

装饰石膏板包括平板、孔板、浮雕板、防潮板等品种，其中平板、孔板和浮雕板是根据板面形状命名；防潮板是根据石膏板在特殊场合的使用功能命名。

装饰石膏板主要用于建筑物室内墙面和吊顶装饰。

（4）吸声用穿孔石膏板

吸声用穿孔石膏板是以装饰石膏板或纸面石膏板为基础材料，由穿孔石膏板、背覆材料、吸声材料及板后空气层等组合而成的石膏板材。主要用于室内吊顶和墙体的吸声结构，在潮湿环境中使用或对耐火性能有较高要求时，则应采用相应的防潮、耐水或耐火基板。

吸声穿孔石膏板除了具有一般石膏板的优点外，还能吸声降噪，明显改善建筑物的室内音质、音响效果，改善生活环境和劳动条件。

（5）石膏砌块

石膏砌块是利用石膏为主要原料制作的实心、空心或夹芯砌块。夹芯砌块主要以聚苯乙烯泡沫塑料等轻质材料为芯层材料，以减轻其质量，提高绝热性能。石膏砌块具有石膏制品的各种优点，用作房屋的墙体材料时，具有施工方便，不用龙骨，墙面平整，保温性能好、防水性能好等优点。

3. 石膏艺术制品

石膏艺术制品是用优质建筑石膏为原料，加入纤维增强材料等外加剂，与水一起制成料浆，再经浇注入模，干燥硬化后制得的一类产品。石膏艺术制品品种繁多，主要包括平板、浮雕板系列，浮雕饰线系列（阴型饰线及阳型饰线），艺术顶棚、灯圈、浮雕壁画、画框等。

3.3 水 玻 璃

水玻璃俗称泡花碱，是一种可溶性硅酸盐，由碱金属氧化物和二氧化硅组成，如硅酸钠（$Na_2O \cdot nSiO_2$）、硅酸钾（$K_2O \cdot nSiO_2$）等。建筑中常用的是硅酸钠液态水玻璃，是由固体水玻璃溶解于水而得，因所含杂质不同而呈青灰色、黄绿色，以无色透明的液体为佳。

水玻璃分子式中 SiO_2 与碱金属氧化物的摩尔数比值为 n，称为水玻璃的模数，一般在 1.5～3.5 之间，水玻璃的模数与其粘度、溶解度有密切的关系。n 值越大，水玻璃中胶体组分（SiO_2）越多，水玻璃粘性越大，越难溶于水。模数为 1 时，水玻璃可溶解于常温的水中；模数为 2 时，只能溶解于热水中；当模数>3 时，要在 4 个大气压以上的蒸汽中才能溶解。相同模数的水玻璃，其密度和粘度越大，硬化速度越快，硬化后的粘结力与强度也越高。工程中常用的水玻璃模数为 2.6～2.8，其密度为 1.3～1.4g/cm³。

3.3.1 水玻璃的硬化

水玻璃在空气中吸收二氧化碳，形成无定形硅酸凝胶，并逐渐干燥而硬化，其反应式如下：

$$Na_2O \cdot nSiO_2 + CO_2 + mH_2O \longrightarrow Na_2CO_3 + nSiO_2 \cdot mH_2O$$

由于空气中二氧化碳浓度较低，上述过程进行得非常缓慢，为了加速硬化，常加入氟硅酸钠（Na_2SiF_6）作为促硬剂，促使硅酸凝胶析出。氟硅酸钠的适宜用量为水玻璃质量的 12％～15％，如果用量太少，不但硬化速度缓慢，强度降低，而且未反应的水玻璃易溶于水，因而耐水性差。但如果用量过多，又会引起凝结过速，造成施工困难。

3.3.2 水玻璃的技术性质

1. 粘结力强

水玻璃硬化后具有较高的粘结强度、抗拉强度和抗压强度。用水玻璃配制的水玻璃混凝土，抗压强度可达到 15～40MPa，水玻璃胶泥的抗拉强度可达 2.5MPa。此外，水玻璃硬化后析出的硅酸凝胶还可堵塞毛细孔隙，防止水分渗透。

2. 耐酸性好

硬化后的水玻璃的主要成分是硅酸凝胶，所以它能抵抗大多数无机酸和有机酸的侵蚀，尤其是在强氧化酸中仍有较高的化学稳定性。但水玻璃不耐碱性介质侵蚀。

3. 耐热性高

水玻璃硬化后形成 SiO_2 无定形硅酸凝胶，在高温下强度并不降低，甚至有所增加，因此具有良好的耐热性能。

3.3.3 水玻璃的用途

1. 涂刷材料的表面

将液体水玻璃直接涂刷在黏土砖、水泥混凝土等多孔材料表面，可提高材料抗风化能力和耐久性。其原因是水玻璃硬化后可形成硅酸凝胶，同时水玻璃也与材料中的氢氧化钙作用生成硅酸钙胶体，可填充毛细孔隙，使材料致密。需注意：硅酸钠水玻璃不能用来涂刷或浸渍石膏制品，因为硅酸钠与硫酸钙发生反应可生成硫酸钠，并在制品孔隙中结晶膨胀，导致制品破坏。

2. 加固土壤

将水玻璃溶液和氯化钙溶液通过金属管道交替灌入地下，由于两种溶液发生化学反应生成硅酸凝胶体，这些凝胶体包裹土壤颗粒并填充其孔隙，起胶结作用。另外，硅酸胶体因吸收地下水经常处于膨胀状态，阻止水分的渗透，因而不仅可以提高地基的承载力，而且可以提高其不透水性。用这种方法加固的砂土地基，抗压强度可达 3～6MPa。

3. 修补砖墙裂缝

将液态水玻璃、粒化高炉矿渣粉、砂和氟硅酸钠按一定比例配合成砂浆，压入砖墙裂缝，可起到粘结和增强的作用。掺入的矿渣粉不仅起到填充和减少砂浆收缩作用，而且还能与水玻璃反应，增加砂浆的强度。

4. 配制防水剂

以水玻璃为基料，加入两种、三种或四种矾可配制成不同防水剂，称为二矾、三矾或四矾防水剂。这类防水剂适用于堵塞漏洞、缝隙等局部抢修工程。由于凝结过速，不宜调配用作屋面或地面的刚性防水层的水泥防水砂浆。

5. 配制耐酸混凝土、耐热混凝土

以水玻璃作胶结料、氟硅酸钠为促硬剂，与耐酸粉料及耐酸粗骨料按一定比例配成耐酸混凝土。水玻璃混凝土能抵抗除氢氟酸之外的各种酸类的侵蚀，特别是对硫酸、硝酸有良好的抗腐性，且具有较高的强度。

水玻璃耐热混凝土是以水玻璃做胶结料，掺入氟硅酸钠作为促硬剂，与耐热粗、细骨料按一定比例配合而成，能承受一定的高温作用而强度不降低，用于耐热工程。

复 习 思 考 题

1. 何谓气硬性胶凝材料？何谓水硬性胶凝材料？二者有何区别？
2. 过火石灰、欠火石灰对石灰的性能有什么影响？如何消除？
3. 石灰石、生石灰、熟石灰、硬化后石灰的化学成分各是什么？
4. 解释石灰浆塑性好、硬化慢、硬化后强度低且不耐水性的原因。
5. 石灰是气硬性胶凝材料，为什么由它配制的石灰土和三合土可用于潮湿环境的基础？
6. 建筑石膏具有保温隔热性好和吸声性强等特点，试从石膏的凝结、硬化过程解释其原因。
7. 水玻璃的主要性质和用途有哪些？
8. 水玻璃硬化有何特点？水玻璃的模数和浓度对其性质的影响如何？

4 水 泥

水泥是一种水硬性无机胶凝材料。水泥加适量水调制后，经一系列物理、化学作用，由最初的可塑性浆体变成坚硬的石状体，具有较高的强度，并且能将散粒状、块状材料粘结成整体。水泥浆体不仅能在空气中凝结硬化，而且能更好地在水中凝结硬化，并保持发展其强度，因而水泥是典型的水硬性胶凝材料。

水泥是建筑工程中最为重要的建筑材料之一。水泥的问世对工程建设起了巨大的推动作用，引起了工程设计、施工技术、新材料开发等领域的巨大变化。它不但大量用于工业与民用建筑工程中，而且广泛用于交通、水利、海港、矿山等工程，几乎任何种类、规模的工程都离不开水泥。

我国的水泥工业，近几十年来无论是品种、产量、质量都有大的突破。从建国初期的二三十种、年产量不足百万吨发展到现在的上百个品种，产量连续十多年居世界第一位，水泥及其制品工业的迅速发展对保证国家建设起着重要作用。但也应该看到我国水泥工业存在的不足，传统的水泥产业是一个高耗能、高环境负荷的产业，以中国的现实情况为例，平均每生产 1t 水泥熟料，消耗 1.2t 石灰石、169kg 左右标准煤，向大气排放约 1t CO_2、2kg SO_2、4kg NOx，1t 水泥需综合耗电 100kWh，还要向大气排放大量粉尘与烟尘。如果水泥仍沿着传统的发展模式走下去，随着水泥产量的提高，现有的资源、能源、环境等都不堪负荷，无法实现可持续发展，因而水泥工业绿色产业化将是今后的发展方向。

水泥的品种繁多，按其矿物组成，水泥可分为硅酸盐系列、铝酸盐系列、硫铝酸盐系列、铁铝酸盐系列、氟铝酸盐系列等。按其用途和特性又可分为通用水泥、专用水泥和特性水泥。通用水泥是指一般土木建筑工程通常采用的水泥，如硅酸盐水泥、普通硅酸盐水泥、矿渣硅酸盐水泥、火山灰硅酸盐水泥、粉煤灰硅酸盐水泥和复合硅酸盐水泥；专用水泥是指有专门用途的水泥；而特性水泥是指有比较特殊性能的水泥。

水泥品种虽然很多，但从应用方面考虑，硅酸盐系列水泥是最基本的，因此，本章重点是对硅酸盐系列水泥的介绍，其他水泥只作一般的介绍。

4.1 通用硅酸盐水泥

《通用硅酸盐水泥》GB 175—2007 中规定：通用硅酸盐水泥是以硅酸盐水泥熟料、适量石膏和混合材料制成的水硬性胶凝材料。按混合材料的品种和掺量分为普通硅酸盐水泥、矿渣硅酸盐水泥、火山灰硅酸盐水泥、粉煤灰硅酸盐水泥和复合硅酸盐水泥。各种水泥的组分应符合表4-1。

通用硅酸盐水泥的组分　　　　　　表 4-1

品　种	代　号	组分（质量分数）				
		熟料＋石膏	粒化高炉矿渣	火山灰质混合材料	粉煤灰	石灰石
硅酸盐水泥	P·Ⅰ	100	—	—	—	—
	P·Ⅱ	≥95	≤5			
		≥95				≤5
普通硅酸盐水泥	P·O	≥80 且＜95	>5 且≤20[a]			
矿渣硅酸盐水泥	P·S·A	≥50 且＜80	>20 且≤50[b]	—	—	—
	P·S·B	≥30 且＜50	>50 且≤70[b]	—	—	—
火山灰质硅酸盐水泥	P·P	≥60 且＜80		>20 且≤40[c]	—	—
粉煤灰硅酸盐水泥	P·F	≥60 且＜80			>20 且≤40[d]	—
复合硅酸盐水泥	P·C	≥50 且＜80	>20 且≤50[e]			

a　本组分材料的活性混合材料，允许用不超过水泥质量 8％或不超过水泥质量 5％的窑灰代替。

b　本组分材料为符合 GB/T 203 或 GB/T 18046 的活性混合材料，其中允许用不超过水泥质量 8％的活性混合材料或非活性混合材料或窑灰中的任一种材料代替。

c　本组分材料为符合 GB/T 2847 的活性混合材料。

d　本组分材料为符合 GB/T 1596 的活性混合材料。

e　本组分材料为由两种（含）以上的活性混合材料或/和非活性混合材料组成，其中允许用不超过水泥质量 8％的窑灰代替。掺矿渣时混合材料掺量不得与矿渣硅酸盐水泥重复。

4.1.1　硅酸盐水泥

硅酸盐水泥分为两种，未掺混合材料的为Ⅰ型硅酸盐水泥，代号为 P·Ⅰ；掺入不超过水泥质量 5％的混合材料（粒化高炉矿渣或石灰石）的称为Ⅱ型硅酸盐水泥，代号为 P·Ⅱ。硅酸盐水泥是通用硅酸盐水泥的基本品种。

1. 硅酸盐水泥的生产

生产硅酸盐水泥的原料主要有石灰质、黏土质两大类，此外再配以辅助性的铁质和硅质校正原料。其中石灰质原料主要提供 CaO，可采用石灰石、石灰质凝灰岩等；黏土质原料主要提供 SiO_2、Al_2O_3 及少量的 Fe_2O_3，可采用黏土、黄土等；铁质校正原料主要补充 Fe_2O_3，可采用铁矿粉、黄铁矿渣等；硅质校正原料主要补充 SiO_2，可采用砂岩、粉砂岩等。

其生产过程是将原料按一定比例混合磨细，先制得具有适当化学成分的生料，再将生料在水泥窑（回转窑或立窑）中经过 1400～1450℃ 的高温煅烧至部分熔融，冷却后得到硅酸盐水泥熟料，最后再加适量石膏共同磨细至一定细度即得 P·Ⅰ型硅酸盐水泥。水泥的生产过程可概括为"两磨一烧"。图 4-1 是 P·Ⅱ型硅酸盐水泥的生产工艺流程图。

2. 硅酸盐水泥熟料矿物组成及特性

生料在煅烧过程中，首先是石灰质和黏土质原料在一定温度下分解出 CaO、SiO_2、Al_2O_3 和 Fe_2O_3 等成分，然后在高温下结合成新的化合产物，称之为熟料，熟料的烧成过程如图 4-2 所示。

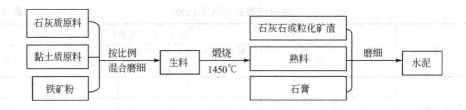

图 4-1 P·Ⅱ型硅酸盐水泥生产工艺流程图

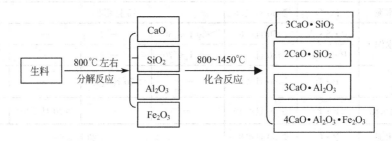

图 4-2 硅酸盐水泥熟料的烧成过程

硅酸盐水泥熟料矿物成分及含量如下：

硅酸三钙 $3CaO \cdot SiO_2$，简写 C_3S，含量 $45\% \sim 60\%$；

硅酸二钙 $2CaO \cdot SiO_2$，简写 C_2S，含量 $15\% \sim 30\%$；

铝酸三钙 $3CaO \cdot Al_2O_3$，简写 C_3A，含量 $6\% \sim 12\%$；

铁铝酸四钙 $4CaO \cdot Al_2O_3 \cdot Fe_2O_3$，简写 C_4AF，含量 $6\% \sim 8\%$。

在以上的矿物组成中，硅酸三钙和硅酸二钙的总含量占 70% 以上，而铝酸三钙和铁铝酸四钙的总含量仅占 25% 左右，因硅酸盐占绝大部分，故名硅酸盐水泥。除上述主要熟料矿物成分外，水泥中还有少量的游离氧化钙、游离氧化镁和碱等，其含量过高，会引起水泥体积安定性不良等现象，应加以限制。水泥厂生产的水泥产品，其矿物组成与上述并不绝对一致，就同一个水泥厂来说比例也随时在变化。

各种矿物单独与水作用时，表现出不同的性能。表 4-2 是不同熟料矿物单独与水作用的特性。

硅酸盐水泥熟料矿物特性 表 4-2

矿物名称	密度（g/cm³）	水化反应速率	水化放热量	强度	耐腐蚀性	干缩性
$3CaO \cdot SiO_2$	3.25	快	大	高	差	中
$2CaO \cdot SiO_2$	3.28	慢	小	早期低后期高	好	小
$3CaO \cdot Al_2O_3$	3.04	最快	最大	低	最差	大
$4CaO \cdot Al_2O_3 \cdot Fe_2O_3$	3.77	快	中	低	中	小

由表 4-2 可知，硅酸三钙的水化速度较快，水化热较大且主要是早期放出，其强度最高，是决定水泥强度的主要矿物；硅酸二钙的水化速度最慢，水化热最小且主要是后期放出，是保证水泥后期强度的主要矿物；铝酸三钙是凝结硬化速度最快、水化热最大的矿物，且硬化时体积收缩最大；铁铝酸四钙的水化速度也较快，仅次于铝酸三钙，其水化热中等，有利于提高水泥抗拉强度。水泥是几种熟料矿物的混合物，改变矿物成分间比例

时，水泥性质即发生相应的变化，可制成不同性能的水泥。如提高硅酸三钙含量，可制得快硬高强水泥；降低硅酸三钙和铝酸三钙含量和提高硅酸二钙含量可制得水化热低的低热水泥；提高铁铝酸四钙含量、降低铝酸三钙含量可制得道路水泥。图 4-3 是不同熟料矿物的强度增长示意图。

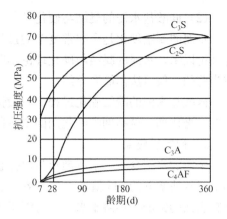

图 4-3　不同熟料矿物的强度增长示意图

3. 硅酸盐水泥的水化与凝结硬化

硅酸盐水泥与水拌合后，首先是水泥颗粒表面的矿物溶解于水，并与水发生水化反应，最初形成具有可塑性的浆体，随着水化反应的进行，水泥浆体逐渐变稠失去可塑性，但还不具有强度，这一过程称为水泥的"凝结"。随后凝结了的水泥浆体开始产生强度，并逐渐发展成为坚硬的水泥石，这一过程称为"硬化"。水泥的凝结、硬化过程与水泥的技术性能密切相关，其结果直接影响硬化水泥石的结构和使用性能。因此，了解水泥的凝结和硬化过程是非常必要的。

（1）水泥的水化反应

水泥加水后，熟料矿物开始与水发生水化反应，生成水化产物，并放出一定的热量，其反应式如下：

$$2(3CaO \cdot SiO_2) + 6H_2O = 3CaO \cdot 2SiO_2 \cdot 3H_2O + 3Ca(OH)_2$$
$$2(2CaO \cdot SiO_2) + 4H_2O = 3CaO \cdot 2SiO_2 \cdot 3H_2O + Ca(OH)_2$$
$$3CaO \cdot Al_2O_3 + 6H_2O = 3CaO \cdot Al_2O_3 \cdot 6H_2O$$
$$4CaO \cdot Al_2O_3 \cdot Fe_2O_3 + 7H_2O = 3CaO \cdot Al_2O_3 \cdot 6H_2O + CaO \cdot Fe_2O_3 \cdot H_2O$$

在上述反应中，由于铝酸三钙与水反应非常快，使水泥凝结过快，为了调节水泥凝结时间，在粉磨水泥中加入适量石膏作缓凝剂，其机理可解释为：石膏能与最初生成的水化铝酸三钙反应生成难溶的水化硫铝酸钙晶体（俗称钙矾石）。其反应式如下：

$$3CaO \cdot Al_2O_3 \cdot 6H_2O + 3(CaSO_4 \cdot 2H_2O) + 19H_2O$$
$$= 3CaO \cdot Al_2O_3 \cdot 3CaSO_4 \cdot 31H_2O$$

在熟料颗粒表面形成的钙矾石保护膜封闭熟料组分的表面，阻止水分子及离子的扩散，从而延缓了熟料颗粒特别是 C_3A 的继续水化。

加入适量的石膏不仅能调节凝结时间达到标准所规定的要求，而且适量石膏能在水泥水化过程中与水化铝酸钙生成一定数量的水化硫铝酸钙晶体，交错地填充于水泥石的孔隙中，从而增加水泥石的致密性，有利于提高水泥强度，尤其是早期强度。但如果石膏掺量过多，在水泥凝结后仍有一部分石膏与水化铝酸钙继续水化生成钙矾石，体积膨胀，则使水泥石的强度降低，严重时还会导致水泥体积安定性不良。因此严格控制石膏掺量，不仅能使水泥发挥最好的强度，而且能确保水泥体积安定性良好。如石膏掺量过少，则起不到应有的作用。

忽略一些次要的、少量的成分，硅酸盐水泥熟料矿物与水反应后，生成的主要水化产物有：水化硅酸钙、水化铁酸钙胶体、氢氧化钙、水化铝酸钙和水化硫铝酸钙晶体。

（2）硅酸盐水泥的凝结与硬化

水泥的凝结硬化是个非常复杂的过程，自从 1882 年雷·查特理首次提出水泥凝结硬化理论以来，水泥的凝结与硬化理论不断完善，但至今仍有许多问题有待进一步研究，现按当前的一般看法作简要介绍。

硅酸盐水泥的凝结硬化过程，一般按水化反应速度和水泥浆体结构特征分为：初始反应期、潜伏期、凝结期和硬化期四个阶段。

1）初始反应期

水泥加水拌合后，水泥颗粒与水接触部分发生水化反应，硅酸三钙水化生成的氢氧化钙溶于水使溶液的 pH 值增大，当溶液达到过饱合，氢氧化钙开始结晶析出，同时暴露在颗粒表面的铝酸三钙溶于水，并与溶于水的石膏反应，生成钙矾石结晶析出，附着在水泥颗粒表面。这一阶段大约经过 10min，约有 1% 的水泥发生水化。

2）潜伏期

在初始反应期之后，约有 1～2h 的时间，由于水泥颗粒表面形成水化硅酸钙凝胶和钙矾石晶体构成的膜层阻止了颗粒与水的接触，使水化反应速度变慢，这一阶段水化产物增加不多，水泥浆体仍保持塑性。

3）凝结期

在潜伏期中，由于水缓慢穿透水泥颗粒表面包裹膜与矿物成分发生水化反应，而水化生成物穿透膜层的速度小于水分渗入膜层的速度，形成渗透压，导致水泥颗粒表面膜层破裂，使暴露出来的矿物进一步水化，结束了潜伏期。水泥水化产物体积约为水泥体积的 2.2 倍，生成的大量水化产物填充在水泥颗粒间的孔隙，水的消耗与水化产物的填充使水泥浆逐渐变稠失去可塑性而凝结。

4）硬化期

在凝结期以后，进入硬化期，水泥水化反应继续进行，使结构更加密实，但水化反应速度逐渐下降，一般认为以后的水化反应是以固相反应的形式进行的。在适当的温、湿度条件下，水泥的硬化过程可持续若干年。

综上所述，水泥的凝结硬化是一个由表及里，由快到慢的过程，较粗颗粒的内部很难完全水化。因此，硬化后水泥石是由晶体、胶体、未完全水化的水泥颗粒、游离水及气孔等组成的不匀质结构体。

（3）影响水泥凝结、硬化的因素

水泥的凝结硬化过程，也就是水泥强度发展的过程，为了正确使用水泥，必须了解影响水泥凝结硬化的因素，以便采取合理、有效的措施。

1）熟料矿物的组成

矿物组成是影响水泥凝结硬化的主要内因。如前所述，不同的熟料矿物成分单独与水作用时，水化反应的速度、强度的增长、水化放热是不同的。因此改变水泥的矿物组成，其凝结硬化将产生明显的变化。

2）水泥的细度

在同等条件下，水泥细度愈细，与水接触的表面积愈大，水化反应产物增长愈快，水化热愈多，凝结硬化速度愈快。一般认为，水泥颗粒小于 $40\mu m$ 时，才有较高的活性，大于 $100\mu m$ 活性就很小了。但水泥颗粒过细，水化反应速度快，早期强度高，但需水量大，干缩增大，反而会使后期强度下降。同时颗粒过细，活性大，不宜久存且生产能耗较大，成本增加，因而水泥的细度应适中。

3）石膏掺量

石膏掺入水泥中的目的是为了延缓水泥的凝结硬化速度，其缓凝原理如前所述。在此需注意，石膏的掺量必须严格控制。适宜的石膏掺量主要取决于水泥中铝酸三钙和石膏中SO_3的含量，同时与水泥细度及熟料中SO_3的含量有关，石膏掺量一般为水泥质量的3%～5%。

4）水胶比

拌合水泥浆时，水与水泥的质量比称为水胶比。拌合水泥浆时，为使浆体具有一定的可塑性和流动性，所加入的水量通常要大大超过水泥充分水化时所需用水量，多余的水在硬化的水泥石内形成毛细孔。因此拌合水越多，水泥石中的毛细孔就越多，水胶比为0.4时，完全水化后水泥石的总孔隙率约为30%；水胶比为0.7时，水泥石的孔隙率高达50%左右。而水泥石的强度随其孔隙增加呈线性关系下降。因此，在熟料矿物组成大致相近的情况下，水胶比的大小是影响水泥石强度的主要因素。

5）养护条件（温、湿度）的影响

养护温度升高，水泥水化反应速度加快，其强度增长也快，但反应速度太快所形成的结构不密实，反而会导致后期强度下降（当温度达到70℃以上时，其28d强度下降15%左右）；当温度下降时，水泥水化反应速度下降，强度增长缓慢，早期强度较低。当温度接近0℃或低于0℃时，水泥停止水化，并有可能在冻结膨胀作用下，造成已硬化的水泥石破坏。因此，冬季施工时，要采取一定的保温措施。

水泥的凝结硬化实质上是水泥的水化过程，湿度是保证水泥水化的一个必备条件。因此，在缺乏水的干燥环境中，水化反应不能正常进行，硬化也将停止；潮湿环境下的水泥石能够保持足够的水分进行水化和凝结硬化，从而保证强度的不断发展。在工程中，保持环境一定的温、湿度，使水泥石强度不断增长的措施称为养护，水泥混凝土在浇筑后的一段时间里应十分注意养护的温、湿度。

6）养护龄期

水泥的凝结、硬化是随龄期的增长而渐进的过程，在适宜的温、湿度环境中，水泥的强度增长可持续若干年。在水泥和水作用的最初几天内强度增长最为迅速，如水化7d的强度可达到28d强度的70%左右，28d以后的强度增长明显减缓。

影响水泥凝结、硬化的因素除上述主要因素之外，还与水泥的受潮程度及所掺外加剂种类等因素有关。

4.硅酸盐水泥的技术要求

国家标准《通用硅酸盐水泥》GB 175—2007对水泥的要求有细度、凝结时间、体积安定性、强度等，实际工程中有时还需了解水化热，故一并简述如下。

（1）细度

细度是指水泥颗粒的粗细程度。水泥细度的评定可采用筛分法和比表面积法。筛分法是用方孔边长为$80\mu m$的标准筛对水泥试样进行筛分试验，用筛余百分数表示；比表面积是指单位质量的水泥粉末所具有的总表面积，以m^2/kg表示，可用勃氏比表面积仪测定，该方法主要是根据一定量的空气通过具有一定空隙率和固定厚度的水泥层时，所受阻力不同而引起流速的变化来测定水泥的比表面积。粉料越细，空气透过时的阻力越大，比表面积越大。据国家标准 GB 175—2007 规定，硅酸盐水泥比表面积应大于300m²/kg。凡细度不符合规定者为不合格品。

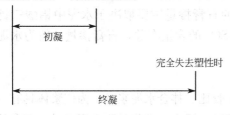

图 4-4　水泥凝结时间示意图

（2）凝结时间

凝结时间分初凝和终凝。初凝为水泥全部加入水后至水泥开始失去可塑性的时间；终凝为水泥全部加入水后至水泥净浆完全失去可塑性并开始产生强度所需的时间，其示意图如图 4-4 所示。

据 GB 175—2007 规定，硅酸盐水泥初凝时间不得小于 45min，终凝时间不大于 390min。水泥的凝结时间是采用标准稠度的水泥净浆在规定温度及湿度的环境下，用水泥净浆时间测定仪测定的。凝结时间的规定对工程有着重要的意义，为使混凝土、砂浆有足够的时间进行搅拌、运输、浇筑、砌筑，规定初凝时间不能过短，否则在施工前即已失去流动性而无法使用；当施工完毕，为了使混凝土尽快硬化，产生强度，顺利地进入下一道工序，规定终凝时间不能太长，否则将延缓施工进度与模板周转期。标准中规定，凡初凝时间不符合规定者为废品；终凝时间不符合规定者为不合格品。

（3）标准稠度用水量

在测定水泥的凝结时间、体积安定性时，为了使所测得的结果有可比性，要求采用标准稠度的水泥净浆，净浆达到标准稠度时的用水量即为标准稠度用水量，以水占水泥质量的百分数表示。对于不同的水泥品种，水泥的标准稠度用水量各不相同，一般在 24%～33%之间。

（4）体积安定性

水泥的体积安定性是指水泥浆硬化后体积变化是否均匀的性质，水泥浆体在硬化过程中体积发生不均匀变化时导致的膨胀开裂、翘曲等现象，称为体积安定性不良。安定性不良的水泥会使混凝土构件产生膨胀性裂缝，从而降低建筑物质量，引起严重事故。因此，国家标准规定水泥体积安定性必须合格，否则水泥作为废品处理。

引起水泥体积安定性不良的原因主要是：

1）含有过多的游离氧化钙和游离氧化镁　当水泥原料比例不当（石灰石较多）或煅烧工艺不正常时，会产生较多游离状态的氧化钙和氧化镁（f-CaO，f-MgO），它们与熟料一起经历了 1450℃的高温煅烧，属严重过火的氧化钙、氧化镁，水化极慢，在水化初期几乎不与水发生化学反应，而经过较长时期，在水泥凝结硬化后才慢慢开始水化，而且其水化生成物 $Ca(OH)_2$、$Mg(OH)_2$ 的体积都比原来体积增加两倍以上，致使水泥石内部产生了相当高的局部应力，从而导致水泥石出现开裂、翘曲、疏松和崩溃等现象，甚至完全破坏。

2）石膏掺量过多　生产水泥时，石膏掺量过多，在水泥硬化后，残余石膏与固态水化铝酸钙反应生成高硫型水化硫铝酸钙，体积增大约 1.5 倍，从而导致水泥石开裂。其反应式如下：

$$3(CaSO_4 \cdot 2H_2O)+3CaO \cdot Al_2O_3 \cdot 6H_2O+19H_2O$$

$$=3CaO \cdot Al_2O_3 \cdot 3CaSO_4 \cdot 31H_2O$$

国家标准《水泥标准稠度用水量、凝结时间、安定性检验方法》GB 1346—2001 中规定，硅酸盐水泥的体积安定性经沸煮法（分标准法和代用法）检验必须合格。标准法是用标准稠度净浆填满雷氏夹的圆柱环中，经养护及沸煮一定时间后，检查雷氏夹两根指针尖距离的变化，以判断水泥体积安定性是否合格；代用法是用标准稠度净浆制成试饼，经养护、沸煮后，观察试饼的外形变化，检查试饼有无翘曲和裂纹，以此判断安定性是否合格。当两种方法检验结果相互矛盾时，以雷氏法结论为准。

用沸煮法只能检测出 f-CaO 造成的体积安定性不良，而由于 f-MgO 含量过多造成的体积安定性不良必须用压蒸法才能检验出来，石膏造成的体积安定性不良则需长时间在温水中浸泡才能发现，由于后两种原因造成的体积安定性不良都不易检验，所以国家标准规定：熟料中 MgO 含量不得超过 5%，经压蒸试验合格后，允许放宽到 6%，SO$_3$ 含量不得超过 3.5%。

（5）强度及强度等级

强度是水泥力学性质的一项重要指标，是确定水泥强度等级的依据。实际工程中由于很少使用净浆，因此在测定水泥强度时，采用水泥胶砂强度试验，国家标准《水泥胶砂强度检验方法（ISO 法）》GB/T 17671—1999 规定，将水泥、标准砂和水按规定比例（水泥：标准砂：水＝1：3.0：0.5）用规定方法制成规格为 40mm×40mm×160mm 的标准试件，在标准养护条件下养护，测定其 3d、28d 的抗压强度、抗折强度。按照 3d、28d 的抗压强度、抗折强度将硅酸盐水泥分为 42.5、42.5R、52.5、52.5R、62.5、62.5R 六个强度等级，并按照 3d 强度的大小分为普通型和早强型（用 R 表示），各等级、各龄期的强度值不得低于表 4-3 中数值，如有一项指标低于表中数值，则应降低强度等级，直至 4个数值全部满足表中规定为止。

通用硅酸盐水泥各龄期的强度要求　　　　　　　　　表 4-3

品　　种	强度等级	抗压强度（MPa）		抗折强度（MPa）	
		3d	28d	3d	28d
硅酸盐水泥	42.5	≥17.0	≥42.5	≥3.5	≥6.5
	42.5R	≥22.0		≥4.0	
	52.5	≥23.0	≥52.5	≥4.0	≥7.0
	52.5R	≥27.0		≥5.0	
	62.5	≥28.0	≥62.5	≥5.0	≥8.0
	62.5R	≥32.0		≥5.5	
普通硅酸盐水泥	42.5	≥17.0	≥42.5	≥3.5	≥6.5
	42.5R	≥22.0		≥4.0	
	52.5	≥23.0	≥52.5	≥4.0	≥7.0
	52.5R	≥27.0		≥5.0	
矿渣硅酸盐水泥 火山灰硅酸盐水泥 粉煤灰硅酸盐水泥 复合硅酸盐水泥	32.5	≥10.0	≥32.5	≥2.5	≥5.5
	32.5R	≥15.0		≥3.5	
	42.5	≥15.0	≥42.5	≥3.5	≥6.5
	42.5R	≥19.0		≥4.0	
	52.5	≥21.0	≥52.5	≥4.0	≥7.0
	52.5R	≥23.0		≥4.5	

（6）水化热

水泥与水发生水化反应所放出的热量称为水化热，通常用 J/kg 表示。水化热的大小主要与水泥的细度及矿物组成有关。颗粒愈细，水化热愈大；矿物中 C_3S、C_3A 含量愈大，水化放热愈高。大部分的水化热集中在早期 3～7d 放出，以后逐步减少。

水化热在混凝土工程中，既有有利的影响，也有不利的影响。高水化热的水泥在大体积混凝土工程（如大坝、大型基础、桥墩等）中是非常不利的。这是由于水泥水化释放的热量积聚在混凝土内部散发非常缓慢，混凝土表面与内部因温差过大而导致温差应力，致使混凝土受拉而开裂破坏，因此在大体积混凝土工程中，应选择低热水泥。但在混凝土冬期施工时，水化热却有利于水泥的凝结、硬化和防止混凝土受冻。

（7）碱含量

水泥中碱含量是按（$Na_2O+0.658K_2O$）的量占水泥质量的百分数表示。若使用活性骨料，用户要求提供低碱水泥时，水泥中碱含量不得大于 0.60％或由供需双方商定。

若水泥中碱含量过高，而混凝土使用活性骨料，活性骨料会与水泥所含的碱性氧化物发生化学反应，生成具有膨胀性的碱硅酸凝胶物质，导致混凝土产生膨胀破坏。

（8）不溶物、烧失量

不溶物是指水泥经过酸（盐酸）和碱（氢氧化钠溶液）处理后，不能被溶解的残余物。Ⅰ型硅酸盐水泥不溶物不得超过 0.75％；Ⅱ型硅酸盐水泥不溶物不得超过 1.50％。

烧失量是指水泥经高温灼烧以后的质量损失率，主要由水泥中未煅烧的组分产生。Ⅰ型硅酸盐水泥烧失量不得超过 3.0％；Ⅱ型硅酸盐水泥烧失量不得超过 3.5％。

（9）氯离子含量

水泥混凝土呈碱性，钢筋表面氧化保护膜也为碱性。一般情况下，在水泥混凝土中的钢筋不致锈蚀。若水泥中氯离子含量较高，氯离子会强烈促进锈蚀反应，破坏保护膜，加速钢筋锈蚀。因此，国家标准规定：硅酸盐水泥氯离子含量应不大于 0.06％。氯离子含量不满足要求的为不合格品。

5. 水泥石的腐蚀与防止

硅酸盐水泥硬化后，在通常的条件下有较高的耐久性，但水泥石长期处在侵蚀性介质中如流动的软水、酸性溶液、强碱等环境中时，会逐渐受到侵蚀变得疏松，强度下降，甚至破坏，这种现象称为水泥石的腐蚀，它是外界侵蚀性因素通过水泥中某些组分而起破坏作用的。以下是水泥石常见腐蚀类型的介绍。

（1）软水侵蚀（溶出性侵蚀）

硅酸盐水泥作为水硬性胶凝材料的代表，对于一般江、河、湖水等硬水，具有足够的抵抗能力。但是受到冷凝水、雪水、蒸馏水等含重碳酸盐甚少的软水时，水泥石将遭受腐蚀。其腐蚀机理如下：

在静水及无压水的情况下，水泥石中的氢氧化钙很快溶于水并达到饱和，使溶解作用中止，此时溶出仅限于表层，危害不大。但在流动水及压力水的作用下，溶解的氢氧化钙会不断流失，而且水愈纯净，水压愈大，氢氧化钙流失的愈多。其结果是：一方面使水泥石变得疏松，另一方面也使水泥石的碱度降低，而水泥水化产物只有在一定的碱度环境中才能稳定生存，所以氢氧化钙的不断溶出又导致了其他水化产物的分解溶蚀，最终使水泥石破坏。

当环境水中含有重碳酸盐 $Ca(HCO_3)_2$ 时，由于同离子效应的缘故，氢氧化钙的溶解受到抑制，从而减轻了侵蚀作用，而且重碳酸盐还可以与氢氧化钙起反应，生成几乎不溶于水的碳酸钙，碳酸钙积聚在水泥石的孔隙中，形成了致密的保护层，阻止了外界水的侵入和内部氢氧化钙的扩散析出。反应式如下：

$$Ca(HCO_3)_2 + Ca(OH)_2 \Longrightarrow 2CaCO_3 + 2H_2O$$

预先将与软水接触的混凝土在空气中放置一段时间，使水泥石中的氢氧化钙与空气中的 CO_2、水作用形成碳酸钙外壳，可减轻软水的腐蚀。

（2）酸性腐蚀

1）碳酸水的腐蚀

雨水、泉水及某些工业废水中常溶解有较多的 CO_2，当含量超过一定浓度时，将会对水泥产生破坏作用，其反应式如下：

$$Ca(OH)_2 + CO_2 + H_2O \longrightarrow CaCO_3 + 2H_2O$$
$$CaCO_3 + CO_2 + H_2O \Longleftrightarrow Ca(HCO_3)_2$$

上述第二个反应式是可逆反应，若水中含有较多的碳酸，超过平衡浓度时，上式向右进行，水泥石中的 $Ca(OH)_2$ 经过上述两个反应式转变为 $Ca(HCO_3)_2$ 而溶解，进而导致其他水泥水化产物溶解，使水泥石结构破坏；若水中的碳酸不多，低于平衡浓度时，则反应式进行到第一个反应式为止，对水泥石并不起破坏作用。

2）一般酸的腐蚀

在工业污水和地下水中常含有无机酸（HCl、H_2SO_4、HPO_3 等）和有机酸（醋酸、蚁酸等），各种酸对水泥都有不同程度的腐蚀作用，它们与水泥石中的 $Ca(OH)_2$ 作用后生成的化合物或溶于水或体积膨胀而导致破坏。

例如：盐酸与水泥石中的 $Ca(OH)_2$ 作用生成极易溶于水的氯化钙，导致溶出性化学侵蚀，方程式如下：

$$2HCl + Ca(OH)_2 \Longrightarrow CaCl_2 + 2H_2O$$

硫酸与水泥石中的 $Ca(OH)_2$ 作用，反应式如下：

$$H_2SO_4 + Ca(OH)_2 \Longrightarrow CaSO_4 \cdot 2H_2O$$

生成的二水硫酸钙直接在水泥石孔隙中结晶膨胀，或者再与水泥石中的水化铝酸钙作用，生成高硫型水化硫铝酸钙。生成的高硫型水化硫铝酸钙含有大量的结晶水，体积膨胀1.5倍以上。由于是在已经硬化的水泥石中发生这种反应，因而对已硬化的水泥石起极大的破坏作用。高硫型水化硫铝酸钙呈针状晶体，故俗称"水泥杆菌"。

（3）盐类的腐蚀

1）镁盐的腐蚀

海水及地下水中常含有氯化镁等镁盐，它们可与水泥石中的氢氧化钙起置换反应生成易溶于水的氯化钙和松软无胶结能力的氢氧化镁。其反应式如下：

$$MaCl_2 + Ca(OH)_2 \Longrightarrow CaCl_2 + Mg(OH)_2$$

2）硫酸盐的腐蚀

硫酸钠、硫酸钾等对水泥石的腐蚀同硫酸的腐蚀，而硫酸镁对水泥石的腐蚀包括镁盐和硫酸盐的双重腐蚀作用。

（4）强碱腐蚀

碱类溶液如浓度不大时一般无害，但铝酸盐含量较高的硅酸盐水泥遇到强碱（如氢氧化钠）作用后会被腐蚀破坏，氢氧化钠与水泥熟料中未水化的铝酸盐作用，生成易溶的铝酸钠，出现溶出性侵蚀。其反应如下：

$$3CaO \cdot Al_2O_3 + 6NaOH =\!=\!= 3Na_2O \cdot Al_2O_3 + 3Ca(OH)_2$$

另外，当水泥石被氢氧化钠溶液浸透后，又在空气中干燥，与空气中的二氧化碳作用生成碳酸钠，碳酸钠在水泥石毛细孔中结晶沉积，可使水泥石胀裂。

综上所述，水泥石破坏有三种表现形式：一是溶解浸析，主要是水泥石中的$Ca(OH)_2$溶解使水泥石中的$Ca(OH)_2$浓度降低，进而引起其他水化产物的溶解；二是离子交换，侵蚀性介质与水泥石的组分$Ca(OH)_2$发生离子交换反应，生成易溶解或是没有胶结能力的产物，破坏水泥石原有的结构；三是形成膨胀组分，水泥石中的水化铝酸钙与硫酸盐作用形成膨胀性结晶产物，产生有害的内因力，引起膨胀性破坏。

水泥石腐蚀是内外因并存的。内因是水泥石中存在有引起腐蚀的组分$Ca(OH)_2$和$3CaO \cdot Al_2O_3 \cdot 6H_2O$，水泥石本身结构不密实，有渗水的毛细管通道；外因是在水泥石周围有以液相形式存在的侵蚀性介质。

除上述三种腐蚀类型外，对水泥石有腐蚀作用的还有其他一些物质，如糖、酒精、强碱等。水泥石的腐蚀是一个极其复杂的物理化学过程，很少是单一类型的腐蚀，往往是几种腐蚀作用同时存在，相互影响。

（5）水泥石腐蚀的防止措施

根据以上腐蚀原因的分析，欲减轻或阻止水泥石的腐蚀，可以采取以下防止措施：

1）根据侵蚀性介质选择合适的水泥品种

如采用氢氧化钙含量少的水泥，可提高对软水等侵蚀性液体的抵抗能力；采用含水化铝酸钙低的水泥，可抵抗硫酸盐的腐蚀；选择掺入混合材料的水泥可提高抗腐蚀能力。

2）提高水泥石的密实度，降低孔隙率

硅酸盐水泥水化理论需水量只占水泥质量的23%左右，而实际用水量较大，约占水泥质量的40%～70%，多余的水分蒸发后形成连通的孔隙，腐蚀性介质就容易渗入水泥石内部，从而加速了水泥石的腐蚀。在实际工程中，可通过降低水胶比、合理选择骨料、掺外加剂、改善施工方法等措施，提高水泥石的密实度，从而提高水泥石的抗腐蚀性能。

3）设置保护层

当水泥石处在较强的腐蚀性介质中使用时，根据不同的腐蚀性介质，在混凝土或砂浆表面覆盖塑料、沥青、耐酸陶瓷和耐酸石料等耐腐蚀性强且不透水的保护层，使水泥石与腐蚀性介质相隔离，起到保护作用。

6. 硅酸盐水泥的性质与应用

（1）快凝快硬高强

硅酸盐水泥的凝结硬化速度快、强度高，尤其是早期强度增长率高。适用于有早强要求的冬期施工的混凝土工程，地上、地下重要结构物及高强混凝土和预应力混凝土。

（2）抗冻性好

硅酸盐水泥采用合理的配合比和充分养护后，可获得较低孔隙率的水泥石，并有足够的强度，因此具有良好的抗冻性，适用于冬期施工及遭受反复冻融的混凝土工程。

（3）抗腐蚀性差

硅酸盐水泥水化产物中有较多的氢氧化钙和水化铝酸钙，耐软水及耐化学腐蚀能力差。故硅酸盐水泥不适用于受海水、矿物水、硫酸盐等化学侵蚀性介质腐蚀的地方。

（4）碱度高，抗碳化能力强

碳化是指水泥石中的氢氧化钙与空气中的二氧化碳反应生成碳酸钙的过程。碳化会使水泥石内部碱度降低，从而使其中的钢筋发生锈蚀。其机理可解释为：钢筋混凝土中的钢筋如处于碱性环境中，在其表面会形成一层灰色的钝化膜，保护其中的钢筋不被锈蚀，而碳化会使水泥石逐渐由碱性变为中性，当碳化深度达到钢筋附近时，钢筋失去碱性保护而锈蚀，致使混凝土构件破坏。硅酸盐水泥由于密实度高且碱性强，故抗碳化能力强，所以特别适合于重要的钢筋混凝土结构、预应力混凝土工程以及二氧化碳浓度高的环境。

（5）耐热性差

水泥石在温度约为 300℃ 时，水泥的水化产物开始脱水，体积收缩，水泥石强度下降，当受热 700℃ 以上时，强度降低更多，甚至完全破坏，所以硅酸盐水泥不宜用于耐热混凝土工程。

（6）耐磨性好

硅酸盐水泥强度高，耐磨性好，适用于道路、地面等对耐磨性要求高的工程。

（7）水化热大

硅酸盐水泥中含有大量的 C_3S、C_3A，在水泥水化时，放热速度快且放热量大，用于冬期施工可避免冻害。但高水化热对大体积混凝土工程不利，一般不适合于大体积混凝土工程。

4.1.2　其他通用硅酸盐水泥

1. 混合材料

所谓混合材料是指在生产水泥及其各种制品和构件时，常掺入的大量天然或人工的矿物材料，混合材料按照其参与水化的程度，分为活性混合材料和非活性混合材料。掺混合材料的目的是为了调整水泥强度等级，扩大使用范围，改善水泥的某些性能，增加水泥的品种和产量，降低水泥成本并且充分利用工业废料，减轻对环境的负担。

（1）活性混合材料

本身与水反应很慢，但磨细后与石灰、石膏或硅酸盐水泥熟料一起，加水拌合后能发生化学反应，生成有一定水硬性的胶凝性物质，这种混合材料称为活性混合材料。常用的活性混合材料如下：

1）粒化高炉矿渣

炼铁高炉中的熔融矿渣经水淬等急冷方式而成的松软颗粒称为粒化高炉矿渣，又称水淬矿渣，其中主要的化学成分是 CaO、SiO_2 和 Al_2O_3，约占 90% 以上。一般 CaO 和 Al_2O_3 含量较高者，活性较大，质量较好。急速冷却的矿渣结构为不稳定的玻璃体，储有较高的潜在活性，在有激发剂的情况下，具有水硬性。

2）火山灰质混合材料

火山灰质混合材料是用于水泥中以活性氧化硅、活性氧化铝为主要成分的矿物材料。按其成因可分为天然和人工两大类。

天然火山灰质混合材料包括：火山灰、凝灰岩、浮石、硅藻土、硅藻石等。

人工火山灰质混合材料包括：烧黏土、自燃后的煤矸石、炉渣、粉煤灰等。

3) 粉煤灰

粉煤灰是火力发电厂燃煤锅炉排出的烟道灰，其颗粒直径一般为 $0.001 \sim 0.05 mm$，呈玻璃态实心或空心的球状颗粒，表面比较致密，其活性主要取决于玻璃体的含量，粉煤灰的成分主要是活性氧化硅和活性氧化铝，就其化学成分及性质属于火山灰质混合材料，由于其排放量大，为了充分利用这些工业废料，保护环境，节约资源，把它专门列出作为一类活性混合材料。

上述的活性混合材料中一般均含有活性氧化硅和活性氧化铝，它们只有在氢氧化钙和石膏存在的条件下活性才能激发出来，通常将石灰与石膏称为活性混合材料的"激发剂"；氢氧化钙称为碱性激发剂；石膏为硫酸盐激发剂。激发剂的浓度越高，激发作用越大，混合材料活性发挥越充分。氢氧化钙的激发作用如下式：

$$x Ca(OH)_2 + SiO_2 + m H_2O = x CaO \cdot SiO_2 \cdot n H_2O$$
$$y Ca(OH)_2 + Al_2O_3 + m H_2O = y CaO \cdot Al_2O_3 \cdot n H_2O$$

石膏作为激发剂，它的作用是进一步与水化铝酸钙化合而生成水化硫铝酸钙。硅酸盐水泥熟料水化后会产生大量的氢氧化钙，并且生产中掺入了适量石膏，因此在硅酸盐水泥熟料中掺入活性混合材料，具备了使活性混合材料发挥活性的条件。

(2) 非活性混合材料

在水泥中主要起填充作用而不与水泥发生化学反应的矿物材料，称为非活性混合材料。将它们掺入硅酸盐水泥的目的，主要是为了提高水泥产量，调节水泥强度等级，减小水化热等。磨细的石英砂、石灰石、黏土、慢冷矿渣及多种废渣等都属于非活性材料。

2. 普通硅酸盐水泥

根据 GB 175—2007 规定，普通硅酸盐水泥，代号 P·O，是由硅酸盐水泥熟料、大于 5％且不超过 20％的活性混合材料及石膏磨细制成，并允许不超过水泥质量 10％的非活性混合材料或不超过水泥质量 5％的窑灰代替部分活性混合材料。

(1) 技术要求

普通硅酸盐水泥的细度、体积安定性、氧化镁含量、三氧化硫含量、氯离子含量要求与硅酸盐水泥完全相同，仅凝结时间和强度等级不同。

1) 凝结时间

普通硅酸盐水泥初凝不小于 45min，终凝不大于 600min。

2) 强度等级

根据 3d 和 28d 龄期的抗压、抗折强度，将普通水泥分为 42.5、42.5R、52.5、52.5R 四个强度等级，各强度等级各龄期的强度值不得低于表 4-3 中数值。

(2) 性质与应用

普通水泥中绝大部分仍为硅酸盐水泥熟料，其性质与硅酸盐水泥相近，但由于掺入少量混合材料，其各项性质稍有区别，具体表现为：

1) 早期强度略低；

2) 水化热略低；

3) 耐腐蚀性略有提高；

4) 耐热性稍好；

5) 抗冻性、耐磨性、抗碳化性略有降低。

在应用范围方面，普通水泥与硅酸盐水泥基本相同，普通水泥是建筑行业应用面最广、使用量最大的水泥品种。

3. 矿渣硅酸盐水泥

矿渣硅酸盐水泥是由硅酸盐水泥熟料、粒化高炉矿渣和适量石膏磨细制成，分为两个类型。加入大于 20％且不超过 50％的粒化高炉矿渣为 A 型，代号为 P·S·A；加入大于 50％且不超过 70％的粒化高炉矿渣为 B 型，代号为 P·S·B。其中允许用不超过水泥质量的 8％的活性混合材料、非活性混合材料和窑灰中的任一种材料替代部分矿渣。

（1）技术要求

矿渣硅酸盐水泥的凝结时间、体积安定性、氯离子含量要求均与普通硅酸盐水泥相同。其他技术要求如下：

1）细度

要求 $80\mu m$ 方孔筛筛余不大于 10％或 $45\mu m$ 方孔筛筛余不大于 30％。

2）氧化镁含量

对 P·S·A 型，氧化镁含量不宜超过 6％。如果氧化镁含量大于 6％，需进行水泥压蒸安定性试验并合格。对 P·S·B 型不作要求。

3）三氧化硫含量

三氧化硫含量不大于 4.0％。

4）强度等级

根据 3d 和 28d 龄期的抗压、抗折强度，将矿渣硅酸盐水泥分为 32.5、32.5R、42.5、42.5R、52.5、52.5R 六个强度等级，各强度等级各龄期的强度值不得低于表 4-3 中数值。

（2）矿渣硅酸盐水泥的水化特点

矿渣硅酸盐水泥的水化反应分两步进行。首先是熟料矿物的水化，生成水化硅酸钙、氢氧化钙、水化铝酸钙等水化产物；其次是生成的氢氧化钙和掺入的石膏分别作为"激发剂"与活性混合材料中的活性 SiO_2 和活性 Al_2O_3 发生二次水化反应，生成水化硅酸钙、水化铝酸钙、水化硫铝酸钙等新的水化产物。

（3）矿渣硅酸盐水泥的性能及应用

1）凝结硬化慢，早期强度低，后期强度发展较快

由于矿渣水泥熟料含量少，二次水化反应又必须在熟料水化之后才能进行，因此凝结硬化速度慢，早期强度低，但后期由于活性混合材料参与二次水化的反应及熟料的继续水化，水化产物的不断增多，使得水泥强度发展较快，后期强度可赶上甚至超过同强度等级的普通硅酸盐水泥。图 4-5 是不同品种水泥强度发展的比较。

2）抗软水、抗腐蚀能力强

由于水泥中熟料少，因而水化生成的氢氧化钙和水化铝酸三钙含量少，加

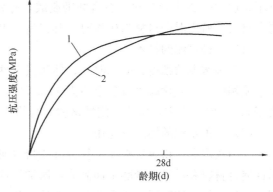

图 4-5　不同品种水泥强度发展的比较
1—硅酸盐水泥或普通水泥；
2—矿渣水泥或火山灰水泥、粉煤灰水泥

之二次水化反应还要消耗一部分氢氧化钙，因此水泥中造成腐蚀的因素大大削弱，使得水泥抵抗软水、海水及硫酸盐腐蚀的能力增加，适宜用于水工、海港工程及受侵蚀性作用的工程。

3）水化热低

由于水泥中熟料少，使水化放热量少且慢，因此适用于大体积混凝土工程。

4）湿热敏感性强，适合蒸汽养护

矿渣水泥在低温下水化明显减慢，强度较低，采用蒸汽养护可加速活性混合材料的水化，并可加速熟料的水化，故可大大提高早期强度，且不影响后期强度的发展。

5）抗碳化能力差

水泥水化产物中氢氧化钙含量少，碱度较低，在相同的二氧化碳的含量中，碳化进行得较快，因此其抗碳化能力差。

6）抗冻性差、耐磨性差

水泥中由于加入较多的混合材料，使水泥的需水量增加，水分蒸发后易形成毛细管通路或粗大孔隙，水泥石的孔隙率较大，导致抗冻性和耐磨性差。

7）耐热性强

硬化后的矿渣水泥中氢氧化钙含量少。且矿渣本身又是高温形成的耐火材料，故矿渣水泥的耐热性好，适用于高温车间、高炉基础及热气体通道等耐热工程。

8）保水性差、泌水性大、干缩性大

粒化高炉矿渣难于磨得很细，加上矿渣玻璃体亲水性差，在拌制混凝土时泌水性大，易形成毛细管通道和粗大孔隙，硬化时易产生较大干缩。所以矿渣水泥的抗渗性、抗冻性及抵抗干湿交替循环作用均不及普通水泥，使用中要严格控制用水量，加强早期养护。

4. 火山灰硅酸盐水泥、粉煤灰硅酸盐水泥、复合硅酸盐水泥

火山灰硅酸盐水泥，代号 P·P 是由硅酸盐水泥熟料，加入大于 20% 且不超过 40% 的火山灰质混合材料及石膏磨细制成。

粉煤灰硅酸盐水泥，代号 P·F。是由硅酸盐水泥熟料，加入大于 20% 且不超过 40% 的粉煤灰混合材料及石膏磨细制成。

复合硅酸盐水泥，代号 P·C。是由硅酸盐水泥熟料，加入两种（含）以上大于 20% 且不超过 50% 的混合材料及石膏磨细制成，并允许用不超过水泥质量 8% 的窑灰代替部分混合材料。所用混合材料为矿渣时，其掺量不得与矿渣硅酸盐水泥重复。

（1）三种水泥的技术指标

这三种水泥的细度、凝结时间、体积安定性、强度等级、氯离子含量要求与矿渣硅酸盐水泥相同。三氧化硫含量要求不大于 3.5%，氧化镁含量要求不大于 6.0%，如果含量大于 6.0% 时，需进行压蒸安定性试验并合格。

（2）三种水泥的性能及应用

火山灰水泥、粉煤灰水泥及复合硅酸盐水泥都是在硅酸盐水泥熟料的基础上加入大量活性混合材料和适量石膏磨细而制成，所加活性混合材料在化学组成与化学活性上基本相同，并且在加水调制后经历了非常相似的水化过程，因而在性质上存在有很多共性。如早期强度发展慢，后期强度增长快；水化热低；耐腐蚀性好；温湿度敏感性强；抗碳化能力差；抗冻性差等。但每种活性混合材料自身又有性质与特征的差异，使得这三种水泥又有

各自的特性如下：

1）火山灰质硅酸盐水泥抗渗性好

因为火山灰颗粒较细，比表面积大，可使水泥石结构密实，又因在潮湿环境下使用时，水化中产生较多的水化硅酸钙可增加结构致密程度，因此火山灰质硅酸盐水泥适用于有抗渗要求的混凝土工程。火山灰水泥水化产物中含有大量胶体，长期处于干燥环境时，胶体会脱水产生严重的收缩，导致干缩裂缝，并且在水泥石的表面产生"起粉"现象。因此，火山灰水泥不宜用于长期干燥的环境中。

2）粉煤灰硅酸盐水泥干缩较小，抗裂性高

粉煤灰呈球形颗粒，比表面积小，吸附水的能力小，与其他掺混合材料的水泥相比，标准稠度需水量较小。因而这种水泥的干缩性小，抗裂性高。但致密的球形颗粒，保水性差，易泌水。粉煤灰由于表面积小，不易水化，所以活性主要在后期发挥。因此，粉煤灰水泥早期强度、水化热比矿渣水泥和火山灰水泥还要低，特别适用于大体积混凝土工程。

3）复合硅酸盐水泥综合性质较好

复合硅酸盐水泥由于使用了复合混合材料，改变了水泥石的微观结构，促进水泥熟料的水化，其早期强度大于同强度等级的矿渣硅酸盐水泥、粉煤灰硅酸盐水泥、火山灰质硅酸盐水泥。因而复合硅酸盐水泥的用途较硅酸盐水泥、矿渣硅酸盐水泥等更为广泛，是一种大力发展的新型水泥。

硅酸盐水泥、普通硅酸盐水泥、矿渣硅酸盐水泥、火山灰质硅酸盐水泥、粉煤灰硅酸盐水泥及复合硅酸盐水泥是我国广泛使用的六种水泥，其组成、性质及适用范围见表4-4。

六种常用水泥组成、性质比较　　　　　　　　　表4-4

项　目	硅酸盐水泥 (P·Ⅰ、P·Ⅱ)	普通硅酸盐水泥 (P·O)	矿渣硅酸盐水泥 (P·S)	火山灰质硅酸盐水泥 (P·P)	粉煤灰硅酸盐水泥 (P·F)	复合硅酸盐水泥 (P·C)
组成	硅酸盐水泥熟料、适量石膏					
组成	无或很少量的混合材料	活性混合材料（大于5%且不超过20%）	粒化高炉矿渣（大于20%且不超过50%或大于50%且不超过70%）	火山灰质混合材料（大于20%且不超过40%）	粉煤灰（大于20%且不超过40%）	15%～50%规定的混合材料
性质	1. 早期、后期强度高　2. 耐腐蚀性差　3. 水化热大　4. 抗碳化性好　5. 抗冻性好　6. 耐磨性好　7. 耐热性差	1. 早期强度稍低，后期强度高　2. 耐腐蚀性稍差　3. 水化热较大　4. 抗碳化性好　5. 抗冻性好　6. 耐磨性较好　7. 抗渗性好	早期强度低，后期强度高			早期强度较高
性质			1. 对温度敏感，适合蒸汽养护；2. 耐腐蚀性好；3. 水化热小；4. 抗冻性较差；5. 抗碳化性较差			干缩较大
性质			1. 泌水性大、抗渗性差　2. 耐热性较好　3. 干缩性大	1. 保水性好、抗渗性好　2. 干缩大　3. 耐磨性差	1. 保水性差，易泌水　2. 干缩小、抗裂性好　3. 耐磨性差	干缩较大

4.2　铝 酸 盐 水 泥

凡以铝酸钙为主的铝酸盐水泥熟料磨细制成的水硬性胶凝材料，称为铝酸盐水泥，代号为CA。铝酸盐水泥是以铝矾土和石灰石为原料，经高温煅烧磨细而成。

4.2.1　铝酸盐水泥的矿物成分与水化反应

铝酸盐水泥的主要矿物成分是铝酸一钙（$CaO \cdot Al_2O_3$，简写CA），此外，还有少量硅酸二钙和其他铝酸盐。

铝酸盐水泥按 Al_2O_3 质量百分数分为4类：

CA—50　　　　　　$50\% \leqslant Al_2O_3 < 60\%$

CA—60　　　　　　$60\% \leqslant Al_2O_3 < 68\%$

CA—70　　　　　　$68\% \leqslant Al_2O_3 < 77\%$

CA—80　　　　　　$Al_2O_3 \geqslant 77\%$

铝酸盐水泥的水化和硬化过程，主要是铝酸一钙的水化和结晶过程，其水化反应如下：

温度低于20℃时

$$CaO \cdot Al_2O_3 + 10H_2O \longrightarrow CaO \cdot Al_2O_3 \cdot 10H_2O$$

铝酸一钙　　　　　　　水化铝酸一钙（CAH_{10}）

温度 20～30℃时

$$2(CaO \cdot Al_2O_3) + 11H_2O \longrightarrow 2CaO \cdot Al_2O_3 \cdot 8H_2O + Al_2O_3 \cdot 3H_2O$$

水化铝酸二钙（C_2AH_8）　　　铝胶

温度高于30℃时

$$3(CaO \cdot Al_2O_3) + 12H_2O \longrightarrow 3CaO \cdot Al_2O_3 \cdot 6H_2O + 2Al_2O_3 \cdot 3H_2O$$

水化铝酸三钙（C_3AH_6）　　　铝胶

在较低温度下，水化物主要是 CAH_{10} 和 C_2AH_8，为细长针状和板状结晶连生体，形成骨架，析出的铝胶（$Al_2O_3 \cdot 3H_2O$）填充于骨架空隙中，形成密实的水泥石，所以铝酸盐水泥水化后密实度大，强度高。经5～7d后，水化物的数量就很少增加，因此，铝酸盐水泥的早期强度增长很快，24h即可达到极限强度的80%左右，后期强度增长不显著。在温度大于30℃时，水化生成物为 C_3AH_6，强度则大为降低。

值得注意的是 CAH_{10} 和 C_2AH_8 都是亚稳定体，在温度高于30℃的潮湿环境中，会逐渐转变为稳定的 C_3AH_6。高温高湿条件下，上述转变极为迅速，晶体转变的结果，使水泥中固相体积减小50%以上，强度大大降低。可见铝酸盐水泥正常使用时，虽然硬化快、早期强度很高，但后期强度会大幅度下降，在湿热环境尤为严重。

4.2.2　铝酸盐水泥的技术性质

国家标准《铝酸盐水泥》GB 201—2000 中规定铝酸盐水泥的主要技术性质如下：

（1）细度　比表面积≥300m^2/kg 或 $45\mu m$ 筛筛余≤20%。

（2）凝结时间　凝结时间的要求如表4-5。

（3）强度　强度试验按国家标准GB/T 17671—1999规定的方法进行，但水胶比应按GB 201—2000的规定调整，各类型、各龄期强度值不得低于表4-6规定的数值。

铝酸盐水泥的凝结时间（GB 201—2000）　　表 4-5

水泥类性	初凝时间	终凝时间
CA—50 CA—70 CA—80	不早于 30min	不迟于 6h
CA—60	不早于 60min	不迟于 18h

铝酸盐水泥胶砂强度（GB 201—2000）　　表 4-6

水泥类型	抗压强度（MPa）				抗折强度（MPa）			
	6h	1d	3d	28d	6h	1d	3d	28d
CA—50	20	40	50	—	3.0	5.5	6.5	—
CA—60	—	20	45	85	—	2.5	5.0	10.0
CA—70	—	30	40		—	5.0	6.0	
CA—80	—	25	30		—	4.0	5.0	

4.2.3　铝酸盐水泥的主要性能及应用

1. 快硬早强，后期强度下降

铝酸盐水泥加水后，迅速与水发生水化反应。其 1d 强度可达到极限强度的 80% 左右，在低温环境下（5～10℃）能很快硬化，强度高，而在温度超过 30℃ 以上的环境下，强度反而下降。因此，铝酸盐水泥适应于紧急抢修、低温季节施工、早期强度要求高的特殊工程，不宜在高温季节施工，也不适合于蒸汽养护的混凝土制品。

另外，铝酸盐水泥硬化体中的晶体结构在长期使用中会发生转移，引起强度下降，因此一般不宜用于长期承载的结构工程中。

2. 耐热性强

铝酸盐水泥硬化时不宜在较高温度下进行，但硬化后的水泥石在高温下（1000℃ 以上）仍能保持较高强度。主要是因为在高温下各组分发生固相反应成烧结状态，代替了水化结合。因此铝酸盐水泥有较好的耐热性，如采用耐火的粗细骨料（如铬铁矿等）可以配制成使用温度达 1300～1400℃ 的耐热混凝土，用于窑炉炉衬。

3. 水化热高，放热快

铝酸盐水泥硬化过程中放热量大且主要集中在早期，因此，特别适合于寒冷地区的冬期施工，但不宜用于大体积混凝土工程。

4. 抗渗性及耐侵蚀性强

硬化后的铝酸盐水泥石中没有氢氧化钙，且水泥石结构密实，因而具有较高的抗渗、抗冻性，同时具有良好的抗硫酸盐、盐酸、碳酸等侵蚀性溶液腐蚀的作用，但铝酸盐水泥对碱的侵蚀无抵抗能力。

铝酸盐水泥一般不得与硅酸盐水泥、石灰等能析出氢氧化钙的胶凝材料混合使用，在拌合过程中也必须避免互相混杂，并不得与尚未硬化的硅酸盐水泥接触，否则，由于氢氧化钙的作用，生成水化铝酸三钙，会引起强度降低并缩短凝结时间，甚至还会出现"闪凝"现象。

综上所述铝酸盐水泥的特性归纳起来为：硬化快、早强、放热量大，抗冻、抗渗、耐热、耐水、耐腐蚀性强，不宜长期承重，不宜高温季节施工，不得与硅酸盐水泥、石灰混用。

4.3 其他品种水泥

其他品种水泥主要指专用水泥和特性水泥。专用水泥是指专门用于某种工程的水泥，专用水泥以适用的工程命名，如：砌筑水泥、道路水泥、油井水泥、大坝水泥等；特性水泥是指与通用水泥相比较有突出特性的水泥，特性水泥品种繁多，如：快硬硅酸盐水泥、低热矿渣硅酸盐水泥、膨胀水泥等。本节只对常用的品种作简要介绍。

4.3.1 砌筑水泥

1. 定义

凡由一种或一种以上的水泥混合材料，加入适量硅酸盐水泥熟料和石膏，经磨细制成的工作性较好的水硬性胶凝材料，称为砌筑水泥，代号 M。

水泥中混合材料掺加量按质量百分比计应大于 50%，允许掺入适量的石灰石或窑灰。

2. 强度等级

砌筑水泥分 12.5 和 22.5 两个强度等级。

3. 技术要求

根据《砌筑水泥》GB/T 3183—2003 对砌筑水泥的技术要求规定如下：

（1）三氧化硫：水泥中三氧化硫含量应不大于 4.0%。

（2）细度：80μm 方孔筛筛余不大于 10.0%。

（3）凝结时间：初凝时间不早于 60min，终凝不迟于 12h。

（4）安定性：用沸煮法检验，应合格。

（5）保水率：保水率不低于 80%。

（6）强度：强度应满足表 4-7 要求。

砌筑水泥强度等级表　　　　　　　　　　　　　　　　　表 4-7

强度等级	抗压强度（MPa）		抗折强度（MPa）	
	7d	28d	7d	28d
12.5	7.0	12.5	1.5	3.0
22.5	10.0	22.5	2.0	4.0

砌筑水泥强度等级较低，能满足砌筑砂浆强度要求，可利用大量的工业废渣作为混合材料，降低水泥成本。砌筑水泥适用于砖、石、砌块等砌体的砌筑砂浆和内墙抹面砂浆，但不得用于钢筋混凝土，作其他用途时必须通过试验来确定。

4.3.2 道路硅酸盐水泥

由适当成分的生料烧至部分熔融，得到以硅酸钙为主要成分和较多铁铝酸钙的硅酸盐水泥熟料，称为道路硅酸盐水泥熟料。由道路硅酸盐水泥熟料、0%～10% 活性混合材料和适量石膏磨细制成的水硬性胶凝材料，称为道路硅酸盐水泥（简称道路水泥），代号 P·R。

《道路硅酸盐水泥》GB 13693—2005 规定的技术要求如下：

（1）熟料矿物成分含量　道路水泥熟料矿物成分为 C_3S、C_2S、C_3A 和 C_4AF，C_3A 含量不得大于 5.0%（目的是降低水化物数量，减少水泥的干缩率）；C_4AF 含量不得小于 16%（目的是为了增加水泥的抗折强度和耐磨性）。

（2）凝结时间　道路水泥的初凝时间不得早于 1.5h，终凝时间不得迟于 10h。

（3）细度　比表面积为 300～450m²/kg。

（4）安定性　氧化镁含量不得超过 5.0%，三氧化硫含量不得超过 3.5%，沸煮法检验安定性必须合格。

（5）干缩率、耐磨性　28d 干缩率不得大于 0.10%；耐磨性以 28d 磨损量表示，不得大于 3.00kg/m²。

（6）强度　道路水泥按规定龄期的抗压、抗折强度划分，各龄期的抗压、抗折强度应不低于表 4-8 的数值。

道路水泥各龄期强度（GB 13693—2005）　　　　表 4-8

强度等级	抗折强度（MPa）		抗压强度（MPa）	
	3d	28d	3d	28d
32.5	3.5	6.5	16.0	32.5
42.5	4.0	7.0	21.0	42.5
52.5	5.0	7.5	26.0	52.5

（7）碱含量　规定同硅酸盐水泥。

道路水泥早期强度高，特别是抗折强度高、干缩率小、耐磨性好、抗冲击性好，主要用于道路路面、飞机场跑道、广场、车站以及对耐磨性、抗干缩性要求较高的混凝土工程。

4.3.3　中热硅酸盐水泥、低热硅酸盐水泥和低热矿渣硅酸盐水泥

国家标准《中热硅酸盐水泥、低热硅酸盐水泥和低热矿渣硅酸盐水泥》GB 200—2003 规定，中热硅酸盐水泥（简称中热水泥）是以适当成分的硅酸盐水泥熟料加入适量石膏，磨细制成的具有中等水化热的水硬性胶凝材料，代号 P·MH。

低热硅酸盐水泥（简称低热水泥）是以适当成分的硅酸盐水泥熟料，加入适量石膏，磨细制成的具有低水化热的水硬性胶凝材料，代号 P·LH。

低热矿渣硅酸盐水泥（简称低热矿渣水泥）是以适当成分的硅酸盐水泥熟料加入粒化高炉矿渣、适量石膏，磨细制成的具有低水化热的水硬性胶凝材料，代号 P·SLH。水泥中矿渣掺入量为 20%～60%，允许用不超过混合材料总量 50% 的粒化电炉磷渣或粉煤灰代替部分粒化高炉矿渣。

根据《中热硅酸盐水泥、低热硅酸盐水泥和低热矿渣硅酸盐水泥》GB 200—2003 的规定，主要技术要求有如下规定：

1. 矿物组成

中热硅酸盐水泥中 C_3S 的含量不应超过 55%，C_3A 的含量应不超过 6%，游离 CaO 的含量应不超过 1.0%。

低热硅酸盐水泥熟料中 C_2S 的含量应不小于 40%，C_3A 的含量应不超过 6%，游离

CaO 的含量应不超过 1.0%。

低热矿渣硅酸盐水泥熟料中 C_3A 的含量不应超过 8%，游离 CaO 的含量应不超过 1.2%。MgO 的含量不宜超过 5.0%；如果水泥经压蒸安定性试验合格，则熟料中 MgO 的含量允许放宽到 6.0%。

2．MgO 及 SO_3 含量

中热水泥和低热水泥中 MgO 含量不宜大于 5%，如水泥经压蒸安定性试验合格，则中热水泥和低热水泥允许放宽到 6%；水泥中 SO_3 含量不得超过 3.5%。

3．细度、凝结时间

水泥的比表面积应不低于 $250m^2/kg$；初凝时间不早于 60min，终凝时间不得迟于 12h。

4．安定性

水泥的安定性用沸煮法检验应合格。

5．水化热、强度

水泥的强度等级按规定龄期的抗压强度和抗折强度划分，各龄期的抗压强度和抗折强度应不低于表 4-9 的规定。水泥的水化热允许采用直接法或溶解法进行检验，各龄期的水化热应不大于表 4-9 的规定。

中热水泥、低热水泥、低热矿渣水泥各龄期强度及水化热指标　　表 4-9

品种	强度等级	抗压强度（MPa）			抗折强度（MPa）			水泥水化热（$kJ \cdot kg^{-1}$）	
		3d	7d	28d	3d	7d	28d	3d	7d
中热水泥	42.5	12.0	22.0	42.5	3.0	4.5	6.5	251	293
低热水泥	42.5	—	13.0	42.5	—	3.5	6.5	230	260
低热矿渣	32.5	—	12.0	32.5	—	3.0	5.5	197	230

中热水泥适用于要求水化热较低的大体积混凝土，如大坝、大体积建筑物和厚大基础等工程中，可以克服因水化热引起的温差应力导致的混凝土破坏；低热水泥、低热矿渣水泥主要适用于大坝等大体积混凝土工程及水下等要求低水化热的工程。

4.3.4 快硬硅酸盐水泥

凡以硅酸盐水泥熟料和适量石膏磨细制成的，以 3d 抗压强度表示强度等级的水硬性胶凝材料，称为快硬硅酸盐水泥（简称快硬水泥）。快硬水泥的生产方法与普通水泥基本相同，只是更严格地控制生产工艺条件。如：设计合理的矿物组成，提高硅酸三钙和铝酸三钙的含量，前者含量约为 50%～60%，后者为 8%～14%；提高水泥的细度，其比表面积控制在 $330～450m^2/kg$。

国家标准《快硬硅酸盐水泥》GB 199—90 规定快硬硅酸盐水泥的技术要求如下：

（1）安定性　熟料中氧化镁含量不得超过 5.0%。如压蒸安定性检验合格，允许放宽到 6.0%；三氧化硫含量不得超过 4.0%；用沸煮法检验安定性必须合格。

（2）细度　80μm 方孔筛筛余不得超过 10%。

（3）凝结时间　初凝时间不得早于 45min，终凝时间不得迟于 10h。

（4）强度等级　快硬硅酸盐水泥以 3d 抗压强度表示，分为 32.5、37.5 和 42.5 三个等级，各龄期强度不得低于表 4-10 中的数值。

快硬硅酸盐水泥各龄期强度值（GB 199—90）　　　　　表 4-10

强度等级	抗压强度（MPa）			抗折强度（MPa）		
	1d	3d	28d	1d	3d	28d
32.5	15.0	32.5	52.5	3.5	5.0	7.2
37.5	17.0	37.5	57.5	4.0	6.0	7.6
42.5	19.0	42.5	62.5	4.5	6.4	8.0

快硬硅酸盐水泥与硅酸盐水泥比较，该水泥在组成上适当提高了 C_3A 和 C_3S 含量，达到了早强快硬的效果，抗渗性及抗冻性强、水化热大、耐蚀性差。它适用于要求早期强度高的工程，紧急抢修工程，冬期施工的工程以及制作预应力钢筋混凝土或高强混凝土预制构件。不适于大体积混凝土工程及与腐蚀介质接触的混凝土工程。

由于快硬水泥细度大，易受潮变质，故运输保存时，须特别注意防潮，应及时使用，不宜久存，从出厂日起超过一个月，应重新检验，合格后方可使用。

4.3.5　膨胀水泥

一般硅酸盐水泥在空气中凝结硬化时，都产生一定的收缩，由于收缩，在混凝土内部易产生收缩裂缝，影响混凝土的强度及耐久性，而膨胀水泥则可弥补上述缺点。

膨胀水泥是一种在水化过程中体积产生膨胀的水泥，通常是由胶凝材料和膨胀剂混合而成。膨胀剂在水化过程中形成膨胀物质（如水化硫铝酸钙），导致体积微膨胀，由于膨胀过程发生在水泥浆体完全硬化之前，所以使水泥石结构密实而不致引起破坏。

膨胀水泥的分类：根据膨胀水泥的膨胀值和用途的不同，可分为：

1. 膨胀水泥

膨胀水泥的膨胀率较小，膨胀水泥的线膨胀率一般在 1% 以下，主要用于补偿水泥在凝结硬化过程中产生的收缩，因此又称无收缩水泥或收缩补偿水泥。

2. 自应力水泥

自应力水泥的线膨胀率一般为 1%～3%，膨胀值较大，在限制膨胀的条件下（如配有钢筋时），由于水泥石的膨胀作用，使混凝土受到压应力，同时还增加了钢筋的握裹力，由于这种压应力是水泥自身水化膨胀引起的，所以称为自应力，这种水泥称为自应力水泥。

膨胀水泥按其主要成分可分为硅酸盐膨胀水泥、铝酸盐膨胀水泥、硫铝酸盐膨胀水泥和铁铝酸盐膨胀水泥。

目前常用的膨胀水泥及其主要用途如下：

（1）硅酸盐膨胀水泥　主要用于制作防水层和防水混凝土，用于加固结构、浇铸机器底座或固结地脚螺栓，并可用于接缝及修补工程，但禁止在有硫酸盐侵蚀的水工工程中使用。

（2）低热微膨胀水泥　主要用于要求较低水化热和要求补偿收缩的混凝土、大体积混凝土，也适用于要求抗渗和抗酸侵蚀的工程。

（3）膨胀硫铝酸盐水泥　主要用于配制结点、抗渗和补偿收缩的混凝土工程中。

（4）自应力水泥　主要用于自应力钢筋混凝土压力管及其配件。

4.4 水泥的选用、验收与保管

水泥作为建筑材料中最重要的材料之一，在工程建设中发挥着巨大的作用，但目前建筑市场上水泥品种繁多，价格各异。因而，正确选择、合理使用水泥，严格质量验收并且妥善保管就显得尤为重要，它是确保工程质量的重要措施。

4.4.1 水泥的选用

水泥的选用包括水泥品种的选择和强度等级的选择两方面，在此重点考虑水泥品种的选择。

1. 按环境条件选择水泥品种

环境条件主要指工程所处的外部条件，包括环境的温、湿度及周围所存在的侵蚀性介质的种类及数量等。如严寒地区的露天混凝土应优先选用抗冻性较好的硅酸盐水泥、普通水泥，而不得选用矿渣水泥、粉煤灰水泥、火山灰水泥，若环境具有较强的侵蚀性介质时，应选用掺混合材料的水泥，而不宜选用硅酸盐水泥。

2. 按工程特点选择水泥品种

冬期施工及有早强要求的工程应优先选用硅酸盐水泥，而不得使用掺混合材料的水泥；对大体积混凝土工程如：大坝、大型基础、桥墩等，应优先选用水化热较小的低热矿渣水泥和中热硅酸盐水泥，不得使用硅酸盐水泥；有耐热要求的工程如：工业窑炉、冶炼车间等，应优先选用耐热性较高的矿渣水泥、铝酸盐水泥；军事工程、紧急抢修工程应优先选用快硬水泥、双快水泥；修筑道路路面、飞机跑道等优先选用道路水泥。常用水泥的选择如表 4-11。

常 用 水 泥 的 选 择　　　　　　　　　表 4-11

混凝土工程特点及所处环境条件		优先选用	可以选用	不宜选用
普通混凝土	1 在一般气候环境中的混凝土	普通水泥	矿渣水泥、火山灰水泥、粉煤灰水泥、复合水泥	
	2 在干燥环境中的混凝土	普通水泥	矿渣水泥	火山灰水泥、粉煤灰水泥
	3 在高湿度环境中或长期处于水中的混凝土	矿渣水泥、火山灰水泥、粉煤灰水泥、复合水泥	普通水泥	
	4 厚大体积混凝土	矿渣水泥、火山灰水泥、粉煤灰水泥、复合水泥	普通水泥	硅酸盐水泥
有特殊要求的混凝土	1 要求快硬、高强（>C40）的混凝土	硅酸盐水泥	普通水泥	矿渣水泥、火山灰水泥、粉煤灰水泥、复合水泥
	2 严寒地区的露天混凝土，寒冷地区处于水位升降范围内的混凝土	普通水泥	矿渣水泥（强度等级>32.5）	火山灰水泥、粉煤灰水泥
	3 严寒地区处于水位升降范围内的混凝土	普通水泥（强度等级>42.5）		矿渣水泥、火山灰水泥、粉煤灰水泥、复合水泥
	4 有抗渗要求的混凝土	普通水泥、火山灰水泥		矿渣水泥

混凝土工程特点及所处环境条件		优先选用	可以选用	不宜选用
有特殊要求的混凝土	5 有耐磨性要求的混凝土	硅酸盐水泥、普通水泥	矿渣水泥 （强度等级＞32.5）	火山灰水泥、 粉煤灰水泥
	6 受侵蚀性介质作用的混凝土	矿渣水泥、火山灰水泥、 粉煤灰水泥、复合水泥		硅酸盐水泥、普通水泥

4.4.2 水泥的验收

1. 标志验收

根据供货单位的发货明细表或入库通知单及质量合格证，分别核对水泥包装上所注明的水泥品种、代号、净含量、强度等级，生产许可证标志（QS），生产者名称和地址，出厂编号，执行标准号，包装年、月、日等。掺火山灰质混合材料的普通水泥和矿渣水泥还应标上"掺火山灰"字样，包装袋两侧应印有水泥名称和强度等级，硅酸盐水泥和普通硅酸盐水泥的印刷采用红色，矿渣水泥的印刷采用绿色，火山灰水泥、粉煤灰水泥和复合水泥的印刷采用黑色或蓝色。

2. 数量验收

水泥可以袋装或散装，袋装水泥每袋净含量 50kg，且不得少于标志质量的 99%，随机抽取 20 袋总质量不得少于 1000kg，其他包装形式由双方协商确定，但有关袋装质量要求，必须符合上述原则规定。

3. 质量验收

水泥出厂前应按同品种、同强度等级和取样编号，袋装水泥和散装水泥应分别进行编号和取样，每一编号为一取样单位，取样应有代表性，可连续取，亦可从 20 个以上不同部位取等量样品，总量至少 12kg。

交货时水泥的质量验收可抽取实物试样以其检验结果为依据，也可以水泥厂同编号水泥的检验报告为依据。采取何种方法验收由买卖双方商定，并在合同或协议中注明。

以抽取实物试样的检验结果为验收依据时，买卖双方应在发货前或交货地共同取样和签封，取样数量 20kg，缩分为二等份。一份由卖方保存 40d，一份由买方按国家标准规定的项目和方法进行检验。在 40d 内买方检验认为水泥质量不符合标准要求时，可将卖方保存的一份试样送水泥质量监督检验机构进行仲裁检验。

以水泥厂同编号水泥的检验报告为验收依据时，在发货前或交货时买方在同编号水泥中抽取试样，双方共同签封后保存三个月，或委托卖方在同编号水泥中抽取试样，签封后保存三个月。在三个月内，买方对水泥质量有疑问时，则买卖双方应将签封的试样送省级或省级以上国家认可的水泥质量监督检验机构进行仲裁检验。

4. 结论

经确认水泥各项技术指标及包装质量符合要求时方可出厂。

凡不溶物、烧失量、三氧化硫含量、氧化镁含量、氯离子含量、凝结时间、安定性、强度符合标准者为合格品；以上指标中任何一项技术要求不符合标准者为不合格品。

4.4.3　水泥的运输与保管

1. 水泥的风化

水泥中的活性矿物组分与空气中的水分、二氧化碳等发生化学反应，从而导致水泥变质的现象，称为风化或受潮。水泥在长期存放过程中极易受潮，其原因主要是：水泥熟料各矿物都是亲水性极强的物质，水泥是经 $1350\sim1450℃$ 高温煅烧的熟料磨细而成，本身处在一种绝对干燥的状态下，极易吸收外界水分，水泥比表面积很大，加上粉磨时的冲击、研磨作用，因此表面能极大，吸附能力极强。

水泥受潮时与水发生化学作用生成氢氧化钙，氢氧化钙又与空气中的二氧化碳作用生成碳酸钙和水，放出的水又能与水泥继续反应，如此周而复始，加快了水泥的受潮过程。受潮水泥由于水化产物的凝结硬化作用，大都会出现结块现象，失去了活性，强度下降，严重的甚至不能再用于工程中。水泥受潮时的化学方程式如下：

$$3CaO \cdot SiO_2 + nH_2O === 2CaO \cdot SiO_2 \cdot (n-1)H_2O + Ca(OH)_2$$
$$Ca(OH)_2 + CO_2 + H_2O === CaCO_3 + 2H_2O$$

另一方面，即使水泥不受潮，长期处在大气环境中，其活性也会降低。这是因为水泥在磨细时形成大量新的断裂面（或称破裂面），自由能大，活性高，但在长期存放中，这些新生表面将被"污染"而老化，使活性降低。

水泥在正常储存条件下，储存 3 个月，强度降低约 $10\%\sim25\%$，储存 6 个月，强度降低约 $25\%\sim40\%$。因此规定，常用水泥储存期为 3 个月，铝酸盐水泥为 2 个月，双快水泥不宜超过 1 个月，过期水泥在使用时应重新检测，按实际强度使用。水泥受潮变质的快慢及受潮的程度与保管条件、保管期限及质量有关。

2. 水泥的保管

防止水泥受潮，最重要的是做好水泥运输与储存时的管理，防止受潮，不得混入杂物。水泥在保管时，应按不同生产厂、不同品种、强度等级和出厂日期分开堆放，严禁混杂；在运输及保管时要注意防潮和防止空气流动，先存先用，不可储存过久。

受潮后的水泥密度降低、凝结迟缓，强度也逐渐降低，通常水泥强度等级越高，细度越细，吸湿受潮也越快。水泥一般应入库存放，水泥仓库应保持干燥，库房地面应高出室外地面 30cm，堆放点离开窗户和墙壁 30cm 以上，袋装水泥堆垛不宜过高，一般为 10 袋；露天临时储存的袋装水泥，应选择地势高，排水条件好的场地，并认真做好上盖下垫，以防水泥受潮。使用散装水泥时应使用散装水泥罐车运输，采用铁皮罐仓或散装水泥库存放。

3. 水泥受潮后的处理

水泥受潮程度的鉴别、处理和使用参见表 4-12。

受潮水泥的鉴别、处理和使用　　　　　　　　　　表 4-12

受潮情况	处理方法	使　用
有粉块，用手可捏成粉末	将粉块压碎	经试验后，根据实际强度使用
部分结成硬块	将硬块筛除，粉块压碎	经试验后，根据实际强度使用，用于低等级混凝土或砂浆中
大部分结成硬块	将硬块粉碎磨细	不能作为水泥使用，可充当混合材料使用，掺量不大于 25%

4.4.4 通用硅酸盐水泥质量等级的评定

通用硅酸盐水泥按其质量水平分为优等品、一等品和合格品三个等级。优等品是指产品标准必须达到国际先进水平，且水泥实物质量水平与国外同类产品相比达到近五年内的先进水平；一等品是指水泥产品标准必须达到国际一般水平，且水泥实物质量水平达到国际同类产品的一般水平；合格品是指按我国现行水泥产品标准（国家标准、行业标准或企业标准）组织生产，水泥实物质量水平必须达到相应产品标准的要求。

水泥实物质量在符合相应标准的技术要求基础上，进行实物质量水平的分等。通用硅酸盐水泥的实物质量水平根据 3d 抗压强度、28d 抗压强度、终凝时间和氯离子含量进行分等。通用硅酸盐水泥的实物质量应符合表 4-13 的要求。

通用硅酸盐水泥的实物质量要求（JC/T 452—2009）   表 4-13

项 目		质 量 等 级			
		优等品		一等品	合格品
		硅酸盐水泥 普通硅酸盐水泥	矿渣硅酸盐水泥 火山灰质硅酸盐水泥 粉煤灰硅酸盐水泥 复合硅酸盐水泥	硅酸盐水泥 普通硅酸盐水泥	矿渣硅酸盐水泥 火山灰质硅酸盐水泥 粉煤灰硅酸盐水泥 复合硅酸盐水泥	硅酸盐水泥 普通硅酸盐水泥 矿渣硅酸盐水泥 火山灰质硅酸盐水泥 粉煤灰硅酸盐水泥 复合硅酸盐水泥
抗压强度	3d≥	24.0MPa	22.0MPa	20.0MPa	17.0MPa	符合通用硅酸盐水泥各品种的技术要求
	28d≥	48.0MPa	48.0MPa	46.0MPa	38.0MPa	
	28d≤	$1.1\overline{R}$	$1.1\overline{R}$	$1.1\overline{R}$	$1.1\overline{R}$	
终凝时间 ≤（min）		300	330	360	420	
氯离子含量 ≤（%）		0.06				

注：表中 $\overline{R}$ 为同品种同强度等级水泥 28d 抗压强度上月平均值，至少以 20 个编号平均，不足 20 个编号时，可两个月或三个月合并计算，对于 62.5（含 62.5）以上水泥，28d 抗压强度不大于 $1.1\overline{R}$ 的要求不作规定。

复 习 思 考 题

1. 简述硅酸盐水泥的生产过程。
2. 硅酸盐水泥的主要水化产物是什么？硬化水泥石的结构如何？水泥石结构对水泥石性能的影响如何？
3. 制造硅酸盐水泥时为什么必须掺入适量的石膏？石膏掺得太少或太多时，将产生什么后果？
4. 确定水泥标准稠度用水量有什么意义？
5. 引起硅酸盐水泥体积安定性不良的原因是什么？如何检验？建筑工程中体积安定性不良的水泥有什么危害？如何处理？
6. 何谓水泥的凝结时间？国家标准为什么要规定水泥的凝结时间？
7. 硅酸盐水泥的指标中，哪些不符合国家标准时为不合格品？
8. 硅酸盐水泥强度发展的规律如何？影响其凝结硬化的主要因素有哪些？怎样影响？
9. 硅酸盐水泥的腐蚀类型有哪些？各自的腐蚀机理如何？

10. 为什么生产硅酸盐水泥时掺适量石膏对水泥不起破坏作用，而硬化的水泥石遇到有硫酸盐溶液的环境，产生出的石膏对水泥石有破坏作用？

11. 混合材料有哪些种类？掺入水泥后的作用分别是什么？水泥中常掺入哪几种活性混合材料？

12. 为什么普通水泥早期强度较高、水化热较大，而矿渣水泥和火山灰水泥早期强度低、水化热小，但后期强度增长较快？

13. 掺混合材料的硅酸盐水泥为什么具有较高的抗腐蚀性能？

14. 简述各种掺混合材料的硅酸盐水泥的共性及各自的特性。

15. 铝酸盐水泥的特性如何？使用时应注意哪些问题？怎样正确使用？

16. 有下列混凝土构件和工程，试分别选用合适的水泥品种，并说明选用理由：

(1) 现浇混凝土楼板、梁、柱；

(2) 采用蒸汽养护的预制构件；

(3) 高炉基础；

(4) 道路工程；

(5) 大体积混凝土大坝和大型设备基础。

5 混 凝 土

5.1 概 述

广义上讲，混凝土是由胶凝材料、水和粗细骨料，有时掺入外加剂和掺合料，按适当比例配合，经均匀拌合、密实成型及养护硬化而成的人造石材。混凝土是当今世界用量最大、用途最广的人造石材。作为最大宗的人造材料，混凝土极大地改善了人类的居住环境、工作环境和出行环境，无论在工业与民用建筑、水利水电工程，还是道路桥梁、地下工程和国防工程，都发挥着其他材料无法替代的作用。2010 年我国水泥产量达到 18.68 亿 t，商品混凝土产量达 10 亿 m³，熟练掌握混凝土的性能及应用，是非常重要的。

5.1.1 混凝土的分类

1. 按干表观密度分类

（1）重混凝土

重混凝土是指干表观密度大于 2800kg/m³ 的混凝土，采用特别密实和密度特别大的骨料（如重晶石、铁矿石、钢屑等）制成，它们具有防 X 射线、γ 射线的性能，故又称防辐射混凝土，是广泛用于核工业屏蔽结构的材料。

（2）普通混凝土

普通混凝土是指干表观密度为 2000～2800kg/m³，以水泥为胶凝材料，采用天然的普通砂、石作粗细骨料配制而成的混凝土，是建筑工程中应用范围最广、用量最大的混凝土，主要用作各种建筑的承重结构材料。

（3）轻混凝土

轻混凝土是指干表观密度小于 1950kg/m³ 的混凝土。又可分为三类：轻骨料混凝土，采用浮石、陶粒、火山灰等多种轻骨料制成；多孔混凝土，是内部充满大量微小气泡，没有骨料的轻混凝土，如加气混凝土和泡沫混凝土；大孔混凝土（普通大孔混凝土、轻骨料大孔混凝土），其组成中无细骨料。轻混凝土按其用途可分为结构用、保温用和结构兼保温用等几种。

2. 按胶凝材料分类

混凝土按所用胶凝材料可分为水泥混凝土、石膏混凝土、沥青混凝土、聚合物混凝土、水玻璃混凝土等。

3. 按其用途分类

混凝土按其用途可分为结构混凝土、抗渗混凝土、抗冻混凝土、高强混凝土、大体积混凝土等。

4. 按生产方式和施工方法分类

按照生产方式混凝土可分为预拌混凝土（即商品混凝土）和现场搅拌混凝土。按照施工方法可分为泵送混凝土、喷射混凝土、压力混凝土、离心混凝土、碾压混凝土、挤压混凝土等。

本章内容重点涉及以水泥为胶凝材料的普通混凝土，后面内容如无特别说明，所指的混凝土即普通混凝土，对于其他品种的混凝土只作简要的介绍。

5.1.2 混凝土的特点

混凝土之所以在建筑工程中得到广泛的应用，是因为混凝土与其他材料相比，有许多其他材料无法替代的性能及良好的经济效益。现将混凝土的特点介绍如下：

(1) 性能多样、用途广泛，通过调整组成材料的品种及配比，可以制成具有不同物理、力学性能的混凝土以满足不同工程的要求。

(2) 混凝土在凝结前，有良好的塑性，可以浇筑成任意形状、规格的整体结构或构件。

(3) 混凝土组成材料中约占 80% 以上的砂、石骨料，来源十分丰富，符合就地取材和经济的原则。

(4) 与钢筋有良好的粘结性，且二者的线膨胀系数基本相同，复合成的钢筋混凝土，能互补优劣，大大拓宽了混凝土的应用范围。

(5) 按合理方法配制的混凝土，具有良好的耐久性，同钢材、木材相比更耐久，维修费用低。

(6) 可充分利用工业废料作骨料或掺合料，如粉煤灰、矿渣等，有利于环境保护。

混凝土也存在一些缺点，比如：自重大、比强度小、抗拉强度小、呈脆性易开裂、硬化速度慢、生产周期长，混凝土的质量受施工环节的影响比较大，难以得到精确控制，施工现场拌料造成施工工地杂乱等。但随着混凝土技术的不断发展，混凝土的不足正在不断被克服，如在混凝土中掺入少量短碳纤维，能大大增强混凝土的韧性、抗拉裂性、抗冲击性；在混凝土中掺入高效减水剂和掺合料，明显提高混凝土的强度和耐久性；加入早强剂，缩短混凝土的硬化周期；采用商品混凝土，可减少现场称料、搅拌不当对混凝土质量的影响，使施工现场的环境得到进一步的改善。

5.2 普通混凝土的组成材料

普通混凝土（以下简称混凝土）是由水泥、水、砂、石等几种基本组分及外加剂和掺合料按适当比例配制，经搅拌均匀而成的浆体，称为混凝土拌合物，再经凝结硬化成为坚硬的人造石材称为硬化混凝土。硬化后的混凝土结构如图 5-1 所示。

在混凝土中，水泥与水形成水泥浆包裹砂、石颗粒表面，并填充砂、石空隙，水泥浆在硬化前主要起润滑、填充、包裹等作用，使混凝土拌合物具有良好的和易性；在硬化后，主要起胶结作用，将砂、石粘结成一个整体，使其具有良好的强度及耐久性。砂、石的强度高于水泥石的强度，在混凝土中起骨架作用，故称为骨料，骨料可抑制混凝土的收缩，减少水泥用

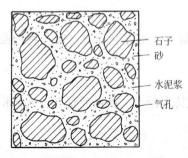

图 5-1 硬化后混凝土结构

量，提高混凝土的强度及耐久性。

混凝土的技术性质在很大程度上是由原材料性质及相对含量决定的，同时与施工工艺（搅拌、振捣、养护等）有关。因此我们必须了解原材料性质及其质量要求，合理选择材料，这样才能保证混凝土的质量。

5.2.1 水泥

水泥是混凝土组成材料中最重要的材料，也是影响混凝土强度、耐久性、经济性的最重要的因素，应予以高度重视。配制混凝土所用的水泥应符合国家现行标准有关规定。除此之外，在配制时应合理地选择水泥品种和强度等级。

1. 水泥品种

水泥品种应根据工程特点、所处的环境条件及设计、施工的要求进行选择。常用水泥品种按"4 水泥"所述原则参照表 4-11 选择。

2. 水泥强度等级

水泥强度等级应与混凝土设计强度等级相一致。原则上是高强度等级的水泥配制高强度等级的混凝土。通常中低强度等级的混凝土（C60 以下），水泥强度等级为混凝土强度等级的 1.5～2.0 倍；高强度等级（≥C60）的混凝土，水泥强度等级为混凝土强度等级的 0.9～1.5 倍。若用高等级水泥配制低等级的混凝土时，较少的水泥用量即可满足混凝土的强度要求，但水泥用量过少，严重影响混凝土拌合物的和易性和耐久性；若用低等级水泥配制高强度等级混凝土，势必增大水泥用量，减少水胶比，结果影响混凝土拌合物的流动性，并显著增加混凝土的水化热和混凝土的干缩、徐变，混凝土的强度也得不到保证。

5.2.2 细骨料

混凝土用砂可分为天然砂、人工砂两类。天然砂是由自然风化、水流搬运和分选堆积形成的公称粒径小于 5.00mm 的岩石颗粒，但不包括软质岩、风化岩石的颗粒。按产源不同，天然砂分为河砂、海砂、山砂。河砂、海砂长期受水流的冲刷作用，颗粒表面比较光滑，且产源较广，用它拌制的混凝土流动性好；海砂中常含有贝壳碎片及可溶性盐类等有害杂质；山砂表面粗糙、棱角多，与水泥粘结性好，但含泥量和有机质含量多。

人工砂是岩石经除土开采、机械破碎、筛分而成的，公称粒径小于 5.00mm 的岩石颗粒。人工砂表面粗糙、棱角多，较为洁净，但砂中含有较多的片状颗粒及石粉，成本较高，一般仅在天然砂源缺乏时才使用。混合砂是由天然砂与人工砂按一定比例组合而成的砂。

《普通混凝土用砂、石质量及检验方法标准》JGJ 52—2006 对砂的技术要求如下：

1. 颗粒级配及粗细程度

在混凝土拌合物中，水泥浆包裹骨料的表面，并填充骨料的空隙，为了节省水泥，降低成本，并使混凝土结构达到较高密实度，选择骨料时，应尽可能选用总表面积小、空隙率小的骨料。而砂子的总表面积与粗细程度有关，空隙率则与颗粒级配有关。

（1）颗粒级配

颗粒级配是指粒径大小不同的砂粒互相搭配的情况。同样粒径的砂空隙率最大，若大颗粒间空隙由中颗粒填充，而中颗粒间空隙又由小颗粒填充，这样逐级填充使砂形成较密实的体积，空隙率达到最小。级配良好的砂，不仅可节省水泥用量而且混凝土结构密实，和易性、强度、耐久性得以加强，还可减少混凝土的干缩及徐变。

（2）粗细程度

粗细程度是指不同粒径砂粒混合在一起的总体粗细程度。在相同质量的条件下，粗砂的总表面积小，包裹砂表面所需的水泥浆就少；反之细砂总表面积大，包裹砂表面所需的水泥浆量就多。因此，在和易性要求一定的条件下，砂的粗细程度和颗粒级配应同时考虑。当砂中含有较多的粗颗粒，以适当的中颗粒及少量的细颗粒填充其空隙，则既具有较小的空隙率又具有较小的总表面积，不仅水泥用量少，而且还可以提高混凝土的密实度与强度。

（3）砂的粗细程度与颗粒级配的评定

颗粒级配通常用级配区来表示，砂的粗细程度用细度模数 μ_f 来表示。

采用一套标准的方孔筛，方孔筛筛孔边长依次为 0.15mm、0.3mm、0.6mm、1.18mm、2.36mm、4.75mm，称取试样 500g，将试样倒入按筛孔边长大小从上到下组合的套筛（附筛底）上，然后进行筛分，分别称取留在各筛上的筛余量 m_1、m_2、m_3、m_4、m_5、m_6，计算各筛上的分计筛余百分率 a_1、a_2、a_3、a_4、a_5、a_6（各筛上的筛余量占砂样总质量的百分率）及累计筛余百分率 A_1、A_2、A_3、A_4、A_5、A_6（各筛和比该筛粗的所有分计筛余百分率之和），累计筛余百分率与分计筛余百分率关系如表 5-1 所示。

累计筛余与分计筛余计算关系　　　　　　　　表 5-1

砂的公称粒径	方孔筛筛孔边长（mm）	筛余量（g）	分计筛余百分率（%）	累计筛余百分率（%）
5.00mm	4.75	m_1	$a_1=(m_1/500)\times100\%$	$\beta_1=a_1$
2.50mm	2.36	m_2	$a_2=(m_2/500)\times100\%$	$\beta_2=a_1+a_2$
1.25mm	1.18	m_3	$a_3=(m_3/500)\times100\%$	$\beta_3=a_1+a_2+a_3$
630μm	0.6	m_4	$a_4=(m_4/500)\times100\%$	$\beta_4=a_1+a_2+a_3+a_4$
315μm	0.3	m_5	$a_5=(m_5/500)\times100\%$	$\beta_5=a_1+a_2+a_3+a_4+a_5$
160μm	0.15	m_6	$a_6=(m_6/500)\times100\%$	$\beta_6=a_1+a_2+a_3+a_4+a_5+a_6$

细度模数 μ_f 的计算公式如下：

$$\mu_f=\frac{(\beta_2+\beta_3+\beta_4+\beta_5+\beta_6)-5\beta_1}{100-\beta_1} \tag{5-1}$$

式中　μ_f——细度模数；

$\beta_6\sim\beta_1$——分别为 0.15mm、0.3mm、0.6mm、1.18mm、2.36mm、4.75mm 筛的累计筛余百分数值。

细度模数 μ_f 越大表示砂越粗，普通混凝土用砂的细度模数范围一般在 3.7～0.7 之间：

其中 3.7～3.1 为粗砂；

3.0～2.3 为中砂；

2.2～1.6 为细砂；

1.5～0.7 为特细砂。

对细度模数为 3.7～1.6 之间的普通混凝土用砂，根据 0.6mm 筛的累计筛余百分数值分成三个级配区，见表 5-2，混凝土用砂的颗粒级配应处于三个级配区中的任一级配区（特殊情况见表中注解）。

砂的颗粒级配　　　　　　　　　　　　　　　　表 5-2

累计筛余（%）　　级配区 筛孔边长	Ⅰ区	Ⅱ区	Ⅲ区
9.50mm	0	0	0
4.75mm	10～0	10～0	10～0
2.36mm	35～5	25～0	15～0
1.18mm	65～35	50～10	25～0
0.6mm	85～71	70～41	40～16
0.3mm	95～80	92～70	85～55
0.15mm	100～90	100～90	100～90

注：砂的实际颗粒级配与表中所列数字相比，除 4.75mm 和 0.6mm 筛档外，可以略有超出，但超出总量应小于 5%；

为了更直观地反映砂的颗粒级配，可将表 5-2 的规定绘出级配曲线图，纵坐标为累计筛余百分率，横坐标为筛孔尺寸，如图 5-2 所示。

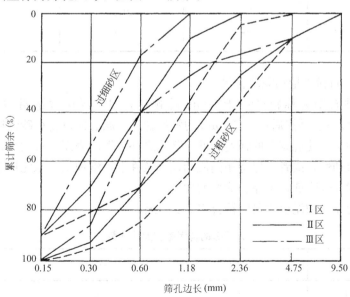

图 5-2　筛分曲线

一般处于Ⅰ区的砂较粗，属于粗砂，其保水性较差，应适当提高砂率，并保证足够的水泥用量，以满足混凝土的和易性；Ⅲ区砂细颗粒多，配制混凝土的黏聚性、保水性易满足，但混凝土干缩性大，容易产生微裂缝，宜适当降低砂率；Ⅱ区砂粗细适中，级配良好，拌制混凝土时宜优先选用。

如果砂的自然级配不符合要求，应采用人工级配的方法来改善。最简单的措施是将粗、细砂按适当比例进行掺配。

【例 5-1】 某砂样经筛分析试验，其结果如表 5-3，试分析该砂的粗细程度与颗粒级配并计算细度模数 μ_f。

$$\mu_f = \frac{(\beta_2 + \beta_3 + \beta_4 + \beta_5 + \beta_6) - 5\beta_1}{100 - \beta_1}$$

$$= \frac{(18 + 32 + 51.6 + 76.4 + 97.6) - 5 \times 1.6}{100 - 1.6} = 2.72$$

结论：此砂属中砂，将表 5-3 计算出的累计筛余百分数与表 5-2 作对照，得出此砂级配属于Ⅱ区砂，级配合格。

砂 样 筛 分 结 果　　　　　　　　　　表 5-3

筛孔边长（mm）	筛余量（g）	分计筛余百分率（%）	累计筛余百分率（%）
4.75	8	1.6	1.6
2.36	82	16.4	18
1.18	70	14	32
0.6	98	19.6	51.6
0.3	124	24.8	76.4
0.15	106	21.2	97.6
<0.15	12	2.4	100

2. 含泥量、石粉含量和泥块含量

含泥量为砂石中公称粒径小于 $80\mu m$ 的颗粒含量；泥块含量指砂中原粒径大于 1.25mm，经水浸洗、手捏后小于 $630\mu m$ 的颗粒含量。泥通常包裹在砂颗粒表面，妨碍了水泥浆与砂的粘结，使混凝土的强度降低。除此之外，泥的表面积较大，含量多会降低混凝土拌合物的流动性，或者在保持相同流动性的条件下，增加水和水泥用量，从而导致混凝土的强度、耐久性降低，干缩、徐变增大。

天然砂的含泥量和泥块含量应符合表 5-4 的规定。

天然砂的含泥量和泥块含量　　　　　　　　　　表 5-4

混凝土强度等级	≥C60	C55~C30	≤C25
含泥量（按质量计），%	≤2.0	≤3.0	≤5.0
泥块含量（按质量计），%	≤0.5	≤1.0	≤2.0

石粉含量是人工砂中公称粒径小于 $80\mu m$，而且其矿物组成和化学成分与被加工母岩相同的颗粒含量。过多的石粉含量会妨碍水泥与骨料的粘结，对混凝土无益。但适量的石粉含量可弥补人工砂颗粒多棱角对混凝土带来的不利，反而对混凝土有益。

石粉与天然砂中的泥成分不同，粒径分布不同，在使用中所起作用也不同。天然砂中的泥对混凝土是有害的，必须严格控制；而人工砂中适量的石粉存在对混凝土是有益的。人工砂由机械破碎制成，其颗粒尖锐有棱角，这对骨料和水泥之间的结合是有利的，但对混凝土和砂浆的和易性是不利的，特别是强度等级低的混凝土和水泥砂浆的和易性很差，而适量石粉的存在，则弥补了这一缺陷。此外，石粉主要是 $40\sim75\mu m$ 的微细颗粒组成，它的掺入对完善混凝土细骨料的级配，提高混凝土密实性都是有益的，进而提高混凝土的综合性能。为防止人工砂在开采、加工等中间环节掺入过量泥土，测石粉含量前必须先通过亚甲蓝试验检验。

亚甲蓝 MB 值的检验或快速检验是专门用于检测公称粒径小于 $80\mu m$ 的物质是纯石粉还是泥土。亚甲蓝 MB 值检验合格的人工砂，石粉含量按 5％、7％、10％控制使用；亚甲蓝 MB 值不合格的人工砂石粉含量按 2％、3％、5％控制使用，这就避免了因人工砂石粉中泥土含量过多而给混凝土带来的负面影响。

JGJ 52—2006 对人工砂中的石粉含量和泥块含量的规定如表 5-5 所示。

人工砂的石粉含量和泥块含量规定　　　　　　　　　　　　　表 5-5

		混凝土强度等级	≥C60	C55～C30	≤C25
1	亚甲蓝试验	MB 值<1.4 或合格	石粉含量（按质量计），%	≤5.0	≤7.0	≤10.0
2			泥块含量（按质量计），%	≤0.5	≤1.0	≤2.0
3		MB 值≥1.4 或不合格	石粉含量（按质量计），%	≤2.0	≤3.0	≤5.0
4			泥块含量（按质量计），%	≤0.5	≤1.0	≤2.0

3. 有害物质含量

配制混凝土的细骨料要求清洁不含杂质以保证混凝土的质量。砂中不应混有草根、树叶、树枝、塑料、煤块等杂物，行业标准对云母、轻物质、硫化物及硫酸盐、氯盐等含量作了规定。

云母呈薄片状，表面光滑，与水泥粘结力差，且本身强度低，会导致混凝土的强度、耐久性降低；轻物质是表观密度小于 $2000kg/m^3$ 的物质，与水泥粘结差，影响混凝土的强度、耐久性；有机物杂质易于腐烂，腐烂后析出的有机酸对水泥石有腐蚀作用；硫化物及硫酸盐对水泥石有腐蚀作用；氯盐的存在会使钢筋混凝土中的钢筋锈蚀；因此必须对 Cl^- 严格限制。正因为上述各物质对混凝土造成的不良影响，故必须对其含量加以限制，其含量须满足表5-6的规定。

项 目	质 量 指 标
云母（按质量计，%）	≤2.0
轻物质（按质量计，%）	≤1.0
硫化物及硫酸盐（折算成 SO_3 按质量计，%）	≤1.0
有机物含量（用比色法试验）	颜色不应深于标准色，当颜色深于标准色时，应按水泥胶砂强度试验方法进行强度对比试验，抗压强度比不应低于 0.95

对比较特殊或重要的工程混凝土用砂还应进行碱集料反应试验，主要是检验硅质骨料与混凝土中水泥及外加剂中的碱发生潜在碱—硅酸反应的危害性。

4. 坚固性

砂的坚固性是指骨料在气候、环境变化或其他物理因素作用下抵抗破裂的能力。

天然砂的坚固性采用硫酸钠溶液法进行检验。称取公称粒径分别为 $315\sim630\mu m$、$0.63\sim1.25mm$、$1.25\sim2.50mm$ 和 $2.50\sim5.00mm$ 的试样各 100g，放入硫酸钠溶液中循环五次后，按式 5-2 计算出各粒级试样质量损失率，再按式 5-3 计算出试样的总质量损失百分率。

各粒级试样质量损失百分率 δ_{ji}

$$\delta_{ji} = \frac{m_i - m'_i}{m_i} \times 100\% \tag{5-2}$$

式中 δ_{ji}——各粒级试样质量损失百分率（%）；

m_i——各粒级试样试验前的质量（g）；

m'_i——各粒级试样试验后的筛余量（g）。

试样的总质量损失百分率 δ_j

$$\delta_j = \frac{\alpha_1\delta_{j1} + \alpha_2\delta_{j2} + \alpha_3\delta_{j3} + \alpha_4\delta_{j4}}{\alpha_1 + \alpha_2 + \alpha_3 + \alpha_4} \tag{5-3}$$

式中 δ_j——试样的总质量损失率（%）；

α_1、α_2、α_3、α_4——分别为各粒级质量占试样总质量百分率；

δ_{j1}、δ_{j2}、δ_{j3}、δ_{j4}——各粒级试样质量损失的百分率（%）。

天然砂用于不同环境条件混凝土时，其质量损失应符合表 5-7 的要求。

混凝土所处的环境条件及其性能要求	5 次循环后的质量损失（%）
在严寒及寒冷地区室外使用并经常处于潮湿或干湿交替状态下的混凝土；对于有抗疲劳、耐磨、抗冲击要求的混凝土；有腐蚀介质作用或经常处于水位变化区的地下结构混凝土	≤8
其他条件下使用的混凝土	≤10

人工砂采用压碎指标值来判断砂的坚固性。将烘干后的试样筛分成 $5.00\sim2.50mm$、$2.50\sim1.25mm$、$1.25mm\sim630\mu m$、$630\sim315\mu m$ 四个粒级。称取约 300g 单粒级试样倒入已组装的受压钢模内，以每秒钟 500N 的速度加荷，加荷至 25kN 时稳荷 5s 后，以同样

速度卸荷。倒出压过的试样，然后用该粒级的下限筛（如粒级为 5.00～2.50mm 时，则其下限筛为孔径 2.50mm 的筛）进行筛分，称出试样的筛余量和通过量，第 i 级砂样的压碎指标按式（5-4）计算：

$$\delta_i = \frac{m_0 - m_i}{m_0} \times 100\% \qquad (5-4)$$

式中　δ_i——第 i 单级砂样压碎值指标（%）；

　　　m_0——第 i 单级试样的质量（g）；

　　　m_i——第 i 单级试样的压碎试验后筛余的试样质量（g）。

人工砂的总压碎值指标根据四个单粒级的压碎值指标，按照加权平均值的方法计算，其值应小于 30%。

5. 氯离子含量

砂中氯离子含量应符合下列规定：对于钢筋混凝土用砂，其氯离子含量不得大于 0.06%（以干砂的质量百分率计）；对于预应力混凝土用砂，其氯离子含量不得大于 0.02%。

6. 贝壳含量

海砂中贝壳含量应符合表 5-8 的规定。对于有抗冻、抗渗或其他特殊要求的小于或等于 C25 混凝土用砂，其贝壳含量不应大于 5%。

海砂中贝壳含量　　　　　　　　　　　　表 5-8

混凝土强度等级	≥C40	C35～C30	C25～C15
贝壳含量（按质量计,%）	≤3	≤5	≤8

7. 碱含量要求

对于长期处于潮湿环境的重要混凝土结构用砂，应进行骨料的碱活性检验。经检验判断为有潜在危害时，应控制混凝土中碱含量不超过 3kg/m³，或采用能抑制碱-骨料反应的有效措施。

5.2.3 粗骨料

公称粒径大于 5.00mm 的骨料称为粗骨料，常用碎石和卵石两种。碎石是天然岩石或卵石经机械破碎、筛分制成的公称粒径大于 5.00mm 的岩石颗粒；卵石是由自然风化、水流搬运和分选、堆积而成的公称粒径大于 5.00mm 岩石颗粒，卵石按产源不同可分为河卵石、海卵石、山卵石等。碎石与卵石相比，表面比较粗糙多棱角，表面积大、空隙率大，与水泥的粘结强度较高。因此，在水灰比相同条件下，用碎石拌制的混凝土，流动性较小，但强度较高；而卵石则正好相反，即流动性较大，但强度较低。因此，在配制高强混凝土时，宜采用碎石。

《普通混凝土用砂、石质量及检验方法标准》JGJ 52—2006 对粗骨料的技术要求如下：

1. 颗粒级配和最大粒径

粗骨料的颗粒级配对混凝土性能的影响与细骨料相同，且其影响程度更大。良好的粗骨料，对提高混凝土强度、耐久性，节约水泥用量是极为有利的。

粗骨料颗粒级配好坏的判定也是通过筛分法进行的。取一套孔边长为 2.36、4.75、9.50、16.0、19.0、26.5、31.5、37.5、53.0、63.0、75.0mm 及 90mm 的标准方孔筛进行试验。按各筛上的累计筛余百分率划分级配。各级配的累计筛余百分率必须满足表 5-9 的规定。

粗骨料的颗粒级配范围　　　　　　　　　　　　　　　表 5-9

级配情况	公称粒级（mm）	累计筛余，按质量（%）											
		方孔筛筛孔边长（mm）											
		2.36	4.75	9.50	16.0	19.0	26.5	31.5	37.5	53.0	63.0	75.0	90
连续粒级	5~10	95~100	80~100	0~15	0								
	5~16	95~100	85~100	30~60	0~10	0							
	5~20	95~100	90~100	40~80	—	0~10	0						
	5~25	95~100	90~100	—	30~70	—	0~5	0					
	5~31.5	95~100	90~100	70~90	—	15~45	—	0~5	0				
	5~40		95~100	70~90	—	30~65	—	—	0~5	0			
单粒级	10~20		95~100	85~100	0~15	0							
	16~31.5		95~100		85~100			0~10	0				
	20~40			95~100		80~100			0~10	0			
	31.5~63				95~100			75~100	45~75		0~10	0	
	40~80					95~100			70~100		30~60	0~10	0

　　粗骨料的颗粒级配按供应情况分连续粒级和单粒级。连续粒级是指颗粒由小到大连续分级，每一级粗骨料都占有一定的比例，且相邻两级粒径相差较小（比值<2），连续粒级的级配，大小颗粒搭配合理，配制的混凝土拌合物和易性好，不易发生分层、离析现象，且水泥用量小，目前多采用连续粒级。单粒级是从 1/2 最大粒径至最大粒径，粒径大小差别小，单粒级一般不单独使用，主要用于组合成具有要求级配的连续粒级，或与连续粒级混合使用，用以改善级配或配成较大粒度的连续粒级，这种专门组配的骨料级配易于保证混凝土质量，便于大型搅拌站使用。

　　最大粒径是用来表示粗骨料粗细程度的。公称粒级的上限称为该粒级的最大粒径。例如：5~31.5mm 粒级的粗骨料，其最大粒径为 31.5mm。粗骨料的最大粒径增大则该粒级的粗骨料总表面积减小，包裹粗骨料所需的水泥浆量就少。在一定和易性和水泥用量条件下，则能减少用水量而提高混凝土强度。对中低强度的混凝土，尽量选择最大粒径较大的粗骨料，但一般不宜超过 40mm；配制高强混凝土时最大公称粒径不宜大于 25mm，因为减少用水量获得的强度提高，被大粒径骨料造成的粘结面减少和内部结构不均匀所抵消。

　　根据《混凝土质量控制标准》GB 50164—2011 规定，对于混凝土结构，粗骨料最大公称粒径不得超过结构截面最小尺寸的 1/4 同时不得超过钢筋最小净距的 3/4；对于实心板，不得超过板厚的 1/3 且不得超过 40mm；对于大体积混凝土，粗骨料最大公称粒径不宜小于 31.5mm（对于大体积混凝土，粗骨料最大公称粒径太小，则限制混凝土变形作用较小）；对于高强度混凝土，粗骨料最大公称粒径不宜大于 25mm；对于泵送混凝土，最大粒径与输送管道内径之比，碎石不宜大于 1∶3，卵石不宜大于 1∶2.5。

　　2. 泥、泥块及有害物质的含量

　　粗骨料中泥、泥块及有害物质对混凝土性质的影响与细骨料相同，但由于粗骨料的粒径大，因而造成的缺陷或危害更大。粗骨料中含泥量是指公称粒径小于 $80\mu m$ 的颗粒含量；泥块含量指原公称粒径大于 5.00mm，经水浸洗、手捏后小于 2.50mm 的颗粒含量。粗骨料中泥、泥块及有害物含量应符合表 5-10、表 5-11 规定。

含泥量和泥块含量 表 5-10

混凝土强度等级	≥C60	C55～C30	≤C25
含泥量（按质量计，%）	≤0.5	≤1.0	≤2.0
泥块含量（按质量计，%）	≤0.2	≤0.5	≤0.7

碎石或卵石中的有害物质含量 表 5-11

项 目	质 量 要 求
硫化物及硫酸盐含量（折算成 SO_3，按质量计，%）	≤1.0
卵石中有机物含量（用比色法试验）	颜色应不深于标准色。当颜色深于标准色时，应配制成混凝土进行强度对比试验，抗压强度比应不低于 0.95

对于有抗渗、抗冻、抗腐蚀、耐磨或其他特殊要求的混凝土，粗骨料中的含泥量和泥块含量分别不应大于 1.0% 和 0.5%。

3. 针片状颗粒含量

卵石和碎石颗粒的长度大于该颗粒所属相应粒级的平均粒径 2.4 倍者为针状颗粒；厚度小于平均粒径 0.4 倍者为片状颗粒（平均粒径指粒级上下限粒级的平均值）。针片状颗粒易折断，且会增大骨料的空隙率和总表面积，使混凝土拌合物的和易性、强度、耐久性降低。因此应限制其在粗骨料中的含量，针片状颗粒含量可采用针状和片状规准仪测得，其含量规定见表 5-12。

针 片 状 颗 粒 含 量 表 5-12

混凝土强度等级	≥C60	C55～C30	≤C25
针、片状颗粒（按质量计），%	≤8	≤15	≤25

4. 强度

为保证混凝土的强度必须保证粗骨料具有足够的强度。碎石的强度指标有两个，一是岩石抗压强度，二是压碎值指标；卵石的抗压强度可用压碎值指标表示。

（1）岩石抗压强度

岩石抗压强度是将母岩制成 50mm×50mm×50mm 的立方体试件或 $\phi50mm×50mm$ 的圆柱体试件，在水中浸泡 48h 以后，取出擦干表面水分，测得其在饱和水状态下的抗压强度值。标准规定岩石的抗压强度应比所配制的混凝土设计强度至少高 20%。对于高强度混凝土，岩石抗压强度至少应比混凝土设计强度高 30%。

（2）压碎值指标

压碎指标值是将 3000g 风干状态下的公称粒径为 10.0～20.0mm 的颗粒按规定方法装入压碎值指标测定仪的测定筒内，放好加压头置于压力机上，开动压力机，在 160～300s 内均匀加荷至 200kN 并稳荷 5s，卸荷后取出测定筒。倒出筒中试样并称其质量（m_0）用公称直径为 2.50mm 的方孔筛筛除被压碎的细粒，称量留在筛上的试样质量（m_1）按下式计算压碎指标值。

$$\delta_a = \frac{m_0 - m_1}{m_0} \times 100\% \tag{5-5}$$

式中 δ_a——压碎指标值（％）；

m_0——试样的质量（g）；

m_1——压碎试验后筛余的试样质量（g）。

压碎值指标是测定碎石或卵石抵抗压碎的能力，可间接地推测其强度的高低，压碎值指标应满足表 5-13 的规定。

压 碎 值 指 标 表 5-13

品 种		混凝土强度等级	压碎指标值（％）
碎石	沉积岩	C60～C40	≤10
		≤C35	≤16
	变质岩或深成的火成岩	C60～C40	≤12
		≤C35	≤20
	喷出的火成岩	C60～C40	≤13
		≤C35	≤30
卵石		C60～C40	≤12
		≤C35	≤16

岩石立方体强度比较直观，但试件加工困难，其抗压强度反映不出石子在混凝土中的真实强度，所以对经常性的生产质量控制常用压碎值指标，而在选采石场或对粗骨料强度有严格要求，以及对其质量有争议时，宜采用岩石抗压强度作检验。

5. 坚固性

坚固性是指卵石、碎石在自然风化和其他外界物理化学因素作用下抵抗破裂的能力。对粗骨料坚固性要求及检验方法与细骨料基本相同，采用硫酸钠溶液法进行试验，碎石和卵石经 5 次循环后，其质量损失应符合表 5-14 的规定。

坚 固 性 指 标 表 5-14

混凝土所处的环境条件及其性能要求	5 次循环后的质量损失（％）
在严寒及寒冷地区室外使用，并经常处于潮湿或干湿交替状态下的混凝土；有腐蚀介质作用或经常处于水位变化区的地下结构或有抗疲劳、耐磨、抗冲击等要求的混凝土	≤8
其他条件下使用的混凝土	≤12

6. 碱含量要求

对于长期处于潮湿环境的重要混凝土结构混凝土，其所使用的碎石或卵石应进行骨料的碱活性检验。经检验判断为有潜在危害时，应控制混凝土中碱含量不超过 3kg/m^3，或采用能抑制碱-骨料反应的有效措施。

5.2.4 混凝土用水

混凝土用水按水源不同分为饮用水、地表水、地下水、海水及经适当处理过的工业废水。地表水和地下水常溶有较多的有机质和矿物盐类；海水中含有较多硫酸盐，对混凝土后期强度有降低作用，且影响抗冻性；同时，海水中含有大量氯盐，对混凝土中钢筋有加速锈蚀作用。

拌合用水所含物质对混凝土、钢筋混凝土和预应力钢筋混凝土不应产生以下有害作用：

（1）影响混凝土的和易性及凝结；

（2）损害混凝土强度的发展；

（3）降低混凝土的耐久性，加快钢筋腐蚀及导致预应力钢筋脆断；

（4）污染混凝土表面。

混凝土拌合用水应符合《混凝土用水标准》JGJ 63 的具体规定。符合国家标准的生活饮用水可用于拌合混凝土，海水可用来拌制素混凝土，但不得用于拌制钢筋混凝土与预应力钢筋混凝土，也不得拌制有饰面要求的混凝土。水在第一次使用时，或水质不明时须进行检验，合格后方可使用。

5.2.5　矿物掺合料

用于混凝土中的矿物掺合料包括粉煤灰、粒化高炉矿渣粉、硅灰、沸石粉、钢渣粉、磷渣粉；可采用两种或两种以上的矿物掺合料按一定比例混合使用。粉煤灰应符合现行国家标准《用于水泥和混凝土中的粉煤灰》GB/T 1596 的有关规定，粒化高炉矿渣粉应符合现行国家标准《用于水泥和混凝土中的粒化高炉矿渣粉》GB/T 18046 的有关规定，其他矿物掺合料应符合相关现行国家标准的规定并满足混凝土性能要求；矿物掺合料的放射性应符合现行国家标准《建筑材料放射性核素限量》GB 6566 的规定。

矿物掺合料的应用应符合下列规定：

（1）掺用矿物掺合料的混凝土，宜采用硅酸盐水泥和普通硅酸盐水泥；

硅酸盐水泥和普通硅酸盐水泥中混合材掺量相对较少，有利于掺加矿物掺合料，其他通用硅酸盐水泥中混合材掺量多，再掺加矿物掺合料易于过量。

（2）在混凝土中掺用矿物掺合料时，矿物掺合料的种类和掺量应经试验确定；

由于矿物掺合料品种多，质量差异比较大，掺量范围较宽，用于混凝土时只有经过试验验证，才能实施混凝土质量控制。

（3）矿物掺合料宜与高效减水剂同时使用；

（4）对于高强度混凝土或有抗渗、抗冻、抗腐蚀、耐磨等其他特殊要求的混凝土，不宜采用低于Ⅱ级的粉煤灰；

（5）对于高强度混凝土和有耐腐蚀要求的混凝土，当需要采用硅灰时，不宜采用二氧化硅含量小于 90% 的硅灰。

5.3　混 凝 土 的 性 质

混凝土是由各组成材料按一定比例拌合成的，尚未凝结硬化的材料称为混凝土拌合物，硬化后的人造石材称为硬化混凝土。混凝土拌合物的主要性质为和易性，硬化混凝土的主要性质为强度、耐久性和变形性能。

5.3.1　混凝土拌合物的性质

1. 和易性的概念

和易性是指混凝土拌合物易于施工操作（包括搅拌、运输、振捣和养护等），并能获得质量均匀、成型密实的性能。和易性是一项综合性质，具体包括流动性、黏聚性、保水性三方面涵义。

流动性是指拌合物在本身自重或施工机械振捣的作用下，能产生流动并且均匀密实地填满模板的性能。流动性的大小，反映拌合物的稀稠，它直接影响着浇筑施工的难易和混凝土的质量。若拌合物太干稠，混凝土难以捣实，易造成内部孔隙；若拌合物过稀，振捣后混凝土易出现水泥砂浆和水上浮而石子下沉的分层离析现象，影响混凝土的匀质性。

黏聚性是指混凝土拌合物在施工过程中其组成材料之间有一定的粘聚力，不致产生分层离析的现象。混凝土拌合物是由密度、粒径不同的固体材料及水组成，各组成材料本身存在有分层的趋向，如果混凝土拌合物中各种材料比例不当，黏聚性差，则在施工中易发生分层（拌合物中各组分出现层状分离现象）、离析（混凝土拌合物内某些组分的分离，析出现象）、泌水（指水从水泥浆中泌出的现象），尤其是对于大流动性的泵送混凝土来说更为重要。在混凝土的施工过程中泌水过多，会使混凝土丧失流动性，从而严重影响混凝土的可泵性和工作性，会给工程质量造成严重后果，致使混凝土硬化后产生"蜂窝"、"麻面"等缺陷，影响混凝土的强度和耐久性。

保水性是指拌合物保持水分不易析出的能力。混凝土拌合物中的水，一部分是保持水泥水化所需的水量；另一部分水是为保证混凝土具有足够的流动性便于浇捣所需的水量。前者以化合水的形式存在于混凝土中，水分不易析出；而后者，若保水性差则会发生泌水现象，泌水会在混凝土内部形成泌水通道，使混凝土密实性变差，降低混凝土的质量。

由上述内容可知，混凝土拌合物的流动性、黏聚性、保水性有其各自的内容，它们之间经常相互矛盾，如黏聚性好，则保水性也往往较好，但流动性差；当流动性增大时，则黏聚性和保水性往往变差。因此，和易性就是这三方面性质在特定条件下矛盾的统一体。

2. 和易性的评定

和易性的内涵比较复杂，到目前为止，还没有找到一个全面、准确的测试方法和定量指标。通常的方法是用定量方法来测定流动性的大小，再辅以直观经验来评定拌合物的黏聚性和保水性。根据《普通混凝土拌合物性能试验方法标准》GB/T 50080—2002 规定，拌合物的流动性大小用坍落度或维勃稠度法或扩展度法测定。坍落度法适用于骨料最大粒径不大于 40mm，坍落值不小于 10mm 的混凝土拌合物；维勃稠度法适用于骨料最大粒径不大于 40mm，维勃稠度值在 5s～30s 之间的干硬性混凝土拌合物。扩展度法适用于泵送高强混凝土和自密实混凝土。

（1）坍落度和扩展度的测定

将拌合物按规定的方法装入坍落度筒内，并均匀插捣，装满刮平后，将坍落度筒垂直提起，移到混凝土拌合物一侧，拌合物在自重作用下向下坍落，量出筒高与混凝土试体最高点之间的高度差（mm），即为坍落度值（用 T 表示），其示意如图 5-3，坍落度值越大，表示流动性越大。

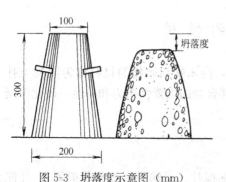

图 5-3 坍落度示意图（mm）

黏聚性的评定，是用捣棒在已坍落的混凝土

锥体侧面轻轻敲打，此时如果锥体保持整体均匀，逐渐下沉，则表示黏聚性良好，若锥体突然倒塌，部分崩裂或出现离析现象，则表示黏聚性不好。

保水性的评定，是以混凝土拌合物稀浆析出的程度来评定，坍落度筒提起后如有较多的稀浆从底部析出，锥体部分的混凝土也因失浆而骨料外露，则表明此拌合物保水性能不好；如坍落度筒提起后无稀浆或仅有少量稀浆自底部析出，则表示此混凝土拌合物保水性良好。

坍落度在 $10\sim220mm$ 对混凝土拌合物的稠度具有良好的反应能力，但当坍落度大于 $220mm$ 时，由于粗骨料的堆积的偶然性，坍落度就不能很好地代表拌合物的稠度，需做扩展度试验。

扩展度试验是在做坍落度试验的基础上，当坍落度值大于 $220mm$ 时，测量混凝土扩展后最终的最大直径和最小直径。在最大直径和最小直径的差值小于 $50mm$ 时，用其算术平均值作为其扩展度值。

对于混凝土坍落度大于 $220mm$ 的混凝土，如免振捣自密实混凝土，抗离析性能的优劣至关重要，将直接影响硬化后混凝土的各种性能，包括混凝土的耐久性，应引起我们足够重视。抗离析性能的优劣，从坍落扩展度的表观形状中就能观察出来。抗离析性能强的混凝土，在扩展过程中，始终保持其匀质性，不论是扩展的中心还是边缘，粗骨料的分布都是均匀的，也无浆体从边缘析出。如果粗骨料在中央堆积、水泥浆从边缘析出，这是混凝土在扩展的过程中产生离析而造成的，说明混凝土抗离析性能很差。

（2）维勃稠度的测定

将混凝土拌合物按规定方法装入坍落度筒内，将坍落度筒垂直提起后，将透明有机玻璃圆盘覆盖在拌合物锥体的顶面，如图 5-4 所示。开启振动台的同时用秒表计时，记录下当透明圆盘下面布满水泥浆时，所经历的时间（以 s 计），称为维勃稠度（用 V 表示）。维勃稠度越大，表示混凝土的流动性越小。

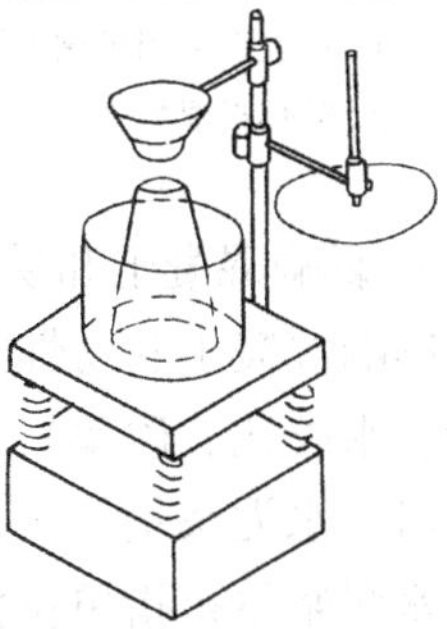

图 5-4　维勃稠度测定示意图

3. 混凝土拌合物流动性的级别

混凝土拌合物流动性的级别

表 5-15

坍落度等级			维勃稠度等级			扩展度级别	
级别	名　称	坍落度（mm）	级别	名　称	维勃稠度（s）	等级	扩展度（mm）
S_1	低塑性混凝土	$10\sim40$	V_0	超干硬性混凝土	$\geqslant31$	F_1	$\leqslant340$
S_2	塑性混凝土	$50\sim90$	V_1	特干硬性混凝土	$30\sim21$	F_2	$350\sim410$
S_3	流动性混凝土	$100\sim150$	V_2	干硬性混凝土	$20\sim11$	F_3	$420\sim480$
S_4	大流动性混凝土	$160\sim210$	V_3	半干硬性混凝土	$10\sim6$	F_4	$490\sim550$
S_5		$\geqslant220$	V_4		$5\sim3$	F_5	$560\sim620$
						F_6	$\geqslant630$

4. 混凝土拌合物流动性的选择

拌合物流动性的选用原则是在满足施工条件及混凝土成型密实的条件下，应尽可能选用较小的流动性，以节约水泥并获得质量较高的混凝土。具体选用时，流动性的大小取决于构件截面尺寸、钢筋疏密程度及捣实方法。若构件截面尺寸小、钢筋密、振捣作用不强时，选择流动性大一些；反之，选择流动性小一些，泵送混凝土拌合物坍落度设计值不小于100mm；泵送高强度混凝土的扩展度应≥500mm；自密实混凝土的扩展度应≥600mm。混凝土浇筑时的坍落度选择如表5-16所示。

混凝土浇筑时的坍落度 表 5-16

结 构 种 类	坍落度（mm）
基础或地面等的垫层、无配筋的大体积结构（挡土墙、基础等）或配筋稀疏的结构	10～30
板、梁或大型及中型截面的柱子等	30～50
配筋密列的结构（薄壁、斗仓、筒仓、细柱等）	50～70
配筋特密的结构	70～90

注：1. 本表系采用机械振捣时的坍落度，当采用人工振捣时可适当增大；

2. 轻骨料混凝土拌合物，坍落度宜较表中数值减少10～20mm。

5. 影响混凝土和易性的因素

影响混凝土和易性的因素很多，主要有原材料的性质、原材料之间的相对含量（水泥浆量、水胶比、砂率）、环境因素及施工条件等。

（1）水泥浆量

水泥浆量是指单位体积混凝土内水泥浆的数量。在水胶比一定的条件下，水泥浆量越多，包裹在砂石表面的水泥浆层越厚，对砂石的润滑作用越好，拌合物的流动性越大。但水泥浆量过多，则会产生流浆、泌水、离析和分层等现象，使拌合物黏聚性、保水性变差，而且使混凝土强度、耐久性降低，干缩、徐变增大；水泥浆量过少，不能填满砂石间空隙，或不能很好地包裹骨料表面，同样会使拌合物流动性降低，黏聚性降低，故拌合物中水泥浆量既不能过多，也不能过少，以满足流动性要求为宜。

单位体积混凝土内水泥浆的含量，在水胶比不变的条件下，可以用单位体积用水量（1m³ 混凝土用水量）来表示。因此，水泥浆量对拌合物流动性的影响，实质上就是用水量对拌合物流动性的影响。

（2）水胶比

水胶比是指混凝土中用水量与胶凝材料用量的质量比；胶凝材料是混凝土中水泥和活性矿物掺合料的总称。

在胶凝材料品种、用量一定的条件下，水胶比越小，水泥浆就愈稠，拌合物流动性越小。当水胶比过小时，混凝土过于干涩，会使施工困难，且不能保证混凝土的密实性；水胶比增大，流动性加大，但水胶比过大，会由于水泥浆过稀，而使黏聚性、保水性变差，并严重影响混凝土的强度和耐久性，水胶比的大小应根据混凝土的强度和耐久性合理选用。

需要指出的是无论是水泥浆数量的影响，还是水胶比大小的影响，实质是水量的影响。混凝土拌合物的流动性主要取决于混凝土拌合物用水量的多少。实践证明，在配制混凝土时，当混凝土拌合物的用水量一定时，即使胶凝材料用量增减 $50 \sim 100 \text{kg/m}^3$，则拌合物的流动性基本保持不变，这种关系称为混凝土的"固定用水量法则"。利用这个法则可以在用水量一定时，采用不同的水胶比配制出流动性相同但强度不同的混凝土。

（3）砂率

砂率指混凝土中砂占砂、石总量的百分率，可用下式来表示。

$$\beta_s = \frac{m_s}{m_s + m_g} \times 100\% \tag{5-6}$$

式中 β_s——砂率（%）；

m_s——砂的质量（kg）；

m_g——石子的质量（kg）。

砂率的变动会使骨料的空隙率和骨料总表面积有显著的变化，因而对混凝土拌合物的和易性有很大的影响。图 5-5 是砂率对坍落度的影响，在一定砂率范围之内，砂与水泥形成的水泥砂浆，在粗骨料间起润滑作用，砂率越大，润滑作用愈加明显，流动性可提高。但砂率过大，即砂子用量过多，石子用量过少，骨料的总表面积增大，需要包裹骨料的水泥浆增多，在水泥浆量一定的条件下，骨料表面的水泥浆层相对减薄，导致拌合物流动性降低。砂率过小，虽然总表面积减小，但空隙率很大，填充空隙所用水泥浆量增多，在水泥浆量一定的条件下，骨料表面的水泥浆层同样不足，使流动性降低，而且严重影响拌合物的黏聚性和保水性，产生分层、离析、流浆、泌水等现象。

因此，在进行混凝土配合比设计时，为保证和易性，应选择最佳砂率或合理砂率。合理砂率是指在水泥量、水量一定的条件下，能使混凝土拌合物获得最大的流动性而且保持良好的黏聚性和保水性的砂率，如图 5-5 所示；或者是使混凝土拌合物获得所要求的和易性的前提下，水泥用量最小的砂率，如图 5-6 所示。

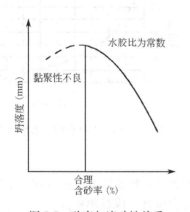

图 5-5　砂率与流动性关系

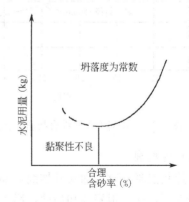

图 5-6　砂率与水泥用量关系

（4）胶凝材料品种及细度

不同的胶凝材料品种，其标准稠度需水量不同，对混凝土的流动性有一定的影响。如火山灰水泥的需水量大于普通水泥的需水量，在用水量和水胶比相同的条件下，火山灰水泥的流动性相应就小。另外，不同的水泥品种，其特性上的差异也导致混凝土和易性的差异。例如在相同的条件下，矿渣水泥的保水性较差，而火山灰水泥的保水性和黏聚性好，流动性小。

水泥颗粒越细，其表面积越大，需水量越大，在相同的条件下，表现为流动性小，但黏聚性和保水性好。

(5) 骨料的性质

级配良好的骨料，其拌合物流动性较大，黏聚性和保水性较好；表面光滑的骨料，其拌合物流动性较大。若杂质含量多，针片状颗粒含量多，则其流动性变差。

(6) 环境因素、施工条件、时间

环境温度的变化会影响到混凝土的和易性。因为环境温度的升高，水分蒸发及水化反应加快，坍落度损失也变快，图 5-7 为温度对混凝土拌合物坍落度的影响。从图中可看出，温度每升高 10℃，坍落度就减少 20mm，因此，在施工中为保证混凝土拌合物的和易性，要考虑温度的影响，并采取相应措施。

拌合物拌制后，随着时间的延长而逐渐变得干稠，流动性减小，称为坍落度经时损失。其原因是时间延长，会有一部分水被骨料吸收，一部分水蒸发，从而使得流动性变差。施工中应考虑到混凝土拌合物随时间延长对流动性影响这一因素。混凝土拌合物的坍落度经时损失不应影响混凝土的正常施工；泵送混凝土拌合物的坍落度经时损失不宜大于 30mm/h。图 5-8 是时间对拌合物坍落度的影响。

采用机械搅拌的混凝土拌合物和易性好于人工拌合的。

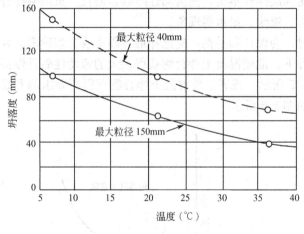
图 5-7 温度对混凝土拌合物坍落度的影响

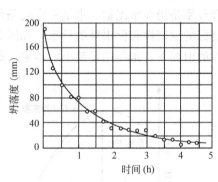
图 5-8 时间对拌合物坍落度的影响

(7) 外加剂

在拌制混凝土时，加入外加剂，如引气剂、减水剂等，能使混凝土拌合物在不增加水量的条件下，获得很好的和易性，增大流动性和改善黏聚性、降低泌水性。

掺入粉煤灰、硅灰、磨细沸石粉等掺合料，也可改善拌合物的和易性。

针对上述影响混凝土拌合物和易性的因素，在实际工作中，可采取以下措施来改善混凝土拌合物的和易性：

1) 调节混凝土的组成材料 尽可能降低砂率，采用合理砂率，有利于提高混凝土的质量和节约水泥用量；选用质地优良、级配良好的粗、细骨料，尽量采用较粗的砂、石；当混凝土拌合物坍落度太小时，维持水胶比不变，适当增加水泥浆用量，或者加入外加剂；当拌合物坍落度太大，但黏聚性良好时，可保持砂率不变，适当增加砂石。

2）改进混凝土拌合物的施工工艺　采用高效率的强制式搅拌机，可以提高混凝土的流动性，尤其是低水胶比混凝土拌合物的流动性。商品混凝土在远距离运输时，为了减小坍落度损失，还经常采用二次加水法，即在搅拌站只加入大部分水，剩余部分水在快到施工现场时再加入，然后迅速搅拌以获得较好的坍落度。

3）掺外加剂　使用外加剂是改善混凝土拌合物性能的重要手段，详细内容可参见5.6有关内容。

6. 新拌混凝土的凝结时间

新拌混凝土的凝结是由于水泥的水化反应所致，但新拌混凝土的凝结时间与配制混凝土所用水泥的凝结时间并不一致。因为水泥浆凝结时间是以标准稠度的水泥净浆测定的，而一般配制混凝土所用的水胶比与测定水泥凝结时间规定的水胶比是不同的，并且混凝土的凝结还要受到其他各种因素的影响，如环境温度的变化、混凝土中所掺入的外加剂种类等，因此这两者的凝结时间便有所不同。

根据《普通混凝土拌合物性能试验方法标准》GB/T 50080—2002内容，混凝土拌合物的凝结时间是用贯入阻力法进行测定的。所用仪器为贯入阻力仪，先用5mm标准圆孔筛从拌合物中筛出砂浆，按标准方法装入规定的砂浆试样筒内，然后每隔一定时间测定砂浆贯入到一定深度时的贯入阻力，绘制贯入阻力与时间的关系曲线，以贯入阻力为3.5MPa及28MPa画两条平行于时间坐标的直线，直线与曲线交点的时间即分别为混凝土拌合物的初凝时间和终凝时间。初凝时间表示施工时间的极限，终凝时间表示混凝土强度开始发展。

5.3.2　硬化混凝土的强度

混凝土的强度包括抗压强度、抗拉强度、抗弯强度、抗剪强度及钢筋与混凝土的粘结强度，其中混凝土的抗压强度最大，抗拉强度最小，约为抗压强度的1/10～1/20。抗压强度与其他强度之间有一定的相关性，可根据抗压强度的大小来估计其他强度值，因此下面着重研究混凝土的抗压强度。

1. 抗压强度与强度等级

据国家标准《普通混凝土力学性能试验方法标准》GB/T 50081—2002的规定，混凝土抗压强度是指按标准方法制作的边长为150mm的立方体试件，成型后立即用不透水的薄膜覆盖表面，在温度为20±5℃的环境中静置一昼夜至两昼夜，然后在标准养护条件下（温度20±2℃，相对湿度95%以上或在温度为20±2℃的不流动的$Ca(OH)_2$饱和溶液中），养护至28d龄期（从搅拌加水开始计时），经标准方法测试，得到的抗压强度值，称为混凝土抗压强度，以f_{cu}来表示。

测定混凝土抗压强度，也可以按粗骨料最大粒径的尺寸选用边长100mm和200mm的立方体非标准试块，在特殊情况下，可采用$\phi150mm \times 300mm$的圆柱体标准试件或$\phi100mm \times 200mm$和$\phi200mm \times 400mm$的圆柱体非标准试件。但在计算其抗压强度时，应乘以换算系数，以得到相当于标准试件的试验结果。

立方体抗压强度标准值是按标准试验方法制作和养护的边长为150mm的立方体试件，在28d龄期，用标准试验方法测得的立方体抗压强度总体分布值中的一个值，强度低于该值的百分率不超过5%，即具有95%以上的保证率（保证率的概念将在5.4中进行详细讨论），立方体抗压强度标准值，以 $f_{cu,k}$ 表示。

为便于设计选用和施工控制混凝土，根据混凝土立方体抗压强度标准值，将混凝土强度分成若干等级，即强度等级，混凝土通常划分为 C10、C15、C20、C25、C30、C35、C40、C45、C50、C55、C60、C65、C70、C75、C80、C85、C90、C95 和 C100 等 19 个等级（C60 以上的混凝土称为高强混凝土），强度等级采用符号 C 与立方体抗压强度标准值表示。例如 C25 即表示混凝土立方体抗压强度标准值 $25\text{MPa} \leqslant f_{cu,k} < 30\text{MPa}$。

混凝土强度等级是混凝土结构设计时强度计算取值的依据，建筑物的不同部位或承受不同荷载的结构，应选用不同等级的混凝土。

2. 混凝土的轴心抗压强度

确定混凝土强度等级是采用立方体试件，但在实际工程中，钢筋混凝土结构形式极少是立方体的，大部分是棱柱体形式或圆柱体形式，为了使测得的混凝土强度接近于混凝土结构用的实际情况，在钢筋混凝土结构计算中，计算轴心受压构件时，都是以混凝土的轴心抗压强度为设计取值。

根据《普通混凝土力学性能试验方法标准》GB/T 50081—2002 的规定，测轴心抗压强度采用 150mm×150mm×300mm 的棱柱体作为标准试件，轴心抗压强度 f_{cp} 与立方体抗压强度 f_{cu} 的关系通过大量试验表明：

在立方体抗压强度 $f_{cu}=10 \sim 55\text{MPa}$ 的范围内，轴心抗压强度与立方体抗压强度之比约为 $0.7 \sim 0.8$，即 $f_{cp}=(0.7 \sim 0.8)f_{cu}$。

3. 混凝土的抗拉强度

混凝土是一种脆性材料，在直接受拉时，很小的变形就要开裂，且断裂前没有残余变形，混凝土的抗拉强度只有抗压强度的 $1/10 \sim 1/20$，且随着混凝土强度等级的提高，比值有所降低，即抗拉强度的增加不及抗压强度增加的快。因此在钢筋混凝土结构中一般不依靠混凝土抗拉，而是由其中的钢筋承担拉力。但抗拉强度对抵抗裂缝的产生有着重要的意义，是确定抗裂程度的重要指标。

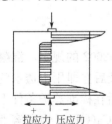

拉应力 压应力

图 5-9 劈裂试验
时垂直于受力
面的应力分布

混凝土抗拉试验过去多用 8 字形试件或棱柱体试件直接测定轴向抗拉强度，但是这种方法由于很难避免夹具附近局部破坏，而且外力作用线与试件轴心方向不易调成一致，所以我国采用立方体或圆柱体试件的劈裂抗拉试验来测定混凝土的抗拉强度，称为劈裂抗拉强度 f_{ts}。

立方体混凝土劈裂抗拉强度是采用边长为 150mm 的立方体试件，在试件的两个相对表面中线上加垫条，施加均匀分布的压力，则在外力作用的竖向平面内产生均匀分布的拉应力，如图 5-9 所示，该应力可以根据弹性理论计算得出。此方法不仅大大简化了抗拉试件的制作，并且能较正确地反映试件的抗拉强度。劈裂抗拉强度可按下式计算：

$$f_{ts} = \frac{2F}{\pi A} = 0.637 \frac{F}{A} \tag{5-7}$$

式中　f_{ts}——混凝土劈裂抗拉强度（MPa）；

　　　F——破坏荷载（N）；

　　　A——试件劈裂面积（mm²）。

混凝土按劈裂试验所得的抗拉强度 f_{ts} 换算成轴拉试验所得的抗拉强度 f_t，应乘以换算系数，该系数可由试验确定。

4. 影响混凝土强度的因素

混凝土受力破坏后，其破坏形式一般有三种：一是骨料本身的破坏，这种破坏的可能性很小，因为通常情况下，骨料强度大于混凝土强度；二是水泥石的破坏，这种现象在水泥石强度较低时发生；三是骨料和水泥石分界面上的粘结面破坏，这是最常见的破坏形式，因为在水泥石与骨料的界面往往存在有孔隙、潜在微裂缝。所以混凝土的强度主要取决于水泥石的强度及其与骨料表面的粘结强度。而水泥石强度及其与骨料的粘结强度又与水泥强度等级、水胶比及骨料的性质有密切关系，此外混凝土的强度还受施工质量、养护条件及龄期的影响。

（1）胶凝材料强度和水胶比

胶凝材料强度和水胶比是影响混凝土强度的主要因素。水胶比是混凝土中用水量与胶凝材料用量的质量比，用 W/B 表示，其中胶凝材料是混凝土的活性组分，其强度大小直接影响混凝土的强度，在相同的配合比条件下，水泥强度等级越高，其胶结力越强，所配制的混凝土强度越高。在胶凝材料品种及强度一定的条件下，混凝土的强度主要取决于水胶比。水胶比愈小，水泥石的强度及其与骨料粘结强度愈大，混凝土的强度愈高。

需要指出的是上述规律只适用于混凝土拌合物被充分振捣密实的情况。若水胶比过小，拌合物过于干稠，难以使混凝土振捣密实，则容易出现较多的蜂窝、孔洞等缺陷，反而导致混凝土强度的严重下降。

试验证明，当混凝土强度等级小于 C60 时，水胶比在 0.30～0.68 混凝土的强度与水胶比之间呈近似双曲线关系；而混凝土强度与胶水比的关系，则呈直线关系，如图 5-10 所示。

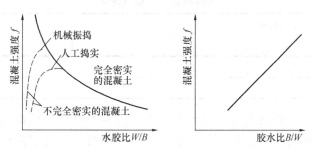

图 5-10 强度与水胶比、胶水比的关系

混凝土强度与胶水比、胶凝材料强度之间的关系可用经验公式表示：

$$f_{cu,o} = \alpha_a f_b \left(\frac{B}{W} - \alpha_b \right) \tag{5-8}$$

式中 $f_{cu,o}$——混凝土 28d 龄期抗压强度（MPa）；

   B/W——胶水比；

   f_b——胶凝材料 28d 抗压强度实测值（MPa）。当无法取得胶凝材料 28d 胶砂抗压强度实测强度值时，可按 $f_b = \gamma_f \gamma_s f_{ce}$ 求得，γ_f、γ_s 为粉煤灰影响系数和粒化高炉矿渣粉影响系数，可按表 5-17 选用；

粉煤灰影响系数（γ_f）和粒化高炉矿渣粉影响系数（γ_s） 表 5-17

掺量（%）	种类 粉煤灰影响系数 γ_f	粒化高炉矿渣粉影响系数 γ_s
0	1.00	1.00
10	0.85～0.95	1.00
20	0.75～0.85	0.95～1.00
30	0.65～0.75	0.90～1.00
40	0.55～0.65	0.80～0.90
50	—	0.70～0.85

f_{ce}——水泥 28d 胶砂抗压强度（MPa）实测值（MPa）；当无实测值，可按式（5-9）计算：

$$f_{ce} = \gamma_c f_{ce,g} \qquad (5-9)$$

式中　γ_c——水泥强度等级值的富余系数，可按实际统计资料确定；当缺乏实际统计资料时，可按表 5-18 选用；

$f_{ce,g}$——水泥强度等级值（MPa）。

水泥强度等级值的富余系数（γ_c） 表 5-18

水泥强度等级值	32.5	42.5	52.5
富余系数	1.12	1.16	1.10

α_a、α_b——回归系数。应根据工程所使用的原材料，通过实验建立的水胶比与强度关系式确定；当不具备上述统计资料时，其回归系数可按《普通混凝土配合比设计规程》JGJ 55—2011 提供的数值选用，如表 5-19 所示。

经验系数 α_a、α_b 选用表 表 5-19

系数	骨料品种 碎 石	卵 石
α_a	0.53	0.49
α_b	0.20	0.13

上述经验公式，一般只适用于混凝土强度等级在 C60 以下的混凝土。利用此公式，可根据所用的水泥强度值和水胶比估计混凝土 28d 的强度，也可根据水泥强度值和要求的混凝土强度等级确定所采用的水胶比。

（2）粗骨料的品种、规格及质量

水泥与骨料的粘结强度除与水泥石强度有关之外，还与骨料的品种、规格、质量有关。

碎石表面比较粗糙，水泥石与其粘结比较牢固，卵石表面比较光滑，粘结性较差。试验证明当 W/B 小于 0.4 时，用碎石配制的混凝土强度比卵石配制的高 38%，但若保持流动性不变，碎石混凝土所需水胶比增大，两者的差别就不大了。骨料的级配良好，针、片状及有害杂质颗粒含量少，且砂率合理，可使骨料空隙率小，组成密实的骨架，有利于混凝土强度的提高。

骨料的最大粒径增大，可降低用水量及水胶比，提高混凝土的强度。但对于高强混凝土，较小粒径的粗骨料可明显改善粗骨料与水泥石界面的强度，反而可提高混凝土的强度。

（3）养护条件

混凝土的养护条件是指混凝土成型后的养护温度和湿度。混凝土强度的发展过程即水泥的水化和凝结硬化过程，而水泥的水化和凝结硬化只有在一定的温度和湿度条件下才能进行。混凝土养护温度升高，水泥水化速度加快，混凝土早期强度发展较快，但如养护温度过高，混凝土早期强度有较大发展，但后期强度会有所下降。实际工程中，需要兼顾混凝土早期与后期强度，但一定要保证后期强度满足要求。

反之，在低温下混凝土强度发展相应迟缓，温度对混凝土强度的影响见图 5-11。当温度处于冰点以下时，由于混凝土中的水分大部分结冰，混凝土的强度不但停止发展，同时还会受到冻胀破坏作用，严重影响混凝土的早期强度和后期强度。一般情况下，混凝土受冻之后再融化，其强度仍可继续增长，但受冻越早，强度损失越大，所以在冬期施工中规定混凝土受冻前要达到临界强度，才能保证混凝土的质量。

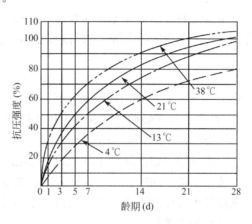

图 5-11　混凝土强度与养护温度关系

周围环境的湿度对混凝土的强度发展同样是非常重要的。水是水泥水化反应的必要成分，湿度适当，水泥水化能顺利进行，使混凝土强度得到充分发挥。如果湿度不够，水泥水化反应不能正常进行，甚至水化停止，这不仅严重降低混凝土强度，而且使混凝土结构疏松，形成干缩裂缝，严重影响混凝土的耐久性。《混凝土质量控制标准》GB 50164—2011 中规定：混凝土施工可采用浇水、塑料薄膜覆盖保湿、喷涂养护剂、冬季蓄热养护方法进行养护。采用塑料薄膜覆盖养护时，混凝土全部表面应覆盖严密，并应保持膜内有凝结水；采用养护剂养护时，应通过试验检验养护剂的保湿效果。混凝土施工养护时间应符合下列规定：对采用硅酸盐水泥、普通硅酸盐水泥或矿渣硅酸盐水泥拌制的混凝土，采用浇水和潮湿覆盖的养护时间不得少于 7d；对于采用粉煤灰硅酸盐水泥、火山灰质硅酸盐水泥、复合硅酸盐水泥配制的混凝土，或掺加缓凝型外加剂的混凝土以及大掺量矿物掺合料混凝土，采用浇水和潮湿覆盖的养护时间不得少于 14d。图 5-12 是混凝土强度与保持潮湿日期的关系。

为加速混凝土强度的发展，提高混凝土早期强度，在工程中还可采用蒸汽养护和蒸压养护。

蒸汽养护是将混凝土放在低于 100℃ 常压蒸汽中进行养护。掺混合材料的矿渣水泥、火山灰水泥及粉煤灰水泥在蒸汽养护的条件下，不但可以提高早期强度，其 28d 强度也会略有提高。

蒸压养护是将混凝土放在 175℃ 的温

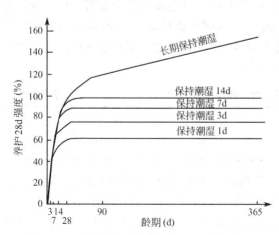

图 5-12　潮湿养护时间与混凝土强度的关系

度及 8 个大气压的蒸压釜内进行养护，在高温高压下，加速了活性混合材料的化学反应，使混凝土的强度得以提高。

（4）龄期

龄期指混凝土在正常养护条件下所经历的时间。混凝土的强度随着龄期增加而增大，最初的 7～14d 发展较快，28d 以后增长缓慢，在适宜的温、湿度条件下其增长过程可达数十年之久。

试验证明，用中等等级的普通硅酸盐水泥（非 R 型）配制的混凝土，在标准养护条件下，混凝土强度的发展大致与龄期的对数成正比例关系，可按下式推算。

$$f_n = f_{28} \frac{\lg n}{\lg 28} \tag{5-10}$$

式中　f_n——nd 龄期时的混凝土抗压强度（MPa）；

　　　f_{28}——28d 龄期时的混凝土抗压强度（MPa）；

　　　n——养护龄期，$n \geqslant 3d$。

上式可用于估计混凝土的强度，如已知 28d 龄期的混凝土强度，估算某一龄期的强度；或已知某龄期的强度，推算 28d 的强度，可作为预测混凝土强度的一种方法。但由于影响混凝土强度的因素很多，故只能作参考。

（5）施工条件

混凝土施工过程中，应搅拌均匀、振捣密实、养护良好才能使混凝土硬化后达到预期的强度。采用机械搅拌比人工拌合的拌合物更均匀。一般来说，水胶比愈小时，通过振动捣实效果也越显著。当水胶比值逐渐增大时，振动捣实的优越性就逐渐降低下来，其强度提高一般不超过 10%。

另外，采用分次投料搅拌新工艺，也能提高混凝土强度。其原理是将骨料和胶凝材料投入搅拌机后，先加少量水拌和，使骨料表面裹上一层水胶比很小的水泥浆，有效地改善骨料界面结构，从而提高混凝土的强度。这种混凝土称为"造壳混凝土"。

（6）试验条件

试验过程中，试件的形状、尺寸、表面状态、含水程度及加荷速度都会对混凝土的强度值产生一定的影响。

1）试件的尺寸　在测定混凝土立方体抗压强度时，当混凝土强度等级<C60 时，可根据粗骨料最大粒径选用非标准试块，但应将其抗压强度值按表 5-20 所给出的系数换算成标准试块对应的抗压强度值；当混凝土强度等级≥C60 时，宜采用标准试件；使用非标准试件时，其强度的尺寸换算系数可通过试验确定。

混凝土立方体试件尺寸选用及换算系数　　　　　　　　表 5-20

骨料最大粒径（mm）	31.5	40	63
试件尺寸（mm）	100×100×100	150×150×150	200×200×200
系数	0.95	1	1.05

2）试件的形状　棱柱体试件比立方体试件测得的强度值低。其原因如下：混凝土立方体试件在压力机上受压时，在沿加荷方向发生纵向变形的同时，也按泊松比（泊松比亦称"侧膨胀系数"，指材料侧向应变和竖向应变的比值）产生横向变形，压力机上下两块钢压板的弹性模量比混凝土的弹性模量大 5～15 倍，而泊松比则不大于混凝土的两倍，所

以在荷载作用下，钢压板的横向应变小于混凝土的横向应变，这样试件受压面与试验机压板之间的摩擦力对试件的横向膨胀起着约束作用，对强度产生提高作用。这种约束作用称为"环箍效应"。这种效应随着与压板距离的加大而逐渐消失，其影响范围约为试件边长的 $\frac{\sqrt{3}}{2}a$，如图 5-13（a）、（b）所示，环箍效应使破坏后的试件上下各呈一较完整的棱锥体，如图 5-13（c）所示。棱柱体试件的高宽比大，中间区段受环箍效应的影响小，因此棱柱体抗压强度比立方体抗压强度值小。

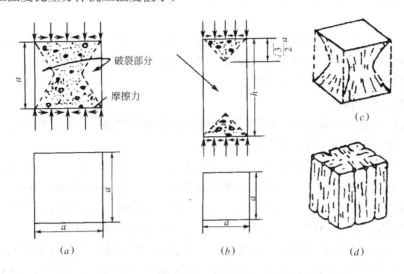

图 5-13 混凝土试件的破坏状态
（a）立方体试件；（b）棱柱体试件；（c）试块破坏后的棱锥体；（d）不受压板约束时试块破坏情况

不同尺寸的立方体试块其抗压强度值不同，也可通过"环箍效应"的现象来解释。压力机压板对混凝土试件的横向摩阻力是沿周界分布的，大试块尺寸周界与面积之比较小，环箍效应的相对作用小，测得的抗压强度值偏低。另一方面原因是大试块内孔隙、裂缝等缺陷概率大，这也是混凝土强度降低的原因。

综上所述，大试块的立方体抗压强度值偏小而小试块立方体抗压强度值偏大，因此非标准试块所测强度值应按表 5-20 折算成标准试块的立方体抗压强度。

3）表面状态 当混凝土试件受压面上有油脂类润滑物质时，压板与试件间摩阻力减小，使"环箍效应"影响减弱，试件将出现垂直裂纹而破坏，如图 5-13（d）所示。

4）加荷速度 试验时加荷速度对强度值影响很大。试件破坏是当变形达到一定程度时才发生的，当加荷速度较快时，材料变形的增长落后于荷载的增加，故破坏时强度值偏高。

由上述内容可知，即使原材料、施工工艺及养护条件都相同，但试验条件的不同也会导致试验结果的不同。因此混凝土的抗压强度的测定必须严格遵守国家有关试验标准的规定。

（7）掺外加剂和掺合料

掺减水剂，特别是高效减水剂，可大幅度降低用水量和水胶比，使混凝土的强度显著提高，掺高效减水剂是配制高强度混凝土的主要措施，掺早强剂可显著提高混凝土的早期强度。

掺合料是在混凝土搅拌前或搅拌过程中，与混凝土的其他组分一样，直接加入的一种外掺料，其掺量大于水泥用量的 5%。在混凝土中掺入高活性的掺合料（如优质粉煤灰、硅灰、磨细矿渣粉等），可以与水泥的水化产物进一步发生反应，产生大量的凝胶物质，使混凝土更趋于密实，强度也进一步得到提高。

5.3.3 硬化混凝土的耐久性

硬化混凝土除应具有足够的强度，保证建筑物能安全承受荷载外，还应具有良好的耐久性。混凝土耐久性是指混凝土在使用条件下抵抗周围环境各种因素长期作用的能力。

混凝土的耐久性是一项综合性质，混凝土所处环境条件不同，其耐久性的含义也不同，有时指某单一性质，有时指多个性质。混凝土的耐久性通常包含抗渗性、抗冻性、抗侵蚀性、抗碳化及碱—骨料反应等性能。

1. 混凝土的抗渗性

抗渗性是指混凝土抵抗水、油等压力液体渗透作用的性能。它是一项非常重要的耐久性指标，直接影响混凝土的抗冻性和抗侵蚀性。

混凝土的抗渗性用抗渗等级 PN 表示，它是以 28d 龄期的标准试件，按规定方法进行试验，用每组 6 个试件中 4 个试件未出现渗水时的最大水压强（MPa）的 10 倍来表示。混凝土的抗渗等级有 P6、P8、P10、P12、>P12 等等级，即相应表示混凝土能抵抗 0.6MPa、0.8MPa、1.0MPa、1.2MPa 及 >1.2MPa 的静水压强而不渗水。

混凝土渗水的主要原因是由于内部的孔隙形成连通的渗水通道。这些渗水通道主要来源于水泥浆中多余水分蒸发而留下的毛细孔、水泥浆泌水形成的泌水通道、各种收缩形成的微裂缝等。而这些渗水通道的多少，主要与水胶比的大小、骨料品质等因素有关。为了提高混凝土的抗渗性可掺加引气剂、减小水胶比、选用良好的颗粒级配及合理砂率、加强养护及精心施工等措施，尤其是掺加引气剂，在混凝土内部产生不连通的气泡，改变了混凝土的孔隙特征，截断了渗水通道，可以显著提高混凝土的抗渗性。

2. 混凝土的抗冻性

混凝土的抗冻性是指混凝土在吸水饱和状态下，能经受多次冻融循环而不破坏，同时也不严重降低强度的性能。

混凝土的抗冻性用抗冻等级 FN 表示。抗冻等级是以龄期 28d 的试块在吸水饱和后，承受反复冻融循环，以抗压强度下降不超过 25%，而且质量损失不超过 5% 时所能承受的最大冻融循环次数来确定。混凝土的抗冻等级分为：F50、F100、F150、F200、F250、F300、F350、F400 等，例 F50 表示混凝土能承受最大冻融循环次数为 50 次。

混凝土产生冻融破坏有两个必要条件：一是混凝土必须接触水或混凝土中有一定的游离水；二是建筑物所处的自然条件存在反复交替的正负温度。当混凝土处于冰点以下时，首先是靠近表面的孔隙中游离水开始冻结，产生 9% 左右的体积膨胀，在混凝土内部产生冻胀应力，从而使未冻结的水分受压后向混凝土内部迁移。当迁移受约束时就产生了静水压力，使混凝土内部薄弱部分，特别是在受冻初期强度不高的部位产生微裂缝，当遭受反复冻融循环时，微裂缝会不断扩展，逐步造成混凝土剥蚀破坏。

混凝土的抗冻性主要取决于混凝土的构造特征和含水程度。具有较高密实度及含闭口孔多的混凝土具有较高的抗冻性，混凝土中饱和水程度越高，产生的冰冻破坏越严重。

提高混凝土抗冻性的有效途径是掺入引气剂，在混凝土内部产生互不连通的微细气泡，不仅截断了渗水通道，使水分不易渗入，而且气泡有一定的适应变形能力，对冰冻的破坏作用有一定的缓冲作用，除此之外，可采用减小水胶比，提高水泥强度等级等措施。

3. 混凝土碳化

混凝土的碳化，是指空气中的 CO_2 在适宜湿度的条件下与水泥水化产物 $Ca(OH)_2$ 发生反应，生成碳酸钙和水，使混凝土碱度降低的过程，碳化也称中性化。

碳化使混凝土内部碱度降低，对钢筋的保护作用降低，使钢筋易锈蚀。硬化后的混凝土内部呈一种碱性环境，混凝土构件中的钢筋在这种碱性环境中，表面形成一层钝化薄膜，钝化膜能保护钢筋免于生锈。但是碳化导致钢筋的碱性环境呈中性，当 pH<10 时，钢筋表面的钝化膜被破坏，而开始生锈，生锈后的体积比原体积大得多，产生膨胀使混凝土保护层开裂，开裂的混凝土又加速了碳化的进行和钢筋的锈蚀，最后导致混凝土产生顺筋开裂而破坏。碳化作用还会产生收缩，使混凝土表面产生微细裂缝。

碳化对混凝土也有有利的影响，碳化放出的水分有助于水泥的水化作用，而且碳酸钙可填充水泥石孔隙，提高混凝土的密实度。

碳化作用是一个由表及里逐步扩散深入的过程。碳化的速度受许多因素的影响，主要是：

（1）水泥的品种及掺混合材料的数量。硅酸盐水泥水化生成的氢氧化钙含量较掺混合材料水泥的数量多，因此碳化速度较掺混合材料的硅酸盐水泥慢，所掺混合材料的数量越多，碳化速度越快。

（2）水胶比。在一定的条件下，水胶比越小的混凝土越密实，碳化速度越慢。

（3）环境因素。环境因素主要指空气中 CO_2 的浓度及空气相对湿度等，CO_2 浓度增高，碳化速度加快，在相对湿度达到 50%～70% 情况下，碳化速度最快，在相对湿度达到 100%，或相对湿度在 25% 以下时碳化将停止进行。

4. 碱—骨料反应

混凝土的碱骨料反应，是指水泥中的碱（Na_2O 和 K_2O）含量较高时与骨料中的活性 SiO_2 发生反应，在骨料表面生成碱—硅酸凝胶，这种凝胶具有吸水膨胀特性，会使包裹骨料的水泥石胀裂，这种现象称为碱—骨料反应。

碱—骨料反应必须具备以下条件，才会进行：

（1）水泥中含有较高的碱量，水泥中的总碱量（按 $Na_2O+0.658K_2O$ 计）>0.6% 时，才会与活性骨料发生碱—骨料反应。

（2）骨料中含有活性 SiO_2 并超过一定数量。

（3）存在水分，在干燥状态下不会发生碱—骨料反应。

三者缺一均不会发生碱—骨料反应。但是，如果混凝土内部具备了碱—骨料反应因素，就很难控制其反应的发展。以碱—硅酸反应为例，其反应积累期为 10～20 年，即混凝土工程建成投产使用 10～20 年会发生膨胀开裂，当碱—骨料反应发展至膨胀开裂时，混凝土力学性能明显降低，其抗压强度降低 40%，弹性模量降低尤为显著。

总之，碱—骨料反应的病害因素在混凝土内部，即使采取修补加固措施，由于不能根除病害因素，病害还会继续发展，因而可以认为碱—骨料反应是严重影响混凝土耐久性的一种病害。半个世纪以来在世界各地造成混凝土工程的严重破坏，包括大坝、桥梁、港口建筑、工业建筑，其后果是耗费巨额维修重建费用。抑制碱—骨料反应的主要措施有：控制水泥总含碱量不超过 0.6％，混凝土最大碱含量不超过 3.0kg/m³；选用非活性骨料；降低混凝土的单位水泥用量；在水泥中掺某些混合材料，吸收和消耗水泥中的碱，淡化碱—骨料反应带来的不利影响；掺引气剂等。

    5. 提高混凝土耐久性的措施

    混凝土所处的环境和使用条件不同，对其耐久性的要求也不同，根据其具体的条件采取相应措施以提高混凝土的耐久性。从上述对混凝土耐久性的分析来看，耐久性的各个性能都与混凝土的组成材料、混凝土的孔隙率、孔隙构造密切相关，因此提高混凝土耐久性的措施主要有以下内容。

    (1) 据混凝土工程所处的环境条件和工程特点选择合理的水泥品种；

    (2) 严格控制水胶比，保证足够的水泥用量，见表 5-21；

混凝土最大水胶比和最小胶凝材料用量

表 5-21

环境等级	条　件	最低强度等级	最大水胶比	最小胶凝材料用量（kg/m³）		
				素混凝土	钢筋混凝土	预应力混凝土
一	1. 室内干燥环境； 2. 无侵蚀性静水浸没环境	C20	0.60	250	280	300
二 a	1. 室内干燥环境； 2. 非严寒和非寒冷地区的露天环境； 3. 非严寒和非寒冷地区与无侵蚀性的水或土壤直接接触的环境； 4. 寒冷和严寒地区的冰冻线以下的无侵蚀性的水或土壤直接接触的环境	C25	0.55	280	300	300
二 b	1. 干湿交替环境； 2. 水位频繁变动环境； 3. 严寒和寒冷地区的露天环境； 4. 严寒和寒冷地区的冰冻线以上与无侵蚀性的水或土壤直接接触的环境	C30(C25)	0.50(0.55)	320		
三 a	1. 严寒和寒冷地区冬季水位冰冻区环境； 2. 受除冰盐影响环境； 3. 海风环境	C35(C30)	0.45(0.50)	330		
三 b	1. 盐渍土环境 2. 受除冰盐作用环境； 3. 海岩环境	C40	0.40	—		
四	海水环境	—	—	—		
五	受人为或自然的侵蚀性物质影响的环境	—	—	—		

    (3) 选用杂质少、级配良好的粗、细骨料，并尽量采用合理砂率；

    (4) 掺引气剂、减水剂等外加剂，可减少水灰比，改善混凝土内部的孔隙构造，提高混凝土耐久性；

（5）在混凝土施工中，应搅拌均匀、振捣密实、加强养护，增加混凝土密实度，提高混凝土质量。

5.3.4 混凝土的变形性能

混凝土在硬化和使用过程中，受外界各种因素的影响会产生变形，变形是使混凝土产生裂缝的重要原因之一。混凝土的变形包括非荷载作用下的变形和荷载作用下的变形。非荷载作用下的变形包括混凝土的化学收缩、干湿变形及温度变形；荷载作用下的变形分为短期荷载作用下的变形、长期荷载作用下的变形-徐变。

1. 非荷载作用下的变形

（1）化学收缩

混凝土在硬化过程中，水泥水化产物的体积小于水化前反应物体积，从而使混凝土产生收缩，即为化学收缩。化学收缩是不可恢复的，其收缩量随混凝土硬化龄期的延长而增加。一般在混凝土成型后40d内增长较快，以后逐渐趋于稳定。化学收缩值很小，一般对混凝土结构没有破坏作用，但在混凝土内部可能产生微细裂缝。

（2）干缩湿胀

混凝土的干缩湿胀是指由于外界湿度变化，致使其中水分变化而引起的体积变化。

混凝土在有水侵入的环境中，由于凝胶体中胶体粒子表面的水膜增厚，使胶体粒子间距离增大，混凝土表现出湿胀现象。混凝土在干燥过程中，毛细孔中的自由水分首先蒸发，使混凝土产生收缩，当毛细孔中的自由水分蒸发完后，凝胶吸附水开始蒸发，引起收缩。干缩后的混凝土再遇到水，部分收缩变形是可恢复的，但约30%～50%是不可恢复的，如图5-14所示。

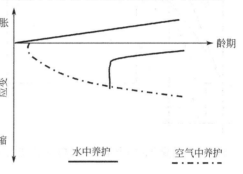

图5-14 混凝土的干湿变形

混凝土的湿胀变形很小，一般无破坏作用，但混凝土过大的干缩变形会对混凝土产生较大的危害，使混凝土的表面产生较大的拉应力而引起开裂，严重影响混凝土的耐久性。

混凝土的干缩主要是由水泥石的干缩产生的。因此影响干缩的主要因素是水泥用量及水胶比的大小。除此之外，水泥品种、用水量、骨料种类及养护条件也是影响因素。现分述如下：

1）水泥用量、细度及品种 水泥用量越多，干燥收缩越大。水泥颗粒越细，需水量越多，则其干燥收缩越大。使用火山灰水泥干缩较大，而使用粉煤灰水泥其干缩较小。

2）水胶比 水胶比愈大，硬化后水泥的孔隙越多，其干缩越大，混凝土单位用水量越大，干缩率大。

3）骨料种类 弹性模量大的骨料，干缩率小，吸水率大；含泥量大的骨料干缩率大。另外骨料级配良好，空隙率小，水泥浆量少，则干缩变形小。

4）养护条件 潮湿养护时间长可推迟混凝土干缩的产生与发展，但对混凝土干缩率并无影响，采用湿热养护可降低混凝土的干缩率。

（3）温度变形

混凝土与普通的固体材料一样呈现热胀冷缩现象，相应的变形为温度变形，混凝土的温度变形系数约为$(1\sim1.5)\times10^{-5}/℃$，即温度升降 1℃，每米胀缩 0.01～0.015mm，温度变形对大体积混凝土或大面积混凝土以及纵向很长的混凝土极为不利，易使这些混凝土产生温度裂缝。

在混凝土硬化初期，水泥水化放热量较高，且混凝土又是热的不良导体，散热很慢，造成混凝土内外温差很大，有时可达 50～70℃，这将使混凝土产生内胀外缩，在混凝土表面产生拉应力，拉应力超过混凝土的极限抗拉强度时，使混凝土产生微细裂缝。在实际施工中可采取低热水泥，减少水泥用量，采用人工降温和沿纵向较长的钢筋混凝土结构设置温度伸缩缝等措施。

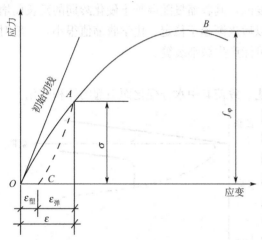

图 5-15　混凝土在压力作用下的应力-应变曲线

2. 荷载作用下的变形

（1）短期荷载作用下的变形

1）混凝土的弹塑性变形

混凝土是种非匀质的复合材料，属于弹塑性体。在静力试验的加荷过程中，若加荷至任一点 A，然后将荷载逐渐卸去，则卸荷时的应力-应变曲线如 AC 所示。它在受力时，既产生可以恢复的弹性变形又产生不可以恢复的塑性变形，混凝土的应力-应变关系见图 5-15 所示。

在应力-应变曲线上任一点的应力 σ 与应变 ϵ 的比值，叫做混凝土在该应力状态下的变形模量。它反映混凝土所受应力与所产生应变之间的关系。在计算钢筋混凝土的变形、裂缝开展及大体积混凝土的温度应力时，均需知道此时混凝土的变形模量。在混凝土结构或钢筋混凝土结构设计中，常用到混凝土的静力弹性模量。

2）混凝土的弹性模量

根据《普通混凝土力学性能试验方法标准》GB/T 50081—2002 规定，采用 150mm×150mm×300mm 的棱柱体作为标准试件，使混凝土的应力在 0.5MPa 和 $1/3f_{cp}$ 之间经过至少两次预压（详细测试方法参见上述标准），在最后一次预压完成后，应力与应变关系基本上成为直线关系，此时测得的变形模量值即为该混凝土弹性模量。

混凝土的弹性模量随骨料与水泥石的弹性模量而异。在材料质量不变的条件下，混凝土的骨料含量较多、水胶比较小、养护条件较好及龄期较长时，混凝土的弹性模量就较大。另外混凝土的弹性模量一般随强度提高而增大。通常当混凝土的强度等级由 C10 增加到 C60 时，其弹性模量相应由 1.75×10^4MPa 增加到 3.60×10^4MPa。

（2）长期荷载作用下的变形-徐变

混凝土在长期不变荷载作用下，随时间增长的变形称为徐变。图 5-16 为混凝土在长期荷载作用下变形与荷载作用间关系。混凝土在加荷的瞬间，产生瞬时变形，随着荷载持续时间的延长，逐渐产生徐变变形。混凝土徐变在加荷早期增长较快，然后逐渐减慢，一

般要 2～3 年才趋于稳定。当混凝土
卸荷后，一部分变形瞬间恢复，其
值小于在加荷瞬间产生的瞬时变形，
在卸荷后的一段时间内变形还会继
续恢复，称为徐变恢复，最后残存
的不能恢复的变形称为残余变形。

产生徐变的原因，一般认为是
由于水泥石中凝胶体在长期荷载作
用下的粘性流动，并向毛细孔内迁

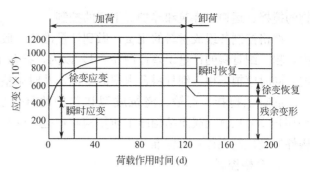

图 5-16 混凝土的徐变与徐变的恢复

移的结果。早期加荷时，水泥尚未充分熟化，所含凝胶体较多且水泥石中毛细孔较多，凝
胶体易流动，所以徐变发展较快，而在后期由于凝胶体的移动及水化的进行，毛细孔逐渐
减少，且水化物结晶程度不断提高，因此粘性流动变难，徐变的发展减缓。

影响混凝土徐变的因素主要有：

1）胶凝材料用量与水胶比 胶凝材料用量越多，水胶比越大，混凝土徐变越大。

2）骨料的弹性模量与骨料的规格与质量 骨料的弹性模量越大，混凝土的徐变越小；
骨料级配越好、杂质含量越少，混凝土的徐变越小。

3）养护龄期 混凝土加荷作用时间越早，徐变越大。

4）养护湿度 养护湿度越高，混凝土的徐变越小。

徐变对钢筋混凝土及大体积混凝土有利，它可消除或减少钢筋混凝土内的应力集中，
使应力重新分布，从而使局部应力集中得到缓解，并能消除或减少大体积混凝土由于温度
变形所产生的破坏应力；但对预应力钢筋混凝土不利，它使钢筋的预应力值受到损失。

5.4 混凝土的质量检验与质量控制

为了使混凝土达到设计要求的和易性、强度、耐久性，除选择适宜的原材料及恰当的
配合比外，还应在混凝土生产过程的各个环节中进行质量检验与控制。

5.4.1 混凝土质量的控制

混凝土的质量受多种因素的影响而产生波动。引起混凝土质量波动的因素主要有：原
材料的质量波动、组成材料计量的误差、搅拌时间及方式、振捣方式及时间、养护条件
等。对混凝土质量进行检验与控制的目的是：研究混凝土质量波动的规律，从而采取有效
措施，使混凝土强度的波动值控制在预期的范围内，生产出既满足设计要求，又经济合理
的混凝土。混凝土的质量控制主要可以分为以下三个阶段：

1. 原材料质量控制

原材料进场时，应按规定批次验收型式检验报告、出厂检验报告或合格证等质量证明
文件，外加剂产品还应具有使用说明书。原材料进场时应进行检验，检验批量应符合规
定，检验样品应随机抽取。原材料应满足材料标准的技术要求、配合比设计要求及施工质
量验收规范的规定。

2. 生产控制

生产控制即严格控制混凝土生产的各个环节。主要包括混凝土组成材料的计划、拌合

物的搅拌、运输、浇筑和养护等工序的控制。

严格控制各组成材料的用量，做到计量准确，胶凝材料计量允许偏差控制在±2%以内，粗、细骨料的计量误差控制在±3%以内，拌合用水和外加剂计量偏差控制在±1%以内。同时应根据粗、细骨料含水率的变化，及时调整粗、细骨料和拌合用水的称量。

混凝土搅拌、运输、浇筑成型和养护的具体要求见《混凝土质量控制标准》GB 50164—2011、《混凝土结构施工质量验收规范》GB 50204—2011、《混凝土及预制混凝土构件质量控制规程》等标准。

3. 合格控制

合格控制主要包括对浇筑完成后的混凝土进行检验与验收、混凝土强度的合格评定。本节重点介绍混凝土强度的合格性评定。

5.4.2　混凝土质量评定的数理统计方法

由于混凝土质量的波动最终反映在混凝土的强度上，而混凝土的抗压强度与其他性能有较好的相关性，因此在混凝土生产质量管理中，常以混凝土的抗压强度作为评定和控制其质量的主要指标。

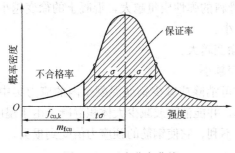

图 5-17　正态分布曲线

1. 混凝土强度波动规律——正态分布

对同一强度等级的混凝土，在浇筑地点随机抽取试样，制作 n 组试件（$n \geqslant 25$），测量其 28d 抗压强度。以抗压强度为横坐标，混凝土强度出现的概率作为纵坐标，绘制抗压强度—概率分布曲线，如图 5-17 所示。结果表明曲线接近于正态分布曲线，即混凝土的强度服从正态分布。

正态分布是以平均强度为对称轴，左右两边曲线对称，距离强度平均值越近的值，出现的概率就越大；反之，距离强度平均值越远的值，出现的概率就越小，曲线与横轴之间的面积为概率的总和等于 100%，对称轴两边出现的概率各为 50%，对称轴两边各有一拐点。

2. 强度平均值、标准差、变异系数

（1）强度平均值

强度平均值，按式（5-11）计算：

$$m_{fcu} = \frac{1}{n}\sum_{i=1}^{n} f_{cu,i} \tag{5-11}$$

式中　n——混凝土强度试件的组数；

　　$f_{cu,i}$——第 i 组试件的抗压强度（MPa）；

　　m_{fcu}——n 组抗压强度的算术平均值（MPa）。

强度平均值只能反应混凝土总体强度平均水平，而不能说明强度波动情况。也反映不出混凝土施工水平的高低。

（2）标准差

标准差 σ 又称均方差，是分布曲线上拐点到对称轴间的距离，是评定质量均匀性的一种指标，可用下式计算：

$$\sigma = \sqrt{\frac{\sum\limits_{i-1}^{n} f_{cu,i}^2 - n m_{fcu}^2}{n-1}} \tag{5-12}$$

标准差 σ 值越小，正态分布曲线窄而高，说明强度值分布集中，则混凝土质量均匀性越好，混凝土施工质量控制较好；正态分布曲线宽而矮时，说明混凝土强度的波动较大，即混凝土的施工质量控制较差。

（3）变异系数（C_v）

变异系数也是用来评定混凝土质量均匀性的指标。在相同生产管理水平下，混凝土的强度标准差会随强度平均值的提高或降低而增大或减小，它反映绝对波动量的大小，有量纲。对平均强度水平不同的混凝土之间质量稳定性的比较，可考虑用相对波动的大小，即以标准差对强度平均值的百分率表示的标准差，即变异系数 C_v，其计算式为：

$$C_v = \frac{\sigma}{m_{fcu}} \times 100\% \tag{5-13}$$

C_v 值越小，说明混凝土质量越均匀，施工管理水平越高。

3. 混凝土强度保证率 $P\%$

强度保证率是指在混凝土强度总体中，大于设计强度等级值 $f_{cu,k}$ 的强度值出现的概率，如图 5-17，阴影部分的面积。低于强度等级的概率，为不合格率，如图 5-17 中阴影部分以外的面积。

混凝土强度保证率 $P\%$ 的计算方法如下，先根据混凝土的设计等级值 $f_{cu,k}$、强度平均值 m_{fcu}、变异系数 C_v 或标准差 σ，计算出概率度 t：

$$t = \frac{m_{fcu} - f_{cu,k}}{\sigma} = \frac{m_{fcu} - f_{cu,k}}{C_v m_{fcu}} \tag{5-14}$$

则强度保证率 $P\%$ 就可由正态分布曲线方程（式 5-15）求得，或利用表 5-22 查出。表中 t 即为概率度，$P(t)$ 即为强度保证率。

$$P = \frac{1}{\sqrt{2\pi}} \int_t^{+\infty} e^{\frac{t^2}{2}} dt \tag{5-15}$$

不同 t 值的 P(t) 值　　　　　　　　　　　　　　　　表 5-22

t	0.00	0.50	0.80	0.84	1.00	1.04	1.20	1.28	1.40	1.50	1.60
P（%）	50.0	69.2	78.8	80.0	84.1	85.1	88.5	90.0	91.9	93.3	94.5
t	1.645	1.70	1.75	1.81	1.88	1.96	2.00	2.05	2.33	2.50	3.00
P（%）	95.0	95.0	96.0	96.5	97.0	97.5	97.7	98.0	99.0	99.4	99.87

5.4.3 混凝土的配制强度

在配制混凝土时，如果混凝土的配制强度等于混凝土的设计强度等级，即 $f_{cu,o} = m_{fcu}$，查表 5-22 得知保证率仅有 50%。为保证混凝土具有设计所要求的 95% 的保证率，必须使混凝土配制时的强度高于强度等级值，代入计算式 5-14 可得：

$$f_{cu,o} = f_{cuk} + t\sigma \tag{5-16}$$

式中　$f_{cu,o}$——混凝土配制强度（MPa）；

$f_{cu,k}$——混凝土设计强度等级（MPa）；

t——与要求的保证率相对应的概率度；

σ——混凝土强度标准差（MPa）；

取 $t=1.645$，混凝土配制强度按式（5-16）计算，可得：

$$f_{cu,o} \geq f_{cu,k} + t\sigma \geq f_{cu,k} + 1.645\sigma \tag{5-17}$$

由上式可知，设计要求的混凝土强度保证率越大，配制强度越高；混凝土质量稳定性越差时（σ 越大），配制强度就越高。

5.4.4　混凝土强度的合格性评定

混凝土强度的合格性评定是根据一定规则对混凝土强度的合格与否所作的判定。混凝土强度应分批进行检验评定，一个检验批的混凝土由强度等级相同、试验龄期相同、生产工艺条件和配合比基本相同的混凝土组成。

一个检验批的批量和样本（试件）的容量大小，应满足《混凝土强度检验评定标准》GB 50107—2010 规定的按混凝土生产量所需制作试件组数，代表检验批的用于合格评定的混凝土试件组数称样本容量，而它所代表的该批混凝土的数量，即为检验批的批量。

混凝土强度的合格性评定分统计方法与非统计方法两种。

1. 统计方法评定

根据混凝土强度质量控制的稳定性。混凝土强度的统计法分为两种：标准差已知方案和标准差未知方案。

（1）标准差已知

当同一品种的混凝土生产，有可能在较长时期内通过质量管理，维持基本相同的生产条件，即使有所变化，也能很快予以调整而恢复正常。每批混凝土的强度标准差可根据前一时期生产累计的强度数据确定。

一个检验批的样本容量应为连续的 3 组试件，其强度应同时符合下列规定：

$$m_{fcu} \geq f_{cu,k} + 0.7\sigma_0 \tag{5-18}$$

$$f_{cu,min} \geq f_{cu,k} - 0.7\sigma_0 \tag{5-19}$$

检验批混凝土立方体抗压强度的标准差应按下式计算：

$$\sigma_0 = \sqrt{\frac{\sum_{i=1}^{n} f_{cu,i}^2 - n m_{fcu}^2}{n-1}} \tag{5-20}$$

当混凝土强度等级不高于 C20 时，其强度的最小值尚应满足下式要求：

$$f_{cu,min} \geq 0.85 f_{cu,k} \tag{5-21}$$

当混凝土强度等级高于 C20 时，其强度的最小值尚应满足下式要求：

$$f_{cu,min} \geq 0.90 f_{cu,k} \tag{5-22}$$

式中　　m_{fcu}——同一检验批混凝土立方体抗压强度的平均值（N/mm²）；

$f_{cu,k}$——混凝土立方体抗压强度标准值（N/mm²）；

σ_0——检验批混凝土立方体抗压强度的标准差（N/mm²）；当 σ_0 计算值小于 2.5N/mm² 时，应取 2.5N/mm²；

$f_{cu,i}$——前一个检验期内同一品种、同一强度等级的第 i 组混凝土试件的立方体抗压强度代表值（N/mm²）；该检验期不应少于 60d，也不得大于 90d；

n——前一检验期内的样本容量，在该期间内样本容量不应少于 45；

$f_{cu,min}$——同一检验批混凝土立方体抗压强度的最小值（N/mm²）。

（2）标准差未知

当生产连续性较差，即在生产中无法维持基本相同的生产条件，或生产周期较短，无法积累强度数据计算可靠的标准差参数量，此时检验评定只能直接根据每一检验批抽样的样本强度数据确定。为了提高检验的可靠性，要求每批样本组数不少于 10 组。

其强度应同时满足下列要求：

$$m_{fcu} \geqslant f_{cu,k} + \lambda_1 \cdot S_{fcu} \tag{5-23}$$

$$f_{cu,min} \geqslant \lambda_2 \cdot f_{cu,k} \tag{5-24}$$

同一检验批混凝土立方体抗压强度的标准差应按下式计算：

$$S_{fcu} = \sqrt{\frac{\sum_{i=1}^{n} f_{cu,i}^2 - n m_{fcu}^2}{n-1}} \tag{5-25}$$

式中 S_{fcu}——同一检验批混凝土立方体抗压强度的标准差（N/mm²），S_{fcu} 计算值小于 2.5N/mm² 时，应取 2.5N/mm²；

λ_1、λ_2——合格评定系数，按表 5-23 取用；

n——本检验期内的样本容量。

混凝土强度的合格评定系数 表 5-23

试件组数	10～14	15～19	≥20
λ_1	1.15	1.05	0.25
λ_2	0.90	0.85	

2. 非统计方法评定

当用于评定的样本容量小于 10 组时，应采用非统计方法评定混凝土强度。

按非统计方法评定混凝土强度时，其强度应同时符合下列规定：

$$m_{fcu} \geqslant \lambda_3 \cdot f_{cu,k} \tag{5-26}$$

$$f_{cu,min} \geqslant \lambda_4 \cdot f_{cu,k} \tag{5-27}$$

式中 λ_3、λ_4——合格评定系数，应按表 5-24 取用。

混凝土强度的非统计法合格评定系数 表 5-24

混凝土强度等级	<C60	≥60
λ_3	1.15	1.10
λ_4	0.95	

3. 混凝土强度的合格性评定

当检验结果满足上述规定要求时，则该批混凝土强度应评定为合格；当不能满足上述规定时，该批混凝土强度应评定为不合格。

5.5 普通混凝土配合比设计

普通混凝土配合比是指混凝土中胶凝材料、粗细骨料和水、外加剂、掺合料等各组成材料用量之间的数量比例关系。

5.5.1 混凝土配合比设计的表示方法

（1）以每 1m³ 混凝土中各组成材料的质量表示，如 1m³ 混凝土中水泥 247kg，粉煤灰 106kg，水 172kg，砂 770kg，石子 1087kg，外加剂 3.53kg。

（2）以水泥的质量为 1，用各材料间的质量比来表示，如上述数据换算成质量比可写成水泥∶粉煤灰∶砂子∶石子＝1∶0.43∶3.11∶4.40，水胶比 0.49。

5.5.2 混凝土配合比设计的基本要求

（1）混凝土结构设计要求的强度等级；

（2）施工方面要求的混凝土拌合物和易性；

（3）与使用环境相适应的耐久性要求（如抗冻等级、抗渗等级和抗侵蚀性等）；

（4）在满足以上三项技术性质的前提下，尽量做到节约水泥和降低混凝土成本，符合经济原则。

5.5.3 混凝土配合比设计的三个重要参数

普通混凝土配合比设计，实质是确定胶凝材料、水、砂子、石子用量间的三个比例关系。即水与胶凝材料之间的比例关系，常用水胶比（W/B）表示；砂与石子之间比例关系，常用砂率（β_s）表示；水泥浆与骨料之间的比例关系，常用单位用水量（1m³ 混凝土的用水量）来反映。混凝土配合比的三个重要参数就是指水胶比、砂率、单位用水量。

三参数与混凝土基本要求密切相关，水胶比的大小直接影响混凝土的强度和耐久性，因此确定水胶比的原则必须是同时满足强度和耐久性的要求；用水量的多少，是控制混凝土拌合物流动性的大小的重要参数，确定单位用水量的原则是以拌合物达到要求的坍落度为准；砂率反映了砂石的配合关系，砂率的改变不仅影响拌合物的流动性，而且对黏聚性和保水性也有很大的影响，确定砂率的原则是必须选定合理砂率，以获得需要的流动性且节约水泥用量。混凝土配合比三参数之间的关系如图 5-18 所示。

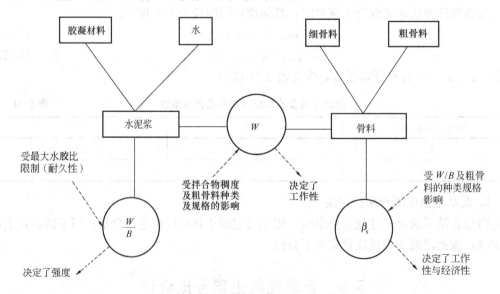

图 5-18 混凝土配合比设计三参数之间的关系图

5.5.4 配合比设计的基本资料

在进行混凝土配合比设计之前，必须详细了解下列基本资料。

1. 工程要求和施工条件

混凝土设计要求的强度等级、流动性要求、耐久性要求（抗渗，抗冰冻，抗侵蚀等）、工程特征（工程所处的环境条件，构件截面尺寸，配筋情况等）、混凝土搅拌、振捣方式、施工质量水平等。

2. 混凝土各组成材料的性能指标

胶凝材料的品种、强度等级、密度；砂、石骨料的品种、颗粒级配、视密度、堆积密度、含水率、石子的最大粒径；混凝土拌合用水的水质及来源；外加剂的品种、性能、适宜掺量、与水泥的相容性及掺入方法等。

5.5.5 配合比设计的步骤

混凝土的配合比首先根据选定的原材料及配合比设计的基本要求，通过经验公式、经验表格进行初步设计，得出"初步配合比"；在初步配比的基础上，经试拌、检验、调整到和易性满足要求时，得出"试拌配合比"；在试验室进行混凝土强度检验、复核（如有其他性能要求，则做相应的检验项目，如抗冻性、抗渗性等）得出"设计配合比"；最后以现场原材料情况（如砂、石含水情况等）修正设计配合比，得出"施工配合比"。

1. 初步配合比的确定

（1）确定配制强度（$f_{cu,o}$）

1）当混凝土的设计强度等级小于C60时，配制强度应按式5-16确定：

即
$$f_{cu,o} \geq f_{cu,k} + 1.645\sigma$$

2）当混凝土设计强度等级不小于C60时，配制强度应按下式确定：

$$f_{cu,o} \geq 1.15 f_{cu,k}$$

3）标准差 σ 按下列规定确定：

① 当具有近1~3个月的同一品种、同一强度等级混凝土的强度资料，且试件组数不小于30时，其混凝土强度标准差可按公式（5-20）计算；

$$\sigma = \sqrt{\frac{\sum_{i=1}^{n} f_{cu,i}^2 - n m_{fcu}^2}{n-1}}$$

当混凝土强度等级不大于C30时，如计算得到的 σ 大于3.0MPa时，应按计算结果取值，当 σ 小于3.0MPa，则取 $\sigma=3.0$MPa；当混凝土强度等级大于C30且小于C60时，如计算得到的 σ 大于4.0MPa，应按计算结果取值，当 σ 小于4.0MPa，则取 $\sigma=4.0$MPa。

②当施工单位不具有近期的同一品种、同一强度等级混凝土强度资料时，其混凝土强度标准差 σ 可按表5-25选用。

混凝土的 σ 取值表（JGJ 55—2011）　　　　　　　表 5-25

混凝土强度等级	≤C20	C25~C45	C50~C55
σ 值（MPa）	4.0	5.0	6.0

（2）确定水胶比值（W/B）

混凝土强度等级小于C60时，按混凝土强度经验公式5-8计算水胶比。

$$f_{cu,o} = \alpha_a f_b \left(\frac{B}{W} - \alpha_b \right)$$

则
$$\frac{W}{B} = \frac{\alpha_a f_b}{f_{cu,o} + \alpha_a \alpha_b f_b}$$

根据混凝土的使用条件，水胶比值应满足混凝土耐久性对最大水胶比的要求，即查表5-21，若计算出的水胶比值大于规定的最大水胶比值，则取规定的最大水胶比值。

(3) 确定单位用水量（m_{wo}）

1) 干硬性和塑性混凝土用水量的确定

水胶比在0.40～0.80范围时，根据粗骨料的品种、最大粒径及施工要求的混凝土拌合物稠度，每立方米混凝土用水量可按表5-26和表5-27选取；水胶比小于0.40时，可通过试验确定。

干硬性混凝土的用水量（kg/m³）　　　　　　　　　表 5-26

拌合物稠度		卵石最大粒径（mm）			碎石最大粒径（mm）		
项目	指标	10	20	40.0	16.0	20.0	40.0
维勃稠度 （s）	16～20	175	160	145	180	170	155
	11～15	180	165	150	185	175	160
	5～10	185	170	155	190	180	165

塑性混凝土的用水量（kg/m³）　　　　　　　　　表 5-27

拌合物稠度		卵石最大粒径（mm）				碎石最大粒径（mm）			
项目	指标	10	20	31.5	40	16	20	31.5	40
坍落度 （mm）	10～30	190	170	160	150	200	185	175	165
	35～50	200	180	170	160	210	195	185	175
	55～70	210	190	180	170	220	205	195	185
	75～90	215	195	185	175	230	215	205	195

注：1. 本表用水量系采用中砂时的平均取值。采用细砂时，每立方米混凝土用水量可增加5～10kg；采用粗砂时，则可减少5～10kg。

2. 掺用各种外加剂或掺合料时，用水量相应调整。

2) 流动性和大流动性混凝土用水量的确定

① 未掺减水剂时，每立方米混凝土用水量，以表5-27中坍落度90mm的用水量为基础，按坍落度每增大20mm，用水量增加5kg/m³来计算，当坍落度增大到180mm以上时，随坍落度相应增加的用水量可减少。

② 掺外加剂时混凝土的用水量按下式计算

$$m_{w0} = m'_{w0}(1 - \beta_a) \tag{5-28}$$

式中　m_{w0}——计算配合比混凝土每 m³ 的用水量（kg/m³）；

m'_{w0}——未掺外加剂时推定的满足实际坍落度要求混凝土每 m³ 的用水量（kg/m³）；

β_a——外加剂的减水率，其值按试验确定。

(4) 混凝土中外加剂用量（m_{a0}）

$$m_{a0} = m_{b0}\beta_a \tag{5-29}$$

式中　m_{a0}——每立方米混凝土中外加剂用量（kg/m³）；

m_{b0} —— 每立方米混凝土中胶凝材料用量（kg/m³）（胶凝材料用量按式 5-30 计算确定）；

β_a —— 外加剂掺量（%），其值按试验确定。

（5）胶凝材料、矿物掺合料和水泥用量

1）每立方米混凝土的胶凝材料用量（m_{b0}）

每立方米混凝土的胶凝材料用量（m_{b0}），根据已确定的单位混凝土用水量和已确定的水胶比（W/B）值，按下式计算：

$$m_{b0} = \frac{m_{w0}}{\dfrac{W}{B}} \tag{5-30}$$

胶凝材料用量应满足混凝土耐久性对最小胶凝材料用量的要求，即查表 5-21，若计算出的胶凝材料用量小于规定的最小胶凝材料用量值，则取规定的最小胶凝材料用量值。

2）每立方米混凝土的矿物掺合料用量（m_{f0}）

每立方米混凝土的矿物掺合料用量（m_{f0}），应按式 5-31 计算：

$$m_{f0} = m_{b0}\beta_f \tag{5-31}$$

式中 β_f —— 矿物掺合料掺量。

矿物掺合料在混凝土中的掺量应通过试验确定。当采用硅酸盐水泥或普通硅酸盐水泥时，钢筋混凝土中矿物掺合料量大掺量宜符合表 5-28 的规定。对基础大体积混凝土，粉煤灰、粒化高炉矿渣粉和复合掺合料的最大掺量可增加 5%。

钢筋混凝土中矿物掺合料最大掺量　　　　　　　　　　表 5-28

矿物掺合料种类	水胶比	最大掺量（%）	
		采用硅酸盐水泥时	采用普通硅酸盐水泥时
粉煤灰	≤0.40	45	35
	>0.40	40	30
粒化高炉矿渣粉	≤0.40	65	55
	>0.40	55	45
钢渣粉	—	30	20
磷渣粉	—	30	20
硅灰	—	10	10
复合掺合料	≤0.40	65	55
	>0.40	55	45

注：1. 采用其他通用硅酸盐水泥时，宜将水泥混合材掺量 20% 以上的混合材料计入矿物掺合料。

2. 复合掺合料各组分的掺量不宜超过单掺时的最大掺量。

3）每立方米混凝土的水泥用量（m_{c0}）

每立方米混凝土的水泥用量（m_{c0}），应按式 5-32 计算：

$$m_{c0} = m_{b0} - m_{f0} \tag{5-32}$$

（6）确定砂率（β_s）

砂率值应根据骨料的技术指标、混凝土拌合物性能和施工要求，参考既有历史资料确定；如无统计资料，可按下列规定执行：

1）坍落度小于 10mm 的混凝土，其砂率应经试验确定；

2）坍落度为 10~60mm 的混凝土，其砂率可根据混凝土骨料品种、最大公称粒径及水胶比按表 5-29 选取。

混凝土的砂率（%）　　　　　　　　　　　　　　表 5-29

水胶比	卵石最大公称粒径（mm）			碎石最大公称粒径（mm）		
	10.0	20.0	40.0	16.0	20.0	40.0
0.40	26~32	25~31	24~30	30~35	29~34	27~32
0.50	30~35	29~34	28~33	33~38	32~37	30~35
0.60	33~38	32~37	31~36	36~41	35~40	33~38
0.70	36~41	35~40	34~39	39~44	38~43	36~41

注：1. 表中数值系中砂的选用砂率，对细砂或粗砂可相应地减小或增大砂率。

2. 采用人工砂配制混凝土时，砂率可适当增大。

3. 只用一个单粒级粗骨料配制混凝土时，砂率应适当增大。

（7）确定 1m³ 混凝土的砂石用量（m_{s0}、m_{g0}）

砂、石用量的确定可采用体积法或质量法求得。

1）体积法（绝对体积法）。

假定 1m³ 混凝土拌合物体积等于各组成材料绝对体积及拌合物中所含空气的体积之和，据此可列出下列方程组，解得 m_{s0}、m_{g0}

$$\begin{cases} \dfrac{m_{c0}}{\rho_c} + \dfrac{m_{f0}}{\rho_f} + \dfrac{m_{s0}}{\rho_s} + \dfrac{m_{g0}}{\rho_g} + \dfrac{m_{w0}}{\rho_w} + 0.01\alpha = 1 \\ \beta_s = \dfrac{m_{s0}}{m_{s0} + m_{g0}} \times 100\% \end{cases}$$ (5-33)

式中　　ρ_c——水泥密度（kg/m³）；

ρ_f——矿物掺合料密度（kg/m³）；

ρ_g——粗骨料的表观密度（kg/m³）；

ρ_s——细骨料的表观密度（kg/m³）；

ρ_w——水的密度（kg/m³），可取 1000kg/m³；

α——混凝土的含气量百分数，在不用引气剂或引气型外加剂时，α 可取 1。

2）质量法（假定表观密度法）

根据经验，如果原材料比较稳定时，所配制的混凝土拌合物的表观密度将接近一个固定值，因此，可假定 1m³ 混凝土拌合物的质量为 m_{cp}，由以下方程组解出 m_{s0}、m_{g0}。

$$\begin{cases} m_{f0} + m_{c0} + m_{s0} + m_{g0} + m_{w0} = m_{cp} \\ \beta_s = \dfrac{m_{s0}}{m_{s0} + m_{g0}} \times 100\% \end{cases}$$ (5-34)

m_{cp} 可根据积累的试验资料确定，在无资料时，其值可取 2350~2450kg/m³。

2. 试拌配合比的确定

初步配合比多是借助经验公式或经验数据计算得到，不一定能满足实际工程的和易性要求。因此，应进行试配与调整；直到混凝土拌合物的和易性满足要求为止，此时得出的配合比即混凝土的试拌配合比，它可作为检验混凝土强度之用。

混凝土试配时，每盘混凝土的最小搅拌量有如下规定：骨料最大粒径≤31.5mm 时为 20L；最大粒径为 40mm 时为 25L；当采用机械搅拌时，搅拌量不应小于搅拌机额定搅拌量的 1/4。

按初步配合比称取试配材料的用量，将拌合物搅拌均匀后，测定其坍落度，并观察其黏聚性和保水性。当不符合要求时，应进行调整。如果坍落度低于设计要求时，可保持水胶比不变，增加适量水泥浆。如果坍落度过大时，可在保持砂率不变的条件下增加骨料。若出现含砂不足，黏聚性和保水性不良时，可适当增大砂率，反之应减少砂率。每次调整后再试拌，直到符合和易性要求为止。

3. 设计配合比的确定

经过上述的试拌和调整所得出的试拌配合比仅仅满足混凝土和易性要求，其强度是否符合要求，还需进一步进行强度检验。

检验混凝土强度时，应采用不少于三组的配合比。其中一组为试拌配合比，另外两组配合比的水胶比值较试拌配合比分别增加和减少 0.05，用水量与试拌配合比用水量相同。砂率可分别增减 1%。三组配合比的和易性能应符合设计和施工要求。

三组配合比分别成型、标准养护，测定其 28d 龄期的抗压强度值 f_1、f_2、f_3，由三组配合比的胶水比和抗压强度值，绘制抗压强度与胶水比的关系图，如图 5-19。从图中找出与配制强度 $f_{cu,o}$ 对应的胶水比 B/W，称为设计胶水比，该胶水比即是满足强度要求的胶水比，并按下列原则确定每 m^3 混凝土的材料用量。

（1）用水量（m_w）和外加剂用量（m_a）应在试拌配合比的基础上，根据制作强度试件时测得的坍落度或维勃稠度进行调整确定；

（2）胶凝材料用量（m_b）应以用水量 m_w 乘以选定的胶水比计算确定；

（3）粗、细粗料用量（m_g、m_s）应在试拌配合比的粗、细骨料用量的基础上，按选定的水胶比进行调整。

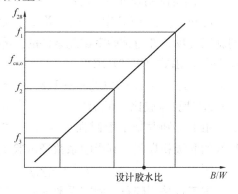

图 5-19　设计胶水比的确定图

由强度复核之后的配合比，还应根据实测的混凝土拌合物的表观密度（$\rho_{c,t}$）和计算表观密度（$\rho_{c,c}$）进行校正。校正系数为：

$$\delta = \frac{\rho_{c,t}}{\rho_{c,c}} = \frac{\rho_{c,t}}{m_c + m_f + m_g + m_s + m_w} \tag{5-35}$$

当混凝土表观密度实测值 $\rho_{c,t}$ 与计算值 $\rho_{c,c}$ 之差不超过计算值的 2% 时，不需校正；当两者之差超过计算值的 2% 时，应将配合比中的各项材料用量乘以校正系数 δ，即混凝土的设计配合比。

4. 施工配合比的确定

混凝土的设计配合比是以干燥状态骨料为准，而工地上的砂、石材料都含有一定的水分，故现场材料的实际用量应按砂、石含水情况进行修正，修正后的配合比为施工配合比。

假设工地砂、石含水率分别为 $a\%$ 和 $b\%$，则施工配合比为：

$$\begin{cases} m'_{\text{c}} = m_{\text{c}} \\ m'_{\text{f}} = m_{\text{f}} \\ m'_{\text{s}} = m_{\text{s}}(1+a\%) \\ m'_{\text{g}} = m_{\text{g}}(1+b\%) \\ m'_{\text{w}} = m_{\text{w}} - m_{\text{s}}a\% - m_{\text{g}}b\% \end{cases} \tag{5-36}$$

【例 5-2】 某室内现浇钢筋混凝土梁，混凝土设计强度等级为 C30，泵送施工，要求到施工现场混凝土拌合物坍落度为 180mm，试进行混凝土配合比设计。

该工程所用原材料技术指标如下：

水泥：强度等级 42.5 的普通水泥，密度 $\rho_{\text{c}} = 3100\text{kg/m}^3$，28d 强度实测值 $f_{\text{ce}} = 48.0\text{MPa}$；

粉煤灰：Ⅱ级，表观密度 $\rho_{\text{f}} = 2200\text{kg/m}^3$。

中砂：级配合格，表观密度 $\rho_{\text{s}} = 2650\text{kg/m}^3$。

碎石：5～31.5mm 连续级配，表观密度 $\rho_{\text{g}} = 2700\text{kg/m}^3$。

外加剂：奈系高效减水剂，减水率为 24%。

水：自来水。

解

一、确定混凝土的初步配合比

1. 确定配制强度（$f_{\text{cu,o}}$）

已知：$f_{\text{cu,k}} = 30\text{MPa}$，标准差由于无历史统计资料，查表 5-25 取 $\sigma = 5.0\text{MPa}$；考虑到施工现场条件与试验室试配条件的差异，配制强度在满足强度标准值保证率的基础上提高 10%，由式（5-16）求得：

$$f_{\text{cu,0}} = 1.1 \times (f_{\text{cu,k}} + 1.645\sigma) = 1.1 \times (30 + 1.645 \times 5.0) = 42.0\text{MPa}$$

2. 计算水胶比（W/B）

由上可知混凝土配制强度 $f_{\text{cu,0}} = 42.0\text{MPa}$，水泥的实测强度值 $f_{\text{ce}} = 48.0\text{MPa}$；掺 10% 的 Ⅱ 级粉煤灰，其影响系数经试验 $\gamma_{\text{f}} = 0.90$，

则 $$f_{\text{b}} = \gamma_{\text{f}}\gamma_{\text{s}}f_{\text{ce}} = 48 \times 0.90 = 43.2\text{ MPa}$$

本工程采用碎石，回归系数 $\alpha_{\text{a}} = 0.53$，$\alpha_{\text{b}} = 0.20$，利用强度经验公式计算水胶比：

$$\frac{W}{B} = \frac{\alpha_{\text{a}}f_{\text{b}}}{f_{\text{cu0}} + \alpha_{\text{a}}\alpha_{\text{b}}f_{\text{b}}} = \frac{0.53 \times 43.2}{42.0 + 0.53 \times 0.20 \times 43.2} = 0.49$$

查表 5-21，在干燥环境中最大水胶比为 0.60，所以取计算水胶比为 0.49。

3. 确定 1m^3 混凝土的用水量（m_{w0}）

（1）查表 5-27，坍落度为 90mm 不掺外加剂时混凝土用水量为 205kg；按每增加 20mm 坍落度增加 5kg 水，求出未掺外加剂时的用水量为：

$$m'_{\text{w0}} = 205 + \frac{180 - 90}{20} \times 5 = 227.5\text{kg}$$

（2）确定掺减水率（β）为 24% 的高效减水剂后，混凝土拌合物坍落度达到 180mm 时的用水量：$m_{\text{w0}} = m'_{\text{w0}}(1-\beta) = 227.5 \times (1-0.24) = 173\text{kg/m}^3$。

4. 计算胶凝材料用量 m_{b0}、粉煤灰用量 m_{f0}、水泥用量 m_{c0} 和外加剂用量 m_{a0}

（1）胶凝材料用量 m_{b0}

$$m_{b0} = \frac{m_{w0}}{W/B} = \frac{173}{0.49} = 353 \text{kg/m}^3$$

（2）粉煤灰用量 m_{f0}

参考表 5-28，选取粉煤灰掺量为 30%，则 $m_{f0} = m_{b0}\beta_f = 353 \times 0.30 = 106 \text{kg/m}^3$

（3）水泥用量 m_{c0}

$$m_{c0} = m_{b0} - m_{f0} = 353 - 106 = 247 \text{kg/m}^3$$

（4）外加剂掺量 m_{a0}

取外加剂掺量为 1%（$\beta_a = 0.01$）

$$m_{a0} = m_{b0}\beta_a = 353 \times 0.01 = 3.53 \text{kg/m}^3$$

5. 确定砂率（β_s）

本例采用泵送混凝土，其砂率宜控制在 35%～45%，根据历史经验砂率采用 42%。

6. 计算砂石用量（m_{s0}、m_{g0}）

（1）质量法

已知混凝土用水量 $m_{w0} = 173 \text{kg/m}^3$，胶凝材料用量 $m_{b0} = 353 \text{kg/m}^3$，砂率 $\beta_s = 42\%$，假定混凝土拌合物的表观密度为 2400kg/m³，则：

$$\begin{cases} 353 + 173 + m_{s0} + m_{g0} = 2400 \\ \dfrac{m_{s0}}{m_{s0} + m_{g0}} = 0.42 \end{cases}$$

解得：$m_{s0} = 787 \text{kg}$，$m_{g0} = 1087 \text{kg}$

按质量法求得的初步配合比为：1m³ 混凝土中 $m_{w0} = 173 \text{kg}$，$m_{c0} = 247 \text{kg}$，$m_{f0} = 106 \text{kg}$，$m_{s0} = 787 \text{kg}$，$m_{g0} = 1087 \text{kg}$，$m_{a0} = 3.53 \text{kg/m}^3$。

（2）体积法

$$\begin{cases} \dfrac{247}{3100} + \dfrac{106}{2200} + \dfrac{m_{s0}}{2650} + \dfrac{m_{s0}}{2700} + \dfrac{m_{w0}}{1000} + 0.01\alpha = 1 \\ \dfrac{m_{s0}}{m_{s0} + m_{g0}} = 0.42 \end{cases}$$

解得：$m_{s0} = 776 \text{kg}$，$m_{g0} = 1071 \text{kg}$

初步配合比为 $m_{w0} = 173 \text{kg}$，$m_{c0} = 247 \text{kg}$，$m_{s0} = 776 \text{kg}$，$m_{g0} = 1071 \text{kg}$，$m_{a0} = 3.53 \text{kg/m}^3$。

下面以质量法的计算结果进行试配。

二、试拌配合比的确定

骨料最大粒径为 31.5mm，称取样 20L，各组成材料用量为：

水泥：$247 \times 0.02 = 4.94 \text{kg}$；

粉煤灰：$106 \times 0.02 = 2.12 \text{kg}$；

水：$173 \times 0.02 = 3.46 \text{kg}$；

外加剂：$3.53 \times 0.02 = 0.0706 \text{kg}$；

砂：$787 \times 0.02 = 15.74 \text{kg}$；

石：$1087 \times 0.02 = 21.74 \text{kg}$。

经试拌并进行和易性检验，结果是黏聚性和保水性均好，但坍落度为 120mm，低于规定值 180mm。应保持水胶比不变的条件下增加水泥浆量 2%。经重新搅拌后的混凝土拌合物的坍落度为 180mm，符合施工要求。试拌配合比各组成材料的实际用量是：

$1m^3$ 混凝土各组成材料用量：$m_{c0}=252kg$，$m_{w0}=176kg$，$m_{f0}=108kg$，$m_{s0}=787kg$，$m_{g0}=1087kg$，$m_{a0}=3.59kg$。

三、设计配合比的确定

1. 混凝土强度检验

以试拌配合比为基准，再配制两组混凝土，水胶比分别为 0.44 和 0.54，两组配合比中的用水量、砂、石均与试拌配合比的相同，砂率分别增加和减少 1%。每个配合比均拌制 20L 混凝土，各配合比的材料用量及实验结果如表 5-30、表 5-31。

20L 混凝土各材料用量及实测表观密度 表 5-30

配合比	水	水泥	粉煤灰	外加剂	砂	石	表观密度(kg/m^3)
试拌 $W/B(0.49)$	3.52	5.04	2.26	0.0706	15.74	21.74	2400
试拌 $W/B+0.05(0.54)$	3.52	4.56	1.96	0.0652	16.32	21.64	2380
试拌 $W/B-0.05(0.44)$	3.52	5.60	2.40	0.0800	14.96	21.52	2410

混凝土强度检测结果 表 5-31

配合比 W/B	3d	7d	28d	60d
0.49	25.2	30.6	42.5	50.6
0.54	20.1	25.0	34.0	40.5
0.44	27.3	32.5	48.0	58.2

根据表 5-31 中混凝土 28d 强度试验结果，用作图法求出与混凝土配制强度（$f_{cu,0}$）相应的胶水比，如图 5-20 所示，直线所对应的函数为 $y=7x+27.5$。

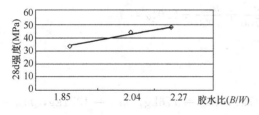

图 5-20 混凝土配制强度相应的胶水比

混凝土配制强度为 42.0MPa，根据直线方程，求得与配制强度对应的胶水比为 $B/W=2.07$，即水胶比 $W/B=0.48$，本例就取 0.49 的配合比作为设计配合比。

2. 确定混凝土设计配合比

（1）根据强度试验结果，确定每立方米混凝土的材料用量：

用水量 $m_w=176kg/m^3$

胶凝材料用量 $m_b = m_w \times (B/W) = 359kg/m^3$

其中：粉煤灰用量：$m_f = m_b \times 0.30 = 108kg/m^3$

水泥用量：$m_c = 251kg/m^3$

外加剂用量：$m_a = m_b \times 1\% = 3.59kg/m^3$

砂、石用量按质量法计算：砂用量 $m_s = 787kg/m^3$

石用量 $m_g = 1087kg/m^3$

（2）拌合物表观密度修正后的设计配合比：

$$\rho_{c,c} = m_c + m_f + m_g + m_s + m_w + m_a = 2413kg/m^3$$

表观密度的实测值与计算值之差的绝对值＝2413－2400＝13kg/m³ 小于计算值的 2%，因此可不进行表观密度的修正。

最终确定的混凝土设计配合比为表 5-32 所示。

混凝土设计配合比 表 5-32

组成材料	水泥 m_c	水 m_w	粉煤灰 m_f	外加剂 m_a	砂 m_s	石 m_g
材料用量（kg/m³）	251	176	108	3.59	787	1087

四、施工配合比的确定

在混凝土生产前，现场对所使用的骨料进行含水率检测，现场砂的含水率为 3.5%，石为 2.0%，故施工配合比计算如下：

$$m'_c = m_c = 251kg;$$

$$m'_f = m_f = 108kg;$$

$$m'_a = m_a = 3.59kg;$$

$$m'_s = m_{s0}(1+a\%) = 787 \times (1+3.5\%) = 815kg;$$

$$m'_g = m_{g0}(1+b\%) = 1087 \times (1+2.0\%) = 1109kg;$$

$$m'_w = m_w - m_{s0}a\% - m_{g0}b\% = 176 - 787 \times 3.5\% - 1087 \times 2\% = 127kg。$$

5.6 混凝土外加剂

混凝土外加剂是一种在混凝土搅拌之前或搅拌过程中加入的，用以改善新拌混凝土或硬化混凝土性能的材料，以下简称外加剂。

目前混凝土技术正向着高新技术方向发展。20 世纪 90 年代提出的高性能混凝土，使混凝土技术进入了高科技领域，对混凝土性能提出了许多新的要求：如泵送混凝土要求高流动性；高层大跨度建筑要求高强、超耐久性；冬期施工则要求早强；夏季滑模施工、水坝坝体等大体积混凝土要求缓凝等等。这些性能的实现，只有高性能外加剂的使用才使其成为可能。在混凝土中使用外加剂已被公认为是提高混凝土强度、改善混凝土性能、降低生产能耗、保护环境等方面最有效措施。外加剂虽然只有 60～70 年历史，但目前已成为混凝土向高科技领域发展的关键技术，并且在今后的高性能混凝土技术发展中扮演着重要的角色。

我国早在 20 世纪 50 年代就开始研究和使用外加剂，最早研究的松香类引气剂使用于塘沽新港及佛子岭水库。20 世纪 70 年代我国外加剂研究和使用方面有了飞速的发展，出现了研究生产外加剂特别是减水剂的高潮。20 世纪 80 年代至 90 年代期间，以标准化为中心规范了外加剂的质量，推动了外加剂的应用技术发展，使生产使用外加剂有章可循，有了统一的质量评定和比较标准。20 世纪 90 年代至今，混凝土外加剂走向高科技领域的时代，随着 20 世纪 90 年代出现的高性能混凝土（HPC），对外加剂提出了更高的要求。今后复合型外加剂、新的更高性能外加剂是发展方向。

5.6.1 外加剂的分类

混凝土外加剂的种类繁多，分类方法也有多种。但目前大家比较认同的是《混凝土外加剂定义、分类、命名与术语》GB 8075—2005 中的分类方法。

1. 按外加剂的主要使用功能分类

(1) 改善混凝土拌合物流变性能的外加剂，包括各种减水剂和泵送剂等。

(2) 改善混凝土凝结、硬化性能的外加剂，包括缓凝剂、早强剂和速凝剂。

(3) 改善混凝土耐久性的外加剂，包括引气剂、防水剂和阻锈剂等。

(4) 改善混凝土其他性能的外加剂，包括膨胀剂、防冻剂、着色剂等。

2. 按化学成分分类

(1) 无机物外加剂

包括各种无机盐类、一些金属单质和少量氢氧化物等。如氯化钙、硫酸钠、铝粉、氢氧化铝等。

(2) 有机物外加剂

这类外加剂占混凝土外加剂的绝大部分，种类极多，大部分属于表面活性剂（有关表面活性剂的基本知识在后面将做详细论述）。其中以阴离子表面活性剂应用最多，除此之外，还有阳离子型、非离子型以及高分子型表面活性剂。

(3) 复合外加剂

适当的无机物与有机物复合制成的外加剂，具有多种功能或使某些功能得到显著改善。

5.6.2 表面活性剂的基本知识

表面活性剂是可溶于水并定向排列于液体表面或两相界面上，从而显著降低表面张力或界面张力的物质，同时起到湿润、分散、乳化、润滑、起泡等作用。

表面活性剂的分子具有两极构造，其分子模型如图 5-21 所示。

它是由亲水基团和憎水基团组成。憎水基指向非极性液体、固体或气体；亲水基指向水，产生定向吸附，形成单分子吸附膜，使液体、固体和气体界面张力显著降低。表面活性剂分子的亲水基的亲水性大于憎水基的憎水性时，称为亲水性的表面活性剂；反之，称为憎水性的表面活性剂。

图 5-21　表面活性剂分子构造示意图

根据表面活性剂的亲水基在水中是否电离以及离解出基团性质的不同，分为离子型表面活性剂与非离子型表面活性剂。如果亲水基能电离出正离子，本身带负电荷，称为阴离子表面活性剂；反之，称为阳离子型表面活性剂；如果亲水基既能电离出正离子，又能电离出负离子，则称为两性型表面活性剂。

5.6.3 减水剂

减水剂也称塑化剂，它可以增大新拌水泥浆或混凝土拌合物的流动性，或者配制出用水量减小（水胶比降低）而流动性不变的混凝土，因此获得提高强度或节约水泥的效果。

1. 减水剂的作用机理

水泥加水拌合后，由于水泥颗粒及水化产物间分子凝聚力作用，会形成絮凝结构，如图5-22（a）所示，在这些絮凝结构中包裹着部分拌合水，被包裹着的水没有起到提高流动性的作用，致使混凝土拌合物的流动性较低。掺入减水剂后，如图 5-22（b）所示，减水剂的亲水基团指向水，憎水基团指向水泥颗粒，定向吸附在水泥颗粒表面，形成单分子吸附膜，起到如下作用：降低了水泥颗粒的粘连能力，使之易于分散；水泥颗粒表面带有相同的电荷，产生静电斥力，使水泥颗粒相互分散，同时，亲水基团对水的亲合力较强，还吸附了大量的极性分子，增加了水泥颗粒表面水膜厚度，润滑能力增强，水泥颗粒间更易于滑动。综合上述因素，减水剂起到了在不增加用水量的情况下，提高混凝土拌合物流动性的作用，或在不影响拌合物流动性的情况下，起到减水作用。

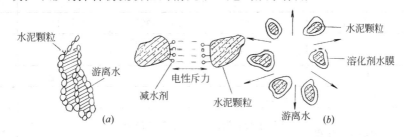

图 5-22　水泥浆的絮凝结构和减水剂作用示意图

2. 减水剂的主要经济技术效果

（1）减少用水量

在保持拌合物流动性不变的情况下，可减少用水量 10%～20%。

（2）提高流动性

在用水量及水胶比不变的条件下，掺入减水剂后，可提高混凝土拌合物的流动性，而且不影响混凝土的强度。

（3）提高强度

在保持拌合物流动性不变的情况下，可减少用水量 10%～20%，若水泥用量不变时，则可降低水胶比，提高混凝土的强度，特别是可大大提高混凝土的早期强度。

（4）节约水泥

在保持流动性及强度不变的情况下，可以减少拌合水量，相应减少水泥用量，可节约水泥用量 5%～20%。

（5）改善混凝土的其他性能

在拌合物中加入减水剂后，可以减少拌合物的泌水、离析现象；延缓拌合物的凝结时间；降低水泥水化放热速度；显著提高混凝土的抗渗性及抗冻性，使耐久性得到提高。此外，还可配制特殊混凝土、高强混凝土、高性能混凝土，降低混凝土成本。

3. 减水剂的常用品种与效果

减水剂是使用最广泛、效果最显著的一种外加剂，按其对混凝土性质的作用及减水效果可分为普通减水剂、高效减水剂、早强减水剂、缓凝减水剂和引气减水剂；按其化学成分可分为木质素系、萘系、水溶树脂系、糖蜜系、腐植酸系、聚羧酸系等，如表 5-33 所示。

常用减水剂的品种　　　　　　　　　　　　　　　　表 5-33

种　　类	木质素系	萘　系	树脂系	糖　蜜　系	聚羧酸系
类　　别	普通减水剂	高效减水剂	早强减水剂	缓凝减水剂	高效减水剂
主要品种	木质素磺酸钙（木钙粉、M 型减水剂）、木钠、木镁等	NNO、NF、FDN、UNF、MF 等	SM	长城牌、天山牌	LEX-9

种 类	木质素系	萘 系	树 脂 系	糖 蜜 系	聚羧酸系
适宜掺量 (占水泥重%)	0.2~0.3	0.2~1.2	0.5~2	0.1~3	0.4~1.2
减水量	10%~11%	12%~25%	20%~30%	6%~10%	45%左右
早强效果	—	显 著	显著（7d可达 28d强度)		显著
缓凝效果	1~3h	—	—	3h以上	—
引气效果	1%~2%	部分品种<2%	—	—	适中
适用范围	一般混凝土工程及大模板、滑模、泵送、大体积及夏期施工的混凝土工程	适用于所有混凝土工程、更适于配制高强混凝土及流态混凝土，泵送混凝土，冬期施工混凝土	因价格昂贵，宜用于特殊要求的混凝土工程，如高强混凝土，早强混凝土，流态混凝土等	一般混凝土工程	适用于强度等级为C15~C60的泵送混凝土。特别适用于配制高耐久、高流态、高强混凝土

4. 减水剂使用要点

(1) 水泥的适应性问题

同一品种的减水剂用于不同品种水泥或不同生产厂家的水泥时，其效果可能相差很大。按照混凝土外加剂的应用技术规范，将经检验符合有关标准的某种外加剂掺加到按规定可以使用该品种外加剂的水泥混凝土中，若能产生应有的效果，该水泥与这种外加剂是相适应的；相反，如不能产生应有的效果，则该水泥与这种外加剂是不适应的。外加剂与水泥之间的适应性问题，是一个错综复杂的、而工程中又难以避免的实际问题，它影响着其应用效果，有时会导致严重的工程事故和无可估量的经济损失。影响水泥与化学外加剂相容性的因素包括：水泥、外加剂、环境条件等几个方面。因此，使用减水剂时，应通过试验确定减水剂的品种、掺法与掺量。

(2) 减水剂的掺量

减水剂的常用掺量应按其品种并根据使用要求、施工条件、混凝土原材料等因素通过试验确定。试验表明掺减水剂混凝土的凝结时间、早期强度、硬化速度受温度影响的程度比不掺减水剂者更为明显。随着减水剂掺量增加，混凝土的凝结时间延长，超过最佳掺量范围时，强度值随着降低，而减水率增加的幅度甚微，有时甚至出现在较长时间内不硬化而影响施工的问题。

(3) 减水剂的掺加方法

减水剂的掺加方法对其作用效果影响很大，因此应根据减水剂的品种及具体情况选择掺加方法。掺加方法有：先掺法、后掺法、同掺法。工程中主要使用同掺法和后掺法。

同掺法是将减水剂预先溶于水，配制成一定浓度的水溶液，搅拌混凝土时与拌合水同时加入（溶液中的水量必须从混凝土拌合水中扣除）。此法的优点是计量准确，拌合质量均匀，搅拌程序较简单。但随时间的延续，混凝土拌合物的坍落度下降较大，即坍落度损失较大。

后掺法是搅拌混凝土时，先不加入减水剂，而是在浇注混凝土拌合物前或在混凝土拌合物的运输过程中加入，并进行二次搅拌。此法的优点是混凝土拌合物的坍落度损失小，可避免在运输过程中产生分层和离析，并能提高减水剂的效果和对水泥的适应性，减少减水剂用量。缺点是需要进行二次搅拌，此法主要用于商品混凝土（采用混凝土搅拌车搅拌、运输的混凝土）。

5.6.4 早强剂

早强剂是指加速混凝土早期强度的发展，并对后期强度发展无显著影响的外加剂。

从混凝土开始拌合到凝结硬化形成一定的强度都需要一段较长的时间，为了缩短施工周期，例如：加速模板及台座的周转、缩短混凝土的养护时间、快速达到混凝土冬期施工的临界强度等，常需要掺入早强剂。

1. 常用早强剂品种

混凝土工程中常采用下列早强剂：

（1）强电解质无机盐类早强剂：硫酸盐、硫酸复盐、硝酸盐、亚硝酸盐、氯盐等；

（2）水溶性有机化合物：三乙醇胺、甲酸盐、乙酸盐、丙酸盐等；

（3）其他：有机化合物、无机盐复合物。

2. 适用范围

早强剂适用于蒸养混凝土及常温、低温和最低温度不低于－5℃环境中施工的有早强要求的混凝土工程。炎热环境条件下不宜使用早强剂。

掺入混凝土后对人体产生危害或对环境产生污染的化学物质严禁用作早强剂。含有六价铬盐、亚硝酸盐等有害成分的早强剂严禁用于饮水工程及与食品相接触的工程。硝铵类严禁用于办公、居住等建筑工程。

下列工程结构中严禁采用含有氯盐配制的早强剂：

（1）预应力混凝土结构；

（2）相对湿度大于80%环境中使用的结构、处于水位变化部位的结构、露天结构及经常受水淋、受水流冲刷的结构；

（3）大体积混凝土；

（4）直接接触酸、碱其他侵蚀性介质的结构；

（5）经常处于温度为60℃以上的结构，需经蒸养的钢筋混凝土预制构件；

（6）有装饰要求的混凝土，特别是要求色彩一致或是表面有金属装饰的混凝土。

（7）薄壁混凝土结构，中级和重级工作制吊车梁、屋架等结构；

（8）使用冷拉钢筋或冷拔低碳钢丝的结构；

（9）骨料具有碱活性的混凝土结构。

在与镀锌钢材或铝铁相接触部位的结构，及有外露钢筋预埋件而无防护措施的混凝土结构中严禁采用含有强电解质无机盐类的早强剂。

5.6.5 引气剂

引气剂是指在混凝土搅拌过程中，能引入大量均匀分布的微小气泡，以减少混凝土拌合物泌水、离析，改善和易性，并能显著提高硬化混凝土抗冻性、耐久性的外加剂。

1. 引气剂的作用

引气剂是表面活性物质，其界面活性作用与减水剂基本相同，区别在于减水剂界面活性作用主要发生在液—固界面上，而引气剂的界面活性主要发生在气—液界面上。当搅拌混凝土拌合物时，会混入一些气体，引气剂分子定向排列在气泡上，形成坚固不易破裂的液膜，故可在混凝土中形成稳固、封闭球形气泡，气泡大小均匀，在拌合物中均匀分散，可使混凝土的很多性能改善。

2. 引气剂对混凝土性能的影响

（1）改善混凝土拌合物的和易性

引入的气泡具有滚珠作用，减小拌合物的摩擦阻力从而提高流动性；同时气泡的存在阻止固体颗粒的沉降和水分的上升，从而减少了拌合物分层、离析和泌水现象的发生，使混凝土和易性得到明显改善。

（2）提高抗冻性和抗渗性

气泡可缓解水分结冰产生的冰胀应力，且气泡呈封闭状态，很难吸入水分。与普通混凝土中存在大而连通的孔隙相比，含冰量大为降低，所以抗冻融破坏能力得以成倍提高。另一方面，大量均匀分布的封闭气泡切断了渗水通道，提高了混凝土抗渗能力。

（3）降低强度及弹性模量

由于气泡的弹性变形，使混凝土弹性模量降低。另外，引气剂增加了混凝土的气泡，含气量每增加 1%，强度要损失 3%～5%，但是由于和易性的改善，可以通过降低水胶比并维持原和易性，使强度不降低或部分补偿。

3. 引气剂的品种

引气剂主要有松香树脂类、烷基苯磺酸盐类、脂肪醇磺酸盐类及皂甙类，其中松香树脂类中的松香热聚物和松香皂应用最多，而松香热聚物效果最好。引气剂的掺量一般只有水泥质量的万分之几，因此单掺引气剂时，先将引气剂配成溶液，稀释到一定浓度，再按要求掺入。

引气剂适用于配制抗冻混凝土、泵送混凝土、港口混凝土，不适宜用于蒸汽养护的混凝土。使用引气剂时，含气量控制在 3%～6% 为宜。含气量太大时，混凝土强度下降过多。

5.6.6 缓凝剂

缓凝剂是指能延缓混凝土的凝结时间并对后期强度无明显影响的外加剂。

缓凝剂的品种有：糖类、木质素磺酸盐类（如木质素磺酸钙）、羟基羧酸及其盐类（如柠檬酸、酒石酸钾钠等）、无机盐类等。

缓凝剂能使混凝土拌合物在较长时间内保持塑性状态，以利于浇注成型，提高施工质量，而且还可延缓水化放热时间，降低水化热，对大体积混凝土或分层浇筑的混凝土十分有利。

缓凝剂适用于长距离运输或长时间运输的混凝土、夏季和高温施工的混凝土、大体积混凝土等。不适用于 5℃ 以下的混凝土，也不适用于有早强要求的混凝土及蒸养混凝土。

缓凝剂的掺量不宜过多，否则会引起强度降低，甚至长时间不凝结。

缓凝剂对水泥品种适应性十分明显，不同水泥品种缓凝效果不相同，甚至会出现相反效果，因此，使用前必须进行试拌，检测效果。

5.6.7 膨胀剂

膨胀剂是指能使混凝土（砂浆）在水化过程中产生一定的体积膨胀，并在有约束条件下产生适宜自应力的外加剂。

目前应用较多的有：

(1) 硫铝酸钙类：如明矾石膨胀剂、UEA 膨胀剂等；

(2) 氧化钙类：如石灰膨胀剂；

(3) 氧化钙-硫铝酸钙类：如复合膨胀剂；

膨胀剂的使用目的和适用范围，参见表 5-34。

膨胀剂的使用目的和适用范围 表 5-34

膨胀剂种类	膨胀混凝土（砂浆）		
	种　类	使用目的	适用范围
硫铝酸钙类、氧化钙类、氧化钙—硫铝酸钙类	补偿收缩混凝土（砂浆）	减少混凝土（砂浆）干缩裂缝、提高抗裂性和抗渗性	屋面防水、地下防水、贮罐水池、基础后浇缝、预填骨料混凝土以及钢筋混凝土、预应力钢筋混凝土
	填充用膨胀混凝土（砂浆）	提高机械设备和构件的安装质量、加快安装速度	机械设备的底座灌浆、地脚螺栓的固定、梁柱接头的浇注、管道接头的填充和防水堵漏
	自应力混凝土（砂浆）	提高抗裂性和抗渗性	用于常温下使用的自应力钢筋混凝土压力管

5.6.8　防冻剂

防冻剂是指在规定温度下，能显著降低混凝土的冰点，使混凝土液相不冻结或仅部分冻结，以保证水泥的水化作用，并在一定的时间内获得预期强度的外加剂。

为提高防冻剂的防冻效果，目前，工程上使用的防冻剂都是复合外加剂，由防冻组分、早强组分、引气组分、减水组分复合而成。防冻组分主要是降低水的冰点，使水泥在负温下仍能继续水化；早强组分主要是提高混凝土的早期强度，抵抗水结冰产生的膨胀力；引气组分主要是向混凝土中引入适量封闭气泡，减轻冰胀应力；减水组分主要是减少混凝土拌用水量，以减少混凝土中冰含量，使冰晶粒度细小分散，减轻对混凝土的破坏应力。

常用防冻剂有氯盐类：用氯盐（氯化钙、氯化钠）或以氯盐为主的与其他早强剂、引气剂、减水剂复合的外加剂；氯盐阻锈类：氯盐与阻锈剂（亚硝酸钠）为主复合的外加剂；无氯盐类：以硝酸盐、亚硝酸盐、乙酸钠或尿素为主复合的外加剂。含亚硝酸盐、硫酸盐的防冻剂严禁用于预应力混凝土结构。

5.7　其他品种混凝土

5.7.1　轻混凝土

表观密度小于 $1950kg/m^3$ 的混凝土称为轻混凝土。轻混凝土又分为轻骨料混凝土、多孔混凝土和大孔混凝土。

1. 轻骨料混凝土

凡是用轻粗骨料、轻细骨料（或普通砂）、水泥和水配制而成的轻混凝土称为轻骨料混凝土。其中粗、细骨料均为轻骨料者，称为全轻混凝土；细骨料全部或部分为普通砂者称为砂轻混凝土。

轻骨料混凝土常以轻粗骨料的名称来命名，如粉煤灰陶粒混凝土、浮石混凝土、陶粒珍珠岩混凝土等。轻骨料混凝土按用途分为保温轻骨料混凝土、结构保温轻骨料混凝土和结构轻骨料混凝土。

(1) 轻骨料

轻骨料有天然轻骨料（天然形成的多孔岩石，经加工而成的轻骨料，如浮石、火山渣等）、工业废料轻骨料（以工业废料为原料经加工而成的轻骨料，如粉煤灰陶粒、膨胀矿渣珠、炉渣及轻砂）和人造轻骨料（以地方材料为原料，经加工而成的轻骨料，如黏土陶粒、膨胀珍珠岩等）。

轻骨料与普通砂石的区别在于骨料中存在大量孔隙，质轻、吸水率大、强度低、表面粗糙等，轻骨料的技术性质直接影响到所配制混凝土的性质。

轻骨料的技术性质主要包括堆积密度、粗细程度与颗粒级配、强度、吸水率等。

1) 堆积密度　轻骨料堆积密度的大小，将影响轻骨料混凝土的表观密度和性能。轻粗骨料按其堆积密度（kg/m³）分为 300、400、500、600、700、800、900、1000 八个密度等级；轻细骨料分为 500、600、700、800、900、1000、1100、1200 八个密度等级。

2) 粗细程度与颗粒级配　保温及结构保温轻骨料混凝土用的轻骨料，其最大粒径不宜大于 40mm；结构轻骨料混凝土的最大粒径不宜大于 20mm。对轻粗骨料的级配要求，其自然级配的空隙率不应大于 50%。轻砂的细度模数不宜大于 4.0；其粒径大于 5mm 的累计筛余不宜大于 10%。

3) 强度　轻粗骨料的强度，通常采用"筒压法"来测定。筒压强度是间接反映轻骨料颗粒强度的一项指标，对相同品种的轻骨料，筒压强度与堆积密度常呈线性关系。但筒压强度不能反映轻骨料在混凝土中的真实强度。因此，技术规程中还规定了采用强度等级来评定粗骨料的强度。"筒压法"和强度等级测试方法可参考《轻骨料混凝土技术规程》JGJ 51—2002。

4) 吸水率　轻骨料的吸水率一般比普通砂石大，因此将导致施工中混凝土拌合物的坍落度损失较大，并且影响到混凝土的水胶比和强度发展。在设计轻骨料混凝土配合比时，如果采用干燥骨料，则必须根据骨料吸水率大小，再多加一部分被骨料吸收的附加水量。规程中规定，轻砂和天然轻粗骨料的吸水率不作规定；其他轻粗骨料的吸水率不应大于 22%。

(2) 轻骨料混凝土的技术性质

1) 和易性　轻骨料混凝土由于其轻骨料具有颗粒表观密度小，表面粗糙、总表面积大，易于吸水等特点，因此其和易性同普通混凝土相比有较大的不同。轻骨料混凝土拌合物的黏聚性和保水性好，但流动性差，过大的流动性会使轻骨料上浮、离析；过小的流动性则会使捣实困难。同时，因骨料吸水率大，使得混凝土中的用水量包括两部分，一部分被骨料吸收，其数量相当于骨料 1h 的吸水量，称为附加用水量；另一部分为使拌合物获得要求流动性的用水量，称为净用水量。

2) 强度等级　轻骨料混凝土的强度等级，按立方体抗压强度标准值，划分为 LC5.0、LC7.5、LC10、LC15、LC20、LC25、LC30、LC35、LC40、LC45、LC50、LC55、LC60 等。影响轻骨料混凝土强度大小的主要因素与普通混凝土基本相同，即水泥强度与水胶比（水胶比考虑净用水量）。但由于轻骨料强度较低，因而轻骨料强度的高低就成了决定轻骨料混凝土强度高低的主要因素，而且轻骨料用量越多，强度降低越大。另外，轻骨料的性质如堆积密度、颗粒形状、吸水性也是重要的影响因素。尤其当轻骨料混凝土的强度较高时，混凝土的破坏是由轻骨料本身先遭到破坏开始，再导致混凝土呈脆性破坏。这时，即使混凝土中水泥用量再增加，混凝土的强度也提高不多，甚至不会提高。

3）表观密度　轻骨料混凝土按干表观密度分为 600、700、800、900、1000、1100、1200、1300、1400、1500、1600、1700、1800、1900 等 14 个等级，导热系数在 0.18～1.01W/(m·K)之间。其具体数值见表 5-35。

轻骨料混凝土密度等级和导热系数　表 5-35

密度等级	干表观密度 (kg/m³)	导热系数 [W/(m·K)]	密度等级	干表观密度 (kg/m³)	导热系数 [W/(m·K)]
600	560～650	0.18	1300	1260～1350	0.421
700	660～750	0.20	1400	1360～1450	0.49
800	760～850	0.23	1500	1460～1550	0.57
900	860～950	0.26	1600	1560～1650	0.66
1000	960～1050	0.28	1700	1660～1750	0.76
1100	1060～1150	0.31	1800	1760～1850	0.87
1200	1160～1250	0.36	1900	1860～1950	1.01

4）弹性模量与变形　轻骨料混凝土的弹性模量小，一般为同强度等级普通混凝土的 50%～70%，制成的构件受力后挠度大是其缺点。但因极限应变大，有利于改善建筑或构件的抗震性能或抵抗动荷载能力。轻骨料混凝土的收缩和徐变约比普通混凝土相应大 20%～50% 和 30%～60%，热膨胀系数比普通混凝土小 20% 左右。轻骨料混凝土既具有一定的强度，又具有良好的保温隔热性能，可用作保温材料、结构保温材料或结构材料其分类如表 5-36 所示。

轻骨料混凝土按用途分类　表 5-36

类别名称	混凝土强度等级的合理范围	混凝土密度等级的合理范围	用途
保温轻骨料混凝土	LC5.0	≤800	主要用于保温的围护结构或热工构筑物
结构保温轻骨料混凝土	LC5.0～LC15	800～1400	主要用于既承重又保温的围护结构
结构轻骨料混凝土	LC15～LC60	1400～1900	主要用于承重构件或构筑物

（3）轻骨料混凝土施工

轻骨料混凝土的施工工艺，基本上与普通混凝土相同，但由于轻骨料的堆积密度小、呈多孔结构、吸水率较大等特点，因此在施工过程中应充分注意，才能确保工程质量。轻骨料吸水量很大，会使混凝土拌合物的和易性难以控制，因此，在气温 5℃ 以上的季节施工时，应对轻骨料进行预湿处理，在正式拌制混凝土前，应对轻骨料的含水率进行测定，以及时调整拌合用水量。轻骨料混凝土的拌制，宜采用强制式搅拌机。

（4）应用范围

由于轻骨料混凝土具有质轻、比强度高、保温隔热性好、耐火性好、抗震性好等特点，因此与普通混凝土相比，更适合用于高层、大跨结构、耐火等级要求高的建筑、要求节能的建筑。

2. 多孔混凝土

多孔混凝土是内部均匀分布着大量细小的气孔、不含骨料的轻混凝土。根据气孔产生的方法不同，多孔混凝土分为加气混凝土和泡沫混凝土。

（1）加气混凝土

加气混凝土是由磨细的硅质材料（石英砂、粉煤灰、矿渣等）、钙质材料（水泥、石灰等）、发气剂（铝粉）和水等经搅拌、浇筑、发泡、静停、切割和蒸压养护而得的多孔混凝土。

加气混凝土是因为发气剂（铝粉）在料浆中与氢氧化钙反应产生氢气而形成气泡，使料浆膨胀，硬化后形成多孔结构。加气混凝土的表观密度为 $300 \sim 1200 kg/m^3$，导热系数为 $0.12 W/(m \cdot K)$，抗压强度为 $2.5 \sim 3.5 MPa$。加气混凝土具有质轻、高强、耐久、保温隔热、抗震性好等优良性能，可以广泛用于各类建筑中。

在我国，加气混凝土可以用来做成砌块、条板和屋面板，可与普通混凝土制成复合外墙板，还可在高层框架轻板结构中做外墙板，做成各种保温制品。主要用于框架建筑、高层建筑、地震设防建筑、保温隔热要求高的建筑、软土地基地区的建筑。但不宜用于温度高于80℃的环境、长期潮湿的环境、有酸碱侵蚀的环境和特别寒冷的环境。

（2）泡沫混凝土

泡沫混凝土是用机械的方法将泡沫剂水溶液制备成泡沫，并将泡沫加入由含硅质材料、钙质材料和水组成的料浆中，经混合搅拌、浇注成型、蒸汽养护而成的多孔轻质材料，表观密度为 $300 \sim 500 kg/m^3$，抗压强度为 $0.5 \sim 0.7 MPa$，常用于制作各种保温材料。

3. 大孔混凝土

大孔混凝土，是以粗骨料、水泥和水配制而成的一种轻质混凝土，又称无砂混凝土。在这种混凝土中，水泥浆包裹粗骨料颗粒的表面，将粗骨料粘结在一起，但水泥浆并不能填满粗骨料间空隙，因而形成大孔混凝土结构。

大孔混凝土按其所用粗骨料的品种，可分为普通大孔混凝土和轻骨料大孔混凝土两类。普通大孔混凝土是用碎石、卵石等配制，表观密度在 $1500 \sim 1900 kg/m^3$ 之间，抗压强度为 $3.5 \sim 10 MPa$；轻骨料大孔混凝土是用陶粒、浮石、碎砖等配制而成，其表观密度在 $500 \sim 1500 kg/m^3$ 之间，抗压强度为 $1.5 \sim 7.5 MPa$。

大孔混凝土的导热系数小，保温性能好，吸湿性小。收缩一般较普通混凝土小 $30\% \sim 50\%$，抗冻性可达 $15 \sim 20$ 次冻融循环。适用于制作墙体用小型空心砌块和各种板材，也可用于现浇墙体。普通大孔混凝土还可制成滤水管、滤水板等，广泛用于市政工程。

5.7.2　大体积混凝土

我国普通混凝土配合比设计规范规定：混凝土结构物中实体最小尺寸大于或等于1m

的部位所用的混凝土即为大体积混凝土。日本 JASS5 规定：结构断面积最小尺寸在 80cm 以上，水化热引起混凝土内的最高温度与外界气温之差预计超过 25℃的混凝土，称为大体积混凝土。而美国则定义为：任何现浇混凝土，只要有可能产生温度影响的混凝土均称为大体积混凝土。

大体积混凝土有如下特点：

（1）混凝土结构物体积较大，在一个块体中需要浇筑大量的混凝土。

（2）大体积混凝土常处于潮湿或与水接触的环境条件下。因此要求除一定的强度外，还必须具有良好的耐久性，有的要求具有抗冲击或震动作用等性能。

（3）大体积混凝土水泥水化热不容易很快散失，内部温升较高，在与外部环境温差较大时容易产生温度裂缝。对混凝土进行温度控制是大体积混凝土最突出的特点。

大体积混凝土宜采用中、低热硅酸盐水泥或低热矿渣硅酸盐水泥，水泥的 3d 和 7d 水化热应符合现行国家标准《中热硅酸盐水泥　低热硅酸盐水泥　低热矿渣硅酸盐水泥》GB 200 规定。当采用硅酸盐水泥或普通硅酸盐水泥时，应掺加矿物掺合料，胶凝材料的 3d 和 7d 水化热分别不宜大于 240kJ/kg 和 270kJ/kg。

粗骨料宜为连续级配，最大公称粒径不宜小于 31.5mm，含泥量不应大于 1.0%细骨料宜采用中砂，含泥量不应大于 3.0%。水胶比不宜大于 0.55，用水量不宜大于 175kg/m³，在保证混凝土性能要求的前提下，宜提高每立方米混凝土中粗骨料用量，砂率宜为 38%～42%。在保证混凝土性能要求的前提下，应减少胶凝材料中水泥用量，提高矿物掺合料。

在工程实践中如大坝、大型基础、大型桥墩以及海洋平台等体积较大的混凝土均属大体积混凝土。实践经验证明，现有大体积混凝土结构的裂缝，绝大多数是由温度裂缝引起的。为了最大限度地降低温升，控制温度裂缝，在工程中常用的防止混凝土裂缝的措施主要有：采用中、低热的水泥品种；对混凝土结构进行合理分缝分块；在满足强度和其他性能要求的前提下，尽量降低水泥用量；掺加适宜的外加剂；选择适宜的骨料；控制混凝土的出机温度和浇筑温度；预埋水管、通水冷却，降低混凝土的内部温升；采取表面保护、保温隔热措施，降低内外温差等措施来降低或推迟热峰从而控制混凝土的温升。

5.7.3 商品混凝土

商品混凝土是相对于施工现场搅拌的混凝土而言的一种预拌商品化的混凝土。商品混凝土是把混凝土的生产过程，从原料选择、混凝土配合比设计、外加剂与掺合料的选用、混凝土的拌制、混凝土输送到工地等一系列过程从一个个施工现场集中到搅拌站，由搅拌站统一经营管理，把各种各样成品混凝土供应给施工单位以商品形式出售。

商品混凝土可保证混凝土的质量，由于分散于工地搅拌的混凝土受技术条件和设备条件的限制，混凝土质量不够均匀，而混凝土搅拌站，从原材料到产品生产过程都有严格的控制管理、计量准确、检验手段完备，使混凝土的质量得到充分保证。

5.7.4 泵送混凝土

泵送混凝土是适应于在混凝土泵的压力推动下，混凝土沿水平或垂直管道被输送到浇筑地点进行浇筑的混凝土。由于泵送混凝土这种特殊的施工方法要求，混凝土除满足一般的强度、耐久性等要求外，还必须要满足泵送工艺的要求。即要求混凝土有较好的可泵性，在泵送过程中具有良好的流动性、摩擦阻力小、不离析、不泌水、不堵塞管道等性能。为实现这些要求泵送混凝土在配制上有一些特殊要求。

根据以上的特点，在配制泵送混凝土时应注意以下几点：

（1）水泥宜选用硅酸盐水泥、普通硅酸盐水泥、矿渣硅酸盐水泥和粉煤灰硅酸盐水泥。

水泥用量不得低于 300kg/m³。

（2）粗骨料宜采用连续级配，其针片状颗粒含量不宜大于 10%；粗骨料的最大公称粒径与混凝土泵输送管径之比宜符合表 5-37 的规定。

（3）细骨料宜采用中砂，其通过公称直径为 315μm 筛孔的颗粒含量不宜少于 15%。

（4）泵送混凝土应掺用泵送剂或减水剂，并宜掺用矿物掺合料。

（5）胶凝材料用量不宜小于 300kg/m³。

粗骨料的最大公称粒径输送管径之比   表 5-37

粗骨料品种	泵送高度（m）	粗骨料最大公称粒径与输送管径之比
碎石	<50	≤1：3.0
	50～100	≤1：4.0
	>100	≤1：5.0
卵石	<50	≤1：2.5
	50～100	≤1：3.0
	>100	≤1：4.0

（6）砂率宜为 35%～45%。

总之，泵送混凝土是大流动度混凝土，容易浇筑和振捣，对配筋很密的工程填充性好，而且浇筑中的混凝土仍然处于流动及半流动状态。因此对模板的侧压力比普通混凝土大，支模时要加强支护，同时模板拼接要严密，防止漏浆。

5.7.5 绿色高性能混凝土

绿色高性能混凝土首先应当是绿色建材。我国混凝土专家，工程院资深院士吴中伟教授于 1997 年首先提出了绿色高性能混凝土的概念，并指出它是混凝土发展的方向。

绿色高性能混凝土应具备以下特点：

（1）尽量少用水泥熟料，以减少产生大量的 CO_2 对大气的污染，降低资源与能源消耗。代之以工业废渣为主的超细活性掺合料。最新技术表明超细掺合量已可以代替 60%～80% 水泥熟料，最终水泥将成为少量掺入混凝土的"外加剂"。

（2）尽量多用工业废料，以改善环境，保持混凝土的可持续发展。如粉煤灰、矿渣、硅灰等，它们取代水泥后不仅不降低性能，反而可以得到耐久性好、耐腐蚀、寿命长、性能稳定的高性能混凝土。既吸纳了工业废料又得到了高性能，这就具有可持续发展。

（3）使用各种化学矿物外加剂，可提高混凝土质量，减小混凝土构筑物的尺寸，减少资源、能源消耗；另一方面尽量做到无施工缺陷的混凝土，提高使用寿命，特别是在严酷自然条件下，如寒冷、腐蚀、海水中、潮湿等条件下的使用寿命。

5.7.6 高性能混凝土（简称 HPC）

高性能混凝土的出现是在 20 世纪 80 年代末 90 年代初，仅用十几年的时间这一术语很快被国际土木工程界广为推崇。但国际上迄今为止尚没有一个统一的对 HPC 的定义。

我国著名的混凝土学者吴中伟教授定义：高性能混凝土为一种新型高技术混凝土，是在大幅度提高普通混凝土性能的基础上采用现代混凝土技术制作的混凝土，是以耐久性作为设计的主要指标，针对不同用途的要求，对下列性能有重点地加以保证：耐久性、施工性、适用性、强度、体积稳定性和经济性。他认为，高性能混凝土不仅在性能上对传统混凝土有很大突破，在节约资源、能源、改善劳动条件、经济合理等方面，尤其对环境有着十分重要的意义。高性能混凝土应更多地掺加以工业废渣为主的掺合料，更多地节约水泥熟料。

1. 高性能混凝土的特点

（1）高施工性

HPC 在拌合、运输、浇筑时具有良好的流变性，不泌水，不离析，施工时能达到自流平，坍落度经时损失小，具有良好的可泵性。

（2）高强度

HPC 应具有高的早期强度及后期强度，能达到高强度是 HPC 重要特点，对 HPC 应具有多高强度各国学者众说不一。大多数认为应在 C50～C60 以上，我国学者基本上认为应在 C50 以上。

（3）高耐久性

HPC 应具备高抗渗性、抗冻融性及抗腐蚀性。并且抗渗性是混凝土耐久性的主要技术指标，因为大多数化学侵蚀都是在水分与有害离子渗透进入的条件下产生的，混凝土的抗渗性是防止化学侵蚀的第一道防线。

（4）体积稳定性

在硬化过程中体积稳定，水化放热低，混凝土温升小，冷却时温差小，干燥收缩小。硬化过程不开裂，收缩徐变小。硬化后具有致密的结构，不易产生宏观裂缝及微观裂缝。

2. 高性能混凝土组成材料

（1）水泥

水泥的强度不一定很高，但要求流动性好、需水量低；低的含碱量；恰当的颗粒级配组成；与外加剂有良好的相容性。

（2）粗骨料

粗骨料的最大粒径应根据混凝土强度而定，一般来说，强度在 C60～C100 时，石子粒径应小于 20mm，C100 以上混凝土，石子粒径最好小于 12mm。

（3）细骨料

细骨料宜采用质地坚硬，级配良好的中砂，含泥量<2%。细度模数 M_x 大于 2.6 时，混凝土工作性最好，抗压强度最高。

（4）高效减水剂

混凝土要实现高性能（即高耐久性、高流动性及较高强度），必须提高混凝土的密实度和提高拌合物的流动性，而高效减水剂具有降低水胶比和提高流动性的作用，因此高效减水剂是高性能混凝土不可缺少的组成材料之一。

（5）超细矿物掺合料

超细粉矿物掺合料主要包括硅粉、超细粉煤灰、超细矿渣、超细沸石粉等。

超细粉矿物掺合料在混凝土中的主要作用有：滚珠润滑作用、微集料填充作用、火山灰活化作用，是高性能混凝土中不可缺少的组分，既可改善和易性，又可提高强度和耐久性；同时，还可降低水化热，对制备大体积混凝土构件十分有利。复合使用矿物掺合料效果更佳。

3. 适用范围

高性能混凝土主要适用于高层建筑，大型工业与公共建筑的基础、楼板、墙板，地下和水下工程，海底隧道，海上采油平台与堤坝，有害化学物容器等恶劣环境下的结构物。

5.7.7　抗渗混凝土（防水混凝土）

抗渗混凝土是指抗渗等级等于或大于 P6 的混凝土。主要用于水工工程、地下基础工程、屋面防水工程等。

抗渗混凝土通过提高混凝土的密实度，改善孔隙结构，从而减少渗透通道，提高抗渗性。目前常用的抗渗混凝土有：普通抗渗混凝土、外加剂抗渗混凝土和膨胀水泥抗渗混凝土。

1. 普通抗渗混凝土

普通抗渗混凝土，是以调整配合比的方法，提高混凝土自身密实性以满足抗渗要求的混凝土。其原理是在保证和易性前提下减小水胶比，以减小毛细孔的数量和孔径，同时适当提高水泥用量和砂率，在粗骨料周围形成良好和数量足够的砂浆包裹层，使粗骨料彼此隔离，以阻隔沿粗骨料相互连通的渗水通道。

《普通混凝土配合比设计规程》JGJ 55—2011 规定，普通抗渗混凝土配合比设计应符合下列规定：

(1) 水泥宜采用普通硅酸盐水泥；

(2) 粗骨料宜采用连续级配，其最大公称粒径不宜大于 40.0m，含泥量不得大于 1.0%，泥块含量不得大于 0.5%；

(3) 细骨料宜采用中砂，含泥量不得大于 3.0%，泥块含量不得大于 1.0%；

(4) 抗渗混凝土宜采用外加剂和矿物掺合料，粉煤灰等级应为 Ⅰ 级或 Ⅱ 级。

(5) 最大水胶比应符合表 5-38 的规定；

(6) 每立方米混凝土中胶凝材料用量不宜少于 320kg；

(7) 砂率宜控制在 35%～45%。

抗渗混凝土最大水胶比　　　　　　　　　　　　表 5-38

设计抗渗等级	最大水胶比	
	C20～C30	C30 以上
P6	0.60	0.55
P8～P12	0.55	0.50
＞P12	0.50	0.45

2. 外加剂抗渗混凝土

外加剂抗渗混凝土，是在混凝土中掺入适宜品种和数量的外加剂，改善混凝土内部结构，隔断或堵塞混凝土中的各种孔隙、裂缝及渗水通道，以达到改善抗渗性的一种混凝土。常用外加剂有引气剂、防水剂、膨胀剂、减水剂或引气减水剂等。

掺用引气剂或引气型外加剂的抗渗混凝土，应进行含气量试验，含气量宜控制在 3.0%～5.0%。进行抗渗混凝土配合比设计时，尚应符合下列规定：

（1）配制抗渗混凝土要求的抗渗水压值应比设计值提高 0.2MPa；

（2）抗渗试验结果应满足下式要求：

$$P_t \geqslant \frac{P}{10} + 0.2$$

式中　P_t——6 个试件中不少于 4 个未出现渗水时的最大水压值（MPa）；

　　　P——设计要求的抗渗等级值。

3. 膨胀水泥混凝土

膨胀水泥抗渗混凝土，是采用膨胀水泥配制而成的混凝土。膨胀水泥在水化过程中产生一定的体积膨胀，在有约束的条件下，能改善混凝土的孔结构，使毛细孔径减小，总孔隙率降低，从而使混凝土密实度、抗渗性提高。

5.7.8　纤维混凝土

纤维混凝土又称纤维增强混凝土，是以水泥净浆、砂浆或混凝土作为基材，以非连续的短纤维或连续的长纤维作为增强材料，均布地掺合在混凝土中而形成的一种新型增强建筑材料。

纤维混凝土的发展始于 20 世纪初，其中以钢纤维混凝土研究的时间最早、应用最广泛。我国开展纤维混凝土的研究起步较晚，20 世纪 70 年代末有关科研单位和大专院校才开始研究纤维混凝土的配合比、增强机理、物理力学性能等，并使纤维混凝土在实际工程中得以应用。

钢纤维混凝土中钢纤维掺量大约为混凝土体积的 2%，其抗弯强度可提高 2.5～3.0 倍，韧性可提高 10 倍以上，抗拉强度可提高 20%～50%。钢纤维混凝土在工程中应用很广，如桥面部分的罩面和结构；公路、地面、飞机跑道；桥面铺装、隧道衬里等工程。除了钢纤维外，玻璃纤维、聚丙烯纤维在混凝土中的应用也取得了一定的经验。

纤维混凝土虽然有普通混凝土不可相比的长处，但在实际应用上，目前还受到一定的限制。如施工和易性较差，搅拌、浇筑和振捣时会发生纤维成团和折断等质量问题，粘结性能也有待于进一步改善；又如纤维价格较高等因素也是影响纤维混凝土推广应用的一个重要因素。纤维混凝土作为一种新型混凝土，有它独特的优点和性能，也有需要进一步解决的问题。随着科学技术的进步和纤维混凝土研究的不断深入，它将会在更多的应用范围显示出其许多潜在的优越性。

复 习 思 考 题

1. 试述普通混凝土各组成材料的作用？
2. 对混凝土用砂为何要提出颗粒级配和粗细程度要求？当两种砂的细度模数相同时，其级配是否相同？反之，如果级配相同，其细度模数是否相同？
3. 干砂 500g，其筛分结果如下表，试评定此砂的颗粒级配和粗细程度。

筛孔边长（mm）	4.75	2.36	1.18	0.6	0.3	0.15	<0.15
筛余量（g）	25	50	100	125	100	75	25

4. 怎样测定粗骨料的强度？石子的强度指标是什么？

5. 为什么要限制石子的最大粒径？选用石子的最大粒径有哪些规定？

6. 如何测定塑性混凝土拌合物和干硬性混凝土拌合物的流动性？它们的指标各是什么？单位是什么？

7. 影响混凝土和易性的主要因素是什么？它们是怎样影响的？

8. 配制混凝土时为什么要选用合理砂率？砂率太大或太小有什么不好？选择砂率的原则是什么？

9. 改善混凝土拌合物和易性的主要措施有哪些？

10. 如何确定混凝土的强度等级？混凝土强度等级如何表示？普通混凝土划分为几个强度等级？

11. 在进行混凝土抗压试验时，下述情况下，强度试验值有无变化？如何变化？

    (1) 试件尺寸加大；

    (2) 试件高宽比加大；

    (3) 试件受压面加润滑剂；

    (4) 加荷速度加快。

12. 混凝土的抗压强度与其他各种强度之间有无相关性？混凝土的立方体抗压强度与棱柱体抗压强度及抗拉强度之间存在什么关系？

13. 影响混凝土强度的主要因素有哪些？其中最主要的因素是什么？为什么？

14. 何谓混凝土的耐久性，一般指哪些性质？

15. 干缩和徐变对混凝土性能有什么影响？减小混凝土干缩和徐变的措施有哪些？

16. 碳化对混凝土性能有什么影响？碳化带来的最大危害是什么？

17. 试述混凝土产生干缩的原因。影响混凝土干缩值大小的主要因素有哪些？

18. 如果混凝土在加荷以前就产生裂缝，试分析裂缝产生的原因。

19. 影响混凝土碳化速度的主要因素有哪些？防止混凝土碳化的措施有哪些？

20. 何谓碱骨料反应？混凝土发生碱骨料反应的必要条件是什么？防止措施怎样？

21. 常用外加剂有哪些？各类外加剂在混凝土中的主要作用有哪些？

22. 何谓混凝土减水剂？简述减水剂的作用机理和种类。

23. 某工地拌和混凝土时，施工配合比为：42.5 强度等级水泥 308kg、水 127kg、砂 700kg、碎石 1260kg，经测定砂的含水率为 4.2%，石子的含水率为 1.6%，求该混凝土的设计配合比。

24. 某室内现浇混凝土梁，要求混凝土的强度等级为 C20，施工采用机械搅拌和机械振捣，要求坍落度为 30~50mm，施工单位无近期混凝土强度统计资料，所用原材料如下：

    水泥：普通硅酸盐水泥，密度为 $3.1g/cm^3$，实测强度为 36.0MPa；

    砂：中砂，级配合格，视密度为 $2.60g/cm^3$；

    石子：碎石，最大粒径为 40mm，级配合格，视密度为 $2.65g/cm^3$。

    水：自来水。

    试确定初步配合比。

6 建 筑 砂 浆

建筑砂浆是由胶凝材料、细骨料和水按一定比例配制而成的建筑材料。它与混凝土的主要区别是组成材料中没有粗骨料，因此建筑砂浆也称为细骨料混凝土。

建筑砂浆主要用于以下几个方面：在结构工程中，用于把单块砖、石、砌块等胶结成砌体，砖墙的勾缝、大中型墙板及各种构件的接缝；在装饰工程中用于墙面、地面及梁、柱等结构表面的抹灰，镶贴天然石材、人造石材、瓷砖、陶瓷锦砖、马赛克等。

根据所用胶凝材料的不同，建筑砂浆分为水泥砂浆、石灰砂浆和混合砂浆等；根据用途又分为砌筑砂浆、抹面砂浆、防水砂浆、装饰砂浆及特种砂浆。

6.1 砌 筑 砂 浆

将砖、石、砌块等粘结成为砌体的砂浆称为砌筑砂浆。砌筑砂浆的作用主要是：把分散的块状材料胶结成坚固的整体，提高砌体的强度、稳定性；使上层块状材料所受的荷载能够均匀传递到下层；填充块状材料之间的缝隙，提高建筑物的保温、隔声、防潮等性能。

砌筑砂浆分为现场配制砂浆（包括水泥砂浆和水泥混合砂浆）和预拌砂浆（专业生产厂生产的湿拌砂浆或干混砂浆）。

6.1.1 砌筑砂浆的组成材料

1. 水泥

砌筑砂浆用水泥宜采用通用硅酸盐水泥或砌筑水泥。水泥强度等级应根据砂浆品种及强度等级的要求进行选择。M15 及以下强度等级的砌筑砂浆宜选用 32.5 级的通用硅酸盐水泥或砌筑水泥；M15 以上强度等级的砌筑砂浆宜选用 42.5 级通用硅酸盐水泥。

2. 砂

砂宜选用中砂，并应符合现行行业标准《普通混凝土用砂、石质量及检验方法标准》JGJ 52 的规定，且应全部通过 4.75mm 的筛孔。

3. 水

配制砂浆用水应符合现行行业标准《混凝土用水标准》JGJ 63 的规定。应选用不含有害杂质的洁净水来拌制砂浆。

4. 掺加料及外加剂

为了改善砂浆的和易性和节约水泥，可在砂浆中加入一些无机掺加料，如石灰膏、黏土膏、粉煤灰等。掺加料加入前都应经过一定的加工处理或检验。

（1）生石灰熟化成石灰膏时，应用孔径不大于3mm×3mm的网过滤，熟化时间不得少于15d；磨细生石灰粉的熟化时间不得小于2d。沉淀池中贮存的石灰膏，应采取防止干燥、冻结和污染的措施。严禁使用脱水硬化的石灰膏。

（2）制作电石膏的电石渣应用孔径不大于 3mm×3mm 的网过滤，检验时应加热至 70℃并保持 20min，没有乙炔气味后，方可使用。

（3）消石灰粉不得直接用于砌筑砂浆中。

（4）石灰膏、电石膏试配时的稠度，应为 120±5mm。

（5）粉煤灰、粒化高炉矿渣粉、硅灰、天然沸石粉应分别符合国家现行标准的规定。当采用其他品种矿物掺合料时，应有可靠的技术依据，并应在使用前进行试验验证。

（6）采用保水增稠材料时，应在使用前进行试验验证，并应有完整的型式检验报告。

（7）外加剂应符合国家现行有关标准的规定，引气型外加剂还应有完整的型式检验报告。

6.1.2　砌筑砂浆的主要技术性质

1. 砂浆拌合物的表观密度

水泥砂浆拌合物的表观密度不宜小于 1900kg/m³；水泥混合砂浆拌合物的表观密度不宜小于 1800kg/m³；预拌砌筑砂浆的表观密度不宜小于 1800kg/m³。

2. 砂浆拌合物的和易性

砂浆拌合物的和易性是指砂浆易于施工并能保证质量的综合性质。包括流动性和保水性两个方面，和易性好的砂浆不仅在运输过程和施工过程中不易产生分层、离析、泌水，而且能在粗糙的砖面上铺成均匀的薄层，与底面保持良好的粘接，便于施工操作。

（1）流动性。

砂浆的流动性（又称稠度），是指砂浆在自重或外力作用下流动的性能。流动性的大小用"沉入度"表示，通常用砂浆稠度测定仪测定。沉入度越大，表示砂浆的流动性越好。

砂浆流动性的选择与砌体种类、施工方法及天气情况有关。流动性过大，说明砂浆太稀，过稀的砂浆不仅铺砌困难，而且硬化后强度降低；流动性过小，砂浆太稠，难于铺平。一般情况下多孔吸水的砌体材料或干热的天气，砂浆的流动性应大些；而密实不吸水的材料或湿冷的天气，其流动性应小些。砂浆流动性可按表 6-1 选用。

砌筑砂浆的施工稠度　　　　　　　　　　　　　　表 6-1

砌体种类	砂浆稠度（mm）
烧结普通砖砌体、粉煤灰砖砌体	70～90
混凝土砖砌体、普通混凝土小型空心砌块砌体、灰砂砖砌体	50～70
烧结多孔砖砌体、烧结空心砖砌体、轻集料混凝土小型空心砌块砌体、蒸压加气混凝土砌块砌体	60～80
石砌体	30～50

（2）保水性。

保水性是指砂浆保持水分的能力，即搅拌好的砂浆在运输、存放、使用的过程中，水与胶凝材料及骨料分离快慢的性质。保水性良好的砂浆水分不易流失，易于摊铺成均匀密实的砂浆层；反之，保水性差的砂浆，在施工过程中容易泌水、分层离析，使流动性变差；同时由于水分易被砌体吸收，影响胶凝材料的正常硬化，从而降低砂浆的粘结强度。

砌筑砂浆的保水性用"保水率"表示。水泥砂浆的保水率应不小于 80％，水泥混合砂浆的保水率应不小于 84％。

3. 砂浆的强度和强度等级

砂浆的强度是以 3 个 70.7mm×70.7mm×70.7mm 的立方体试块，在标准条件下养护 28 天后，用标准试验方法测得的抗压强度（MPa）平均值来评定的。

水泥砂浆及预拌砂浆的强度等级划分为 M5、M7.5、M10、M15、M20、M25、M30 七个强度等级；水泥混合砂浆的强度等级划分为 M5、M7.5、M10、M15 四个强度等级。

4. 砂浆的粘结力

砌筑砂浆应有足够的粘结力，以便将块状材料粘结成坚固的整体。一般来说，砂浆的抗压强度越高，其粘结力越强。砌筑前，保持基层材料一定的润湿程度也有利于提高砂浆的粘结力。此外，粘结力大小还与砖石表面状态、清洁程度及养护条件等因素有关。粗糙的、洁净的、湿润的表面粘结力较好。

5. 抗冻性

有抗冻性要求的砌体工程，砌筑砂浆应进行冻融试验。砌筑砂浆的抗冻性应符合表 6-2 的规定，且当设计对抗冻性有明确要求时，尚应符合设计规定。

砌筑砂浆的抗冻性 表 6-2

使用条件	抗冻指标	质量损失率（％）	强度损失率（％）
夏热冬暖地区	F15		
夏热冬冷地区	F25	≤5	≤25
寒冷地区	F35		
严寒地区	F50		

6.1.3 砌筑砂浆的配合比设计

1. 水泥混合砂浆配合比设计

（1）计算试配强度。

$$f_{m,0} = kf_2$$

式中　$f_{m,0}$——砂浆的试配强度，精确至 0.1MPa；

　　　f_2——砂浆强度等级值，精确至 0.1MPa；

　　　k——砂浆生产（拌制）质量水平系数，取 1.15～1.25。

注：砂浆生产（拌制）质量水平为优良、一般、较差时，k 值分别取为 1.15、1.20、1.25。

（2）每立方米砂浆中的水泥用量，应按下式计算：

$$Q_c = \frac{1000(f_{m,0} - \beta)}{\alpha \cdot f_{ce}}$$

式中　Q_c——每立方米砂浆的水泥用量，精确至 1kg；

　　　$f_{m,0}$——砂浆的试配强度，精确至 0.1MPa；

　　　f_{ce}——水泥的实测强度，精确至 0.1MPa；

　　　α，β——砂浆的特征系数，其中：$\alpha=3.03$，$\beta=-15.09$。

注：各地区也可用本地区试验资料确定 α、β 值，统计用的试验组数不得少于 30 组。

在无法取得水泥的实测强度值时，可按下式计算：

$$f_{ce} = \gamma_c \cdot f_{ce,k}$$

式中　$f_{ce,k}$——水泥强度等级对应的强度值（MPa）；

　　　　γ_c——水泥强度等级值的富余系数，该值应按实际统计资料确定。无统计资料时可取 1.0。

（3）确定 $1m^3$ 水泥混合砂浆的石灰膏用量：

$$Q_D = Q_A - Q_C$$

式中　Q_D——每立方米砂浆的石灰膏用量，精确至 1kg，石灰膏使用时的稠度为 120 ±5mm；

　　　　Q_A——每立方米砂浆中水泥和石灰膏的总量，精确至 1kg，可为 350kg；

　　　　Q_C——每立方米砂浆的水泥用量，精确至 1kg。

（4）砂浆中的水、胶结料是用来填充砂子的空隙的，因此，$1m^3$ 砂浆所用的干砂是 $1m^3$。所以每立方米砂浆中的砂子用量，应按干燥状态（含水率小于 0.5%）的堆积密度值作为计算值（kg）。

（5）每立方米砂浆中的用水量，根据砂浆稠度等要求可选用 210～310kg。

注：（1）混合砂浆中的用水量，不包括石灰膏中的水；

　　（2）当采用细砂或粗砂时，用水量分别取上限或下限；

　　（3）稠度小于 70mm 时，用水量可小于下限；

　　（4）施工现场气候炎热或干燥季节，可酌量增加用水量。

2. 水泥砂浆配合比选用

水泥砂浆材料用量可按表 6-3 选用。

每立方米水泥砂浆材料用量（kg/m³）　　　　　　　　　　表 6-3

强度等级	水泥	砂	用水量
M5	200～230		
M7.5	230～260		
M10	260～290		
M15	290～330	砂的堆积密度值	270～330
M20	340～400		
M25	360～410		
M30	430～480		

注：1. M15 及以下强度等级水泥砂浆，水泥强度等级为 32.5 级；M15 以上强度等级水泥砂浆，水泥强度等级为 42.5 级；

　　2. 当采用细砂或粗砂时，用水量分别取上限或下限；

　　3. 稠度小于 70mm 时，用水量可小于下限；

　　4. 施工现场气候炎热或干燥季节，可酌量增加用水量。

3. 水泥粉煤灰砂浆配合比选用

水泥粉煤灰砂浆材料用量可按表 6-4 选用。

表 6-4

每立方米粉煤灰砂浆材料用量（kg/m³）

强度等级	水泥和粉煤灰总量	粉煤灰	砂	用水量
M5	210～240	粉煤灰掺量可占胶凝材料总量的 15%～25%	砂的堆积密度值	270～330
M7.5	240～270			
M10	270～300			
M15	300～330			

注：1. 表中水泥强度等级为 32.5 级；

2. 当采用细砂或粗砂时，用水量分别取上限或下限；

3. 稠度小于 70mm 时，用水量可小于下限；

4. 施工现场气候炎热或干燥季节，可酌量增加用水量。

4. 试配与调整

（1）按计算或查表所得配合比进行试拌时，应测定其拌合物的稠度和保水率，当不能满足要求时，应调整材料用量，直到符合要求为止。然后确定为试配时的砂浆基准配合比。

（2）试配时至少应采用三个不同的配合比，其中一个基准配合比，其他配合比的水泥用量应按基准配合比分别增加和减少 10%。在保证稠度、保水率合格的条件下，可将用水量、石灰膏、保水增稠材料或粉煤灰等活性掺合料用量作相应调整。

（3）分别按规定成型试件，测定砂浆表观密度及强度，并选用符合试配强度及和易性要求且水泥用量最低的配合比作为砂浆配合比。

6.1.4 砌筑砂浆配合比设计实例

【例 6-1】 要求设计用于砌筑砖墙的水泥混合砂浆配合比。设计强度等级为 M7.5，稠度为 70～90mm。

原材料的主要参数：水泥，32.5 级矿渣硅酸盐水泥；中砂，堆积密度为 1450kg/m³，含水率 2%；石灰膏，稠度 120mm；施工水平一般。

解

（1）计算试配强度 $f_{m,0}$

$$f_{m,0} = kf_2$$

式中
$$f_2 = 7.5\text{MPa}, \quad k = 1.20$$
$$f_{m,0} = kf_2 = 1.20 \times 7.5 = 9.0\text{MPa}$$

（2）计算水泥用量 Q_c

$$Q_c = \frac{1000(f_{m,0} - \beta)}{\alpha \cdot f_{ce}}$$

式中
$$f_{m,0} = 9.0\text{MPa}$$
$$\alpha = 3.03, \quad \beta = -15.09$$
$$f_{ce} = 32.5\text{MPa}$$

$$Q_c = \frac{1000 \times (9.0 + 15.09)}{3.03 \times 32.5} = 245\text{kg/m}^3$$

（3）计算石灰膏用量 Q_D

$$Q_D = Q_A - Q_c$$

式中

$$Q_A = 350 \text{kg/m}^3$$

$$Q_D = 350 - 245 = 105 \text{kg/m}^3$$

（4）计算砂子用量 Q_S

$$Q_S = 1450 \times (1 + 2\%) = 1479 \text{kg/m}^3$$

（5）根据砂浆稠度要求，选择用水量 $Q_W = 300 \text{kg/m}^3$

砂浆试配时各材料的用量比例：

$$水泥：石灰膏：砂 = 245：105：1479 = 1：0.43：6.04$$

【例 6-2】　要求设计用于砌筑烧结多孔砖砌体的水泥砂浆，设计强度为 M10，稠度 $60 \sim 80$mm。原材料的主要参数：水泥：32.5 级矿渣硅酸盐水泥；砂：中砂，堆积密度 1380kg/m^3；施工水平：一般。

解

（1）根据表 6-3 选取水泥用量 280kg/m³

（2）砂子用量 Q_S

$$Q_S = 1380 \text{kg/m}^3$$

（3）根据表 6-3 选取用水量为 300kg/m³

砂浆试配时各材料的用量比例（质量比）：

$$水泥：砂 = 280：1380 = 1：4.93$$

6.2　抹　灰　砂　浆

一般抹灰工程用砂浆称为抹灰砂浆，是指大面积涂抹于建筑物墙、顶棚、柱等表面的砂浆，包括水泥抹灰砂浆、水泥粉煤灰抹灰砂浆、水泥石灰抹灰砂浆、掺塑化剂水泥抹灰砂浆、聚合物水泥抹灰砂浆及石膏抹灰砂浆等。抹灰砂浆可以保护墙体不受风雨、潮气等侵蚀，提高墙体的耐久性；同时也使建筑表面平整、光滑、清洁美观。

6.2.1　抹灰砂浆的组成材料

1. 胶凝材料

配制强度等级不大于 M20 的抹灰砂浆，宜用 32.5 级通用硅酸盐水泥或砌筑水泥；配制强度等级大于 M20 的抹灰砂浆，宜用强度等级不低于 42.5 级的通用硅酸盐水泥。通用硅酸盐水泥宜采用散装的。

通用硅酸盐水泥和砌筑水泥应分别符合相应的国家标准，不同品种、不同强度等级、不同厂家的水泥，不得混合使用。

2. 砂（细骨料）

抹灰砂浆宜用中砂。砂中不得含有有害杂质，砂的含泥量不应超过 5%，且不应含有 4.75 以上粒径的颗粒，并应符合《普通混凝土用砂、石质量及检验方法标准》JGJ 52 的规定。人工砂、山砂及细砂应经试配，证明能满足抹灰砂浆要求后再使用。

3. 水

抹灰砂浆的拌合用水应符合《混凝土用水标准》JGJ 63 的规定。

4. 掺加料及外加剂

采用通用硅酸盐水泥拌制抹灰砂浆时，可掺入适量的石灰膏、粉煤灰、粒化高炉矿渣粉、沸石粉等，不应掺入消石灰粉。用砌筑水泥拌制抹灰砂浆时，不得再掺加粉煤灰等矿物掺合料。

石灰膏应符合下列规定：

（1）石灰膏应在储灰池中熟化，熟化时间不应少于 15d，且用于罩面抹灰砂浆时不少于 30d，并且应该用孔径不大于 3mm×3mm 的网过滤。

（2）磨细生石灰粉熟化时间不应少于 3d，并且应该用孔径不大于 3mm×3mm 的网过滤。

（3）沉淀池中储存的石灰膏，应采取防止干燥、冻结和污染的措施。

（4）脱水硬化的石灰膏不得使用；未熟化的生石灰粉及消石灰粉不得直接使用。

粉煤灰、磨细生石灰粉均应符合相应现行行业标准。建筑石膏宜采用半水石膏，并应符合现行国家标准规定。

纤维、聚合物、缓凝剂等应具有产品合格证书、产品性能检测报告。

拌制抹灰砂浆，可根据需要掺入改善砂浆性能的外加剂。

6.2.2 抹灰砂浆的主要技术性质

1. 预拌抹灰砂浆

一般抹灰工程用砂浆宜选用预拌抹灰砂浆。抹灰砂浆应采用机械搅拌。预拌抹灰砂浆性能应符合现行行业标准《预拌砂浆》JG/T 230 的规定，预拌抹灰砂浆的施工与质量验收应符合现行行业标准《预拌砂浆应用技术规程》JGJ/T 223 的规定。

2. 抹灰砂浆的和易性

聚合物水泥抹灰砂浆的施工稠度宜为 50～60mm，石膏抹灰砂浆的施工稠度宜为 50～70mm。其他抹灰砂浆的施工稠度宜按表 6-5 选取。

抹灰砂浆的施工稠度   表 6-5

抹灰层	施工稠度（mm）
底层	90～110
中层	70～90
面层	70～80

为了提高抹灰砂浆的粘结力，且易于操作，其和易性要优于砌筑砂浆，因此要求分层度小于 20mm，但也不能过小，分层度太小，抹后易于开裂，因此要求大于 10mm。对于预拌砂浆，可按其行业标准要求控制保水率。

3. 抹灰砂浆的强度

水泥抹灰砂浆强度等级应为 M15、M20、M25、M30。水泥粉煤灰抹灰砂浆强度等级应为 M5、M10、M15。水泥石灰抹灰砂浆强度等级应为 M2.5、M5、M7.5、M10。掺塑化剂水泥抹灰砂浆强度等级应为 M5、M10、M15。聚合物水泥抹灰砂浆抗压强度等级不应小于 M5。石膏抹灰砂浆抗压强度不应小于 4.0MPa。

抹灰砂浆的强度等级应满足设计要求。抹灰砂浆强度不宜比基体强度高出两个及以上强度等级，并应符合下列规定：

（1）对于无粘贴饰面砖的外墙，底层抹灰砂浆宜比基体材料高一个强度等级或等于基体材料强度。

（2）对于无粘贴饰面砖的内墙，底层抹灰砂浆宜比基体材料低一个强度等级。

（3）对于有粘贴饰面砖的内墙和外墙，中层抹灰砂浆宜比基体材料高一个强度等级且不宜低于 M15，并宜选用水泥抹灰砂浆。

（4）孔洞填补和窗台、阳台抹面等宜采用 M15 或 M20 水泥抹灰砂浆。

6.2.3 抹灰砂浆的配合比设计

1. 一般规定

为加强抹灰工程质量管理，提高工程质量，抹灰砂浆在施工前需要进行配合比设计。

（1）砂浆的试配强度。

$$f_{m,0} = k f_2$$

式中　$f_{m,0}$——砂浆的试配抗压强度（MPa），精确至 0.1MPa；

　　　f_2——砂浆抗压强度等级值（MPa），精确至 0.1MPa；

　　　k——砂浆生产（拌制）质量水平系数，取 1.15～1.25。

注：砂浆生产（拌制）质量水平为优良、一般、较差时，k 值分别取为 1.15、1.20、1.25。

（2）抹灰砂浆配合比应采取质量计量。

（3）抹灰砂浆的分层度宜为 10～20mm。

（4）抹灰砂浆中可加入纤维，掺量应经试验确定。

（5）用于外墙抹灰砂浆的抗冻性应满足设计要求。

具体每种抹灰砂浆的配合比设计应符合《抹灰砂浆技术规程》JGJ/T 220 的规定。

2. 试配、调整与确定

（1）抹灰砂浆试配时，应考虑工程实际需求，搅拌应符合现行行业标准《砌筑砂浆配合比设计规程》JGJ 98 的规定。

（2）选定抹灰砂浆配合比后，应先进行试拌，测定拌合物的稠度和分层度（或保水率），当不能满足要求时，应调整材料用量，直到满足要求为止。

（3）抹灰砂浆试配时，至少应采用 3 个不同的配合比，其中一个为基准配合比，其余两个配合比的水泥用量按基准配合比分别增加和减少 10%。在保证稠度、分层度（或保水率）满足要求的条件下，可将用水量或石灰膏、粉煤灰等矿物掺合料用量作相应调整。

（4）抹灰砂浆的试配稠度应满足施工要求，分别测定不同配合比砂浆的抗压强度、分层度（或保水率）及拉伸粘结强度。符合要求且水泥用量最低的作为抹灰砂浆的配合比。

6.2.4 抹灰砂浆的施工和养护

抹灰砂浆施工应在主体结构质量验收合格后进行。

抹灰层的平均厚度宜符合下列规定：

（1）内墙：普通抹灰的平均厚度不宜大于 20mm，高级抹灰的平均厚度不宜大于 25mm。

（2）外墙：墙面抹灰的平均厚度不宜大于 20mm，勒脚抹灰的平均厚度不宜大于 25mm。

（3）顶棚：现浇混凝土抹灰的平均厚度不宜大于 5mm，条板、预制混凝土抹灰的平均厚度不宜大于 10mm。

（4）蒸压加气混凝土砌块基层抹灰平均厚度宜控制在 15mm 以内，当采用聚合物水泥砂浆抹灰时，平均厚度宜控制在 5mm 以内，采用石膏砂浆抹灰时，平均厚度宜控制在

10mm 以内。

抹灰应分层进行，水泥抹灰砂浆每层厚度宜为 5～7mm，水泥石灰抹灰砂浆每层厚度宜为 7～9mm，并应待前一层达到六七成干后再涂抹后一层。

强度高的水泥抹灰砂浆不应涂抹在强度低的水泥抹灰砂浆基层上。

当抹灰层厚度大于 35mm 时，应采取与基体粘结的加强措施。不同材料的基体交接处应设加强网，加强网与各基体的搭接宽度不应小于 100mm。

各层抹灰砂浆在凝结硬化前，应防止暴晒、淋雨、水冲、撞击、振动。水泥抹灰砂浆、水泥粉煤灰抹灰砂浆和掺塑化剂水泥抹灰砂浆宜在润湿的条件下养护。

6.2.5 抹灰砂浆的选用

抹灰砂浆的品种宜根据使用部位或基体种类按表 6-6 选用。

抹灰砂浆的品种选用 表 6-6

使用部位或基体种类	抹灰砂浆品种
内墙	水泥抹灰砂浆、水泥石灰抹灰砂浆、水泥粉煤灰抹灰砂浆、掺塑化剂水泥抹灰砂浆、聚合物水泥抹灰砂浆、石膏抹灰砂浆
外墙、门窗洞口外侧壁	水泥抹灰砂浆、水泥粉煤灰抹灰砂浆
温（湿）度较高的车间和房屋、地下室、屋檐、勒脚等	水泥抹灰砂浆、水泥粉煤灰抹灰砂浆
混凝土板和墙	水泥抹灰砂浆、水泥石灰抹灰砂浆、聚合物水泥抹灰砂浆、石膏抹灰砂浆
混凝土顶棚、条板	聚合物水泥抹灰砂浆、石膏抹灰砂浆
加气混凝土砌块（板）	水泥石灰抹灰砂浆、水泥粉煤灰抹灰砂浆、掺塑化剂水泥抹灰砂浆、聚合物水泥抹灰砂浆、石膏抹灰砂浆

6.3 其 他 砂 浆

6.3.1 防水砂浆

用作防水层的砂浆叫做防水砂浆，防水砂浆又叫刚性防水层，适用于不受振动和具有一定刚度的混凝土或砖石砌体工程，应用于地下室、水塔、水池等防水工程。

常用的防水砂浆主要有以下三种。

1. 多层抹面的防水砂浆

多层抹面防水砂浆是指通过人工多层抹压做法（即将砂浆分几层抹压），以减少内部连通毛细孔隙，增大密实度，以达到防水效果的砂浆。其水泥宜选用强度等级 32.5 级以上的普通硅酸盐水泥，砂子宜采用洁净的中砂或粗砂，水灰比控制在 0.40～0.50，体积配合比控制在 1：2～1：3（水泥：砂）。

2. 掺加各种防水剂的防水砂浆

常用的防水剂有氯化物金属盐类防水剂、水玻璃防水剂和金属皂类防水剂等。在水泥砂浆中掺入防水剂，可促使砂浆结构密实，填充和堵塞毛细管道和孔隙，提高砂浆的抗渗能力。配合比控制与上述相同。

3. 膨胀水泥或无收缩水泥配制的防水砂浆

这种砂浆的抗渗性主要是由于膨胀水泥或无收缩水泥具有微膨胀或补偿收缩性能，提高了砂浆的密实性，具有良好的防水效果。砂浆配合比为水泥：砂子＝1：2.5（体积比），水灰比为 0.4～0.5，常温下配制的砂浆必须在 1h 内用完。

防水砂浆的施工操作要求较高，配制防水砂浆时先将水泥和砂子干拌均匀，再把量好的防水剂溶于拌合水中与水泥、砂搅拌均匀后即可使用。涂抹时，每层厚度约 5mm 左右，共涂抹 4～5 层，约 20～30mm 厚。在涂抹前先在润湿清洁的底面上抹一层纯水泥浆，然后抹一层 5mm 厚的防水砂浆，在初凝前用木抹子压实一遍，第二、三、四层都是同样的操作方法，最后一层进行压光。抹完后要加强养护，保证砂浆的密实性，以获得理想的防水效果。

6.3.2 装饰砂浆

涂抹在建筑物内外墙表面，以增加建筑物美观效果的砂浆称为装饰砂浆。装饰砂浆与抹面砂浆的主要区别在面层。装饰砂浆的面层应选用具有一定颜色的胶凝材料和集料并采用特殊的施工操作方法，以使表面呈现出各种不同的色彩线条和花纹等装饰效果。

装饰砂浆所采用的胶凝材料有普通水泥、矿渣水泥、火山灰水泥、白水泥和彩色水泥，以及石灰、石膏等。集料常用大理石、花岗岩等带颜色的细石渣或玻璃、陶瓷碎粒等。

几种常用装饰砂浆的施工操作方法：

1. 拉毛

先用水泥砂浆或水泥混合砂浆做底层，再用水泥石灰砂浆或水泥纸筋灰浆做面层，在面层灰浆尚未凝结之前用铁抹子或木蟹将表面轻压后顺势轻轻拉起，形成凹凸感较强的饰面层。要求表面拉毛花纹、斑点分布均匀，颜色一致，同一平面上不显接槎。

2. 水刷石

水刷石是将水泥和粒径为 5mm 左右的石渣按比例混合，配制成水泥石渣砂浆，涂抹成型，待水泥浆初凝后，以硬毛刷蘸水刷洗，或以清水冲洗，将表面水泥浆冲走，使石渣半露而不脱落。水刷石饰面具有石料饰面的质感效果，如再结合适当的艺术处理，可使饰面获得自然美观、明快庄重、秀丽淡雅的艺术效果。

3. 干粘石

干粘石是在素水泥浆或聚合物水泥砂浆粘结层上，将粒径 5mm 以下的彩色石渣直接粘在砂浆层上，再拍平压实的一种装饰抹灰做法，分为人工甩粘和机械喷粘两种。要求石子粘结牢固、不脱落、不露浆，石粒的 2/3 应压入砂浆中。装饰效果与水刷石相同，而且避免了湿作业，提高了施工效率，又节约材料，应用广泛。

4. 水磨石

水磨石是用普通水泥、白水泥或彩色水泥和有色石渣或白色大理石碎粒做面层，硬化后用机械磨平抛光表面而成。水磨石分预制和现制两种。它不仅美观而且有较好的防水、耐磨性能，多用于室内地面和装饰等。

5. 斩假石

又称剁斧石，是在水泥砂浆基层上涂抹水泥石粒浆，待硬化有一定强度时，用钝斧及各种凿子等工具，在表面剁斩出类似石材经雕琢的纹理效果。既具有真石的质感，又有精工细作的特点，给人以朴实、自然、素雅、庄重的感觉。

6.3.3 特种砂浆

1. 绝热砂浆

绝热砂浆是用水泥、石灰、石膏等胶凝材料与膨胀蛭石或陶粒砂等轻质多孔材料按一定比例配制而成的。绝热砂浆具有质轻和良好的绝热性能，其导热系数为 $0.07\sim0.10W/(m\cdot K)$。用于屋面绝热层、绝热墙壁以及供热管道绝热层等处。

2. 吸声砂浆

与绝热砂浆类似，由轻质多孔骨料配制而成。有良好的吸声性能，用于室内墙壁和吊顶的吸声处理。也可采用水泥、石膏、砂、锯末（体积比约为 1:1:3:5）配制吸声砂浆，还可在石灰、石膏砂浆中掺入麻刀、纸筋等松软纤维材料配制吸声砂浆。

3. 聚合物砂浆

在水泥砂浆中加入有机聚合物乳液配制成的砂浆称为聚合物砂浆。聚合物砂浆一般具有粘结力强、干缩率小、脆性低、耐蚀性好等特点，用于修补和防护工程。常用的聚合物乳液有氯丁橡胶乳液、丁苯橡胶乳液、丙烯酸树脂乳液等。

6.3.4 预拌砂浆和干混砂浆

传统建筑砂浆一般采用现场搅拌方式，存在以下弊端：①人工计量误差大，且原料质量难以控制，搅拌时间难以掌握，砂浆质量难以保证；②劳动强度大，生产效率低；③现场材料损耗浪费严重；④现场搅拌产生粉尘、噪声，对环境污染大；⑤产品形式单一，难以满足特殊要求。随着建筑技术的飞速发展，对施工工效和建筑质量的要求不断提高，传统建筑砂浆已经无法满足要求。

预拌砂浆是在集中搅拌站配制，由搅拌运输车运至工地使用的砂浆。

干混砂浆曾称为干粉料、干混料或干粉砂浆。它是由胶凝材料、细骨料、外加剂（有时根据需要加入一定量的掺合料）等固体材料组成，经工厂准确配料和均匀混合而制成的砂浆半成品，不含拌合水。拌合水是在使用前在施工现场搅拌时加入。

干混砂浆分为普通干混砂浆和特种干混砂浆。其中普通干混砂浆又分为砌筑工程用的干混砌筑砂浆、抹灰工程用的干混抹灰砂浆、地面工程用的干混地面砂浆；特种干混砂浆指对性能有特殊要求的专用建筑、装饰类干混砂浆，包括瓷砖粘结砂浆、聚苯板（EPS）粘结砂浆、外保温抹面砂浆等。

商品砂浆的出现，是从观念到技术对传统建材的一个重大突破。商品砂浆主要有以下优点：①工厂化生产，产品质量有保证；②产品种类众多，规格齐全，能满足工程的各方面需求；③可消化一部分工业废渣，有利于循环经济；④砂浆性能可通过外加剂的加入来调节，适应性强；⑤和易性好，方便砌筑、抹灰和泵送，可显著提高施工效率；⑥便于运输与储存，可减少材料损失与浪费；⑦有利于保护环境和文明施工。

复习思考题

1. 要求设计用于砌筑普通毛石砌体的水泥混合砂浆的配合比。设计强度等级为 M10，稠度为 60~70mm。

  原材料的主要参数：水泥：强度等级 32.5 的矿渣水泥；干砂：堆积密度为 1400kg/m³；石灰膏：稠度 120mm；施工水平：一般。

2. 砌筑砂浆的组成材料有哪些？对组成材料有何要求？

3. 砌筑砂浆的主要性质包括哪些?

4. 新拌砂浆的和易性包括哪两方面含义? 如何测定? 砂浆和易性不良对工程应用有何影响?

5. 影响砂浆的抗压强度的主要因素有哪些?

6. 抹灰砂浆的技术要求包括哪几方面? 它与砌筑砂浆的技术要求有何异同?

7. 常用的防水砂浆有哪些?

8. 常用的装饰砂浆有哪些? 各有什么特性?

9. 预拌砂浆和干混砂浆为何得到较快推广应用?

7 墙 体 材 料

墙体材料是建筑工程中十分重要的材料，在房屋建筑材料中占70%的比重。在房屋建设中它不但具有结构、围护功能，而且可以美化环境。因此，合理选用墙体材料对建筑物的功能、安全以及造价等均具有重要意义。目前，用于墙体的材料品种较多，总体可归纳为砌墙砖、墙用砌块和墙用板材三大类。

7.1 砌 墙 砖

砌墙砖系指以黏土、工业废料或其他地方材料为主要原料，以不同工艺制造的、用于砌筑承重和非承重墙体的墙砖。

砌墙砖按照生产工艺分为烧结砖和非烧结砖。经焙烧制成的砖为烧结砖；经碳化或蒸汽（压）养护硬化而成的砖属于非烧结砖。按照孔洞率（砖上孔洞和槽的体积总和与按外廓尺寸算出的体积之比的百分率）的大小，砌墙砖分为实心砖、多孔砖和空心砖。实心砖是没有孔洞或孔洞率小于15%的砖；孔洞率等于或大于15%，孔的尺寸小而数量多的砖称为多孔砖；孔洞率等于或大于15%，孔的尺寸大而数量少的砖称为空心砖。下面以烧结砖和非烧结砖为分类标准进行介绍。

7.1.1 烧结砖

1. 烧结普通砖

烧结普通砖是以黏土、页岩、煤矸石、粉煤灰为主要原料，经焙烧而成的普通砖。按主要原料分为烧结黏土砖（符号为N）、烧结页岩砖（符号为Y）、烧结煤矸石砖（符号为M）和烧结粉煤灰砖（符号为F）。

以黏土为主要原料，经配料、制坯、干燥、焙烧而成的烧结普通砖，简称为烧结黏土砖。黏土中所含铁的化合物成分在焙烧过程中氧化成红色的高价氧化铁（Fe_2O_3），烧成的砖为红色。如果砖坯先在氧化气氛中烧成，然后减少窑内空气的供给，同时加入少量水分，使坯体继续在还原气氛中焙烧，此时高价氧化铁还原成青灰色的低价氧化铁（FeO或Fe_3O_4），即制得青砖。一般认为青砖较红砖耐久性好，但青砖只能在土窑中制得，价格较贵。

页岩经破碎、粉磨、配料、成型、干燥和焙烧等工艺制成的砖，称为烧结页岩砖。生产这种砖可完全不用黏土，配料调制时所需水分较少，有利于砖坯干燥。这种砖的颜色和性能都与烧结黏土砖相似。

采煤和洗煤时剔除的大量煤矸石，其成分与黏土相似，经粉碎后，根据其含碳量和可塑性进行适当配料，即可用来制成烧结煤矸石砖。这种砖焙烧时可节省用煤量50%～60%，并可节省大量的黏土原料。烧结煤矸石砖比烧结黏土砖稍轻，颜色略淡。在一般工业与民用建筑中，煤矸石砖完全能代替烧结黏土砖使用。

烧结粉煤灰砖是以粉煤灰为主要原料，经配料、成型、干燥、焙烧而制成。由于粉煤灰塑性差，通常掺用适量黏土作粘结料，以增加塑性。配料时，粉煤灰的用量可达到50%左右。这类烧结砖颜色从淡红至深红，可代替烧结黏土砖用于一般的工业与民用建筑中。

（1）烧结普通砖的生产工艺过程。

以黏土、页岩、煤矸石、粉煤灰等为原料烧制普通砖时，其生产工艺基本相同，生产工艺过程如下：

采土──→配料调制──→制坯──→干燥──→焙烧──→成品

其中焙烧是最重要的环节。焙烧砖的窑有两种，一是连续式窑，如轮窑、隧道窑；二是间歇式窑，如土窑。目前，多采用连续式窑生产，窑内有预热、焙烧、保温和冷却4个温度带。轮窑为环形窑，分成若干窑室，砖坯码在其中不动，而焙烧各温度带沿着窑道循环移动，逐个窑室烧成出窑后，再码入新的砖坯，如此周而复始循环烧成。隧道窑为直线窑，窑内各温度带固定不变，砖坯码在窑车上从一端进入，经预热、焙烧、保温、冷却各温度带后，由另一端出窑即为成品。

砖的焙烧温度要适当，以免出现欠火砖和过火砖。在焙烧温度范围内生产的砖称为正火砖，未达到焙烧温度范围生产的砖称为欠火砖，而超过焙烧温度范围生产的砖称为过火砖。欠火砖颜色浅、敲击时声音哑、孔隙率高、强度低、耐久性差，工程中不得使用欠火砖。过火砖颜色深、敲击声响亮、强度高，但往往变形大，变形不大的过火砖可用于基础等部位。

（2）烧结普通砖的主要技术性能指标。

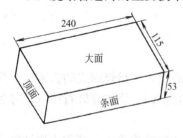

图 7-1　砖的尺寸及平面名称
（mm）

根据《烧结普通砖》GB 5101—2003 规定，强度、抗风化性能和放射性物质合格的砖，根据尺寸偏差、外观质量、泛霜和石灰爆裂分为优等品（A）、一等品（B）和合格品（C）三个等级。

1）尺寸偏差　烧结普通砖的公称尺寸是 240mm×115mm×53mm，如图 7-1 所示。通常将 240mm×115mm 面称为大面，240mm×53mm 面称为条面，115mm×53mm 面称为顶面。砖的尺寸允许偏差应符合表 7-1 的规定。

2）外观质量　烧结普通砖的外观质量包括两条面高度差、弯曲、杂质凸出高度、缺棱掉角、裂纹、完整面、颜色等内容，分别应符合表 7-1 的规定。

3）泛霜和石灰爆裂　在新砌筑的砖砌体表面，有时会出现一层白色的粉状物，这种现象称为泛霜。出现泛霜的原因是由于砖内含有较多可溶性盐类，这些盐类在砌筑施工时溶解于进入砖内的水中，当水分蒸发时在砖的表面结晶成霜状。这些结晶的粉状物有损于建筑物的外观，而且结晶膨胀也会引起砖表层的疏松甚至剥落。烧结普通砖的泛霜应符合表 7-1 的规定。

石灰爆裂是指烧结砖的原料中夹杂着石灰石，焙烧时石灰石被烧成生石灰块，在使用过程中生石灰吸水熟化转变为熟石灰，体积膨胀而引起砖裂缝，严重时使砖砌体强度降低，直至破坏。烧结普通砖的石灰爆裂应符合表 7-1 的规定。

烧结普通砖的质量等级划分 （GB 5101—2003）　　　　　表 7-1

项　　目		优等品		一等品		合格品	
		样本平均偏差	样本极差≤	样本平均偏差	样本极差≤	样本平均偏差	样本极差≤
尺寸偏差	长度（mm）	±2.0	6	±2.5	7	±3.0	8
	宽度（mm）	±1.5	5	±2.0	6	±2.5	7
	高度（mm）	±1.5	4	±1.6	5	±2.0	6
外观质量	两条面高度差，不大于（mm）	2		3		4	
	弯曲，不大于（mm）	2		3		4	
	杂质凸出高度，不大于（mm）	2		3		4	
	缺棱掉角的三个破坏尺寸，不得同时大于（mm）	5		20		30	
	裂纹长度，不大于（mm） a. 大面上宽度方向及其延伸至条面的长度	30		60		80	
	b. 大面上长度方向及其延伸至顶面的长度或条顶面上水平裂纹的长度	50		80		100	
	完整面不得少于	二条面和二顶面		一条面和一顶面		—	
	颜色	基本一致		—		—	
泛霜		无泛霜		不允许出现中等泛霜		不允许出现严重泛霜	
石灰爆裂		不允许出现最大破坏尺寸大于2mm的爆裂区域		a. 最大破坏尺寸大于2mm，且小于等于10mm的爆裂区域，每组砖样不得多于15处。 b. 不允许出现最大破坏尺寸大于10mm的爆裂区域		a. 最大破坏尺寸大于2mm且小于等于15mm的爆裂区域，每组砖样不得多于15处。其中大于10mm的不得多于7处。 b. 不允许出现最大破坏尺寸大于15mm的爆裂区域	

4）强度等级　　烧结普通砖根据抗压强度分为 MU30、MU25、MU20、MU15、MU10 五个强度等级，各强度等级应符合表 7-2 的规定。表中的强度标准值，是砖石结构设计规范中砖强度取值的依据。

烧结普通砖的强度等级 （GB 5101—2003）　　　　　表 7-2

强度等级	抗压强度平均值 $\overline{f}$ ≥（MPa）	变异系数 δ≤0.21 强度标准值 f_k≥（MPa）	变异系数 δ>0.21 单块最小抗压强度值 f_{min}≥（MPa）
MU30	30.0	22.0	25.0
MU25	25.0	18.0	22.0
MU20	20.0	14.0	16.0
MU15	15.0	10.0	12.0
MU10	10.0	6.5	7.5

评定烧结普通砖的强度等级时，抽取试样 10 块，分别测其抗压强度，试验后计算出以下指标：

$$\delta = \frac{s}{\overline{f}}$$

$$s = \sqrt{\frac{1}{9} \sum_{i=1}^{10} (f_i - \overline{f})^2}$$

式中　δ——砖强度变异系数，精确至 0.01；

　　　s——10 块试样的抗压强度标准差，精确至 0.01MPa；

　　　$\overline{f}$——10 块试样的抗压强度平均值，精确至 0.1MPa；

　　　f_i——单块试样抗压强度测定值，精确至 0.01MPa。

结果评定采用以下两种方法。

①平均值—标准值方法　当变异系数 $\delta \leqslant 0.21$ 时，按表中抗压强度平均值 $\overline{f}$ 和强度标准值 f_k 评定砖的强度等级。样本量 $n=10$ 时的强度标准值按下式计算。

$$f_k = \overline{f} - 1.8s$$

式中　f_k——强度标准值，精确至 0.1MPa。

②平均值—最小值方法　当变异系数 $\delta > 0.21$ 时，按表中抗压强度平均值 $\overline{f}$ 和单块最小抗压强度值 f_{min} 评定砖的强度等级，单块最小抗压强度值精确至 0.1MPa。

5）抗风化性能　抗风化性能是指在干湿变化、温度变化、冻融变化等物理因素作用下，材料不破坏并长期保持原有性质的能力。它是材料耐久性的重要内容之一。地域不同，对材料的风化作用程度就不同。我国按风化指数分为严重分化区（风化指数≥12700）和非严重风化区（风化指数＜12700），见表 7-3 所示。风化指数是指日气温从正温降至负温或从负温升至正温的每年平均天数与每年从霜冻之日起至消失霜冻之日止这一期间降雨总量（以 mm 计）的平均值的乘积。

风 化 区 的 划 分

表 7-3

严　重　风　化　区		非　严　重　风　化　区	
1. 黑龙江省	11. 河北省	1. 山东省	11. 福建省
2. 吉林省	12. 北京市	2. 河南省	12. 台湾省
3. 辽宁省	13. 天津市	3. 安徽省	13. 广东省
4. 内蒙古自治区		4. 江苏省	14. 广西壮族自治区
5. 新疆维吾尔自治区		5. 湖北省	15. 海南省
6. 宁夏回族自治区		6. 江西省	16. 云南省
7. 甘肃省		7. 浙江省	17. 西藏自治区
8. 青海省		8. 四川省	18. 上海市
9. 陕西省		9. 贵州省	19. 重庆市
10. 山西省		10. 湖南省	

用于严重风化区中 1～5 地区的砖必须进行冻融试验。其他地区的砖，其吸水率和饱和系数指标若能达到表 7-4 的要求，可认为其抗风化性能合格，不再进行冻融试验，当有一项指标达不到要求时，也必须进行冻融试验。冻融试验后，每块试样不允许出现裂纹、分层、掉皮、缺棱、掉角等冻坏现象，且质量损失不得大于 2%。

6）放射性物质 砖的放射性物质应符合《建筑材料放射性核素限量》GB 6566—2010的规定。

烧结普通砖的吸水率、饱和系数（GB 5101—2003）　　　表7-4

砖 种 类	严 重 风 化 区				非 严 重 风 化 区			
	5h沸煮吸水率(%)≤		饱和系数≤		5h沸煮吸水率(%)≤		饱和系数≤	
	平均值	单块最大值	平均值	单块最大值	平均值	单块最大值	平均值	单块最大值
黏土砖	18	20	0.85	0.87	19	20	0.88	0.90
粉煤灰砖	21	23			23	25		
页岩砖	16	18	0.74	0.77	18	20	0.78	0.80
煤矸石砖	16	18			18	20		

注：粉煤灰掺入量（体积比）小于30%时，抗风化性能指标按黏土砖规定。

另外，烧结普通砖产品中，不允许有欠火砖、酥砖和螺旋纹砖。其中酥砖是由于生产中砖坯淋雨、受潮、受冻，或焙烧中预热过急、冷却太快等原因，致使成品砖产生大量程度不等的网状裂纹，严重降低砖的强度和抗冻性。螺旋纹砖是因为生产中挤泥机挤出的泥条上存有螺旋纹，它在烧结时难于被消除而使成品砖上形成螺旋状裂纹，导致砖的强度降低，并且受冻后会产生层层脱皮现象。

（3）烧结普通砖的产品标记。

烧结普通砖的产品标记按产品名称、类别、强度等级、质量等级和标准编号的顺序编写，例如，规格240mm×115mm×53mm、强度等级MU15、一等品的烧结普通砖，其标记为：烧结普通砖 N MU15 B GB 5101。

（4）烧结普通砖的优缺点及应用。

烧结普通砖具有较高的强度、较好的耐久性及隔热、隔声、价格低廉等优点，加之原料广泛、工艺简单，所以是应用历史最久、应用范围最为广泛的墙体材料。其中优等品适用于清水墙和墙体装饰，一等品、合格品可用于混水墙，中等泛霜的砖不能用于潮湿部位。另外，烧结普通砖也可用来砌筑柱、拱、烟囱、地面及基础等，还可与轻骨料混凝土、加气混凝土、岩棉等复合砌筑成各种轻质墙体，在砌体中配置适当的钢筋或钢丝网也可制作柱、过梁等，代替钢筋混凝土柱、过梁使用。

烧结普通砖的缺点是大量毁坏土地（特别是黏土砖）、破坏生态、能耗高、砖的自重大、尺寸小、施工效率低、抗震性能差等。从节约黏土资源及利用工业废渣等方面考虑，提倡大力发展非烧结砖。所以，我国正大力推广墙体材料改革，以空心砖、工业废渣砖、砌块及轻质板材等新型墙体材料代替烧结普通砖，已成为不可逆转的势头。近10多年，我国各地采用多种新型墙体材料代替烧结普通砖，已取得了令人瞩目的成就。

2. 烧结多孔砖和烧结空心砖

在现代建筑中，由于高层建筑的发展，对烧结砖提出了减轻自重、改善绝热和吸声性能的要求，因此出现了烧结多孔砖、烧结空心砖。它们与烧结普通砖相比，具有一系列优点。使用这些砖可使建筑物自重减轻1/3左右，节约黏土20%～30%，节省燃料10%～20%，且烧成率高，造价降低20%，施工效率提高40%，并能改善砖的绝热和隔声性能，在相同的热工性能要求下，用空心砖砌筑的墙体厚度可减薄半砖左右。所以，推广使用多孔砖、空心砖是加快我国墙体材料改革，促进墙体材料工业技术进步的措施之一。

生产烧结多孔砖和烧结空心砖的原料和工艺与烧结普通砖基本相同，只是对原料的可塑性要求较高，制坯时在挤泥机的出口处设有成孔芯头，使坯体内形成孔洞。

（1）烧结多孔砖。

烧结多孔砖是以黏土、页岩、煤矸石、粉煤灰为主要原料，经焙烧而成的主要用于承重部位的多孔砖。按主要原料分为黏土砖（N）、页岩砖（Y）、煤矸石砖（M）和粉煤灰砖（F）。烧结多孔砖的孔洞垂直于大面，砌筑时要求孔洞方向垂直于承压面。因为它的强度较高，主要用于6层以下建筑物的承重部位。

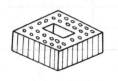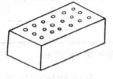

图 7-2　烧结多孔砖的外形

根据《烧结多孔砖》GB 13544—2000 的规定，强度和抗风化性能合格的烧结多孔砖，根据尺寸偏差、外观质量、孔型及孔洞排列、泛霜、石灰爆裂分为优等品（A）、一等品（B）和合格品（C）三个质量等级。

1）尺寸偏差。

烧结多孔砖为直角六面体，如图 7-2，其长度、宽度、高度尺寸应符合下列要求：

290mm、240mm、190mm、180mm；

175mm、140mm、115mm、90mm。

砖的尺寸允许偏差应符合表 7-5 的规定。

烧结多孔砖的孔洞尺寸为：圆孔直径≤22mm，非圆孔内切圆直径≤15mm，手抓孔（30~40）mm×（75~85）mm。

烧结多孔砖的尺寸允许偏差（GB 13544—2000）　表 7-5

尺　寸 (mm)	优　等　品		一　等　品		合　格　品	
	样本平均偏差（mm）	样本极差 (mm) ≤	样本平均偏差（mm）	样本极差 (mm) ≤	样本平均偏差（mm）	样本极差 (mm) ≤
290、240	±2.0	6	±2.5	7	±3.0	8
190、180、175、140、115	±1.5	5	±2.0	6	±2.5	7
90	±1.5	4	±1.7	5	±2.0	6

2）外观质量。

烧结多孔砖的外观质量应符合表 7-6 的规定。

烧结多孔砖的外观质量要求（GB 13544—2000）　表 7-6

项　目		优等品	一等品	合格品
颜色（一条面和一顶面）		一致	基本一致	—
完整面不得少于		一条面和一顶面	一条面和一顶面	—
缺棱掉角的三个破坏尺寸不得同时大于（mm）		15	20	30
裂纹长度不大于（mm）	a. 大面上深入孔壁 15mm 以上宽度方向及其延伸到条面的长度	60	80	100
	b. 大面上深入孔壁 15mm 以上长度方向及其延伸到顶面的长度	60	100	120
	c. 条、顶面上的水平裂纹	80	100	120
杂质在砖面上造成的凸出高度不大于（mm）		3	4	5

3）强度等级。

烧结多孔砖根据抗压强度分为 MU30、MU25、MU20、MU15、MU10 五个强度等级，各强度等级应符合表 7-7 的规定，评定方法与烧结普通砖相同。

烧结多孔砖的强度等级（GB 13544—2000）　　　　　　　表 7-7

强度等级	抗压强度平均值 $\overline{f} \geqslant$（MPa）	变异系数 $\delta \leqslant 0.21$	变异系数 $\delta > 0.21$
		强度标准值 $f_k \geqslant$（MPa）	单块最小抗压强度值 $f_{min} \geqslant$（MPa）
MU30	30.0	22.0	25.0
MU25	25.0	18.0	22.0
MU20	20.0	14.0	16.0
MU15	15.0	10.0	12.0
MU10	10.0	6.5	7.5

4）孔型、孔洞率及孔洞排列。

烧结多孔砖的孔型、孔洞率及孔洞排列应符合表 7-8 的规定。

烧结多孔砖的孔型、孔洞率及孔洞排列（GB 13544—2000）　　　　表 7-8

产品等级	孔　型	孔洞率（％）$\geqslant$	孔洞排列
优等品	矩形条孔或矩形孔	25	交错排列，有序
一等品			
合格品	矩形孔或其他孔形		—

注：1. 所有孔宽 b 应相等，孔长 $L \leqslant 50mm$。
　　2. 孔洞排列上下、左右应对称，分布均匀，手抓孔的长度方向尺寸必须平行于砖的条面。
　　3. 矩形孔的孔长 L、孔宽 b 满足式 $L \geqslant 3b$ 时，为矩形条孔。

烧结多孔砖的技术要求还包括：泛霜、石灰爆裂和抗风化性能。各质量等级砖的泛霜、石灰爆裂和抗风化性能的规定与烧结普通砖相同。

烧结多孔砖的产品标记按产品名称、品种、规格、强度等级、质量等级和标准编号的顺序编写。例如：规格尺寸 290mm×140mm×90mm、强度等级 MU25、优等品的烧结多孔砖，其标记为：烧结多孔砖 N 290×140×90MU25　A　GB 13544。

（2）烧结空心砖和空心砌块。

烧结空心砖和空心砌块是以黏土、页岩、煤矸石、粉煤灰为主要原料，经焙烧而成主要用于建筑物非承重部位的空心砖和砌块。按主要原料分为黏土砖（N）、页岩砖（Y）、煤矸石砖（M）和粉煤灰砖（F）。其孔洞垂直于顶面，砌筑时要求孔洞方向与承压面平行。因为它的孔洞大、强度低，主要用于砌筑非承重墙体或框架结构的填充墙。

根据《烧结空心砖和空心砌块》GB 13545—2003 的规定，强度、密度、抗风化性能和放射性物质合格的烧结空心砖，根据尺寸偏差、外观质量、孔洞排列及其结构、泛霜、

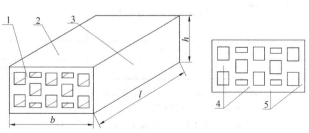

图 7-3　烧结空心砖的外形

1—顶面；2—大面；3—条面；4—肋；5—壁槽；

l—长度；b—宽度；h—高度

石灰爆裂、吸水率分为优等品（A）、一等品（B）和合格品（C）三个质量等级。

1）尺寸偏差。

烧结空心砖和空心砌块的外形为直角六体面，如图7-3。其长度、宽度、高度尺寸应符合下列要求：

390，290，240，190，180（175），140，115，90（mm），其他规格尺寸由供需双方协商确定。

烧结空心砖和空心砌块的尺寸允许偏差应符合表7-9的规定。

烧结空心砖和空心砌块的尺寸允许偏差（GB 13545—2003）　　　　表7-9

尺寸（mm）	优 等 品		一 等 品		合 格 品	
	样本平均偏差（mm）	样本极差（mm）≤	样本平均偏差（mm）	样本极差（mm）≤	样本平均偏差（mm）	样本极差（mm）≤
＞300	±2.5	6.0	±3.0	7.0	±3.5	8.0
＞200～300	±2.0	5.0	±2.5	6.0	±3.0	7.0
100～200	±1.5	4.0	±2.0	5.0	±2.5	6.0
＜100	±1.5	3.0	±1.7	4.0	±2.0	5.0

2）外观质量。

烧结空心砖和空心砌块的外观质量应符合表7-10的规定。

烧结空心砖和空心砌块的外观质量要求（GB 13545—2003）　　　　表7-10

项　　　　目		优 等 品	一 等 品	合 格 品
弯曲，不大于（mm）		3	4	5
缺棱掉角的三个破坏尺寸不得同时大于（mm）		15	30	40
垂直度差，不大于（mm）		3	4	5
未贯穿裂纹长度，不大于（mm）	a. 大面上宽度方向及其延伸到条面的长度	0	100	120
	b. 大面上长度方向或条面上水平面方向的长度	0	120	140
贯穿裂纹长度，不大于（mm）	a. 大面上宽度方向及其延伸到条面的长度	0	40	60
	b. 壁、肋沿长度方向、宽度方向及其水平方向的长度	0	40	60
肋、壁内残缺长度，不大于（mm）		0	40	60
完整面，不少于		一条面和一大面	一条面或一大面	—

注：凡有下列缺陷之一者，不能称为完整面：

　　1. 缺损在大面、条面上造成的破坏面尺寸同时大于20mm×30mm；

　　2. 大面、条面上裂纹宽度大于1mm，其长度超过70mm；

　　3. 压陷、粘底、焦花在大面、条面上的凹陷或凸出超过2mm，区域尺寸同时大于20mm×30mm。

3）强度等级。

烧结空心砖和空心砌块砖根据大面抗压强度分为 MU10.0、MU7.5、MU5.0、

MU3.5、MU2.5 五个强度等级，各强度等级应符合表 7-11 的规定，评定方法与烧结普通砖相同。

烧结空心砖和空心砌块的强度等级（GB 13545—2003）　　　　表 7-11

强度等级	抗压强度平均值 $\bar{f} \geqslant$（MPa）	变异系数 $\delta \leqslant 0.21$ 强度标准值 $f_k \geqslant$（MPa）	变异系数 $\delta > 0.21$ 单块最小抗压强度值 $f_{min} \geqslant$（MPa）	密度等级范围（kg/m³）
MU10.0	10.0	7.0	8.0	
MU7.5	7.5	5.0	5.8	≤1100
MU5.0	5.0	3.5	4.0	
MU3.5	3.5	2.5	2.8	
MU2.5	2.5	1.6	1.8	≤800

4）密度等级。

烧结空心砖和空心砌块的密度等级（GB 13545—2003）　　　　表 7-12

密 度 等 级	五块砖密度平均值（kg/m³）	密 度 等 级	五块砖密度平均值（kg/m³）
800	≤800	1000	901～1000
900	801～900	1100	901～1100

5）孔洞排列及其结构。

烧结空心砖和空心砌块的孔洞率及孔洞排数应符合表 7-13 的规定。

烧结空心砖和空心砌块的孔洞排列及其结构（GB 13545—2003）　　　　表 7-13

等 级	孔洞排列	孔洞排数（排） 宽度方向	孔洞排数（排） 高度方向	孔洞率（%）
优等品	有序交错排列	$b \geqslant 200mm$　≥7 $b < 200mm$　≥5	≥2	
一等品	有序排列	$b \geqslant 200mm$　≥5 $b < 200mm$　≥4	≥2	≥40
合格品	有序排列	≥3	—	

注：b 为宽度的尺寸。

烧结空心砖和空心砌块的技术要求还包括泛霜、石灰爆裂、吸水率、抗风化性能和放射性物质，其规定与烧结普通砖类同。

烧结空心砖和空心砌块的产品标记按产品名称、类别、规格、密度等级、强度等级、质量等级和标准编号的顺序编写。例如，规格尺寸 290mm×190mm×90mm、密度等级 800、强度等级 MU7.5、优等品的页岩空心砖，其标记为：烧结空心砖或空心砌块 Y（290×190×90）800MU7.5A　GB 13545。

7.1.2 非烧结砖

不经焙烧而制成的砖均为非烧结砖，如碳化砖、免烧免蒸砖、蒸养（压）砖等。目前应用较广的是蒸养（压）砖，这类砖是以含钙材料（石灰、电石渣等）和含硅材料（砂子、粉煤灰、煤矸石、灰渣、炉渣等）与水拌合，经压制成型、常压或高压蒸汽养护而成，主要品种有灰砂砖、粉煤灰砖、煤渣砖等。

1. 蒸压灰砂砖

蒸压灰砂砖是用磨细生石灰和天然砂，经混合搅拌、陈化（使生石灰充分熟化）、轮碾、加压成型、蒸压养护（175～191℃，0.8～1.2MPa 的饱和蒸汽）而成。用料中石灰约占 10％～20％。蒸压灰砂砖有彩色的（Co）和本色的（N）两类，本色为灰白色，若掺入耐碱颜料，可制成彩色砖。

（1）蒸压灰砂砖的技术要求。

按照《蒸压灰砂砖》GB 11945—1999 的规定，蒸压灰砂砖根据尺寸偏差、外观质量、强度及抗冻性分为优等品（A）、一等品（B）和合格品（C）三个质量等级。

1）尺寸偏差和外观质量

蒸压灰砂砖的外形为直角六面体，公称尺寸为 240mm×115mm×53mm。其尺寸偏差和外观质量应符合表 7-14 的规定。

蒸压灰砂砖的尺寸偏差和外观质量（GB 11945—1999）　　表 7-14

项　　目			指　　标		
			优等品	一等品	合格品
尺寸允许偏差（mm）	长度	L	±2	±2	±3
	宽度	B	±2		
	高度	H	±1		
缺棱掉角	个数，不多于（个）		1	1	2
	最大尺寸不得大于（mm）		10	15	20
	最小尺寸不得大于（mm）		5	10	10
	对应高度差不得大于（mm）		1	2	3
裂纹	条数，不多于（条）		1	1	2
	大面上宽度方向及其延伸到条面的长度不得大于（mm）		20	50	70
	大面上长度方向及其延伸到顶面上的长度或条、顶面水平裂纹的长度不得大于（mm）		30	70	100

2）强度和抗冻性。

蒸压灰砂砖根据抗压强度和抗折强度分为 MU25、MU20、MU15、MU10 四个强度等级，各等级的强度值及抗冻性指标应符合表 7-15 的规定。

蒸压灰砂砖的强度指标和抗冻性指标（GB 11945—1999）　　表 7-15

强度等级	抗压强度（MPa）		抗折强度（MPa）		抗 冻 性 指 标	
	平均值≥	单块值≥	平均值≥	单块值≥	冻后抗压强度（MPa）平均值≥	单块砖的干质量损失（％）≤
MU25	25.0	20.0	5.0	4.0	20.0	2.0
MU20	20.0	16.0	4.0	3.2	16.0	2.0
MU15	15.0	12.0	3.3	2.6	12.0	2.0
MU10	10.0	8.0	2.5	2.0	8.0	2.0

注：优等品的强度等级不得小于 MU15。

（2）蒸压灰砂砖的产品标记。

蒸压灰砂砖的产品标记按产品名称（LSB）、颜色、强度等级、质量等级、标准编号的顺序编写，例如，强度等级 MU20，优等品的彩色灰砂砖，其标记为：LSB Co MU20 A GB 11945。

(3) 蒸压灰砂砖的应用。

蒸压灰砂砖材质均匀密实，尺寸偏差小，外形光洁整齐，表观密度为 1800～1900kg/m³，导热系数约为 0.61W/(m·K)。MU15 及其以上的灰砂砖可用于基础及其他建筑部位；MU10 的灰砂砖仅可用于防潮层以上的建筑部位。由于灰砂砖中的某些水化产物（氢氧化钙、碳酸钙等）不耐酸，也不耐热，因此不得用于长期受热 200℃以上、受急冷急热和有酸性介质侵蚀的建筑部位，也不宜用于有流水冲刷的部位。

2. 粉煤灰砖

蒸压（养）粉煤灰砖是以粉煤灰、石灰或水泥为主要原料，掺加适量石膏、外加剂、颜料和骨料等，经坯料制备、压制成型、高压或常压蒸汽养护而制成。其颜色分为本色（N）和彩色（Co）两种。

(1) 粉煤灰砖的技术要求。

根据《粉煤灰砖》JC 239—2001 的规定，粉煤灰砖根据尺寸偏差、外观质量、强度等级、抗冻性和干燥收缩分为优等品（A）、一等品（B）和合格品（C）三个质量等级。

1) 尺寸偏差和外观质量。

粉煤灰砖的公称尺寸为 240mm×115mm×53mm，其尺寸偏差和外观质量应符合表 7-16 的规定。

粉煤灰砖的尺寸偏差和外观质量（JC 239—2001） 表 7-16

项 目	指 标		
	优等品	一等品	合格品
尺寸允许偏差：			
长（mm）	±2	±3	±4
宽（mm）	±2	±3	±4
高（mm）	±1	±2	±3
对应高度差，不大于（mm）	1	2	3
缺棱掉角的最小破坏尺寸，不大于(mm)	10	15	20
完整面，不少于	二条面和一顶面或二顶面和一条面	一条面和一顶面	一条面和一顶面
裂纹长度，不大于（mm）			
a. 大面上宽度方向的裂纹（包括延伸到条面上的长度）	30	50	70
b. 其他裂纹	50	70	100
层裂	不允许		

2) 强度等级和抗冻性。

粉煤灰砖按抗压强度和抗折强度分为 MU30、MU25、MU20、MU15、MU10 五个强度等级，各等级的强度值及抗冻性应符合表 7-17 的规定。优等品的强度等级应不低于 MU15。

粉煤灰砖的强度指标和抗冻性指标（JC 239—2001）   表 7-17

强度级别	抗压强度（MPa）		抗折强度（MPa）		抗冻性指标	
	10块平均值≥	单块值≥	10块平均值≥	单块值≥	冻后抗压强度（MPa）平均值≥	砖的干质量损失（%）单块值≤
MU30	30.0	24.0	6.2	5.0	24.0	2.0
MU25	25.0	20.0	5.0	4.0	20.0	2.0
MU20	20.0	16.0	4.0	3.2	16.0	2.0
MU15	15.0	12.0	3.3	2.6	12.0	2.0
MU10	10.0	8.0	2.5	2.0	8.0	2.0

3）干燥收缩值。

粉煤灰砖的干燥收缩值：优等品和一等品应不大于 0.65mm/m，合格品应不大于 0.75mm/m。

（2）粉煤灰砖的产品标记。

粉煤灰砖的产品标记按产品名称（FB）、颜色、强度等级、质量等级、标准编号的顺序编写，例如，强度等级 MU20、优等品的彩色粉煤灰砖，其标记为：FB　Co　MU20　A　JC 239。

（3）粉煤灰砖的应用。

粉煤灰砖可用于工业与民用建筑的墙体和基础，但用于基础或易受冻融和干湿交替作用的建筑部位时，必须使用 MU15 及以上强度等级的砖。粉煤灰砖不得用于长期受热 200℃以上、受急冷急热和有酸性介质侵蚀的建筑部位。为避免或减少收缩裂缝的产生，用粉煤灰砖砌筑的建筑物，应适当增设圈梁及伸缩缝。

3. 煤渣砖

煤渣砖是以炉渣为主要原料，加入适量石灰、石膏（水泥、电石渣）等材料，经混合、压制成型、蒸汽或蒸压养护而制成的实心砖。颜色呈黑灰色。

根据《炉渣砖》JC 525—2007 的规定，炉渣砖的公称尺寸为 240mm×115mm×53mm，按其抗压强度分为 MU25、MU20、MU15 三个强度等级，各强度等级应符合表 7-18 的规定。

炉渣砖的强度等级（JC 525—2007）   表 7-18

强度等级	抗压强度平均值 $\bar{f}$≥（MPa）	变异系数 δ≤0.21 强度标准值 f_k≥（MPa）	变异系数 δ＞0.21 单块最小抗压强度值 f_{min}≥（MPa）
MU25	25.0	19.0	20.0
MU20	20.0	14.0	16.0
MU15	15.0	10.0	12.0

炉渣砖主要用于一般建筑物的墙体和基础部位。炉渣砖不得用于长期受热 200℃以上、受急冷急热和有酸性介质侵蚀的建筑部位。

7.2 墙 用 砌 块

砌块是用于砌筑的，形体大于砌墙砖的人造块材。砌块一般为直角六面体，也有各种异形的。砌块系列中主规格的长度、宽度或高度有一项或一项以上分别大于 365mm、240mm 或 115mm，但高度不大于长度或宽度的 6 倍，长度不超过高度的三倍。按产品主规格的尺寸可分为大型砌块（高度大于 980mm）、中型砌块（高度为 380～980mm）和小型砌块（高度为 115～380mm）。

砌块是一种新型墙体材料，可以充分利用地方资源和工业废渣，并可节省黏土资源和改善环境。具有生产工艺简单，原料来源广，适应性强，制作及使用方便灵活，可改善墙体功能等特点，因此发展较快。

砌块的分类方法很多，按用途可分为承重砌块和非承重砌块；按空心率（砌块上孔洞和槽的体积总和与按外阔尺寸算出的体积之比的百分率）可分为实心砌块（无孔洞或空心率小于 25%）和空心砌块（空心率等于或大于 25%）；按材质又可分为硅酸盐砌块、轻骨料混凝土砌块、普通混凝土砌块等。本节主要介绍几种常用砌块。

7.2.1 蒸压加气混凝土砌块（代号 ACB)

蒸压加气混凝土砌块是以钙质材料（水泥、石灰等）、硅质材料（砂、矿渣、粉煤灰等）以及加气剂（铝粉）等，经配料、搅拌、浇注、发气、切割和蒸压养护而成的多孔硅酸盐砌块。

1. 蒸压加气混凝土砌块的规格尺寸

蒸压加气混凝土砌块的规格尺寸见表 7-19。如需要其他规格，可由供需双方协商解决。

蒸压加气混凝土砌块的规格尺寸（GB 11968—2006）　　　　表 7-19

长　度 L（mm）	宽　度 B（mm）	高　度 H（mm）
600	100　120　125 150　180　200 240　250　300	200　240　250　300

2. 蒸压加气混凝土砌块的主要技术要求

根据《蒸压加气混凝土砌块》GB 11968—2006 的规定，砌块按尺寸偏差、外观质量、干密度、抗压强度和抗冻性分为优等品（A）、合格品（B）两个等级。

（1）砌块的抗压强度和强度级别。

砌块按抗压强度分为 A1.0、A2.0、A2.5、A3.5、A5.0、A7.5、A10.0 七个强度级别，见表 7-20 和表 7-21。

蒸压加气混凝土砌块的抗压强度（GB 11968—2006）　　　　表 7-20

强　度　级　别		A1.0	A2.0	A2.5	A3.5	A5.0	A7.5	A10.0
立方体抗压 强度（MPa）	平均值≥	1.0	2.0	2.5	3.5	5.0	7.5	10.0
	单块最小值≥	0.8	1.6	2.0	2.8	4.0	6.0	8.0

干　密　度　级　别		B03	B04	B05	B06	B07	B08
强度级别	优等品（A）	A1.0	A2.0	A3.5	A5.0	A7.5	A10.0
	合格品（B）			A2.5	A3.5	A5.0	A7.5

（2）砌块的干密度。

砌块按干密度分为B03、B04、B05、B06、B07、B08六个密度级别，见表7-22。

蒸压加气混凝土砌块的干密度（GB 11968—2006）　　　　　　表7-22

干　密　度　级　别		B03	B04	B05	B06	B07	B08
干密度 （kg/m³）	优等品（A） ≤	300	400	500	600	700	800
	合格品（B） ≤	325	425	525	625	725	825

（3）砌块的干燥收缩、抗冻性和导热系数。

砌块的干燥收缩、抗冻性和导热系数（干态）应符合表7-23的规定。

砌块的干燥收缩、抗冻性和导热系热（GB 11968—2006）　　　　　　表7-23

干　密　度　级　别			B03	B04	B05	B06	B07	B08
干燥收缩值	标准法（mm/m）≤		0.50					
	快速法（mm/m）≤		0.80					
抗冻性	质量损失（%）≤		5.0					
	冻后强度 （MPa）≥	优等品（A）	0.8	1.6	2.8	4.0	6.0	8.0
		合格品（B）			2.0	2.8	4.0	6.0
导热系数（干态）[W/(m·K)]≤			0.10	0.12	0.14	0.16	0.18	0.20

3. 蒸压加气混凝土砌块的应用

蒸压加气混凝土砌块质量轻，表观密度约为黏土砖的1/3，具有保温、隔热、隔声性能好、抗震性强、耐火性好、易于加工、施工方便等特点，是应用较多的轻质墙体材料之一。适用于低层建筑的承重墙、多层建筑的间隔墙和高层框架结构的填充墙，也可用于一般工业建筑的围护墙，作为保温隔热材料也可用于复合墙板和屋面结构中。在无可靠的防护措施时，该类砌块不得用于水中、高湿度和有侵蚀介质的环境中，也不得用于建筑物的基础和温度长期高于80℃的建筑部位。

7.2.2　粉煤灰砌块（代号FB）

粉煤灰砌块属硅酸盐类制品，是以粉煤灰、石灰、石膏和骨料（炉渣、矿渣）等为原料，经配料、加水搅拌、振动成型、蒸汽养护而制成的密实砌块。

1. 粉煤灰砌块的主要技术要求

根据《粉煤灰砌块》[JC 238—1991（1996）]的规定，粉煤灰砌块的主规格尺寸有880mm×380mm×240mm和880mm×430mm×240mm两种。按立方体试件的抗压强度，粉煤灰砌块分为10级和13级两个强度等级；按外观质量、尺寸偏差和干缩性能分为一等品（B）和合格品（C）两个质量等级。粉煤灰砌块的立方体抗压强度、碳化后强度、抗冻性和密度应符合表7-24的要求，干缩值应符合表7-25的规定。

粉煤灰砌块的立方体抗压强度、碳化后强度、抗冻性能和密度 表 7-24

项　目	指　标	
	10 级	13 级
抗压强度	3 块试件平均值不小于 10.0MPa，单块最小值不小于 8.0MPa	3 块试件平均值不小于 13.0MPa，单块最小值不小于 10.5MPa
人工碳化后强度	不小于 6.0MPa	不小于 7.5MPa
抗冻性	冻融循环结束后，外观无明显疏松、剥落或裂缝，强度损失不大于 20%	
密度	不超过设计密度 10%	

粉煤灰砌块的干缩值（mm/m） 表 7-25

一等品（B）	合格品（C）
≤0.75	≤0.90

2. 粉煤灰砌块的应用

粉煤灰砌块的干缩值比水泥混凝土大，弹性模量低于同强度的水泥混凝土制品。粉煤灰砌块适用于一般工业与民用建筑的墙体和基础，但不宜用于长期受高温（如炼钢车间）和经常受潮的承重墙，也不宜用于有酸性介质侵蚀的建筑部位。

7.2.3 普通混凝土小型空心砌块（代号 NHB）

普通混凝土小型空心砌块主要是以普通混凝土拌合物为原料，经成型、养护而成的空心块体墙材。有承重砌块和非承重砌块两类。为减轻自重，非承重砌块也可用炉渣或其他轻质骨料配制。

1. 普通混凝土小型空心砌块的主要技术要求

普通混凝土小型空心砌块的主规格尺寸为 390mm×190mm×190mm，其他规格尺寸可由供需双方协商。砌块各部位的名称如图 7-4 所示。最小外壁厚应不小于 30mm，最小肋厚应不小于 25mm，空心率应不小于 25%。

根据《普通混凝土小型空心砌块》GB 8239—1997 的规定，砌块按尺寸偏差和外观质量分为优等品（A）、一等品（B）和合格品（C）三个质量等级。按抗压强度分为 MU3.5、MU5.0、MU7.5、MU10.0、MU15.0、MU20.0 六个强度等级，具体要求见表 7-26，砌块的抗压强度是用砌块受压面的毛面积除破坏荷载求得的。

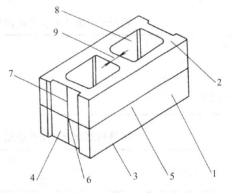

图 7-4　小型空心砌块各部位的名称

1—条面；2—坐浆面（肋厚较小的面）；
3—铺浆面（肋厚较大的面）；4—顶面；
5—长度；6—宽度；7—高度；
8—壁；9—肋

普通混凝土小型空心砌块的强度等级（GB 8239—1997） 表 7-26

强 度 等 级	砌块抗压强度（MPa）	
	平均值≥	单块最小值≥
MU3.5	3.5	2.8
MU5.0	5.0	4.0
MU7.5	7.5	6.0
MU10.0	10.0	8.0
MU15.0	15.0	12.0
MU20.0	20.0	16.0

2. 普通混凝土小型空心砌块的应用及保管

普通混凝土小型空心砌块适用于地震设计烈度为8度及8度以下地区的一般民用与工业建筑物的墙体。对用于承重墙和外墙的砌块，要求其干缩值小于0.5mm/m，非承重墙或内墙用的砌块，其干缩值应小于0.6mm/m。

砌块应按规格、等级分批分别堆放，不得混杂。堆放运输及砌筑时应有防雨措施。装卸时严禁碰撞、扔摔，应轻码轻放、不许翻斗倾卸。

7.2.4 轻骨料混凝土小型空心砌块（代号LHB）

轻骨料混凝土小型空心砌块是用轻粗骨料、轻砂（或普通砂）、水泥和水配制而成的干表观密度不大于1950kg/m³的混凝土空心砌块。所用轻粗骨料有粉煤灰陶粒、黏土陶粒、页岩陶粒、膨胀珍珠岩、自燃煤矸石、煤渣等。其主规格尺寸为390mm×190mm×190mm，其他规格尺寸可由供需双方商定。

1. 轻骨料混凝土小型空心砌块的主要技术要求

根据《轻集料混凝土小型空心砌块》GB/T 15229—2002的规定，轻骨料混凝土小型空心砌块按砌块孔的排数分为5类：实心（0）、单排孔（1）、双排孔（2）、三排孔（3）和四排孔（4）。按砌块密度等级分为8级：500、600、700、800、900、1000、1200、1400，见表7-27。按砌块强度等级分为6级：1.5、2.5、3.5、5.0、7.5、10.0，见表7-28。按砌块尺寸允许偏差和外观质量，分为两个等级：一等品（B）和合格品（C）。砌块的吸水率不应大于20%，干缩率、相对含水率、抗冻性应符合标准规定。

轻骨料混凝土小型空心砌块的密度等级（GB/T 15229—2002） 表 7-27

密 度 等 级	500	600	700	800	900	1000	1200	1400
砌块干燥表观密度的范围（kg/m³）	≤500	510～600	610～700	710～800	810～900	910～1000	1010～1200	1210～1400

轻骨料混凝土小型空心砌块的强度等级（GB/T 15229—2002） 表 7-28

强度等级	砌块抗压强度（MPa）		密度等级范围≤
	平均值≥	最小值	
1.5	1.5	1.2	600
2.5	2.5	2.0	800
3.5	3.5	2.8	1200
5.0	5.0	4.0	1200
7.5	7.5	6.0	1400
10.0	10.0	8.0	1400

2. 轻骨料混凝土小型空心砌块的应用及保管

强度等级为3.5级以下的砌块主要用于保温墙体或非承重墙体，强度等级为3.5级及其以上的砌块主要用于承重保温墙体。

砌块应按密度等级、强度等级、质量等级分批堆放，不得混杂。装卸时，严禁碰撞、扔摔，应轻码轻放，不许用翻斗车倾卸。堆放和运输时应有防雨、防潮和排水措施。

7.2.5 混凝土中型空心砌块

混凝土中型空心砌块是以水泥或无熟料水泥，配以一定比例的骨料，制成空心率≥25％的制品。砌块的构造形式如图7-5，其尺寸规格为：

长度：500、600、800、1000mm；

宽度：200、240mm；

高度：400、450、800、900mm。

用无熟料水泥或少熟料水泥配制的砌块属硅酸盐类制品，生产中应通过蒸汽养护或相关的技术措施以提高产品质量。该类砌块的干燥收缩值≤0.8mm/m；经15次冻融循环后其强度损失≤15％，外观无明显疏松、剥落和裂缝。

中型空心砌块具有表观密度小、强度较高、生产简单、施工方便等特点，适用于民用与一般工业建筑物的墙体。

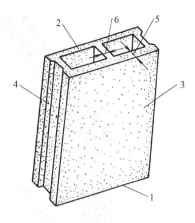

图 7-5　中型空心砌块的构造形式示意图
1—铺浆面；2—坐浆面；3—侧面；
4—端面；5—壁；6—肋

7.3　墙 用 板 材

随着建筑结构体系的改革和大开间多功能框架结构的发展，各种轻质和复合墙用板材也蓬勃兴起。以板材为围护墙体的建筑体系具有质轻、节能、施工方便、快捷、使用面积大、开间布置灵活等特点，因此，墙用板材具有良好的发展前景。

我国目前可用于墙体的板材品种很多，本节介绍几种有代表性的板材。

7.3.1　水泥类墙用板材

水泥类墙用板材具有较好的力学性能和耐久性，生产技术成熟，产品质量可靠。可用于承重墙、外墙和复合墙板的外层面。其主要缺点是表观密度大，抗拉强度低（大板在起吊过程中易受损），生产中可制作预应力空心板材，以减轻自重和改善隔声、隔热性能，也可制作以纤维类增强的薄型板材，还可在水泥类板材上制作成具有装饰效果的表面层。

1. 预应力混凝土空心墙板

预应力混凝土空心墙板构造如图7-6所示。使用时可按要求配以保温层、外饰面层和防水层等。该类板的长度为1000～1900mm，宽度为600～1200mm，总厚度为200～480mm。可用于承重或非承重外墙板、内墙板、楼板、屋面板和阳台板等。

2. 玻璃纤维增强水泥（GRC）轻质多孔隔墙条板（GB/T 19631—2005）

GRC轻质多孔隔墙条板是以耐碱玻璃纤维为增强材料，以硫铝酸盐水泥为主要原料的预制非承重轻质多孔内隔墙条板。

GRC轻质多孔隔墙条板采用不同企口和开孔形式，图7-7为一种企口与开孔形式的外形示意图。GRC轻质多孔隔墙条板长度为2500～3500mm，宽度为600mm，厚度有90mm、120mm两种规格；按板型分为普通板（PB）、门框板（MB）、窗框板（CB）、过梁板（LB）四种类别；按其外观质量、尺寸偏差及物理力学性能分为一等品（B）、合格品（C）两个质量等级。

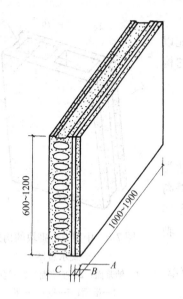
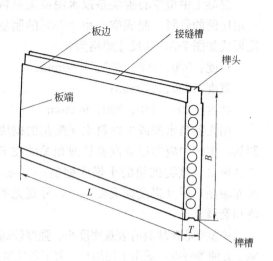

图 7-6　预应力空心墙板示意图 　　　图 7-7　GRC 轻质多孔隔墙条板外形示意图
A—外饰面层；B—保温层；
C—预应力混凝土空心板

GRC 轻质多孔隔墙条板的优点是质轻、强度高、隔热、隔声、不燃、加工方便等。可用于工业与民用建筑的内隔墙及复合墙体的外墙面。

3. 纤维增强低碱度水泥建筑平板（JC/T 626—2008）

纤维增强低碱度水泥建筑平板（以下简称"平板"）是以温石棉、短切中碱玻璃纤维或以抗碱玻璃纤维等为增强材料，以低碱度硫铝酸盐水泥为胶结材料，加水混合成浆，经制坯、压制、蒸养而成的薄型平板。按石棉掺入量分为：掺石棉纤维增强低碱度水泥建筑平板（代号为 TK）与无石棉纤维增强低碱度水泥建筑平板（代号为 NTK）。

平板的长度为 1200～2800mm，宽度为 800～1200mm，厚度有 4、5 和 6mm 三种规格。按尺寸偏差和物理力学性能，平板分为优等品（A）、一等品（B）和合格品（C）三个质量等级。

平板质量轻、强度高、防潮、防火、不易变形，可加工性好。适用于各类建筑物室内的非承重内隔墙和吊顶平板等。

4. 水泥木屑板（JC/T 411—2007）

水泥木屑板是以普通水泥或矿渣水泥为胶凝材料，木屑为主要填料，木丝或木刨花为加筋材料，加入水和外加剂，经平压成型、养护、调湿处理等制成的建筑板材。

水泥木屑板通常为矩形，其长度为 2400～3600mm，宽度为 900～1250m，厚度从 6mm 到 40mm 有多种规格。水泥木屑板的外观质量、尺寸偏差和物理力学性能应符合标准《水泥木屑板》JC/T 411—2007 的规定。

水泥木屑板具有自重小、强度高、防火、防水、防蛀、保温、隔声等性能，可进行锯、钻、钉、装饰等加工。主要用作建筑物的天棚板、非承重内、外墙板、壁橱板和地面板等。

7.3.2　石膏类墙用板材

石膏制品有许多优点，石膏类板材在轻质墙体材料中占有很大比例，主要有纸面石膏板、无面纸的石膏纤维板、石膏空心条板和石膏刨花板等。

1. 纸面石膏板（GB/T 9775—2008）

纸面石膏板按其功能分为普通纸面石膏板（代号 P）、耐水纸面石膏板（代号 S）、耐火纸面石膏板（代号 H）以及耐水耐火纸面石膏板（代号 SH）四种。普通纸面石膏板是以建筑石膏为主要原料，掺入适量纤维增强材料和外加剂等，在与水搅拌后，浇注于护面纸的面纸与背纸之间，并与护面纸牢固地粘结在一起的建筑板材。耐水纸面石膏板是以建筑石膏为主要原料，掺入适量纤维增强材料和耐水外加剂等，在与水搅拌后，浇注于耐水护面纸的面纸与背纸之间，并与耐水护面纸牢固地粘结在一起，旨在改善防水性能的建筑板材。耐火纸面石膏板是以建筑石膏为主要原料，掺入无机耐火纤维增强材料和外加剂等，在与水搅拌后，浇注于护面纸的面纸与背纸之间，并与护面纸牢固地粘结在一起，旨在提高防火性能的建筑板材。耐水耐火纸面石膏板是以建筑石膏为主要原料，掺入耐水外加剂和无机耐火纤维增强材料等，在与水搅拌后，浇注于耐水护面纸的面纸与背纸之间，并与耐水护面纸牢固地粘结在一起，旨在改善防水性能提高防火性能的建筑板材。

纸面石膏板表面平整、尺寸稳定，具有自重轻、保温隔热、隔声、防火、抗震、可调节室内湿度、加工性好、施工简便等优点，但用纸量较大、成本较高。

普通纸面石膏板可作为室内隔墙板、复合外墙板的内壁板、天花板等；耐水纸面石膏板可用于相对湿度较大（≥75%）的环境，如厕所、盥洗室等；耐火纸面石膏板主要用于对防火要求较高的房屋建筑中。

2. 石膏空心条板（JC/T 829—1998）

石膏空心条板外形与生产方式类似于玻璃纤维增强水泥轻质多孔隔墙条板。它是以建筑石膏为胶凝材料，适量加入各种轻质骨料（如膨胀珍珠岩、膨胀蛭石等）和无机纤维增强材料，经搅拌、振动成型、抽芯模、干燥而成。其长度为 2400～3000mm，宽度为 600mm，厚度为 60mm。

石膏空心条板具有质轻、强度高、隔热、隔声、防火、可加工性好等优点，且安装墙体时不用龙骨，简单方便。适用于各类建筑的非承重内墙，但若用于相对湿度大于 75% 的环境中，则板材表面应作防水等相应处理。

3. 石膏纤维板

石膏纤维板是以纤维增强石膏为基材的无面纸石膏板。常用无机纤维或有机纤维为增强材料，与建筑石膏、缓凝剂等经打浆、铺装、脱水、成型、烘干而制成。

石膏纤维板可节省护面纸，具有质轻、高强、耐火、隔声、韧性高、可加工性好的性能。其规格尺寸和用途与纸面石膏板相同。

7.3.3 植物纤维类板材

随着农业的发展，农作物的废弃物（如稻草、麦秸、玉米秆、甘蔗渣等）随之增多，污染环境。上述各种废弃物如经适当处理，则可制成各种板材，加以利用。中国是农业大国，农作物资源丰富，该类产品应该得到发展和推广。

1. 稻草（麦秸）板

稻草（麦秸）板生产的主要原料是稻草或麦秸、板纸和脲醛树脂胶料等。其生产方法是将干燥的稻草或麦秸热压成密实的板芯，在板芯两面及四个侧边用胶贴上一层完整的面纸，经加热固化而成。板芯内不加任何胶粘剂，只利用稻草或麦秸之间的缠绞拧编与压合而形成密实并有相当刚度的板材。其生产工艺简单，生产能耗低，仅为纸面石膏板生产能耗的 1/3~1/4。

稻草（麦秸）板质轻，保温隔热性能好，隔声好，具有足够的强度和刚度，可以单板使用而不需要龙骨支撑，且便于锯、钉、打孔、粘结和油漆，施工很便捷。其缺点是耐水性差、可燃。稻草（麦秸）板适于用作非承重的内隔墙、天花板、厂房望板及复合外墙的内壁板。

2. 稻壳板

稻壳板是以稻壳与合成树脂为原料，经配料、混合、铺装、热压而成的中密度平板，表面可涂刷酚醛清漆或用薄木贴面加以装饰。稻壳板可作为内隔墙及室内各种隔断板、壁橱（柜）隔板等。

3. 蔗渣板

蔗渣板是以甘蔗渣为原料，经加工、混合、铺装、热压成型而成的平板。该板生产时可不用胶而利用蔗渣本身含有的物质热压时转化成呋喃系树脂而起胶结作用，也可用合成树脂胶结成有胶蔗渣板。

蔗渣板具有质轻、吸声、易加工（可钉、锯、刨、钻）和可装饰等特点。可用作内隔墙、天花板、门心板、室内隔断板和装饰板等。

7.3.4 复合墙板

以单一材料制成的板材，常因材料本身的局限性而使其应用受到限制。如质量较轻、隔热、隔声效果较好的石膏板、加气混凝土板、稻草板等，因其耐水性差或强度较低，通常只能用于非承重的内隔墙。而水泥混凝土类板材虽有足够的强度和耐久性，但其自重大、隔声、保温性能较差。为克服上述缺点，常用不同材料组合成多功能的复合墙板以满足需要。

常用的复合墙板主要由承受外力的结构层（多为普通混凝土或金属板）、保温层（矿棉、泡沫塑料、加气混凝土等）及面层（各类具有可装饰性的轻质薄板）组成，如图 7-8 所示。其优点是承重材料和轻质保温材料的功能得到合理利用，实现了"物尽其用"，拓宽了材料来源。

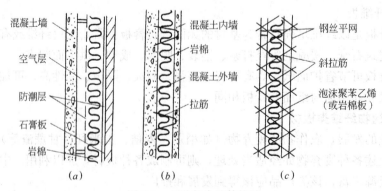

图 7-8　几种复合墙体构造

（a）拼装复合墙；（b）岩棉-混凝土预制复合墙板；（c）泰柏板（或 GY 板）

1. 混凝土夹心板

混凝土夹心板是以 20~30mm 厚的钢筋混凝土作内外表面层，中间填以矿渣棉毡、岩棉毡或泡沫混凝土等保温材料，内外两层面板以钢筋件连结，用于内外墙。

2. 泰柏板

泰柏板是以钢丝焊接成的三维钢丝网骨架与高热阻自熄性聚苯乙烯泡沫塑料组成的芯材板，两面喷（抹）涂水泥砂浆而成，如图 7-9 所示。

泰柏板的标准尺寸为 $1.22m \times 2.44m = 3m^2$，标准厚度为 100mm，平均自重为 90 kg/m^2，导热系数小（其热损失比一砖半的砖墙小 50%）。由于所用钢丝网骨架构造及夹心层材料、厚度的差别等，该类板材有多种名称，如 GY 板（夹芯为岩棉毡）、三维板、3D 板、钢丝网节能板等，但它们的性能和基本结构相似。

泰柏板轻质高强、隔热、隔声、防火、防潮、防震、耐久性好、易加工、施工方便。适用于自承重外墙、内隔墙、屋面板等。

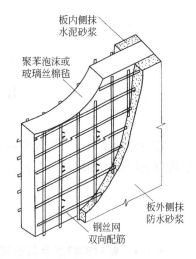

图 7-9　泰柏墙板的示意图

3. 轻型夹心板

轻型夹心板是用轻质高强的薄板为面层，中间以轻质的保温隔热材料为芯材组成的复合板。用于面层的薄板有不锈钢板、彩色涂层钢板、铝合金板、纤维增强水泥薄板等。芯材有岩棉毡、玻璃棉毡、矿渣棉毡、阻燃型发泡聚苯乙烯、阻燃型发泡硬质聚氨酯等。该类复合墙板的性能与适用范围与泰柏板基本相同。

复 习 思 考 题

1. 用哪些简易方法可以鉴别欠火砖和过火砖？欠火砖和过火砖能否用于工程中？
2. 如何划分烧结普通砖的质量等级？
3. 某工地备用红砖 10 万块，尚未砌筑使用，但储存两个月后，发现有部分砖自裂成碎块，断面处可见白色小块状物质。请解释这是何原因所致。
4. 一烧结普通砖，其尺寸符合标准尺寸，烘干恒定质量为 2500g，吸水饱和质量为 2900g，再将该砖磨细，过筛烘干后取 50g，用密度瓶测定其体积为 $18.5cm^3$。试求该砖的质量吸水率、密度、表观密度及孔隙率。
5. 如何确定烧结普通砖的强度等级？某烧结普通砖的强度测定值如下表所示，试确定该批砖的强度等级。

砖编号	1	2	3	4	5	6	7	8	9	10
抗压强度（MPa）	16.6	18.2	9.2	17.6	15.5	20.1	19.8	21.0	18.9	19.2

6. 简述多孔砖、空心砖与实心砖相比的优点。
7. 建筑工程中常用的非烧结砖有哪些？常用的墙用砌块有哪些？
8. 简述改革墙体材料的重大意义及发展方向。你所在的地区采用了哪些新型墙体材料？它们与烧结普通砖相比有何优越性？
9. 在墙用板材中有哪些不宜用于长期潮湿的环境？哪些不宜用于长期高热（>200℃）的环境？

8 建 筑 钢 材

建筑钢材是指建筑工程中使用的各种钢材，包括钢结构用的各种型钢、钢板，以及钢筋混凝土结构用的钢筋、钢丝、钢绞线。

8.1 概 述

8.1.1 钢材的特点及其在建筑工程中的应用

钢材具有以下优点：材质均匀，性能可靠，抗拉、抗压、抗弯、抗剪切强度都很高，具有一定的塑性和韧性，常温下能承受较大的冲击和振动荷载；具有良好的加工性能，可以铸造、锻压、焊接、铆接或螺栓连接，便于装配等。其缺点是：易锈蚀，维修费用大，耐火性差。

建筑钢材是一种重要的建筑工程材料。建筑上由各种型钢组成的钢结构安全性大，自重较轻，适用于大跨度和高层结构。钢筋与混凝土组成的钢筋混凝土结构，虽然自重大，但节省钢材，同时由于混凝土的保护作用，很大程度上克服了钢材易锈蚀、维修费用高的缺点。

8.1.2 钢的冶炼

钢是由生铁冶炼而成。生铁是由铁矿石、熔剂（石灰石）、燃料（焦炭）在高炉中经过还原反应和造渣反应而得到的一种 Fe—C 合金，其中碳的含量为 2.06%～6.67%，磷、硫等杂质的含量也较高。生铁硬而脆、无塑性和韧性、不能进行焊接、锻造、轧制等加工。

炼钢的原理就是将熔融的生铁进行氧化，使碳的含量降低到一定的限度，同时把其他杂质的含量也降低到允许范围内。所以，在理论上凡含碳量在 2% 以下，有害杂质含量较少的 Fe—C 合金称为钢。

1. 钢的冶炼方法

目前，我国常用的炼钢方法有转炉炼钢法、平炉炼钢法和电炉炼钢法。

（1）转炉炼钢法。

转炉炼钢法是以熔融的铁水为原料，不需燃料，由转炉底部或侧面吹入高压空气或氧气进行冶炼，使杂质被氧化而除去。若吹入的是高压空气，称为空气转炉炼钢法，若吹入的是高压氧气，称为氧气转炉炼钢法。空气转炉炼钢的缺点是在吹炼过程中，易混入空气中的氮、氢等有害气体，且熔炼时间短，化学成分难以精确控制，这种钢质量较差，但成本较低，生产效率高。氧气转炉炼钢则能有效地除去磷、硫等杂质，使钢的质量显著提高，目前，这种方法发展迅速，已成为现代炼钢法的主流，主要炼制优质碳素合金钢。

（2）平炉炼钢法。

平炉炼钢法是以固体或液体生铁、铁矿石或废钢为原料，以煤气或重油为燃料进行加热，在冶炼过程中利用原料中的氧或吹入的氧，使杂质含量和碳含量降低到允许范围内。平炉钢由于冶炼时间长，化学成分可以精确控制，杂质含量少，成品质量高；其缺点是能耗大、成本高、冶炼周期长。平炉炼钢法主要炼制优质钢。

（3）电炉炼钢法。

电炉炼钢法是以电为能源迅速将生铁或废钢等原料加热熔化，并精练成钢。其热源通常是指高压电弧，熔炼温度高，而且温度可以自由调节，容易清除杂质。电炉钢的质量最好，但成本高，一般建筑用钢较少使用电炉钢。

2. 脱氧处理

在冶炼钢的过程中，由于氧化作用使部分铁被氧化，并残留在钢水中，降低了钢的质量。因此，在炼钢后期精炼时，要进行脱氧处理，即在炉内或钢包中加入脱氧剂（锰铁、硅铁、铝锭等）进行脱氧，使氧化铁还原为金属铁。脱氧程度不同，钢的内部状态和性能也不同。按照脱氧程度不同，钢可分为沸腾钢、镇静钢和半镇静钢。

（1）沸腾钢。

仅用弱脱氧剂锰铁进行脱氧，脱氧不完全的钢，称为沸腾钢。由于钢水中残存的 FeO 与 C 化合生成 CO，在浇注钢锭时有大量的 CO 气泡逸出，引起钢水沸腾，故称沸腾钢。沸腾钢组织不够致密，气泡含量较多，成分不均匀，质量较差，但其成品率高，成本低。

（2）镇静钢。

用必要数量的硅、锰和铝等脱氧剂进行彻底脱氧的钢，称为镇静钢。由于脱氧充分，在浇铸钢锭时钢水平静地凝固，故称镇静钢。镇静钢组织致密，化学成分均匀，机械性能好，是质量较好的钢种，但成本较高。镇静钢适合用于承受冲击、振动荷载或重要的焊接结构。

（3）半镇静钢。

半镇静钢的脱氧程度及钢的质量介于沸腾钢和镇静钢之间。

8.1.3　钢的分类

钢的品种繁多，可以从以下不同的角度进行分类。

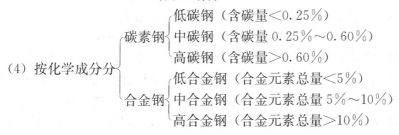

（1）按冶炼方法分 {转炉钢；平炉钢；电炉钢

（2）按脱氧程度分 {沸腾钢；半镇静钢；镇静钢

（3）按压力加工方式分 {热加工钢材；冷加工钢材

（4）按化学成分分 {碳素钢 {低碳钢（含碳量<0.25%）；中碳钢（含碳量0.25%～0.60%）；高碳钢（含碳量>0.60%）；合金钢 {低合金钢（合金元素总量<5%）；中合金钢（合金元素总量5%～10%）；高合金钢（合金元素总量>10%）

$$（5）按质量分 \begin{cases} 普通碳素钢（含硫量\leqslant 0.055\%\sim 0.065\%， \\ \qquad 含磷量\leqslant 0.045\%\sim 0.085\%） \\ 优质碳素钢（含硫量\leqslant 0.030\%\sim 0.045\%， \\ \qquad 含磷量\leqslant 0.035\%\sim 0.040\%） \\ 高级优质钢（含硫量\leqslant 0.020\%\sim 0.030\%， \\ \qquad 含磷量\leqslant 0.027\%\sim 0.035\%） \end{cases}$$

$$（6）按用途分 \begin{cases} 结构钢 \begin{cases} 建筑工程用结构钢 \\ 机械制造用结构钢 \end{cases} \\ 工具钢：用于制作刀具、量具、模具等 \\ 特殊钢：不锈钢、耐酸钢、耐热钢、耐磨钢、磁钢等 \end{cases}$$

8.2 建筑钢材的主要技术性能

钢材的性能主要包括力学性能、工艺性能和化学性能。只有了解、掌握钢材的各种性能，才能正确、经济、合理地选择和使用钢材。

8.2.1 力学性能

钢材的力学性能是指钢材在受力过程中表现出的性能。本书主要讲述拉伸性能、冲击韧性、疲劳强度、硬度等力学性能。

1. 拉伸性能

拉伸是建筑钢材的主要受力形式，所以，拉伸性能是表示钢材性能和选用钢材的重要依据。

低碳钢由于其含碳量低，强度低而塑性好，因此便于观察拉伸过程中应力与应变的变化关系。图8-1为低碳钢拉伸过程的应力—应变关系曲线，钢材的拉伸性能可以通过该图来阐明。从图中可以看出，低碳钢拉伸过程经历了4个阶段：弹性阶段、屈服阶段、强化阶段和颈缩阶段。

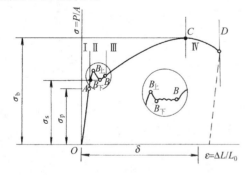

图8-1 低碳钢受拉的应力—应变图

（1）弹性阶段（$O \rightarrow A$）。

该阶段钢材表现为弹性，在该阶段，若卸去外力，试件能恢复原来的形状。图形中OA段是一条直线，应力与应变成正比。弹性阶段的最高点A点所对应的应力值称为弹性极限，用σ_p表示。应力与应变的比值为常数，即弹性模量，用E表示，$E = \sigma/\varepsilon$。弹性模量反映钢材抵抗弹性变形的能力，是计算钢材在受力条件下变形的重要指标。

（2）屈服阶段（$A \rightarrow B$）。

在该阶段，钢材在荷载作用下，开始丧失对变形的抵抗能力，并产生明显的塑性变形。图形中AB段为一段上下波动的曲线，当应力达到$B_上$点（上屈服点）后，瞬时下降至$B_下$点（下屈服点），变形迅速增加，外力则大致在恒定的位置波动，直到B点，这就是所谓的"屈服现象"，似乎钢材不能承受外力而屈服。国家标准规定，以下屈服点$B_下$

点所对应的应力作为钢材的屈服强度，也称为屈服点，用 σ_s 表示。

（3）强化阶段（$B{\rightarrow}C$）。

在该阶段，钢材抵抗外力的能力重新提高。其原因是由于当应力超过屈服强度后，钢材内部组织中的晶格发生了畸变，阻止了晶格进一步滑移，钢材得到强化，抵抗塑性变形的能力又重新提高。图形中 BC 段为一段上升曲线，对应于最高点 C 点的应力值，称为抗拉强度或强度极限，用 σ_b 表示。

（4）颈缩阶段（$C{\rightarrow}D$）。

试件受力达到最高点 C 点后，其抵抗变形的能力明显降低，变形迅速发展，应力逐渐下降，试件被拉长，在有杂质或缺陷处，断面急剧缩小，直至断裂，故 CD 段称为颈缩阶段。

在低碳钢拉伸过程中，可以计算出钢材的弹性极限 σ_p、弹性模量 E、屈服强度 σ_s、抗拉强度 σ_b、伸长率 δ、断面收缩率 ψ 等指标，其中屈服强度、抗拉强度、伸长率这三项指标对于钢材来说具有重要意义，现分述如下。

1）屈服强度（也称为屈服点）。

屈服强度按下式计算：

$$\sigma_s = \frac{F_s}{A_0}$$

式中　σ_s——钢材的屈服强度（MPa）；

　　　F_s——钢材拉伸达到屈服点时的屈服荷载（N）；

　　　A_0——钢材试件的初始横截面面积（mm^2）。

屈服强度对钢材的使用有着重要的意义。当钢材的实际应力达到屈服强度时，将产生不可恢复的永久变形，即塑性变形，这在结构上是不允许的，因此屈服强度是确定钢材容许应力的主要依据。

2）抗拉强度（也称为强度极限）。

抗拉强度按下式计算：

$$\sigma_b = \frac{F_b}{A_0}$$

式中　σ_b——钢材的抗拉强度（MPa）；

　　　F_b——钢材的极限荷载（N）；

　　　A_0——钢材试件的初始横截面面积（mm^2）。

抗拉强度是钢材受拉时所能承受的最大应力值。

屈服强度 σ_s 与抗拉强度 σ_b 的比值 σ_s/σ_b 称为屈强比。屈强比的大小反映了钢材的利用率和结构的安全可靠程度。屈强比越小，其结构的安全可靠程度越高，但屈强比过小，又说明钢材强度的利用率偏低，造成钢材浪费。建筑结构用钢合理的屈强比一般为0.60~0.75。

3）伸长率。

伸长率按下式计算：

$$\delta = \frac{L_1 - L_0}{L_0} \times 100\%$$

式中 δ——伸长率（当 $L_0 = 5d_0$ 时，为 δ_5；当 $L_0 = 10d_0$ 时，为 δ_{10}）；

  L_1——试件拉断后标距间的长度（mm）；

  L_0——试件原标距间长度（$L_0 = 5d_0$ 或 $L_0 = 10d_0$）（mm），如图 8-2 所示。

伸长率 δ 是衡量钢材塑性的一个重要指标，δ 越大说明钢材的塑性越好。对于钢材来说，一定的塑性变形能力，可保证应力重新分布，避免应力集中，从而使钢材用于结构的安全性越大。钢材的塑性主要取决于其组织结构、化学成分和结构缺陷等，此外还与标距的大小有关，对于同一种钢材，其 δ_5 大于 δ_{10}。

中碳钢与高碳钢（硬钢）的拉伸曲线与低碳钢不同，屈服现象不明显，难以测定屈服点，则规定产生残余变形为原标距长度的 0.20% 时所对应的应力值，作为硬钢的屈服强度，称为条件屈服点，用 $\sigma_{0.2}$ 表示，如图 8-3 所示。

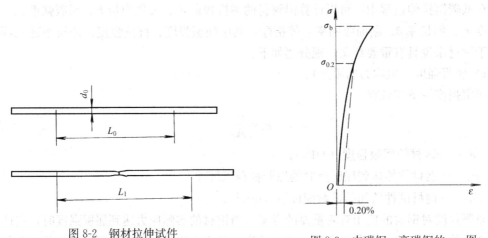

图 8-2 钢材拉伸试件

图 8-3 中碳钢、高碳钢的 σ-ε 图

2. 冲击韧性

冲击韧性是指钢材抵抗冲击荷载而不破坏的能力。如图 8-4 所示，用试验机摆锤冲击带有 V 形缺口的标准试件的背面，将其折断后，计算试件单位截面积上所消耗的功，作为钢材的冲击韧性指标，以 a_k（J/cm²）表示。a_k 值越大，则冲断试件消耗的能量越多，或者说钢材断裂前吸收的能量越多，表明钢材的冲击韧性越好。

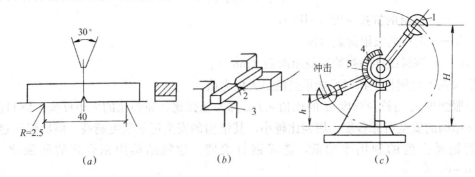

图 8-4 冲击韧性试验图

(a) 试件尺寸；(b) 试验装置；(c) 试验机

1—摆锤；2—试件；3—试验台；4—刻度盘；5—指针

影响钢材冲击韧性的因素很多，钢的化学成分、组织状态，以及冶炼、轧制、焊接质量都会影响冲击韧性。如钢中磷、硫含量较高，存在非金属夹杂物，脱氧不完全和焊接中形成的微裂纹等都会使冲击韧性显著降低。

此外，钢材的冲击韧性还受温度的影响。试验表明，冲击韧性随温度的降低而下降，开始时下降缓和，当达到一定温度范围时，突然下降很多而呈脆性，这种性质称为钢材的冷脆性。这时的温度称为脆性临界温度，如图 8-5 所示。它的数值越低，钢材的低温冲击韧性越好。所以，在负温下使用的结构，应当选用脆性临界温度较使用温度低的钢材。由于脆性临界温度的测定较复杂，故规范中通常是根据气温条件规定－20℃或－40℃的负温冲击韧性指标。

钢材随时间的延长，其强度、硬度提高，而塑性、冲击韧性降低的现象称为时效。因时效作用，冲击韧性还将随时间的延长而下降。钢材的时效是普遍而长期的过程，通常完成时效的过程可达数十年，但钢材如经冷加工或使用中受振动或反复荷载的影响，时效可迅速发展。因时效导致钢材性能改变的程度称为时效敏感性。时效敏感性越大的钢材，经过时效后冲击韧性的降低就越显著。为了保证安全，对于承受动荷载的重要结构，应当选用时效敏感性小的钢材。

3. 疲劳强度

钢材在交变应力作用下，应力在远低于抗拉强度的情况下突然破坏，这种破坏称为疲劳破坏。钢材疲劳破坏的应力指标用疲劳强度（或称疲劳极限）来表示，它是指试件在交变应力的作用下，不发生疲劳破坏的最大应力值。一般把钢材承受交变荷载 1×10^7 周次时不发生破坏所能承受的最大应力作为疲劳强度。设计承受交变荷载且须进行疲劳验算的结构时，应当了解所用钢材的疲劳强度。

4. 硬度

硬度是指钢材抵抗较硬物体压入产生局部变形的能力，亦即钢材表面抵抗塑性变形的能力。

测定钢材硬度常用布氏法，如图 8-6 所示，用一直径为 D 的硬质钢球，在荷载 $P(\text{N})$ 的作用下压入钢材试件表面，经规定的时间后卸去荷载，用读数放大镜测出压痕直径 d，以压痕表面积（mm^2）除荷载 P，即为布氏硬度值 HB。HB 值越大，表示钢材越硬。

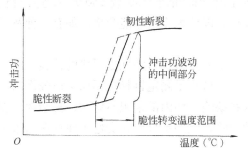

图 8-5 钢的脆性转变温度

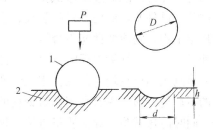

图 8-6 布氏硬度测定示意图
1—钢球；2—试件；P—施加于钢球上的荷载；
D—钢球直径；d—压痕直径；h—压痕深度

各类钢材的 HB 值与其抗拉强度之间有较好的相关关系。材料的强度越高，抵抗塑性变形的能力越强，硬度值也就越大。由试验得出碳素钢的 HB 值与其抗拉强度 σ_b 之间存在以下经验关系式：

当 HB<175 时，$\sigma_b \approx 3.6$HB；

当 HB>175 时，$\sigma_b \approx 3.5$HB。

根据这一关系，可以直接测出钢材的 HB 值，来估算钢材的 σ_b。

8.2.2 工艺性能

钢材的工艺性能是指钢材在加工过程中表现出的性能，它直接影响钢材的加工质量。本书主要讲述冷弯性能、冷加工强化及时效、焊接性能等工艺性能。

1. 冷弯性能

冷弯性能是指钢材在常温下承受弯曲变形的能力。用弯曲的角度 α、弯心直径 d 与试件直径（或厚度）a 的比值 d/a 来表示。弯曲角度 α 越大，d/a 越小，说明试件冷弯性能越好，如图 8-7 和图 8-8 所示。

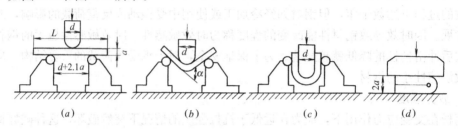

图 8-7　钢材冷弯

(a) 试件安装；(b) 弯曲 90°；(c) 弯曲 180°；(d) 弯曲至两面重合

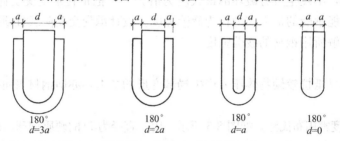

图 8-8　钢材冷弯规定弯心

钢材的冷弯性能通过冷弯试验来检验：按规定的弯曲角度（90°或 180°）和弯心直径进行试验，试件的弯曲处不发生裂纹、裂断或起层，即认为冷弯性能合格。如有一种及以上的现象出现，则冷弯性能不合格。

伸长率和冷弯性能都反映钢材的塑性，但冷弯试验是对钢材塑性更严格的检验。因为伸长率是测定钢材在均匀荷载作用下的变形，而冷弯试验是测定钢材在不均匀荷载作用下产生的不均匀变形，更有利于暴露钢材的某些内在缺陷，如内部组织不均匀、夹杂物、裂纹等。同时冷弯试验对焊接质量也是一种严格的检验，能揭示焊件在受弯表面存在的未熔合、微裂纹及夹杂物等缺陷。

对于重要结构和需要加工的钢材，其冷弯性能必须合格。

2. 冷加工强化及时效

（1）冷加工强化。

钢材在常温下，经过以超过其屈服强度但不超过抗拉强度的应力进行加工，产生一定塑性变形，屈服强度、硬度提高，而塑性、韧性及弹性模量降低，这种现象称为冷加工强化。

钢材冷加工的方式有冷拉、冷拔、冷轧、刻痕等。以钢材的冷拉为例，如图 8-9，图中 $OABCD$ 为未经冷拉时的应力应变曲线。将试件拉至超过屈服点 B 的 K 点，然后卸去荷载，由于试件已经产生塑性变形，所以曲线沿 KO' 下降而不能回到原点。若将此试件立即重新拉伸，则新的应力应变曲线为 $O'KCD$ 虚线，即 K 点成为新的屈服点，屈服强度得到了提高，而塑性、韧性降低。

（2）时效。

钢材经冷加工后时效可迅速发展。时效处理的方式有两种，自然时效和人工时效。钢材经冷加工后，在常温下存放 $15\sim20d$，为自然时效；加热至 $100\sim200℃$ 保持 2h 左右，为人工时效。

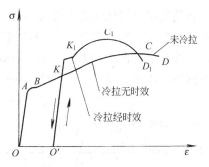

图 8-9　钢筋经冷拉时效后应力-应变图的变化

如图 8-9 所示，钢材经冷拉后若不是立即重新拉伸，而是经时效处理后再拉伸，则应力应变曲线将成为 $O'KK_1C_1D_1$，这表明经冷拉后的钢材再经时效后，屈服强度、硬度进一步提高，抗拉强度也得到提高，而塑性和韧性进一步降低。

钢材经过冷加工后，一般进行时效处理，通常强度较低的钢材宜采用自然时效，强度较高的钢材则应采用人工时效。

（3）冷加工在建筑工程中的应用。

建筑工程中常采用对钢筋进行冷拉和对盘条进行冷拔的方法，以达到节约钢材的目的。钢筋冷拉后屈服强度可提高 $15\%\sim20\%$，盘条冷拔后屈服强度可提高 $40\%\sim60\%$。

冷拔是将外形为光圆的盘条从硬质合金拔丝模孔中强行拉拔，如图 8-10，由于模孔直径小于盘条直径，盘条在拔制过程中既受拉力又受挤压力，强度大幅度提高，但塑性显著降低。

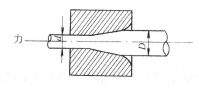

图 8-10　冷拔模孔

工程中对钢筋进行冷拉还可以同时起到开盘、矫直、除锈的作用。钢筋的冷拉可采用控制应力和控制冷拉率两种方法。

在建筑工程中，对于承受冲击、振动荷载的钢材，不得采用冷加工钢材。因焊接的热影响会降低钢材的性能，因此冷加工钢材的焊接必须在冷加工前进行，不得在冷加工后进行焊接。

3. 焊接性能

焊接是钢材重要的联接方式。焊接的质量取决于焊接工艺、焊接材料和钢材的可焊性能。

钢材的可焊性是指钢材是否适应通常的焊接方法与工艺的性能。可焊性好的钢材易于用一般焊接方法和工艺施焊，在焊缝及附近过热区不产生裂缝，焊接后的力学性能，特别是强度不低于原有钢材，硬脆倾向小。

钢材可焊性的好坏，主要取决于化学成分及其含量。碳、硫、合金元素、杂质等含量的增加，都会使可焊性降低。低碳钢具有良好的可焊性。

一般焊接结构用钢应选用含碳量较低的氧气转炉或平炉镇静钢。对于高碳钢以及合金钢，为了改善焊接后的硬脆性，焊接时要采用焊前预热及焊后热处理等措施。

钢材在焊接之前，应注意清除焊接部位的铁锈、熔渣、油污等。

8.2.3 钢的化学成分对钢材性能的影响

钢中除铁、碳两种基本元素外，还含有其他的一些元素，它们对钢的性能和质量有一定的影响。

1. 碳（C）

碳是决定钢材性能的主要元素。如图 8-11 所示，随着含碳量的增加，钢的强度、硬度提高，塑性、韧性降低。但当含碳量大于 1.0% 时，由于钢材变脆，抗拉强度反而下降。此外，钢材含碳量提高，还会使焊接性能、耐锈蚀性能下降，并增加钢的冷脆性和时效敏感性。含碳量超过 0.3% 时，钢的焊接性能显著降低。

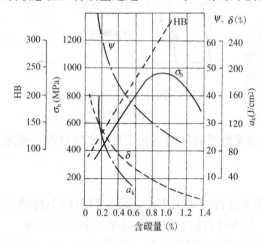

图 8-11　含碳量对热轧碳素
钢性能的影响

2. 硅（Si）、锰（Mn）

硅和锰是钢材中的有益元素。硅和锰都是炼钢时为了脱氧加入硅铁和锰铁而留在钢中的合金元素。加入的硅、锰可以与钢中有害成分 FeO、FeS 分别形成 SiO_2、MnO 和 MnS 而进入钢渣被排出，起到脱氧、降硫的作用。

硅是钢的主要合金元素，含量常在 1% 以内，可提高钢材的强度，对塑性和韧性没有明显影响。但含硅量超过 1% 时，钢材冷脆性增加，可焊性变差。

锰也是钢的主要合金元素，当含量为 0.8%～1% 时，可显著提高钢的强度和硬度，几乎不降低塑性及韧性。当其含量大于 1% 时，在提高强度的同时，塑性及韧性有所下降，可焊性变差。

3. 硫（S）、磷（P）

硫和磷是钢材中主要有害元素，由炼钢原料带入。

硫不溶于铁，而是以 FeS 的形式存在，FeS 和 Fe 形成低熔点的共晶体。当钢材的温度升至 1000℃以上进行热加工时，共晶体熔化，晶粒分离，使钢材沿晶界破裂，这种现象称为热脆性。热脆性严重降低了钢材的热加工性和可焊性。硫的存在还使钢材的冲击韧性、疲劳强度、可焊性及耐蚀性降低。

磷能使钢材的强度、硬度、耐蚀性提高，但显著降低钢材的塑性和韧性，特别是低温状态的冲击韧性下降更为明显，使钢材容易脆裂，这种现象称为冷脆性。冷脆性使钢材的冲击韧性以及焊接等性能都下降。

4. 氧（O）、氮（N）

氧和氮是钢材中的有害元素，它们是在炼钢过程中进入钢液的。这些元素的存在降低了钢材的强度、冷弯性能和焊接性能。氧使钢材的热脆性增加，氮使钢材的冷脆性及时效敏感性增加。

5. 铝（Al）、钛（Ti）、钒（V）、铌（Nb）

铝、钛、钒、铌等元素是钢材的有益元素，它们均是炼钢时的强脱氧剂，也是合金钢常用的合金元素。适量的这些元素加入钢材内，可改善钢材的组织，细化晶粒，显著提高强度和改善韧性。

8.3 建筑钢材的常用钢种

建筑工程中需要消耗大量的钢材，应用最广泛的钢种主要有碳素结构钢和低合金高强度结构钢，另外在钢丝中也部分使用了优质碳素结构钢。这里讲述前两种。

8.3.1 碳素结构钢

碳素结构钢是普通碳素结构钢的简称。在各类钢中，碳素结构钢产量最大，用途最广泛，多轧制成钢板、钢带、型钢等。现行国家标准《碳素结构钢》GB/T 700—2006 具体规定了它的牌号表示方法、技术要求、试验方法、检验规则等。

1. 碳素结构钢的牌号表示方法

碳素结构钢的牌号由代表屈服强度的字母、屈服强度数值、质量等级符号、脱氧方法等 4 部分按顺序组成。其中，以字母"Q"代表屈服强度；屈服强度数值共分 195、215、235 和 275（MPa）4 种；质量等级以硫、磷等杂质含量由多到少分为 4 个等级，分别由 A、B、C、D 符号表示；脱氧方法以 F 表示沸腾钢、Z 表示镇静钢、TZ 表示特殊镇静钢，Z 和 TZ 在钢的牌号中予以省略。例如：Q215—A·F 表示屈服强度为 215MPa 的 A 级沸腾钢；屈服强度为 235MPa 的 C 级镇静钢，其牌号表示为 Q235—C。

2. 碳素结构钢的技术要求

碳素结构钢的技术要求包括化学成分、力学性能、冷弯性能、冶炼方法、交货状态及表面质量等方面。化学成分应符合表 8-1 的要求；力学性能应符合表 8-2 的要求；冷弯性能应符合表 8-3 的要求；碳素结构钢的冶炼方法采用氧气转炉法或电炉法，一般为热轧控轧或正火状态交货，表面质量也应符合标准规定。

碳素结构钢的化学成分（GB/T 700—2006） 表 8-1

牌 号	统一数字代号①	等 级	厚度（或直径）/mm	脱氧方法	化学成分（%），不大于				
					C	Si	Mn	P	S
Q195	U11952	—	—	F、Z	0.12	0.30	0.50	0.035	0.040
Q215	U12152	A	—	F、Z	0.15	0.35	1.20	0.045	0.050
	U12155	B							0.045
Q235	U12352	A	—	F、Z	0.22	0.35	1.40	0.045	0.050
	U12355	B			0.20②				0.045
	U12358	C		Z	0.17			0.040	0.040
	U12359	D		TZ				0.035	0.035
Q275	U12752	A	—	F、Z	0.24	0.35	1.50	0.045	0.050
	U12755	B	≤40	Z	0.21			0.045	0.045
			>40		0.22				
	U12758	C		Z	0.20			0.040	0.040
	U12759	D		TZ				0.035	0.035

注：①表中为镇静钢、特殊镇静钢牌号的统一数字，沸腾钢牌号的统一数字代号如下：
　　Q195F—U11950；
　　Q215AF—U12150，Q215BF—U12153；
　　Q235AF—U12350，Q235BF—U12353；
　　Q275AF—U12750。
②经需方同意，Q235B 的碳含量可不大于 0.22%。

碳素结构钢的力学性能（GB/T 700—2006）　表 8-2

牌号	质量等级	拉　伸　试　验												冲击试验（V 型缺口）	
		屈服强度①σs(MPa)，不小于						抗拉强度②σb(MPa)	断后伸长率 δ(%)，不小于					温度(℃)	冲击吸收功（纵向）(J)，不小于
		钢材厚度（或直径）(mm)							钢材厚度（或直径）(mm)						
		≤16	>16~40	>40~60	>60~100	>100~150	>150~200		≤40	>40~60	>60~100	>100~150	>150~200		
Q195	—	195	185	—	—	—	—	315~430	33						
Q215	A	215	205	195	185	175	165	335~450	31	30	29	27	26	—	—
	B													+20	27
Q235	A	235	225	215	215	195	185	370~500	26	25	24	22	21	—	—
	B													+20	27③
	C													0	
	D													−20	
Q275	A	275	265	255	245	225	215	410~540	22	21	20	18	17	—	—
	B													+20	27
	C													0	
	D													−20	

注：①Q195 的屈服强度值仅供参考，不作交货条件。
②厚度大于 100mm 的钢材，抗拉强度下限允许降低 20MPa。宽带钢（包括剪切钢板）抗拉强度上限不作交货条件。
③厚度小于 25mm 的 Q235B 级钢材，如供方能保证冲击吸收功值合格，经需方同意，可不作检验。

碳素结构钢的冷弯试验指标（GB/T 700—2006）　表 8-3

牌　号	试样方向	冷弯试验 180°　B=2a①	
		钢材厚度（或直径）②(mm)	
		≤60	>60~100
		弯心直径 d	
Q195	纵	0	—
	横	0.5a	
Q215	纵	0.5a	1.5a
	横	a	2a
Q235	纵	a	2a
	横	1.5a	2.5a
Q275	纵	1.5a	2.5a
	横	2a	3a

注：①B 为试样宽度，a 为试样厚度（直径）。

②钢材厚度（或直径）大于 100mm 时，弯曲试验由双方协商确定。

3. 碳素结构钢的性能和应用

碳素结构钢是根据屈服强度的不同划分为 4 个牌号的，从表 8-1、表 8-2、表 8-3 中可知，牌号越大含碳量越大，强度和硬度越高，但塑性、冲击韧性和冷弯性能越差。

建筑工程中应用最广泛的是 Q235 号钢。其含碳量为 0.17%~0.22%，属低碳钢，具有较高的强度，良好的塑性、韧性及可焊性，综合性能好，能满足一般钢结构和钢筋混凝土用钢要求，且成本较低，大量被用作轧制各种型钢、钢板及钢筋。其中 Q235-A 级钢，一般仅适用于承受静荷载作用的结构，Q235-C 和 D 级钢可用于重要的焊接结构，Q235-D 级钢含有足够的形成细晶粒的元素，同时对硫、磷有害元素控制严格，故其冲击韧性很好，具有较强的抗冲击、振动荷载的能力，尤其适宜在较低温度下使用。

Q195、Q215 号钢强度低，塑性和韧性较好，易于冷加工，常用于轧制薄板和盘条、制造钢钉、铆钉、螺栓及铁丝等。Q215 号钢经冷加工后可代替 Q235 号钢使用。

Q275 号钢强度较高，但塑性、韧性较差，可焊性也差，不易焊接和冷弯加工，可用于轧制钢筋、做螺栓配件等，但更多用于机械零件和工具等。

8.3.2 低合金高强度结构钢

低合金高强度结构钢是在碳素结构钢的基础上，添加少量的一种或几种合金元素（总含量小于 5%）的一种结构钢。所加元素主要有锰（Mn）、硅（Si）、钒（V）、钛（Ti）、铌（Nb）、铬（Cr）、镍（Ni）及稀土元素，其目的是为了提高钢的屈服强度、抗拉强度、耐磨性、耐蚀性及耐低温性能等。

1. 低合金高强度结构钢的牌号表示方法

根据国家标准《低合金高强度结构钢》GB/T 1591—2008 的规定，低合金高强度结构钢划分为八个牌号（表 8-4）。其牌号的表示方法由屈服点字母 Q、屈服点数值、质量等级三个部分组成，质量等级按照硫、磷等杂质含量由多到少分为 A、B、C、D、E 五级。如 Q345A 表示屈服点为 345MPa 的 A 级钢。当需方要求钢板具有厚度方向性能时，则在上述规定的牌号后加上代表厚度方向（Z 向）性能级别的符号，例如：Q345AZ15。

2. 低合金高强度结构钢的技术要求

低合金高强度结构钢各牌号的化学成分应符合 GB/T 1591—2008 的规定；拉伸性能应符合表 8-4 的要求；冲击韧性应符合表 8-5 的要求；当需方要求做弯曲试验时，弯曲试验应符合 GB/T 1591—2008 的规定，当供方保证弯曲合格时，可不做弯曲试验。

低合金高强度结构钢的拉伸性能（GB/T 1591—2008）　　表 8-4

牌号	质量等级	屈服点 σ_s（MPa）公称厚度（直径、边长）(mm)								抗拉强度 σ_b（MPa）公称厚度（直径、边长）(mm)							断后伸长率 δ_5（%）公称厚度（直径、边长）(mm)					
		≤16	>16~40	>40~63	>63~80	>80~100	>100~150	>150~200	>200~250	≤40	>40~63	>63~80	>80~100	>100~150	>150~250	>250~400	≤40	>40~63	>63~100	>100~150	>150~250	>250~400
		≥								≥							≥					
Q345	A	345	335	325	315	305	285	275	265	470~630	470~630	470~630	470~630	450~600	450~600	450~600	20	19	19	18	17	17
	B																					
	C																21	20	19	19	18	
	D									265												
	E																					
Q390	A	390	370	350	330	330	310	—	—	490~650	490~650	490~650	490~650	470~620	—	—	20	19	19	18	—	—
	B																					
	C																					
	D																					
	E																					
Q420	A	420	400	380	360	360	340	—	—	520~680	520~680	520~680	520~680	500~650	—	—	19	18	18	18	—	—
	B																					
	C																					
	D																					
	E																					

牌号	质量等级	屈服点 σ_s (MPa)									抗拉强度 σ_b (MPa)							断后伸长率 δ_5 (%)					
		公称厚度（直径、边长）(mm)									公称厚度（直径、边长）(mm)							公称厚度（直径、边长）(mm)					
		≤16	>16~40	>40~63	>63~80	>80~100	>100~150	>150~200	>200~250	>250~400	≤40	>40~63	>63~80	>80~100	>100~150	>150~250	>250~400	≤40	>40~63	>63~100	>100~150	>150~250	>250~400
		≥									≥							≥					
Q460	C D E	460	440	420	400	400	380	—	—		550~720	550~720	550~720	550~720	530~700	—		17	16	16	16	—	
Q500	C D E	500	480	470	450	440	—				610~770	600~760	590~750	540~730	—			17	17	17			
Q550	C D E	550	530	520	500	490					670~830	620~810	600~790	590~780				16	16	16			
Q620	C D E	620	600	590	570						710~880	690~880	670~860					15	15	15			
Q690	C D E	690	670	660	640						770~940	750~920	730~900					14	14	14			

低合金高强度结构钢的冲击韧性（GB/T 1591—2008） 表 8-5

牌号	质量等级	试验温度（℃）	冲击吸收能量（J）		
			公称厚度（直径、边长）(mm)		
			12~150	>150~250	>250~400
Q345	B	20	≥34	≥27	—
	C	0			
	D	−20			≥27
	E	−40			
Q390	B	20	≥34	—	—
	C	0			
	D	−20			
	E	−40			
Q420	B	20	≥34	—	—
	C	0			
	D	−20			
	E	−40			
Q460	C	0	≥34	—	—
	D	−20			
	E	−40			
Q500、Q550、 Q620、Q690	C	0	≥55	—	—
	D	−20	≥47		
	E	−40	≥31		

3. 低合金高强度结构钢的性能和应用

低合金高强度结构钢具有较高的强度，良好的塑性、韧性，良好的焊接性、耐蚀性和冷成型性，低的脆性转变温度，适于冷弯和焊接，综合性能较为理想，尤其在大跨度、承受动荷载和冲击荷载的结构中更适用，而且与使用碳素钢相比，可节约钢材 20%～30%，但成本并不很高。

8.4 钢筋混凝土用钢材

钢筋混凝土结构用钢材包括钢筋、钢丝和钢绞线，主要品种有钢筋混凝土用热轧钢筋、冷轧带肋钢筋、预应力混凝土用热处理钢筋、低碳钢热轧圆盘条、预应力混凝土用钢丝及钢绞线等。

带肋钢筋公称直径的大小与钢筋内径（基圆直径）加横肋高度不相等，而是等于与钢筋横截面积相等的圆的直径。在实际工作中，带肋钢筋的公称直径可以这样来判定：当钢筋的直径在 30mm 以下时，将内径取为整数，如内径 11.5mm，其公称直径为 12mm；当钢筋的直径在 30mm 以上时，将内径取整数后加 1，如内径为 38.7mm，其公称直径为 40mm；以上两种情况，若内径就是整数，直接将内径加 1，如内径为 31.0mm，其公称直径为 32mm。

8.4.1 钢筋混凝土用热轧钢筋

经热轧成型并自然冷却的钢筋，称为热轧钢筋。热轧钢筋主要有用 Q235 碳素结构钢轧制的光圆钢筋和用合金钢轧制的带肋钢筋两类。光圆钢筋的横截面通常为圆形，且表面光滑。带肋钢筋的横截面为圆形，表面通常有两条纵肋和沿长度方向均匀分布的横肋。按横肋的纵截面形状分为月牙肋钢筋和等高肋钢筋。月牙肋钢筋的纵横肋不相交，而等高肋钢筋的纵横肋相交，如图 8-12。

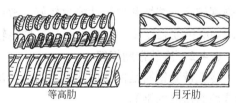

等高肋　　　月牙肋

图 8-12　热轧带肋钢筋的外形

热轧光圆钢筋可以是直条或盘卷交货，其公称直径范围为 6～22mm，常用的有 6mm、8mm、10mm、12mm、16mm、20mm；热轧带肋钢筋通常是直条，也可以盘卷交货，每盘应是一条钢筋，钢筋的公称直径（与钢筋的公称横截面积相等的圆直径）范围为 6～50mm，常用有 6mm、8mm、10mm、12mm、16mm、20mm、25mm、32mm、40mm、50mm。

1. 热轧钢筋的牌号表示方法与技术要求

根据《钢筋混凝土用钢　第 1 部分：热轧光圆钢筋》GB 1499.1—2008 及《钢筋混凝土用钢　第 2 部分：热轧带肋钢筋》GB 1499.2—2007 的规定，热轧光圆钢筋的牌号由 HPB 与屈服强度特征值构成，其中 HPB 是热轧光圆钢筋的英文（Hot rolled Plain Bars）缩写；热轧带肋钢筋的牌号由 HRB 与屈服强度特征值构成，其中 HRB 是热轧带肋钢筋的英文（Hot rolled Ribbed Bars）缩写。HRBF 是细晶粒热轧钢筋，F 是"细"的英文（Fine）的缩写。热轧钢筋的力学性能和冷弯性能应符合表 8-6 的要求。

热轧钢筋的力学性能和冷弯性能　　表 8-6

牌　号	屈服强度 (MPa)	抗拉强度 (MPa)	断后伸长率 (%)	最大力总伸长率 (%)	冷弯试验 180°	
			≥		公称直径 a	弯心直径 d
HPB235	235	370	25.0	10.0	a	d＝a
HPB300	300	420				
HRB335 HRBF335	335	455	17		6～25	3a
					28～40	4a
					>40～50	5a
HRB400 HRBF400	400	540	16	7.5	6～25	4a
					28～40	5a
					>40～50	6a
HRB500 HRBF500	500	630	15		6～25	6a
					28～40	7a
					>40～50	8a

2. 热轧钢筋的应用

热轧光圆钢筋的强度较低，但塑性及焊接性能很好，便于各种冷加工，因而广泛用作普通钢筋混凝土构件的受力筋及各种钢筋混凝土结构的构造筋。HRB335 和 HRB400 钢筋强度较高，塑性和焊接性能也较好，故广泛用作大、中型钢筋混凝土结构的受力钢筋。HRB500 钢筋强度高，但塑性和焊接性能较差，可用作预应力钢筋。

8.4.2　冷轧带肋钢筋

冷轧带肋钢筋是低碳钢热轧圆盘条经冷轧后，在其表面带有沿长度方向均匀分布的三面或两面横肋的钢筋。

1. 冷轧带肋钢筋的牌号表示方法与技术要求

根据《冷轧带肋钢筋》GB 13788—2008 的规定，冷轧带肋钢筋的牌号由 CRB 和抗拉强度最小值表示，有 CRB550、CRB650、CRB800、CRB970 四个牌号，C、R、B 分别为冷轧（Cold rolled）、带肋（Ribbed）、钢筋（Bars）三个词的英文首位字母。其力学性能和工艺性能应符合表 8-7 的规定。

冷轧带肋钢筋的力学性能和工艺性能（GB 13788—2008）　　表 8-7

牌　号	屈服强度 $\sigma_{0.2}$ (MPa)	抗拉强度 σ_b (MPa)	伸长率（%）		弯曲试验 180°	反复弯曲次数	应力松弛 初始应力应相当于公称抗拉强度的70%
			$\delta_{11.3}$	δ_{100}			1000h 松弛率（%）≤
		≥					
CRB550	500	550	8.0	—	d＝3a	—	
CRB650	585	650	—	4.0		3	8
CRB800	720	800	—	4.0		3	8
CRB970	875	970	—	4.0		3	8

2. 冷轧带肋钢筋的应用

冷轧带肋钢筋，用于普通钢筋混凝土结构时，与热轧圆盘条相比，强度提高 17% 左右，可节约钢材 30% 左右；用于预应力混凝土结构时，与冷拔低碳钢丝相比，伸长率高，塑性好，由于表面带肋，提高了钢筋与混凝土之间的粘结力，是一种比较理想的预应力钢材。

冷轧带肋钢筋 CRB550 宜用于普通钢筋混凝土结构，其他牌号的钢筋宜用于预应力混凝土结构。

8.4.3　预应力混凝土用热处理钢筋

热处理钢筋是用热轧带肋钢筋经淬火和回火调质热处理而成的。按其外形分为有纵肋和无纵肋两种，但都有横肋。

1. 热处理钢筋的力学性能

热处理钢筋的力学性能应符合《预应力混凝土用热处理钢筋》GB 4463—1984 的规定，见表 8-8。其 1000h 的松弛率应不大于 3.5%，供方在保证 1000h 松弛率合格的基础上可进行 10h 的松弛试验，其松弛率应不大于 1.5%。

热处理钢筋的力学性质（GB 4463—1984）　　　　　表 8-8

公称直径（mm）	屈服强度 $\sigma_{0.2}$（MPa）	抗拉强度 σ_b（MPa）	伸长率 δ_{10}（%）
	$\geqslant$		
6 8.2 10	1325	1470	6

2. 热处理钢筋的应用

热处理钢筋经过调质热处理而成，具有强度高、韧性高、粘结力高和塑性降低少等优点，特别适用于预应力混凝土构件，主要是预应力混凝土轨枕。但其对应力腐蚀及缺陷敏感性强，使用时应防止锈蚀及刻痕等。热处理钢筋成盘供应，开盘后自行伸直，施工方便，使用时按要求长度切割，不能用电焊切割，也不能焊接，以免引起强度下降或脆断。

8.4.4　低碳钢热轧圆盘条

低碳钢热轧圆盘条是由屈服强度较低的碳素结构钢热轧制成的盘条，大多通过卷线机卷成盘卷供应，也称为盘圆或线材，是目前用量最大、使用最广的线材。按用途分为：供拉丝等深加工及其他一般用途的低碳钢热轧圆盘条。

根据《低碳钢热轧圆盘条》GB/T 701—2008 的规定，低碳钢热轧圆盘条以氧气转炉、电炉冶炼，以热轧状态交货，每卷盘条的重量不应少于 1000kg，每批允许有 5% 的盘数（不足 2 盘的允许有 2 盘）由两根组成，但每根盘条的重量不少于 300kg，并且有明显标识。盘条应将头尾有害缺陷切除，截面不应有缩孔、分层及夹杂，表面应光滑，不应有裂纹、折叠、耳子、结疤等。

低碳钢热轧圆盘条的力学性能和工艺性能应符合表 8-9 的规定。

低碳钢热轧圆盘条的力学性能和工艺性能（GB/T 701—2008） 表 8-9

牌 号	力学性能		冷弯试验 180° d＝弯心直径 a＝试样直径
	抗拉强度（MPa）	断后伸长率 $\delta_{11.3}$（%）	
	≥		
Q195	410	30	d＝0
Q215	435	28	d＝0
Q235	500	23	d＝0.5a
Q275	540	21	d＝1.5a

8.4.5 预应力混凝土用钢丝

1. 预应力混凝土用钢丝的分类、代号及定义

预应力混凝土用钢丝按加工状态分为冷拉钢丝（代号为 WCD）和消除应力钢丝两类。消除应力钢丝按松弛性能又分为低松弛级钢丝（代号为 WLR）和普通松弛级钢丝（代号为 WNR）。冷拉钢丝是用盘条通过拔丝模或轧辊经冷加工而成产品，以盘卷供货的钢丝。冷加工后的钢丝进行消除应力处理，即得到消除应力钢丝。若钢丝在塑性变形下（轴应变）进行短时热处理，得到的就是低松弛钢丝；若钢丝通过矫直工序后在适当温度下进行短时热处理，得到的就是普通松弛钢丝。消除应力钢丝的塑性比冷拉钢丝好。

预应力混凝土用钢丝按外形分为光圆钢丝（代号为 P）、螺旋肋钢丝（代号为 H）和刻痕钢丝（代号为 I）三种。螺旋肋钢丝表面沿着长度方向上有规则间隔的肋条，如图 8-13 所示。刻痕钢丝表面沿着长度方向上有规则间隔的压痕，如图 8-14 所示。刻痕钢丝和螺旋肋钢丝与混凝土的粘结力好。

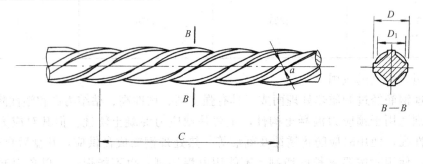

图 8-13　螺旋肋钢丝外形示意图

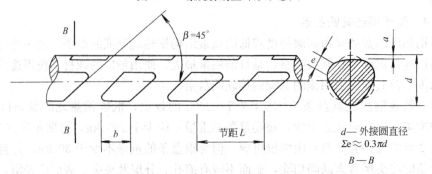

图 8-14　三面刻痕钢丝外形示意图

2. 预应力混凝土用钢丝的力学性能

根据《预应力混凝土用钢丝》GB/T 5223—2002 的规定，冷拉钢丝的力学性能应符合表 8-10 的规定。规定非比例伸长应力 $\sigma_{p0.2}$ 值不小于公称抗拉强度的 75%。除抗拉强度、规定非比例伸长应力外，对压力管道用钢丝还需进行断面收缩率、扭转次数、松弛率的检验；对其他用途钢丝还需进行断后伸长率、弯曲次数的检验。

冷拉钢丝的力学性能（GB/T 5223—2002）　　　　表 8-10

公称直径 d_n（mm）	抗拉强度 σ_b（MPa）≥	规定非比例伸长应力 $\sigma_{P0.2}$（MPa）≥	最大力下总伸长率（L_0=200mm）δ_{gt}（%）≥	弯曲次数（次/180°）≥	弯曲半径 R（mm）	断面收缩率 ψ（%）≥	每 210mm 扭矩的扭转次数 n≥	初始应力相当于 70%公称抗拉强度时，1000h 后应力松弛率 r（%）≤
3.00	1470	1100			7.5	—	—	
4.00	1570	1180		4	10		8	
	1670	1250			15	35	8	
5.00	1770	1330	1.5		15			8
6.00	1470	1100			15		7	
7.00	1570	1180		5	20	30	6	
	1670	1250			20		5	
8.00	1770	1330			20		5	

消除应力的光圆、螺旋肋、刻痕钢丝的力学性能应符合表 8-11 的规定。规定非比例伸长应力 $\sigma_{p0.2}$ 值对低松弛钢丝应不小于公称抗拉强度的 88%，对普通松弛钢丝应不小于公称抗拉强度的 85%。

3. 预应力混凝土用钢丝的应用

预应力混凝土用钢丝质量稳定、安全可靠、强度高、无接头、施工方便，主要用于大跨度的屋架、薄腹梁、吊车梁或桥梁等大型预应力混凝土构件，还可用于轨枕、压力管道等预应力混凝土构件。

消除应力光圆、螺旋肋、刻痕钢丝的力学性能（GB/T 5223—2002）　　表 8-11

钢丝名称	公称直径 d_n(mm)	抗拉强度 σ_b(MPa)≥	规定非比例伸长应力 $\sigma_{P0.2}$（MPa）≥		最大力下总伸长率（L_0=200mm）δ_{gt}（%）≥	弯曲次数（次/180°）≥	弯曲半径 R（mm）	应力松弛性能		
								初始应力相当于公称抗拉强度的百分数（%）	1000h 后应力松弛率 r（%）≤	
			WLR	WNR					WLR	WNR
									对所有规格	
消除应力光圆及螺旋肋钢丝	4.00	1470	1290	1250		3	10			
		1570	1380	1330		4	15			
	4.80	1670	1470	1410		4	15			
	5.00	1770	1560	1500		4	15			
		1860	1640	1580						
	6.00	1470	1290	1250		4	15	60	1.0	4.5
	6.25	1570	1380	1330		4	20			
		1670	1470	1410	3.5	4	20	70	2.0	8.0
	7.00	1770	1560	1500		4	20			
	8.00	1470	1290	1250		4	20	80	4.5	12.0
	9.00	1570	1380	1330		4	25			
	10.00	1470	1290	1250		4	25			
	12.00					4	30			

钢丝名称	公称直径 d_n(mm)	抗拉强度 σ_b(MPa) ≥	规定非比例伸长应力 $\sigma_{P0.2}$（MPa）≥		最大力下总伸长率 ($L_o=200mm$) δ_{gt}（%）≥	弯曲次数（次/180°）≥	弯曲半径 R（mm）	应力松弛性能		
			WLR	WNR				初始应力相当于公称抗拉强度的百分数（%）	1000h 后应力松弛率 r（%）≤	
									WLR	WNR
									对所有规格	
消除应力刻痕钢丝	≤5.0	1470	1290	1250	3.5	3	15	60	1.5	4.5
		1570	1380	1330						
		1670	1470	1410						
		1770	1560	1500						
		1860	1640	1580				70	2.5	8.0
	>5.0	1470	1290	1250		3	20	80	4.5	12.0
		1570	1380	1330						
		1670	1470	1410						
		1770	1560	1500						

8.4.6 预应力混凝土用钢绞线

根据《预应力混凝土用钢绞线》GB/T 5224—2003 的规定，钢绞线分为标准型钢绞线、刻痕钢绞线、模拔型钢绞线三种。标准型钢绞线是由冷拉光圆钢丝捻制成的钢绞线；刻痕钢绞线是由刻痕钢丝捻制成的钢绞线；模拔型钢绞线是捻制后再经冷拔成的钢绞线。

钢绞线按结构分为 5 类，其代号为：1×2、1×3、1×3I、1×7 和 (1×7) C，其中 1×2、1×3、1×7 是指分别用两根、三根和七根钢丝捻制而成的钢绞线，如图 8-15 所示；1×3I 是指用三根刻痕钢丝捻制成的钢绞线；(1×7) C 是指用七根钢丝捻制又经模拔的钢绞线。

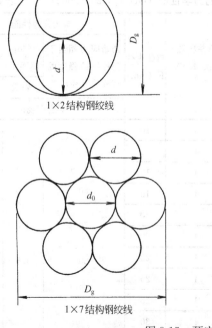

1×2结构钢绞线

1×7结构钢绞线

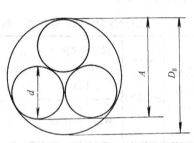

1×3结构钢绞线

D_g—钢绞线直径 (mm)；
d_0—中心钢丝直径 (mm)；
d—外层钢丝直径 (mm)；
A—1×3结构钢绞线测量尺寸 (mm)。

图 8-15 预应力钢绞线截面图

钢绞线的力学性能应符合标准规定，表 8-12 是 1×7 结构钢绞线力学性能。

1×7 结构钢绞线力学性能（GB/T 5224—2003） 表 8-12

钢绞线结构	钢绞线公称直径（mm）	抗拉强度（MPa）	整根钢绞线的最大力（kN）	规定非比例延伸力（kN）	最大力总伸长率（%）	应力松弛性能	
						初始负荷相当于公称最大力的百分数（%）	1000h 后应力松弛率（%）≤
			≥				
1×7	9.5	1720	94.3	84.9	对所有规格	对所有规格	对所有规格
		1860	102	91.8			
		1960	107	96.3			
	11.10	1720	128	115	3.5	60	1.0
		1860	138	124			
		1960	145	131			
	12.70	1720	170	153		70	2.5
		1860	184	166			
		1960	193	174			
	15.20	1470	206	185		80	4.5
		1570	220	198			
		1670	234	211			
		1720	241	217			
		1860	260	234			
		1960	274	247			
	15.70	1770	266	239			
		1860	279	251			
	17.80	1720	327	294			
		1860	353	318			
(1×7)C	12.70	1860	208	187			
	15.20	1820	300	270			
	18.00	1720	384	346			

注：规定非比例延伸力值不小于整根钢绞线公称最大力的 90%。

　　钢绞线具有强度高，与混凝土粘结好，断面面积大，使用根数少，在结构中排列布置方便，易于锚固等优点，主要用于大跨度、大荷载的预应力屋架、薄腹梁等构件，还可用于岩土锚固。

8.5 钢材的锈蚀与防止

8.5.1 钢材的锈蚀

　　钢材的锈蚀是指钢材的表面与周围介质发生化学作用或电化学作用遭到侵蚀而破坏的过程。

锈蚀不仅造成钢材的受力截面减小，表面不平整导致应力集中，降低钢材的承载能力，而且当钢材受到冲击荷载、循环交变荷载作用时，将产生锈蚀疲劳现象，使钢材疲劳强度大为降低，尤其是显著降低钢材的冲击韧性，使钢材出现脆性断裂。此外，混凝土中的钢筋锈蚀后，产生体积膨胀，使混凝土顺筋开裂。因此，为了确保钢材在工作过程中不产生锈蚀，必须采取防腐措施。

8.5.2 钢材锈蚀的原因

根据钢材锈蚀的作用机理不同，一般把锈蚀分为以下两类：

1. 化学锈蚀

化学锈蚀是指钢材直接与周围介质发生化学反应而产生的锈蚀。这种锈蚀多数是氧化作用，使钢材表面形成疏松的铁氧化物。在干燥的环境下，锈蚀进展缓慢，但在温度或湿度较高的环境条件下，这种锈蚀进展加快。

2. 电化学锈蚀

电化学锈蚀是指钢材与电解质溶液相接触而产生电流，形成原电池作用而发生的锈蚀。钢材本身含有铁、碳等多种成分，由于这些成分的电极电位不同，形成原电池的两个极。在潮湿的空气中，钢材表面覆盖一层薄的水膜。在阳极区，铁被氧化成 Fe^{2+} 离子进入水膜，因为水中溶有来自空气中的氧，故在阴极区氧被还原为 OH^- 离子，Fe^{2+} 离子和 OH^- 离子结合成为不溶于水的 $Fe(OH)_2$，并进一步氧化成为疏松易剥落的红棕色铁锈 $Fe(OH)_3$，体积膨胀数倍。如图 8-16 所示为钢筋在混凝土中的锈蚀过程。

电化学锈蚀是钢材主要的锈蚀形式。

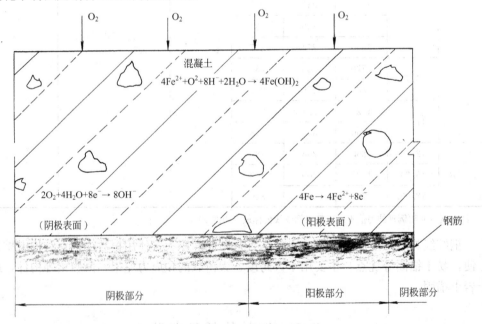

图 8-16　钢筋在混凝土中的锈蚀过程

8.5.3 钢材锈蚀的防止

为确保钢材在使用中不锈蚀，应根据钢材的使用状态及锈蚀环境采取以下措施。

1. 保护层法

利用保护层使钢材与周围介质隔离，从而避免或减缓外界腐蚀性介质对钢材的锈蚀作用。例如，在钢材的表面喷刷涂料、搪瓷、塑料等，或以金属镀层作为保护膜，如锌、锡、铬等。

2. 制成合金钢

在钢中加入合金元素铬、镍、钛、铜等，制成不锈钢，可以提高钢材的耐锈蚀能力。

对于钢筋混凝土中的钢筋，防止其锈蚀的经济而有效的方法是严格控制混凝土的质量，使其具有较高的密实度和碱度，施工时确保钢筋有足够的保护层，防止空气和水分进入而产生电化学锈蚀，同时严格控制氯盐外加剂的掺量。对于重要的预应力承重结构，可加入防锈剂，必要时采用钢筋镀锌、镍等方法。

复 习 思 考 题

1. 何为钢材？钢材有哪些特点？

2. 钢的冶炼方法主要有哪几种？对材质有何影响？

3. 镇静钢、沸腾钢有何优缺点？适用范围如何？

4. 低碳钢拉伸时的应力—应变图可划分为哪几个阶段？指出弹性极限 σ_p、屈服强度 σ_s 和抗拉强度 σ_b。说明屈强比 σ_s / σ_b 的实用意义？

5. 什么是钢材的冷弯性能和冲击韧性？有何实际意义？

6. 什么是钢材的冷加工和时效处理？它对钢材性质有何影响？工程中如何利用？

7. 影响钢材可焊性的主要因素是什么？

8. 钢材的化学成分对其性能有什么影响？

9. 碳素结构钢的牌号是如何表示的？说明下述钢材牌号的含义：（1）Q195-F；（2）Q215-A·b；（3）Q255-D。

10. 低合金高强度结构钢的牌号如何表示？为什么工程中广泛使用低合金高强度结构钢？

11. 混凝土结构工程中常用的钢筋、钢丝、钢绞线有哪些种类？每种如何选用？

12. 热轧带肋钢筋的牌号如何表示？某批热轧带肋钢筋的牌号为 HRB335，按规定抽取两根试件作拉伸试验。钢筋直径为 16mm，原标距长 80mm，达到屈服点时的荷载分别为 72.4、72.2kN，达到极限抗拉强度时的荷载分别为 105.6、107.4kN。拉断后，测得标部分长分别为 95.8、94.7mm。根据以上试验数据，判断该批钢筋的拉伸试验项目是否合格？

13. 钢筋锈蚀的原因有哪些？如何防锈？

9 木 材

木材是最古老的建筑材料之一，现代建筑所用承重构件，早已被钢材或混凝土等替代，但在仿古建筑和一般建筑工程中仍然广泛地使用着。如门窗、室内外装饰装修或脚手架、模板等。

木材具有很多优点，如自重轻、强度高、弹性、韧性和吸收振动及冲击的性能好，木纹自然悦目，表面易于着色和油漆，热工性能好，容易加工，结构构造简单。木材的缺点主要是材质不均匀、各向异性、吸水性高而且胀缩显著，容易变形、容易腐朽、虫蛀及燃烧，有天然疵病等，但经过一定的加工和处理，这些缺点可以得到减轻。

9.1 木 材 的 构 造

9.1.1 树木的分类

木材是由树木加工而成的。树木分为针叶树和阔叶树两大类。

针叶树 树叶细长呈针状，多为常绿树。树干高而直，纹理顺直，材质均匀且较软，易于加工，又称"软木材"。表观密度和胀缩变形小，耐腐蚀性好，强度高。建筑中多用于承重构件和门窗、地面和装饰工程，常用的有松树、杉树、柏树等。

阔叶树 树叶宽大叶脉呈网状，多为落叶树。树干通直部分较短，材质较硬，又称"硬（杂）木"。表观密度大，易翘曲开裂。加工后木纹和颜色美观，适用于制作家具、室内装饰和制作胶合板等。常用的树种有榆树、水曲柳、柞木等。

9.1.2 木材的构造

木材的构造决定木材性质。由于树种的不同和树木生长环境的差异使其构造差别很大。木材的构造分为宏观构造和微观构造。

1. 宏观构造

宏观构造是指用肉眼或放大镜就能观察到的木材组织。可从树干的三个不同切面进行观察，如图 9-1。

横切面——垂直于树轴的切面；

径切面——通过树轴的纵切面；

弦切面——和树轴平行与年轮相切的纵切面。

从图上可以看出，树木是由树皮、木质部和髓心等部分组成。树皮是树木的外表组织，在工程中一般没有使用价值，只有黄菠萝和栓皮栎两种树的树皮是生产高级保温材料——软木的原料。髓心是树木最早生成的部分，材质松软，易腐朽，强度低。树皮和髓心之间的部分是木质部，它是木材主要的使用部分。靠近髓心部分颜色较深，称作心材。靠近外围部分颜色较浅，称为边材，边材含水高于心材，容易翘曲。

从横切面上看到的深浅相间的同心圆，称为年轮。年轮内侧浅色部分是春天生长的木质，材质较松软，称为春材（早材）。年轮外侧颜色较深部分是夏秋两季生长的，材质较密实，称为夏材（晚材）。树木的年轮越密实越均匀，材质越好。夏材部分愈多，木材强度愈高。

从髓心成放射状穿过年轮的组织，称为髓线。髓线与周围组织联结软弱，木材干燥时易沿髓线开裂。年轮和髓线构成木材表面花纹。

2. 微观构造

在显微镜下所看到的木材细胞组织，称为木材的微观构造。用显微镜可以观察到，木材是由无数管状细胞紧密结合而成，它们大部分纵向排列，而髓线是横向排列。每个细胞都由细胞壁和细胞腔组成，细胞壁由细

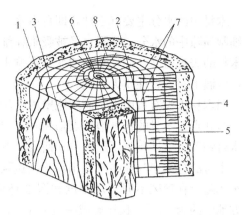

图 9-1　木材的宏观构造

1—横切面；2—径切面；3—弦切面；4—树皮；
5—木质部；6—髓心；7—髓线；8—年轮

纤维组成，其纵向联接较横向牢固。细胞壁越厚，细胞腔越小，木材越密实，其表观密度和强度也越高，胀缩变形也越大。木材的纵向强度高于横向强度。

针叶树和阔叶树的微观构造有较大差别，如图 9-2 和图 9-3 所示。针叶树材显微构造简单而规则，主要由管胞、髓线和树脂道组成，其髓线较细而不明显。阔叶树材显微构造较复杂，主要有木纤维、导管和髓线组成。它的最大特点是髓线发达，粗大而明显，这是区别于针叶树材的显著差别。

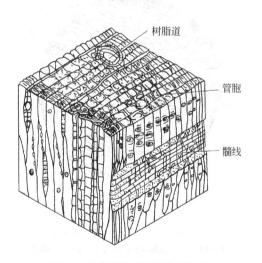

图 9-2　针叶树马尾松微观构造

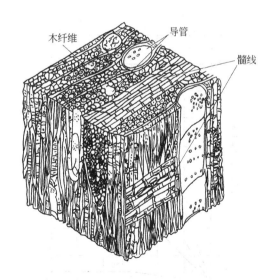

图 9-3　阔叶树柞木微观构造

9.2　木材的主要性质

9.2.1　木材的含水率

木材的含水率是指木材中所含水分的质量占木材干燥质量的百分数。

　　木材中的水分主要有三种，即自由水、吸附水和结合水。自由水是存在于木材细胞腔和细胞间隙中的水分，吸附水是被吸附在细胞壁内细纤维之间的水分。自由水的变化只影响木材的表观密度，而吸附水的变化影响木材强度和胀缩变形。结合水是形成细胞的化合水，常温下对木材性质无影响。

　　当木材中没有自由水，而细胞壁内充满吸附水，达到饱和状态时，此时的含水率称为纤维饱和点。木材的纤维饱和点随树种而异，一般介于25%~35%，平均值为30%。它是木材物理力学性质是否随含水率而发生变化的转折点。

　　木材的含水率与周围空气相对湿度达到平衡时，称为木材的平衡含水率。木材的平衡含水率随所在地区不同以及温度和湿度环境变化而不同，我国北方地区约为12%左右，南方地区约为18%，长江流域一般为15%。

9.2.2　木材的湿胀与干缩

　　木材具有显著的湿胀干缩性，这是由于细胞壁内吸附水含量变化所引起的。当木材的含水率在纤维饱和点以下时，随着含水率的增大木材细胞壁内的吸附水增多，体积膨胀；随着含水率的减小，木材体积收缩；而当木材含水率在纤维饱和点以上，只是自由水增减变化时，木材的体积不发生变化（如图9-4所示）。

　　木材的湿胀干缩变形随树种的不同而异，一般情况表观密度大的、夏材含量多的木材，胀缩变形较大。木材各方向的收缩也不同，顺纤维方向收缩很小，径向较大，弦向最大（如图9-4、图9-5所示）。

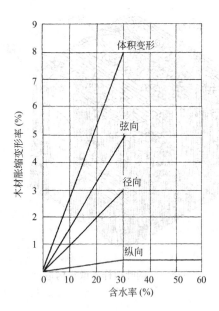

图 9-4　木材含水率与胀缩变形的关系

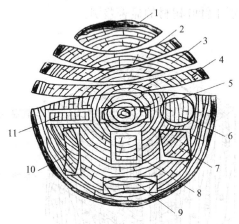

图 9-5　木材的干缩变形

1—边板呈橄榄核形；2、3、4—弦锯板呈瓦形反翘；
5—通过髓心的径锯板呈纺锤形；6—圆形变椭圆形；
7—与年轮成对角线的正方形变菱形；8—两边与年轮平行的正方形变长方形；9—弦锯板翘曲成瓦形；
10—与年轮成40°角的长方形呈不规则翘曲；
11—边材径锯板收缩较均匀

　　木材的湿胀干缩对其实际应用带来不利影响。干缩会造成木结构拼缝不严、卯榫松弛、翘曲开裂，湿胀又会使木材产生凸起变形，因此必须采取相应的防范措施。最根本的方法是在木材制作前将其进行干燥处理，使含水率与使用环境常年平均平衡含水率相一致。

9.2.3 木材的强度

木材的强度按照受力状态分为抗拉、抗压、抗弯和抗剪 4 种。而抗拉、抗压、抗剪强度又有顺纹和横纹之分。顺纹（作用力方向与纤维方向平行）和横纹（作用力方向与纤维方向垂直）强度有很大差别。木材各种强度的关系见表 9-1。

木材各种强度间的关系 表 9-1

抗压		抗拉		抗弯	抗剪	
顺纹	横纹	顺纹	横纹		顺纹	横纹
1	$1/10 \sim 1/3$	$2 \sim 3$	$1/20 \sim 1/3$	$1\frac{1}{2} \sim 2$	$1/7 \sim 1/3$	$1/2 \sim 1$

木材的顺纹抗拉强度最高，但在实际应用中木材很少用于受拉构件，这是因为木材天然疵病对顺纹抗拉强度影响较大，使实际强度值变低。另外受拉构件在连接节点处受力较复杂，使其先于受拉构件而遭到破坏。

木材的强度除与自身的树种构造有关之外，还与含水率、疵病、负荷时间、环境温度等外在因素有关。含水率在纤维饱和点以下时，木材强度随着含水率的增加而降低；木材的天然疵病，如节子、构造缺陷、裂纹、腐朽、虫蛀等都会明显降低木材强度；木材在长期荷载作用下的强度会降低，只有极限强度的 50%～60%（称为持久强度）；木材使用环境的温度超过 50℃ 或者受冻融作用后也会降低强度。

9.3 木 材 的 应 用

9.3.1 木材产品

木材按照加工程度和用途的不同分为：原条、原木、锯材和枕木 4 类，如表 9-2 所示。

木 材 的 分 类 表 9-2

分类名称	说 明	主 要 用 途
原条	系指除去皮、根、树梢的木料，但尚未按一定尺寸加工成规定直径和长度的材料	建筑工程的脚手架、建筑用材、家具等
原木	系指已经除去皮、根、树梢的木料，并已按一定尺寸加工成规定直径和长度的材料	1. 直接使用的原木：用于建筑工程（如屋架、檩、椽等）、桩木、电杆、坑木等； 2. 加工原木：用于胶合板、造船、车辆、机械模型及一般加工用材等
锯材	系指已经加工锯解成材的木料。凡宽度为厚度 3 倍或 3 倍以上的，称为板材，不足 3 倍的称为方材	建筑工程、桥梁、家具、造船、车辆、包装箱板等
枕木	系指按枕木断面和长度加工而成的成材	铁道工程

锯材的规格尺寸见表 9-3。

板材、方材规格尺寸（GB/T 153—2009）（GB/T 4817—2009）　　表 9-3

树种类	锯材分类		厚度(mm)	宽度(mm)		长　度	
				尺寸范围	进级	尺寸范围	进级
针叶树、阔叶树	板材	薄板	12，15，18，21	30～300	10	针叶树 1～8m，阔叶树 1～6m	不足 2m 的按 0.1m 进级，自 2m 以上按 0.2m 进级
		中板	25，30，35				
		厚板	40，45，50，60				
	方材		25×20，25×25，30×30，40×30，60×40，60×50，100×55，100×60				

注：表中未列规格尺寸由供需双方协议商定。

针叶树、阔叶树锯材分为特等、一等、二等和三等四个等级，各等级材质指标见表 9-4。

针叶树（阔叶树）**等级标准**（GB/T 153—2009）（GB/T 4817—2009）　　表 9-4

检量缺陷名称	检量与计算方法	允许限度			
		特等	一等	二等	三等
活节与死节	最大尺寸不得超过板宽的	15%	30%	40%	不限
	任意材长 1m 范围内个数不得超过	4（3）	8（6）	12（8）	
腐朽	面积不得超过所在材面面积的	不允许	2%	10%	30%
裂纹夹皮	长度不得超过材长的	5%（10%）	10%（15%）	30%（40%）	不限
虫眼	任意材长 1m 范围内个数不得超过	1	4（2）	15（8）	不限
钝棱	最严重缺角尺寸不得超过材宽的	5%	10%	30%	40%
弯曲	横弯最大拱高不得超过内曲水平长的	0.3%（0.5%）	0.5%（1%）	2%	3%（4%）
	顺弯最大拱高不得超过内曲水平长的	1%	2%	3%	不限
斜纹	斜纹倾斜高不得超过水平长的	5%	10%	20%	不限

注：1. 长度不足 1m 的锯材不分等级，其缺陷允许限度不低于三等材，检量计算方法按标准执行。

　　2. 括号内数值为阔叶树锯材的要求，没有括号的为两种锯材要求相同。

9.3.2　人造板材

我国是木材资源贫乏的国家。为了保护和扩大现有森林面积，促进环保事业，我们必须合理地、综合地利用木材。充分利用木材加工后的边角废料以及废木材，加工制成各种人造板材是综合利用木材的主要途径。

人造板材幅面宽、表面平整光滑、不翘曲不开裂，经加工处理后还具有防水、防火、防腐、耐酸等性能。常用的人造板材有胶合板、纤维板等。不少人造板材存在游离甲醛释放的问题，国家标准《室内装饰装修用人造板及其制品中甲醛释放限量》GB 18580—2001 对此作出了规定，以防止室内环境受到污染。

1. 胶合板

胶合板是用原木旋切成薄片，按照奇数层并且相邻两层木纤维互相垂直重叠，经胶粘热压而成。一般常用的是三合板或五合板。

根据《胶合板》GB/T 9846.1—2004 的规定，胶合板分类见表 9-5。其中平面状普通胶合板的宽度有 915mm、1220mm 两种，长度从 915～2440mm 有五种规格，厚度为2.7mm、3mm、3.5mm、4mm、5mm、5.5mm、6mm，自 6mm 起按 1mm 递增。

胶合板分类表（GB/T 9846.1—2004）　　　　　　表 9-5

按总体外观分	按构成分	单板胶合板	按主要特征分	按耐久性分	干燥条件下使用
		木芯胶合板（又分为细木工板和层积板）			潮湿条件下使用
					室外条件下使用
		复合胶合板		按表面加工状况分	未砂光板
	按外形和形状分	平面的			砂光板
		成型的			预饰面板
按用途分	普通胶合板				贴面板
	特种胶合板				

细木工板指的是具有实木板芯的胶合板，板芯是由木条组成的拼板（实体板芯）或木格结构板（方格板芯）。细木工板按板芯结构分为实心细木工板和空心细木工板；按板芯拼接状况分为胶拼细木工板和不胶拼细木工板。细木工板的宽度有 915mm 和 1220mm 两种，长度 915～2440mm。

胶合板材质均匀、强度高、不翘曲不开裂、木纹美丽、色泽自然、幅面大、平整易加工、使用方便、装饰性好，应用十分广泛。

2. 纤维板

纤维板是将树皮、刨花、树枝等木材加工的下脚碎料经破碎浸泡、研磨成木浆，加入一定胶粘剂，经热压成型、干燥处理而成的人造板材。根据成型时温度和压力的不同分为硬质、半硬质、软质三种。生产纤维板可使木材的利用率达 90% 以上。纤维板构造均匀，克服了木材各向异性和有天然疵病的缺陷，不易翘曲变形和开裂，表面适于粉刷各种涂料或粘贴装裱。

表观密度大于 $800kg/m^3$ 的硬质纤维板，强度高，可代替木板，用于室内壁板、门板、地板、家具等。半硬质纤维板表观密度为 $400～800kg/m^3$，常制成带有一定图形的盲孔板，表面施以白色涂料，这种板兼具吸声和装饰作用，多用作会议室、报告厅等室内顶棚材料。软质纤维板表观密度小于 $400kg/m^3$，适合用作保温隔热材料。

3. 刨花板、木丝板、木屑板

刨花板、木丝板、木屑板是用木材加工时产生的刨花、木屑和短小废料刨制的木丝等碎渣，经干燥后拌入胶料，再经热压成型而制成的人造板材。所用胶结料可为合成树脂胶，也可用水泥、菱苦土等无机胶结料。这类板材表观密度小，强度较低，主要用作绝热和吸声材料。有的表层作了饰面处理，如粘贴塑料贴面后，可用作装饰或家具等材料。

9.4 木 材 的 处 理

木材的处理包括木材使用前的干燥和防腐、防火的常用方法。

9.4.1 木材的干燥

木材在使用前必须进行干燥处理，这样才能防止木材腐朽、弯曲变形及开裂，才能降低表观密度和提高强度，保持形状尺寸的稳定，以达到经久耐用的目的。

木材干燥处理的方法分为自然干燥和人工干燥两种。自然干燥法是将木材码垛在通风良好的敞篷中，不要受太阳直晒或雨淋，使木材的水分自然蒸发。此法不需要特殊设备，但干燥时间长，而且只能达到风干状态。人工干燥法是在专门的干燥室内进行，可控制性强，能缩短干燥时间，但成本高。

9.4.2 木材的防腐

木材的腐朽是因真菌的寄生引起的。真菌在木材中生存和繁殖须具备三个条件：适当的水分、足够的空气和适宜的温度。当木材的含水率在 35%～50%，温度在 25～30℃，又有一定量的空气时，适宜真菌繁殖，此时木材最易腐朽。

木材防腐处理就是破坏真菌生存和繁殖的条件，有两种方法。一是将木材含水率干燥至 20%以下，并使木结构处于通风干燥的状态，必要时采取防潮或表面涂刷油漆等措施；二是采用防腐剂法，使木材成为有毒物质，常用的方法有表面喷涂、浸渍或压力渗透等。防腐剂有水溶性的、油溶性的和乳剂性的。

9.4.3 木材的防火

木材防火处理是将防火涂料采用涂敷或浸渍的方法施以木材的表面。木材防火处理前应基本加工成型，以免处理后再进行大量锯、刨等加工，使防火涂料部分被去除。有些防火涂料兼有防腐和装饰效果。木材防火涂料的主要品种、特性及其应用见表 9-6 所示。

木材防火涂料主要品种、特性及应用　　　　　　　　表 9-6

品　种		防　火　特　性	应　用
溶剂型防火涂料	A60-1 型改性氨基膨胀防火涂料	遇火生成均匀致密的海绵状泡沫隔热层，防止初期火灾和减缓火灾蔓延扩大	高层建筑、商店、影剧院、地下工程等可燃部位防火
	A60-501 膨胀防火涂料	涂层遇火体积迅速膨胀 100 倍以上，形成连续蜂窝状隔热层，释放出阻燃气体，具有优异的阻燃隔热效果	广泛用于木板、纤维板、胶合板等的防火保护
	A60-KG 型快干氨基膨胀防火涂料	遇火膨胀生成均匀致密的泡沫状碳质隔热层，有极其良好的隔热阻燃效果	公共建筑、高层建筑、地下建筑等有防火要求的场所
	AE60-1 膨胀型透明防火涂料	涂膜透明光亮，能显示基材原有纹理，遇火时涂膜膨胀发泡，形成防火隔热层。既有装饰性，又具防火性	广泛用于各种建筑室内的木质、纤维板、胶合板等结构构件及家具的防火保护和装饰
水乳型防火涂料	B60-1 膨胀型丙烯酸水性防火涂料	在火焰和高温作用下，涂层受热分解放出大量灭火性气体，抑止燃烧。同时，涂层膨胀发泡，形成隔热覆盖层，阻止火势蔓延	公共建筑、高级宾馆、酒店、学校、医院、影剧院、商场等建筑物的木板、纤维板、胶合板结构构件及制品的表面防火保护
	B60-2 木结构防火涂料	遇火时涂层发生理化反应，构成绝热的炭化泡膜	建筑物木墙、木屋架、木吊顶以及纤维板、胶合板构件的表面防火阻燃处理
	B878 膨胀型丙烯酸乳胶防火涂料	涂膜遇火立即生成均匀致密的蜂窝状隔热层，延缓火焰的蔓延，无毒无臭，不污染环境	学校、影剧院、宾馆、商场等公共建筑和民用住宅等内部可燃性基材的防火保护及装饰

复 习 思 考 题

1. 木材按树种分为哪几类？各有何特点和用途？
2. 木材从宏观构造观察由哪些部分组成？
3. 木材含水率的变化对木材性能有何影响？
4. 木材按照加工程度和用途的不同分为哪几类？
5. 常用的人造板材有哪几种？各适用于何处？
6. 木材腐朽的原因和防腐的措施各有哪些？
7. 名词解释
　　（1）自由水；（2）吸附水；（3）纤维饱和点；（4）平衡含水率；（5）持久强度。

10 防 水 材 料

防水材料是保证建筑工程能够防止雨水、地下水及其他水分渗透的材料,其质量的优劣直接影响到人们的居住环境、卫生条件及建筑的使用寿命。近年来,我国的防水材料发展很快,由传统的沥青基防水材料逐渐向高聚物改性沥青防水材料和合成高分子防水材料发展。本章主要介绍沥青、防水卷材、防水涂料和密封材料。

10.1 沥 青

沥青是一种有机胶凝材料,它是复杂的高分子碳氢化合物及非金属(氧、硫、氮等)衍生物的混合物。在常温下呈现固体、半固体或液体状态。颜色由棕褐色至黑色,能溶于多种有机溶液中(二硫化碳、四氯化碳、苯、汽油、三氯甲烷、丙酮等)。具有不导电、不吸水、耐酸、耐碱、耐腐蚀等性能。在土木建筑工程中主要作为防水、防潮、防腐蚀和其他制品材料,用于屋面、地下防水工程、防腐蚀工程、铺筑道路,以及贮水池、浴池、桥梁等防水防潮层。还用来制造防水卷材、防水涂料、胶粘剂等。目前工程中常用的主要是石油沥青,另外还有少量的煤沥青。

10.1.1 石油沥青

石油沥青是指由石油原油分馏提炼出各种轻质油品(汽油、煤油、柴油等)及润滑油后的残渣,再经过加工炼制而得到的产品。建筑上使用的主要是由建筑石油沥青制成的各种防水制品,有时现场也直接使用一部分石油沥青。道路工程使用的主要是道路石油沥青。

1. 石油沥青的组分与结构

(1)石油沥青的组分。

由于沥青的化学组成复杂,进行组成分析非常困难,所以一般不作沥青的化学分析。通常从使用角度出发,将其化学成分和物理力学性质相近的成分划分为若干组,称为组分。沥青中各组分含量的多寡与沥青的技术性质有着直接的关系。

沥青的组分主要有油分、树脂和地沥青质。

1)油分 油分为淡黄色至红褐色的黏性液体,密度为 $0.7\sim1.0\mathrm{g/cm^3}$,含量为 $40\%\sim60\%$,能溶于大多数有机溶剂,如丙酮、苯、三氯甲烷等,但不溶于酒精。油分赋予沥青以流动性,但含量多时,沥青的温度稳定性差。

2)树脂 树脂为黄色至黑褐色的黏稠状半固体,密度为 $1.0\sim1.1\mathrm{g/cm^3}$,含量为 $15\%\sim30\%$,能溶于汽油、三氯甲烷和苯等有机溶剂,难溶于酒精、丙酮。树脂赋予沥青塑性和粘结性。

3)地沥青质 地沥青质是深褐色至黑褐色的固体,密度为 $1.1\sim1.5\mathrm{g/cm^3}$,含量为 $10\%\sim30\%$,能溶于二硫化碳、三氯甲烷和苯,但不溶于汽油、酒精。地沥青质赋予沥青黏性和温度稳定性，地沥青质含量高时，温度稳定性好，但其塑性降低，硬脆性增加。

此外，石油沥青中常含有一定量的固体石蜡，它会降低沥青的黏滞性、塑性、温度稳定性，所以石蜡是沥青中的有害成分。

（2）石油沥青的结构。

石油沥青中油分和树脂可以互相溶解，树脂能浸润地沥青质。石油沥青的结构是以地沥青质为核心，周围吸附部分树脂和油分的互溶物而构成的胶团，无数胶团分散在油分中而形成胶体结构。

石油沥青的各组分相对含量不同，形成的胶体结构也不同。

1）溶胶结构　油分和树脂含量较多，胶团间的距离较大，引力较小，相对运动较容易。这种结构的特点是流动性、塑性和温度敏感性大，黏性小，开裂后自行愈合能力强。

2）凝胶结构　地沥青质含量较多，胶团多，油分与树脂含量较少，胶团间的距离小，引力增大，相对移动较困难。这种结构的特点是黏性大，塑性和温度敏感性小，开裂后自行愈合能力差。建筑石油沥青多属于这种结构。

3）溶—凝胶结构　地沥青质含量适宜，胶团间的距离较近，相互间有一定的引力，形成介于溶胶结构和凝胶结构之间的结构。这种结构的性质也介于溶胶和凝胶之间。道路石油沥青多属于这种结构。

2. 石油沥青的技术性质

（1）黏滞性。

石油沥青的黏滞性又称黏性，它是反映石油沥青在外力作用下，抵抗变形的能力。石油沥青的黏滞性与其组分及所处环境的温度有关。一般地沥青质含量增大，其黏滞性增大；温度升高，其黏滞性降低。液态石油沥青的黏滞性用黏滞度表示，半固体或固体沥青的黏滞性用针入度表示。针入度是石油沥青划分牌号的主要依据。

黏滞度是指液体沥青在一定温度（25℃或60℃）下，经规定直径的孔洞（3.5mm或10mm）漏下50mL所需要的秒数。黏滞度常以符号 C_d^t 表示。其中 d 为孔洞直径，t 为温度。黏滞度越大，表示液态沥青在流动时内部阻力越大，即黏滞性越大。

针入度是指在温度为25℃的条件下，以质量100g的标准针，经5s沉入沥青中的深度（每深入0.1mm称为1度）。针入度值越大，说明半固态或固态沥青的粘滞性越小。

（2）塑性。

塑性是指石油沥青在外力作用下产生变形而不破坏，除去外力后，仍能保持变形后的形状的性质。是石油沥青的主要性能之一。

石油沥青的塑性与其组分、温度及拉伸速度等因素有关。树脂含量较多，塑性较大；温度升高，塑性增大；拉伸速度越快，塑性越大。

在常温下，塑性较好的沥青在产生裂缝时，由于自身特有的塑性而自行愈合，故塑性也反映了沥青开裂后的自愈能力。

石油沥青的塑性用延伸度表示。延伸度是将石油沥青标准试件在规定温度（25℃）和规定速度（5cm/min）的条件下在沥青延伸仪上进行拉伸，延伸度以试件拉断时的伸长值（cm）表示。石油沥青的延伸度越大，则塑性越好。

（3）温度敏感性。

温度敏感性是指石油沥青的粘滞性和塑性随温度升降而变化的性能。温度敏感性较小的沥青黏滞性、塑性随温度的变化较小。温度敏感性与其组分及含蜡量有关。沥青中地沥青质含量较多，其温度敏感性较小。在实际使用时往往加入滑石粉、石灰石粉等矿物填料，以减小其温度敏感性。沥青中含蜡量较多，则在温度较高时就发生流淌，在温度较低时又易变硬开裂。

温度敏感性用软化点来表示，即沥青受热由固态转变为具有一定流动性膏体时的温度。可通过环球法测定。将沥青试样装入规定尺寸的铜环中，上置规定尺寸和质量的钢球，放在水或甘油中，以每分钟升高 5℃ 的速度加热至沥青软化下垂达 25mm 时的温度（℃），即为沥青的软化点。软化点越高，表明沥青的温度敏感性越小。

另外，石油沥青的脆化点是反映温度敏感性的另一个指标，它是指沥青从高弹态向玻璃态转变的温度，该指标主要反映沥青的低温变形能力。

石油沥青的软化点不能太低，否则夏季易产生变形，甚至流淌；但也不能太高，否则品质太硬，不易施工，冬季易发生脆裂现象。在实际应用中希望得到高软化点和低脆化点的沥青，提高沥青的耐热性和耐寒性。

（4）大气稳定性。

大气稳定性是指石油沥青在热、阳光、氧气和潮湿等大气因素长期综合作用下，抵抗老化的性能。沥青在大气因素的长期综合作用下，逐渐失去黏滞性、塑性而变硬变脆的现象称为沥青的老化。沥青的大气稳定性可以通过测定加热损失、加热前后针入度、软化点等性质的改变值来表示。

以上 4 种性质是石油沥青材料的主要性质。此外，溶解度、闪点、燃点等也是评价石油沥青性能的依据。

溶解度是指石油沥青在三氯乙烯、四氯化碳或苯中溶解的百分率，以表示石油沥青中有效物质的含量，即纯净程度。石油沥青的不溶物会降低其性能。

闪点是指沥青加热至挥发出的可燃气体和空气的混合物，在规定条件下与火焰接触，初次闪火（有蓝色光）时的温度。

燃点是指沥青加热至挥发出的可燃气体和空气的混合物，与火焰接触能持续燃烧 5s 以上时的温度。

闪点和燃点的高低，表明沥青引起火灾或爆炸的可能性的大小，它关系到运输、贮存和加热使用方面的安全。各种沥青的最高加热温度都必须低于其闪点和燃点，为安全起见，沥青加热时还应与火焰隔离。

3. 技术标准和选用

按石油沥青技术标准，建筑石油沥青、道路石油沥青、防水防潮石油沥青和普通石油沥青划分为多种牌号，规格标准如表 10-1 所示。

从表 10-1 可以看出，三种石油沥青的牌号主要是依据针入度指标来划分的，并且每个牌号还必须同时满足相应的延伸度和软化点等指标的要求。牌号越大，则针入度越大（粘性越小），延伸度越大（塑性越好），软化点越低（温度敏感性越大）。

各品种石油沥青的技术标准　　　　　　　　　　　　**表 10-1**

质量指标	等级	道路石油沥青 JTG F40—2004							建筑石油沥青 GB/T 494—2010			防水防潮石油沥青 SH 0002—90				普通石油沥青 SY 1665—77 (1988 年确认)		
		160	130	110	90	70	50	30	40	30	10	3 号	4 号	5 号	6 号	75	65	55
针入度（25℃, 100g,1/10mm）		140~200	120~140	100~120	80~100	60~80	40~60	20~40	36~50	26~35	10~25	25~45	20~40	20~40	30~50	75	65	55
针入度指数 PI	A	−1.5~+1.0							—	—	—	≮3	≮4	≮5	≮6	—	—	—
	B	−1.8~+1.0																
延度（道路15℃，其他25℃），不小于(cm)	A、B	100					80	50	3.5	2.5	1.5	—	—	—	—	2	1.5	1
	C	80	80	60	50	40	30	20										
软化点（环球法,℃），不小于	A	38	40	43	45~44	46~45	49	55	60	75	95	85	90	100	95	60	80	100
	B	36	39	42	43~42	44~43	46	53										
	C	35	37	41	42	43	45	50										
溶解度(三氯乙烯，三氯甲烷或苯)，不小于(%)		99.5							99.0			98	98	95	92	98		
蒸发损失(道路 TFOT 或 RTFOT 后；其他 163℃，5h)，不大于(%)		±0.8							1	1	1	1	1	1	1	—	—	—
蒸发后针入度比,不小于(%)	A	48	54	55	57	61	63	65	65	65	65							
	B	45	50	52	54	58	60	62										
	C	40	45	48	50	54	58	60										
闪点（开口），不低于(℃)		230			245	260			260			250	270	270	270	230	230	230
脆点，不高于(℃)		—	—	—	—	—	—	—	—	—	—	−5	−10	−15	−20	—	—	—

选用沥青材料时，应根据工程性质、当地气候条件及所处工作环境来选用。

建筑石油沥青常用来制造油纸、油毡、防水涂料等，主要用于屋面、地下防水及沟槽防水、防腐蚀等工程。一般屋面用的沥青，软化点应比本地区屋面可能达到的最高温度高20~25℃，以避免夏季流淌。道路石油沥青主要用来拌制沥青混凝土或沥青砂浆，用于道路路面或车间地面等工程。道路石油沥青的牌号较多，选用时应注意不同的工程要求、施工方法和环境温度差别等。普通石油沥青含有较多的蜡，温度稳定性差，与软化点相同的建筑石油沥青相比，针入度较大、塑性较差，故在建筑工程上不宜直接使用，必须经过适当的改性处理后才能使用。

10.1.2　沥青的改性

建筑上使用的沥青应具备较好的综合性能，如在高温条件下有足够的强度和稳定性；在低温条件下有良好的弹性和塑性；在加工和使用条件下具有抗老化能力；与各种矿物填充料和结构表面有较强的粘附力；对基层变形有一定的适应性和耐疲劳性。但通常沥青本身不能完全满足这些要求，必然会影响到沥青防水材料的使用和寿命。所以通过对沥青进行氧化、乳化、催化，或加入橡胶、树脂和矿物填充料等对沥青进行改性处理。改性沥青可分为矿物填充料改性沥青、橡胶改性沥青、树脂改性沥青和橡胶树脂共混改性沥青等。

1. 矿物填充料改性

在沥青中加入一定量的矿物填充料，可以提高沥青的黏滞性和耐热性，减小沥青的温度敏感性，同时也可以减少沥青的用量。常用的矿物填充料有粉状和纤维状两类。粉状的有滑石粉、石灰石粉、白云石粉、粉煤灰、硅藻土和云母粉等；纤维状的有石棉绒、石棉粉等。矿物填充料的掺量一般为 $20\%\sim40\%$。

粉状矿物填充料易被沥青润湿，可直接混入沥青中，以提高沥青的大气稳定性和降低温度敏感性，常用来生产具有耐酸、耐碱、耐热和绝缘性能较好的沥青制品。

石棉绒呈纤维状，富有弹性，具有耐酸、耐碱、耐热性能，是热和电的不良导体，内部有很多微孔，吸油（沥青）量大，故可提高沥青的抗拉强度和热稳定性。

2. 树脂改性

用树脂改性石油沥青，可以改善沥青的强度、塑性、耐热性、耐寒性、粘结性和抗老化性等。用于石油沥青改性的树脂主要有无规聚丙烯（APP）、聚氯乙烯（PVC）、聚乙烯（PE）、古马隆树脂等。

（1）无规聚丙烯（APP）改性沥青。

APP 改性沥青具有良好的弹塑性、低温柔韧性、耐老化性和抗冲击等性能，容易与沥青混溶。它主要用于屋面防水卷材。

（2）环氧树脂改性沥青。

这类沥青改性后具有热固性材料的性质，强度和粘结力大大提高，但延伸性改变不大。一般用于屋面和厕所、浴室的修补。

（3）古马隆树脂改性沥青。

古马隆树脂呈黏稠液体或固体状，浅黄色至黑色，易溶于氯化烃、酯类、硝基苯等。将沥青加热脱水，在 $150\sim160℃$ 情况下，把古马隆树脂加入到熔化的沥青中，并不断搅拌，再升温至 $185\sim190℃$，保持一定时间，使之充分混合均匀，即得到古马隆树脂改性沥青。古马隆树脂掺量约为 40%，这种沥青的黏性较大，可以和 SBS 等材料一起用于自粘结油毡和沥青基胶粘剂。

3. 橡胶改性

沥青与橡胶相溶性较好，改性后的沥青高温变形小，低温时具有一定的塑性。所用的橡胶有天然橡胶、合成橡胶（如氯丁橡胶、丁基橡胶、丁苯橡胶等）和再生橡胶。

（1）丁基橡胶改性。

丁基橡胶改性沥青具有优异的耐分解性，并具有较好的耐热性和低温抗裂性。多用于道路路面工程和制作密封材料与涂料等。

（2）氯丁橡胶改性。

氯丁橡胶可以使沥青的气密性、低温柔性、耐化学腐蚀性、耐光、耐臭氧性、耐候性和耐燃烧性大大改善。

（3）再生橡胶改性。

再生橡胶改性沥青具有一定的弹性、塑性、耐光、耐臭氧性、良好的粘结性、气密性、低温柔韧性和抗老化等性能，而且价格低廉。主要用于制作防水卷材、片材、密封材料、胶粘剂和涂料等。

（4）SBS改性沥青。

SBS改性沥青具有塑性好、抗老化性能好、热不粘冷不脆等特性。SBS的掺量一般为5％～10％，主要用于制作防水卷材，也可用于密封材料或防水涂料等，是目前世界上应用最广的改性沥青材料之一。

4.橡胶和树脂改性

橡胶和树脂用于沥青改性，使沥青同时具有橡胶和树脂的特性，且橡胶和树脂的混溶性较好，故改性效果良好。

橡胶和树脂共混改性沥青采用不同的原料品种、配比、制作工艺，可以得到不同性能的产品，主要用于防水卷材、片材、密封材料和涂料等。

10.2 防 水 卷 材

防水卷材是建筑工程重要的防水材料之一。根据其主要防水组成材料分为沥青防水卷材、高聚物改性沥青防水卷材和高分子防水卷材三大类。沥青防水卷材是传统的防水材料，但其胎体材料已有很大的发展，在我国目前仍广泛应用于地下、水工、工业及其他建筑物和构筑物中，特别是被普遍应用于屋面工程中。高聚物改性沥青防水卷材和高分子防水卷材性能优异，代表了新型防水卷材的发展方向。

10.2.1 沥青防水卷材

由于沥青具有良好的防水性能，而且资源丰富、价格低廉，所以沥青防水卷材的应用在我国占据主导地位。沥青防水卷材最具代表性的是纸胎石油沥青防水卷材，简称油毡，是以石油沥青浸渍原纸，再涂盖其两面，表面涂或撒隔离材料而制成的。油毡按卷重和物理性能分为Ⅰ型、Ⅱ型和Ⅲ型。Ⅰ型每卷重不小于17.5kg、Ⅱ型每卷重不小于22.5kg、Ⅲ型每卷重不小于28.5kg。油毡幅宽为1000mm，每卷油毡的总面积为（20±0.3）m²。Ⅰ、Ⅱ型油毡适用于辅助防水、保护隔离层、临时性建筑防水、防潮及包装等。Ⅲ型油毡适用于屋面工程的多层防水。油毡的物理性能应符合表10-2规定。

石油沥青纸胎油毡物理性能（GB 326—2007）　　　　　　　表10-2

项　目		指　标		
		Ⅰ型	Ⅱ型	Ⅲ型
单位面积浸涂材料总量（g/m²）≥		600	750	1000
不透水性	压力（MPa）　≥	0.02	0.02	0.10
	保持时间（min）　≥	20	30	30
吸水率（％）　≤		3.0	2.0	1.0
耐热度		（85±2）℃，2h涂盖层无滑动、流淌和集中性气泡		
拉力（纵向）（N/50mm）　≥		240	270	340
柔度		（18±2）℃，绕φ20mm棒或弯板无裂纹		

注：本标准Ⅲ型产品物理性能要求为强制性的，其余为推荐性的。

　　为了克服纸胎沥青油毡耐久性差、抗拉强度低等缺点，可用玻璃布等代替纸胎。玻璃布胎沥青油毡是用石油沥青浸涂玻璃纤维织布的两面，再涂或撒隔离材料所制成的以无机纤维为胎体的沥青防水卷材。玻璃布胎油毡的抗拉强度、耐久性等均优于纸胎油毡，柔韧性好、耐腐蚀性强，适用于耐久性、耐蚀性、耐水性要求较高的工程（地下工程防水、防腐层、屋面防水以及金属管道，但热水管除外的防腐保护层等）。其技术指标见表10-3。

石油沥青玻璃布胎油毡技术指标 表 10-3

项　目		指　　　标	
		一 等 品	合 格 品
可溶物含量（g/m²）≥		420	380
耐热度（85±2℃），2h		无滑动、起泡现象	
不透水性	压力（MPa）	0.2	0.1
	时间不小于15min	无 渗 漏	
拉力（25±2℃）时纵向（N）　≥		400	360
柔　度	温度（℃）　≤	0	5
	弯曲直径30mm	无裂纹	
耐霉菌腐蚀性	重量损失（%）≤	2.0	
	拉力损失（%）≤	15	

10.2.2　高聚物改性沥青防水卷材

　　高聚物改性沥青防水卷材是指以纤维织物或塑料薄膜为胎体，以合成高分子聚合物改性沥青为涂盖层，以粉状、粒状、片状或薄膜材料为防粘隔离层制成的防水卷材。高聚物改性沥青防水卷材克服了沥青防水卷材的温度稳定性差、延伸率小、难以适应基层开裂及伸缩的缺点，具有高温不流淌、低温不脆裂、拉伸强度较高、延伸率较大等优异性能。

　　1. 弹性体改性沥青防水卷材（SBS）

　　弹性体改性沥青防水卷材（SBS）是以聚酯毡、玻纤增强聚酯毡为胎基，以苯乙烯-丁二烯-苯乙烯（SBS）热塑性弹性体作石油沥青改性剂，两面覆以隔离材料所制成的防水卷材，简称SBS卷材。SBS卷材按胎基分为聚酯毡（PY）、玻纤毡（G）、玻纤增强聚酯毡（PYG）；按上表面隔离材料分为聚乙烯膜（PE）、细砂（S）、矿物粒料（M）；按下表面隔离材料分为细砂（S）、聚乙烯膜（PE）；按材料性能分为Ⅰ型和Ⅱ型。

　　SBS卷材公称宽度为1000mm。聚酯毡卷材公称厚度为3mm、4mm、5mm。玻纤毡卷材公称厚度为3mm、4mm。玻纤增强聚酯毡卷材公称厚度为5mm。每卷卷材公称面积为7.5m²、10m²、15m²。

　　弹性体改性沥青防水卷材主要适用于工业与民用建筑的屋面和地下防水工程，尤其适用于低温寒冷地区和结构变形频繁的建筑防水工程。玻纤增强聚酯毡卷材可用于机械固定单层防水，但需通过抗风荷载试验。玻纤毡卷材适用于多层防水中的底层防水。外露使用采用上表面隔离材料为不透明的矿物粒料的防水卷材。地下工程防水采用表面隔离材料为细砂的防水卷材。SBS卷材的性能应符合表10-4的规定。

SBS 弹性体改性沥青防水卷材性能（GB 18242—2008）　　　表 10-4

序号	项　目			指　标				
				I		II		
				PY	G	PY	G	PYG
1	可溶物含量（g/m²）≥		3mm	2100				—
			4mm	2900				—
			5mm	3500				
			试验现象	—	胎基不燃	—	胎基不燃	—
2	耐热性		℃	90		105		
			≤mm	2				
			试验现象	无流淌、滴落				
3	低温柔性（℃）			—20		—25		
				无裂缝				
4	不透水性 30min			0.3MPa	0.2MPa	0.3MPa		
5	拉力	最大峰拉力（N/50mm）≥		500	350	800	500	900
		次高峰拉力（N/50mm）≥		—	—	—	—	800
		试验现象		拉伸过程中，试件中部无沥青涂盖层开裂或与胎基分离现象				
6	延伸率	最大峰时延伸率（%）≥		30	—	40	—	—
		第二峰时延伸率（%）≥		—	—	—	—	15
7	浸水后质量增加（%）≤	PE、S		1.0				
		M		2.0				
8	热老化	拉力保持率（%）≥		90				
		延伸率保持率（%）≥		80				
		低温柔性（%）		—15		—20		
				无裂缝				
		尺寸变化率（%）≤		0.7	—	0.7	—	0.3
		质量损失（%）≤		1.0				
9	渗油性	张数≤		2				
10	接缝剥离强度（N/mm）≥			1.5				
11	钉杆撕裂强度[a]（N）≥			—				300
12	矿物粒料黏附性[b]（g）≤			2.0				
13	卷材下表面沥青涂盖层厚度[c]（mm）≥			1.0				
14	人工气候加速老化	外观		无滑动、流淌、滴落				
		拉力保持率（%）≥		80				
		低温柔性（℃）		—15		—20		
				无裂缝				

注：a 仅适用于单层机械固定施工方式卷材。
　　b 仅适用于矿物粒料表面的卷材。
　　c 仅适用于热熔施工的卷材。

2. 塑性体改性沥青防水卷材（APP）

塑性体改性沥青防水卷材，是以聚酯毡、玻纤毡、玻纤增强聚酯毡为胎基，无规聚丙烯（APP）或聚烯烃类聚合物（APAO、APO）作改性剂，两面覆以隔离材料所制成的建筑防水卷材，统称 APP 卷材。

塑性体改性沥青防水卷材主要适用于工业与民用建筑的屋面和地下防水工程，尤其适用于炎热地区的建筑防水施工，以及对耐热性能有特殊要求的防水工程。玻纤增强聚酯毡卷材可用于机械固定单层防水，但需通过抗风荷载试验。玻纤毡卷材适用于多层防水中的底层防水。外露使用应采用上表面隔离材料为不透明的矿物粒料的防水卷材。地下工程防水应采用表面隔离材料为细砂的防水卷材。APP 卷材的性能应符合表 10-5 的规定。

APP 塑性体改性沥青防水卷材性能（GB 18243—2008）　　　　表 10-5

序号	项　目			指　标				
				Ⅰ		Ⅱ		
				PY	G	PY	G	PYG
1	可溶物含量 （g/m²）≥	3mm		2100				—
		4mm		2900				—
		5mm		3500				
		试验现象		—	胎基不燃	—	胎基不燃	
2	耐热性	℃		110		130		
		≤mm		2				
		试验现象		无流淌、滴落				
3	低温柔性（℃）			−7		−15		
				无裂缝				
4	不透水性 30min			0.3MPa	0.2MPa	0.3MPa		
5	拉力	最大峰拉力（N/50mm）≥		500	350	800	500	900
		次高峰拉力（N/50mm）≥		—				800
		试验现象		拉伸过程中，试件中部无沥青涂盖层开裂或与胎基分离现象				
6	延伸率	最大峰时延伸率（%）≥		25		40		—
		第二峰时延伸率（%）≥		—				15
7	浸水后质量增加 （%）≤	PE、S		1.0				
		M		2.0				
8	热老化	拉力保持率（%）≥		90				
		延伸率保持率（%）≥		80				
		低温柔性（%）		−2		−10		
				无裂缝				
		尺寸变化率（%）≤		0.7		0.7	—	0.3
		质量损失（%）≤		1.0				
9	接缝剥离强度（N/mm）≥			1.0				
10	钉杆撕裂强度[a]（N）≥			—				300

序号	项　目		指　标				
			I		II		
			PY	G	PY	G	PYG
11	矿物粒料粘附性b（g）≥		2.0				
12	卷材下表面沥青涂盖层厚度c（mm）≥		1.0				
14	人工气候加速老化	外观	无滑动、流淌、滴落				
		拉力保持率（%）　≥	80				
		低温柔性（℃）	—2		—10		
			无裂缝				

注：a 仅适用于单层机械固定施工方式卷材。

　　b 仅适用于矿物粒料表面的卷材。

　　c 仅适用于热熔施工的卷材。

10.2.3　高分子防水卷材

高分子防水卷材是以合成橡胶、合成树脂或两者的共混体为基料，加入适量的助剂和填充料等，经过特定工序制成的。高分子防水卷材具有拉伸强度高、断裂伸长率大、抗撕裂强度高、耐热性能好、低温柔性好、耐腐蚀、耐老化以及可以冷施工等一系列优异性能，是我国大力发展的新型高档防水卷材。

1. 高分子防水卷材分类

根据《高分子防水材料　第一部分：片材》GB 18173.1—2006 规定，高分子防水卷材分类如表 10-6。均质片是指以同一种或一组高分子材料为主要材料，各部位截面材质均匀一致的防水片材；复合片是指以高分子合成材料为主要材料，复合织物等为保护或增强层，以改变尺寸稳定性和力学特性，各部位截面结构一致的防水片材；点粘片是指均质片材与织物等保护层多点粘接在一起，粘接点在规定区内均匀分布，利用粘接点的间距，使其具有切向排水功能的防水片材。

高分子防水卷材的分类　　　　　　　　　　　　表 10-6

分　类		代　号	主　要　原　材　料
均质片	硫化橡胶类	JL1	三元乙丙橡胶
		JL2	橡胶（橡塑）共混
		JL3	氯丁橡胶、氯磺化聚乙烯、氯化聚乙烯等
		JL4	再生胶
	非硫化橡胶类	JF1	三元乙丙橡胶
		JF2	橡胶（橡塑）共混
		JF3	氯化聚乙烯
	树脂类	JS1	聚氯乙烯等
		JS2	乙烯乙酸乙烯、聚乙烯等
		JS3	乙烯乙酸乙烯改性沥青共混等

分 类		代 号	主要原材料
复合片	硫化橡胶类	FL	三元乙丙、丁基、氯丁橡胶、氯磺化聚乙烯等
	非硫化橡胶类	FF	氯化聚乙烯、三元乙丙、丁基、氯丁橡胶、氯磺化聚乙烯等
	树脂类	FS1	聚氯乙烯等
		FS2	聚乙烯、乙烯乙酸乙烯等
点粘片	树脂类	DS1	聚氯乙烯等
		DS2	乙烯乙酸乙烯、聚乙烯等
		DS3	乙烯乙酸乙烯改性沥青共混等

2. 高分子防水卷材规格尺寸及允许偏差

根据《高分子防水材料 第一部分：片材》GB 18173.1—2006 规定，高分子防水卷材规格尺寸及允许偏差如表10-7。

高分子防水卷材的规格尺寸及允许偏差 　　　表 10-7

项 目	厚度（mm）	宽度（m）	长度（m）
橡胶类	1.0、1.2、1.5、1.8、2.0	1.0、1.1、1.2	20 以上
树脂类	0.5 以上	1.0、1.2、1.5、2.0	
允许偏差	±10%	±1%	不允许出现负值

注：橡胶类在每卷20m长度中允许有一处接头，且最小块长度应不小于3m，并应加长15cm备作搭接；树脂类片材在每卷至少20m长度内不允许有接头。

3. 物理性能

均质片的性能应符合表10-8的规定；复合片的性能应符合表10-9的规定；点粘片的性能应符合表10-10的规定。对于整体厚度小于1.0mm的树脂类复合片材，扯断伸长率不得小于50%，其他性能达到规定值的80%以上。对于聚酯胎上涂覆三元乙丙胶的FF类片材，扯断伸长率不得小于100%，其他性能应符合表10-9的规定。

均质片的物理性能　　　表 10-8

项 目		指　标									
		硫化橡胶类				非硫化橡胶类			树脂类		
		JL1	JL2	JL3	JL4	JF1	JF2	JF3	JS1	JS2	JS3
断裂拉伸强度（MPa）	常温 ≥	7.5	6.0	6.0	2.2	4.0	3.0	5.0	10	16	14
	60℃ ≥	2.3	2.1	1.8	0.7	0.8	0.4	1.0	4	6	5
扯断伸长率（%）	常温 ≥	450	400	300	200	400	200	200	200	550	500
	−20℃ ≥	200	200	170	100	200	100	100	15	350	300
撕裂强度（kN/m）≥		25	24	23	15	18	10	10	40	60	60
不透水性（30min）		0.3MPa 无渗漏		0.2MPa 无渗漏		0.3MPa 无渗漏		0.2MPa 无渗漏	0.3MPa 无渗漏		
低温弯折温度（℃）≤		−40	−30	−30	−20	−30	−20	−20	−20	−35	−35

项 目		指 标									
		硫化橡胶类				非硫化橡胶类			树脂类		
		JL1	JL2	JL3	JL4	JF1	JF2	JF3	JS1	JS2	JS3
加热伸缩量（mm）	延伸≤	2	2	2	2	2	4	4	2	2	2
	收缩≤	4	4	4	4	4	6	10	6	6	6
热空气老化（80℃×168h）	断裂拉伸强度保持率（%）≥	80	80	80	80	90	60	80	80	80	80
	扯断伸长率保持率（%）≥	70	70	70	70	70	70	70	70	70	70
耐碱性（饱和 Ca (OH)$_2$ 溶液常温×168h）	断裂拉伸强度保持率（%）≥	80	80	80	80	80	70	70	80	80	80
	扯断伸长率保持率（%）≥	80	80	80	80	90	80	80	80	90	90
臭氧老化（40℃×168h）	伸长率40%，500×10^{-8}	无裂纹	—	—	—	无裂纹	—	—	—	—	—
	伸长率20%，500×10^{-8}	—	无裂纹	—	—	—	—	—	—	—	—
	伸长率20%，100×10^{-8}	—	—	无裂纹	无裂纹	—	无裂纹	无裂纹	—	—	—
人工气候老化	断裂拉伸强度保持率（%）≥	80	80	80	80	80	70	80	80	80	80
	扯断伸长率保持率（%）≥	70	70	70	70	70	70	70	70	70	70
粘接剥离强度（片材与片材）	N/mm（标准试验条件）≥	1.5									
	浸水保持率（常温×168h）%≥	70									

注：人工气候老化和粘合性能项目为推荐项目；非外露使用可以不考核臭氧老化、人工气候老化、加热伸缩量、60℃断裂拉伸强度性能。

复合片的物理性能　　　　　　　表 10-9

项 目		指 标			
		硫化橡胶类 FL	非硫化橡胶类 FF	树脂类	
				FS1	FS2
断裂拉伸强度（N/cm）	常温 ≥	80	60	100	60
	60℃ ≥	30	20	40	30
扯断伸长率（%）	常温 ≥	300	250	150	400
	−20℃ ≥	150	50	10	10

续表

项 目		指 标			
		硫化橡胶类 FL	非硫化橡胶类 FF	树脂类	
				FS1	FS2
撕裂强度（N）≥		40	20	20	20
不透水性（0.3MPa，50min）		无渗漏	无渗漏	无渗漏	无渗漏
低温弯折温度（℃）≤		−35	−20	−30	−20
加热伸缩量 （mm）	延伸≤	2	2	2	2
	收缩≤	4	4	4	4
热空气老化 （80℃×168h）	断裂拉伸强度保持率（%）≥	80	80	80	80
	扯断伸长率保持率（%）≥	70	70	70	70
耐碱性(质量分数为10%的 Ca(OH)₂溶液,常温×168h)	断裂拉伸强度保持率（%）≥	80	60	80	80
	扯断伸长率保持率（%）≥	80	60	80	80
臭氧老化（40℃×168h），200×10⁻⁸		无裂纹	无裂纹	—	—
人工气候老化	断裂拉伸强度保持率（%）≥	80	70	80	80
	扯断伸长率保持率（%）≥	70	70	70	70
粘结剥离强度 （片材与片材）	N/mm（标准试验条件）≥	1.5	1.5	1.5	1.5
	浸水保持率（常温×168h）（%）	70	70	70	70
复合强度（FS2型表层与芯层）（N/mm）≥		—	—	—	1.2

注：人工气候老化和粘合性能项目为推荐项目；非外露使用可以不考核臭氧老化、人工气候老化、加热伸缩量、60℃断裂拉伸强度性能。

点粘片的物理性能　　　　　　　　　　　　　　　表 10-10

项 目		指 标		
		DS1	DS2	DS3
断裂拉伸强度（MPa）	常温≥	10	16	14
	60℃≥	4	6	5
扯断伸长率（%）	常温≥	200	550	500
	−20℃≥	15	350	300
撕裂强度（kN/m）≥		40	60	60
不透水性（30min）		0.3MPa 无渗漏		
低温弯折温度（℃）≤		−20	−35	−35
加热伸缩量（mm）	延伸≤	2	2	2
	收缩≤	6	6	6
热空气老化 （80℃×168h）	断裂拉伸强度保持率（%）≥	80	80	80
	扯断伸长率保持率（%）≥	70	70	70
耐碱性(质量分数为10%的 Ca(OH)₂溶液,常温×168h)	断裂拉伸强度保持率（%）≥	80	80	80
	扯断伸长率保持率（%）≥	80	90	90

项　目		指　标		
		DS1	DS2	DS3
人工气候老化	断裂拉伸强度保持率（%） ≥	80	80	80
	扯断伸长率保持率（%） ≥	70	70	70
粘接点	剥离强度（kN/m） ≥	1		
	常温下断裂拉伸强度（N/cm） ≥	100	60	
	常温下扯断伸长率（%） ≥	150	400	
粘接剥离强度 （片材与片材）	N/mm（标准试验条件） ≥	1.5		
	浸水保持率（常温×168h）（%） ≥	70		

注：人工气候老化和粘合性能项目为推荐项目；非外露使用可以不考核臭氧老化、人工气候老化、加热伸缩量、60℃断裂拉伸强度性能。

4. 常用的高分子防水卷材

三元乙丙橡胶防水卷材具有优良的耐候性、耐臭氧性和耐热性，还具有抗老化性好、质量轻、抗拉强度高、断裂伸长率大、低温柔韧性好及耐酸碱腐蚀等优点，使用寿命达20年以上。可用于防水要求高、耐久年限长的各类防水工程。

聚氯乙烯防水卷材具有抗拉强度高、断裂伸长率大、低温柔韧性好、使用寿命长及尺寸稳定、耐热、耐腐蚀等较好的特性。适用于工业与民用建筑的屋面防水工程，地下防水工程及防腐工程。

氯化聚乙烯—橡胶共混防水卷材不仅具有氯化聚乙烯所特有的高强度和优异的耐臭氧、耐老化性能，而且具有橡胶类材料所特有的高弹性、高延伸性和良好的低温柔性。特别适用于寒冷地区或变形较大的建筑防水工程，也可用于保护层的屋面、地下室、贮水池等防水工程。

10.3 防 水 涂 料

防水涂料是指常温下呈黏稠状态，涂布在结构物表面，经溶剂或水分挥发，或各组分间的化学反应，形成具有一定弹性的连续、坚韧的薄膜，使基层表面与水隔绝，起到防水和防潮作用的物质。广泛应用于工业与民用建筑的屋面防水工程、地下混凝土工程的防潮防渗等。

防水涂料按成膜物质的主要成分分为沥青类防水涂料、高聚物改性沥青防水涂料和高分子防水涂料三类；按涂料的介质不同，又可分为溶剂型、乳液型和反应型三类。

10.3.1 沥青类防水涂料

1. 沥青胶

沥青胶又称玛琦脂，是在沥青中加入滑石粉、云母粉、石棉粉、粉煤灰等填充料加工而成的，分冷热用两种，分别称为冷沥青胶（冷玛琦脂）和热沥青胶（热玛琦脂），两者又均有石油沥青胶及煤沥青胶两类。石油沥青胶适用于粘贴石油沥青类卷材，煤沥青胶适用于粘贴煤沥青类卷材。加入填充料是为了提高耐热性、增加韧性、降低低温脆性及减少沥青的用量，通常掺量为10%～30%。

沥青胶的标号以耐热度表示，如"S—60"指石油沥青胶的耐热度为60℃，"J—60"指煤沥青胶的耐热度为60℃，其余按此类推。

沥青胶的标号及适用范围见表10-11所示。

沥青胶的标号（耐热度）及适用范围　　　　　　　　　表 10-11

沥青胶种类	标号	适 用 范 围	
		屋面坡度（%）	历年室外极端最高温度（℃）
石油沥青胶	S—60	1～3	＜38
	S—65		38～41
	S—70		41～45
	S—65	3～15	＜38
	S—70		38～41
	S—75		41～45
	S—75	15～25	＜38
	S—80		38～41
	S—85		41～45
煤沥青胶	J—55	1～3	＜38
	J—60		38～41
	J—65		41～45
	J—60	3～10	＜38
	J—65		38～41

注：1. 屋面坡度≤3%或油毡屋面上有整体保护层时，沥青胶标号可低5号；

2. 屋面坡度＞25%或屋面受其他热源影响时，沥青胶标号应适当提高。

2. 冷底子油

冷底子油是用建筑石油沥青加入溶剂配制而成的一种沥青溶液。冷底子油黏度小，涂刷后能很快渗入混凝土、砂浆或木材等材料的毛细孔隙中，溶剂挥发，沥青颗粒则留在基底的微孔中，与基底表面牢固结合，并使基底具有一定的憎水性，为粘贴同类防水卷材创造有利条件。若在冷底子油层上铺热沥青胶粘贴卷材时，可使防水层与基层粘贴牢固。由于形成的涂膜较薄，一般不单独作为防水材料使用，往往仅作为某些防水材料的配套材料使用。

3. 水乳型沥青防水涂料

水乳型沥青防水涂料即水性沥青防水涂料。是将石油沥青在乳化剂水溶液作用下，经乳化机（搅拌机）强烈搅拌而成的一种冷施工的防水涂料。沥青在搅拌机的作用下，被分散成1～6μm的微小颗粒，并被乳化剂包裹起来悬浮在水中，涂到基层上后，水分逐渐蒸发，沥青颗粒凝聚成膜，形成了均匀、稳定、粘结牢固的防水层。

制作乳化沥青的乳化剂是表面活性剂，分为离子型（包括阳离子型、阴离子型及两性离子型）和非离子型两大类。目前使用较多是阴离子型和非离子型。

水乳型沥青防水涂料分厚质防水涂料和薄质防水涂料。厚质防水涂料常温时为膏体或黏稠液体，不具有自流平能力，一次施工厚度可达3mm以上。薄质防水涂料常温时为液体，具有自流平能力，一次施工厚度不能达到较大的厚度（厚度在 1mm 以下），需要多层涂刷才能满足涂层厚度要求。

乳化沥青主要优点是可以冷施工，不需要加热，避免了采用热沥青施工可能造成的烫伤、中毒等事故，还可以在潮湿的基层上使用，具有较大的粘结力，可以减轻施工人员的劳动强度，提高工作效率，加快施工进度，价格便宜，施工机具容易清洗，因此在沥青基涂料中占有 60％以上的市场。乳化沥青的另一优点是与一般的橡胶乳液、树脂乳液具有良好的相溶性，而且混溶以后的性能比较稳定，能显著改善乳化沥青耐高温性能和低温柔性，因此乳化的改性沥青技术近年来发展较快。但是乳化沥青材料的稳定性不如溶剂型涂料和热熔型涂料，储存时间一般不宜超过半年，储存时间过长容易分层变质，变质后的乳化沥青不能使用。一般不能在 0℃以下施工和使用。在乳化沥青中添加抗冻剂后可以在低温下储存和运输，但会使价格提高。

目前，国内用量最大的薄质乳化沥青防水涂料有氯丁胶乳沥青防水涂料，其次还有丁苯胶乳薄质沥青防水涂料、丁腈胶乳薄质沥青防水涂料、SBS 改性乳化沥青薄质防水涂料、再生胶乳化沥青薄质防水涂料等。

10.3.2 高聚物改性沥青防水涂料

高聚物改性沥青防水涂料是以沥青为基料，用合成高分子聚合物进行改性，制成的水乳型或溶剂型防水涂料。品种有再生橡胶改性沥青防水涂料、水乳型氯丁橡胶沥青防水涂料和 SBS 橡胶沥青防水涂料等。这类涂料由于用橡胶进行改性，所以在柔韧性、抗裂性、拉伸强度、耐高低温性能、使用寿命等方面比沥青基涂料都有很大改善，具有成膜快、强度高、耐候性和抗裂性好、难燃、无毒等优点，适用于 II 级及以下防水等级的屋面、地面、地下室和卫生间等部位的防水工程。

1. 氯丁橡胶沥青防水涂料

氯丁橡胶沥青防水涂料分为溶剂型和水乳型两种。溶剂型氯丁橡胶沥青防水涂料是氯丁橡胶和石油沥青溶化于甲基苯或二甲苯而形成的一种混合胶体溶液，主要成膜物质是氯丁橡胶和石油沥青。溶剂型氯丁橡胶沥青防水涂料技术性能见表 10-12 所示。

溶剂型氯丁橡胶沥青防水涂料技术性能　　　　　　表 10-12

项　　目	性　能　指　标
外　　观	黑色黏稠液体
耐热性（85℃，5h）	无变化
粘结力（MPa）	＞0.25
低温柔韧性（−40℃，1h，绕 ϕ5mm 圆棒弯曲）	无裂纹
不透水性（动水压 0.2MPa，3h）	不透水
抗裂性（基层裂缝≤0.8mm）	涂膜不裂

水乳型氯丁橡胶沥青防水涂料是以阳离子型氯丁胶乳与阳离子型石油沥青乳液混合，稳定分散在水中而制成的一种乳液型防水涂料。具有成膜快、强度高、耐候性好、抗裂性好、难燃、无毒等优点。水乳型氯丁橡胶沥青防水涂料技术性能见表 10-13 所示。

水乳型氯丁橡胶沥青防水涂料技术性能 表 10-13

项　　目		性 能 指 标
外观		深棕色乳状液
黏度（Pa·s）		0.25
含固量（%）		≥43
耐热性（80℃，5h）		无变化
粘结力（MPa）		≥0.2
低温柔韧性（−15℃）		不断裂
不透水性（动水压 0.1～0.2MPa，0.5h）		不透水
耐碱性（在饱和 Ca(OH)₂ 溶液中浸 15d）		表面无变化
抗裂性（基层裂缝宽度≤2mm）		涂膜不裂
涂膜干燥时间（h）	表干	≤4
	实干	≤24

2. 水乳型再生橡胶防水涂料

水乳型再生橡胶防水涂料（简称 JG—2 防水冷胶料）是水乳型双组分（A 液、B 液）防水冷胶结料。A 液为乳化橡胶，B 液为阴离子型乳化沥青，两液分别包装，现场配制使用。涂料为黑色黏稠液体，无毒。经涂刷或喷涂后形成具有弹性的防水薄膜，温度稳定性好，耐老化性及其他各项技术性能均优于纯沥青和玛琋脂。可以冷操作，加衬中碱玻璃布或无纺布作防水层，能提高抗裂性能。适用于屋面、墙体、地面、地下室、冷库的防水防潮，也可用于嵌缝及防腐工程等。

10.3.3 高分子防水涂料

高分子防水涂料是以合成橡胶或合成树脂为主要成膜物质制成的单组分或多组分的防水涂料。比沥青基及改性沥青基防水涂料具有更好的弹性和塑性、耐久性及耐高低温性能。品种有聚氨酯防水涂料、石油沥青聚氨酯防水涂料、硅橡胶防水涂料和丙烯酸酯防水涂料等。

1. 聚氨酯防水涂料

聚氨酯防水涂料〔按组分分为单组分（S）、多组分（M）…〕

聚氨酯防水涂料固化时几乎不产生体积收缩，易成厚膜，操作简便，弹性好、延伸率大，并具有优异的耐候、耐油、耐磨、耐臭氧、耐海水、不燃烧、使用年限长等性能，在中高级建筑的卫生间、水池及地下室防水工程和有保护层的屋面防水工程中得到广泛应用。其主要技术性能见表 10-14、表 10-15 所示。

单组分聚氨酯防水涂料的主要技术性质 表 10-14

项　　目		I	II
拉伸强度（MPa）≥		1.9	2.45
断裂伸长率（%）≥		550	450
撕裂强度（N/mm）≥		12	14
低温弯折性（℃）≤		−40	
不透水性 0.3MPa，30min		不透水	
固体含量（%）≥		80	
干燥时间（h）		表干≤12，实干≤24	
加热伸缩率（%）	≤	1.0	
	≥	−4.0	
潮湿基面粘结强度ᵃ（MPa）≥		0.50	

注：a 仅用于地下工程潮湿基面时要求。

多组分聚氨酯防水涂料的主要技术性质　　　　表 10-15

项　　目	I	II
拉伸强度（MPa）≥	1.9	2.45
断裂伸长率（%）≥	450	450
撕裂强度（N/mm）≥	12	14
低温弯折性（℃）≤	−35	
不透水性 0.3MPa，30min	不透水	
固体含量（%）≥	92	
干燥时间（h）	表干≤8，实干≤24	
加热伸缩率（%）　≤	1.0	
加热伸缩率（%）　≥	−4.0	
潮湿基面粘结强度[a]（MPa）≥	0.50	

注：a　仅用于地下工程潮湿基面时要求。

2. 石油沥青聚氨酯防水涂料

石油沥青聚氨酯防水涂料是双组分反应固化型的高弹性、高延伸的防水涂料，其中甲组分是以聚醚树脂和二异氰酸酯等原料，经氢转移加聚合反应制成含有端异氰酸酯基的氨基甲酸酯预聚物；乙组分是由硫化剂、催化剂，经调配的石油沥青及助溶剂等材料，经真空脱水、混合搅拌和研磨分散等工序加工制成。甲乙组分混合后经固化反应形成无毒、无异味、连续、弹性、无缝、整体的涂膜防水层。

石油沥青聚氨酯防水涂料操作简便，具有足够的拉伸强度和延伸能力及弹性，对防水基层伸缩或开裂变形的适应性较强；施工过程中，容易成膜，特别是对于复杂形状、管道纵横和变截面的基层表面容易施工，便于提高建筑工程的防水抗渗功能，保证防水工程质量。适用于外防外刷的地下室防水工程和厕浴间、喷水池、水渠等防水工程，也可用于有刚性保护层的屋面防水工程。

3. 硅橡胶防水涂料

硅橡胶防水涂料是以硅橡胶乳液为基本材料和其他合成高分子乳液，掺入无机填料和各种助剂配制而成的乳液型防水涂料。

硅橡胶防水涂料可形成抗渗性较高的防水膜，以水为分散介质，无毒、无味、不燃，安全性好，可在潮湿基层上施工、成膜速度快，耐候性好，涂膜无色透明、可配成各种颜色，具有优良的耐水性、延伸性、耐高低温性能、耐化学微生物腐蚀性，可以冷施工。适用于地下工程、输水和贮水构筑物的防水、防潮，各类建筑的厨房、厕所、卫生间及楼地面的防水，防水等级为Ⅲ、Ⅳ级的屋面防水，也可用做Ⅰ、Ⅱ级屋面多道防水设防中的一道防水层。其主要技术性能见表 10-16 所示。

硅橡胶防水涂料主要性能　　　　表 10-16

项　　目	性　　能
pH	8
固体含量	1 号：41.8%　　2 号：66.0%
表干时间	<45min

项　　目	性　　能
黏度（涂一4杯）	1号：1min 08s　　2号：3min 54s
抗渗性	迎水面1.1～1.5MPa，恒压一周无变化，背水面0.3～0.5MPa
抗裂性	4.5～6mm（涂膜厚0.4～0.5mm）
延伸率	640%～1000%
低温柔性	−30℃冰冻10d后绕φ3mm棒不裂
粘结强度	0.57MPa
耐热	100±1℃，6h不起鼓，不脱落
耐老化	人工老化168h，不起鼓、不起皱、无脱落，延伸率仍达530%

10.4　密　封　材　料

建筑密封材料（又称嵌缝材料）是指能够承受位移以达到气密、水密目的而嵌入建筑接缝中的材料。密封材料具有良好的粘结性、耐老化性和温度适应性；并具有一定的强度、弹塑性，能够长期经受被粘构件的收缩与振动而不破坏。密封材料能连接和填充建筑上的各种接缝、裂缝和变形缝。

10.4.1　密封材料的分类和选用

建筑密封材料的分类如图10-1。密封材料的选用一般需要考虑：①密封材料的粘结性能，即根据构件的材质、表面状态和性质来选用具有良好粘结性能的密封材料，同时应

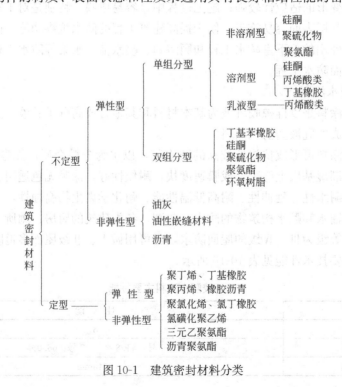

图10-1　建筑密封材料分类

考虑耐疲劳性和耐老化性能；②密封材料的使用部位，因建筑中不同部位的接缝，对密封材料的要求各不相同，应根据实际情况来选用。

10.4.2 常用的密封材料

1. 改性沥青嵌缝油膏

改性沥青嵌缝油膏是以石油沥青为基料，加入改性材料及填充料混合制成的。具有粘结性好、延伸率高及良好的防水防潮性能。可用作预制大型屋面板四周及槽形板、空心板端头、缝等处的嵌缝材料；大板、金属、墙板的嵌缝密封材料以及混凝土跑道、车道、桥梁和各种构筑物伸缩缝、沉降缝等处的嵌填材料。

2. 聚硫橡胶密封膏

聚硫橡胶密封膏是以 LP 液态聚硫橡胶为基料，加入硫化剂、增塑剂、填充料等配制而成的均匀膏状体。

聚硫密封膏具有粘结力强、抗撕裂性强，耐候性、耐水性、低温柔韧性良好，适应温度范围宽（－40～90℃）等优点。聚硫橡胶密封膏分为高模量低伸长率（A 类）和低模量高伸长率（B 类）两类，其主要技术性能见表 10-17 所示。

聚硫橡胶密封膏的主要技术要求 　　　　　　　表 10-17

		A 类		B 类		
		一等品	合格品	优等品	一等品	合格品
低温柔性（℃）		－30		－40	－30	
拉伸粘结性	最大拉伸强度（MPa）	1.2	0.8		0.2	
	最大伸长率（%）不小于	100		400	300	200
拉伸—压缩循环性能	级别	8020	7010	9030	8020	7010
	2000 次后粘结破坏面积（%），不大于	25				

注：表中拉伸—压缩循环性能级别代号的前两位数字表示试件的加热处理温度，后两位数字表示拉伸—压缩率（%）。如 8020 表示试件的加热温度为 80℃，拉伸—压缩率为±20%。

聚硫橡胶密封膏适用于各类工业与民用建筑的防水密封，特别适用于长期浸泡在水中的工程、严寒地区的工程及受疲劳荷载作用的工程，施工性良好，价格适中，是一种应用非常广泛的密封材料。

3. 硅酮密封膏

硅酮密封膏大多是以硅氧烷聚合物为主体，加入适量的硫化剂、硫化促进剂以及填料等组成。具有优异的耐热性、耐寒性、耐候性和耐水性、耐拉压疲劳性强，与各种材料都有较好的粘结性能。

硅酮密封膏按组成分为醋酸型、醇型和酰胺型等；按用途分为建筑接缝用（F 类）和镶装玻璃用（G 类）两类。其中，F 类适用于预制混凝土墙板、水泥板、大理石板的外墙接缝，混凝土和金属框架的粘结，卫生间和公路接缝的防水密封等；G 类适用于镶嵌玻璃和建筑门、窗的密封。其主要技术要求见表 10-18 所示。

硅酮建筑密封膏的主要技术要求　　　　　　表 10-18

指标名称		F类		G类	
		优等品	合格品	优等品	合格品
低温柔性（℃）		−40			
拉伸粘结性		拉伸 200%	拉伸 160%	拉伸 160%	拉伸 125%
		粘结和内聚破坏面积，≤5%			
拉伸—压缩循环性能	级别	9030	8020	9030	8020
	2000 次后粘结和内聚破坏面积（%）≤	25			

4. 丙烯酸酯密封膏

丙烯酸酯密封膏是以丙烯酸酯树脂为基料，加入适量增塑剂、分散剂等配制而成的。分溶剂型和水乳型两种。

丙烯酸酯密封膏具有良好的耐候性、耐高温性，粘结强度高、延伸率大、耐酸碱性好，并具有良好的着色性，主要用于屋面、墙板、门、窗嵌缝；但它的耐水性不是很好，不宜用于长期浸泡在水中的工程；抗疲劳性较差，不宜用于频繁受振动的工程。其主要技术性能见表 10-19 所示。

丙烯酸酯建筑密封膏技术性能要求　　　　　　表 10-19

指标名称		优等品	一等品	合格品
低温柔性（℃）		−20	−30	−40
拉伸粘结性	最大拉伸强度（MPa）	0.02~0.05		
	最大伸长率（%）≥	400	250	150
拉伸—压缩循环性能	级别	7020	7010	7005
	2000 次后粘结破坏面积（%）≤	25		

5. 聚氨酯密封膏

聚氨酯密封膏分为双组分型和单组分型两种。双组分型是由多异氰酸酯与聚醚通过加聚反应制成预聚体，再加入固化剂、助剂等在常温下交联固化成的高弹性建筑用密封膏。具有模量低、延伸率大、弹性高、粘结性好、耐低温、耐水、耐酸碱、抗疲劳、使用年限长等优点。广泛用于屋面板、外墙板、混凝土建筑物沉降缝、伸缩缝的密封，阳台、窗框、卫生间等的防水密封以及排水管道、蓄水池、游泳池、道路桥梁等工程的接缝密封与渗漏修补。其主要技术要求见表 10-20 所示。

聚氨酯建筑密封膏的主要技术要求　　　　　　表 10-20

指标名称		优等品	一等品	合格品
低温柔性（℃）		−40		−30
拉伸粘结性	最大拉伸强度（MPa）	0.02		
	最大伸长率（%）≥	400		200
拉伸—压缩循环性能	级别	9030	8020	7020
	2000 次后粘结破坏面积（%）≤	25		

复 习 思 考 题

1. 从石油沥青的主要组分说明石油沥青三大指标之间的相互关系?

2. 石油沥青的主要技术性质是什么? 各用什么指标表示? 影响这些性质的主要因素有哪些?

3. 怎样划分石油沥青的牌号? 牌号大小与沥青主要技术性质之间的关系怎样?

4. 沥青为什么会发生老化? 如何延缓沥青的老化?

5. 与传统的沥青防水材料相比,高分子防水材料有什么优点?

6. 常用的防水涂料有哪些? 分别有什么特点?

7. 试述如何选用密封材料?

11 合成高分子材料

以高分子化合物为主要原料加工而成的制品称为合成高分子材料,建筑工程中通常用到以下三类:

(1)建筑塑料 以人造的或天然的高分子化合物为主要原料,在一定温度和压力下塑制成型,且在常温下保持形状不变。塑料在建筑领域中主要用作装饰与装修材料。

(2)胶粘剂 能够直接将两种材料牢固地粘结在一起的材料。

(3)涂料 能涂覆于物体表面并在一定条件下形成连续、完整膜层的材料。

11.1 建筑塑料及其制品

塑料以合成树脂为主要原料,加入填充剂、增塑剂、稳定剂、润滑剂、着色剂等添加剂,在一定的温度和压力下具有流动性,可塑制成各式制品,且在常温、常压下制品能保持其形状不变。用于建筑工程的塑料通常称为建筑塑料。塑料制品在建筑领域的应用已有40余年的历史,具有传统建筑材料不可比拟的优良性能,必将更多地取代部分传统的建筑材料。

11.1.1 塑料的组成和分类

1. 塑料的组成

塑料分为单组分的和多组分的,单组分塑料仅含有合成树脂;为了改善性能、降低成本,多数塑料还含有填充料、增塑剂、硬化剂、着色剂以及其他添加剂,故大多数塑料是多组分的。

(1)合成树脂。

合成树脂是塑料组成材料中的基本组分,简称树脂。树脂在塑料中主要起胶结作用,它不仅能自身胶结,还能将其他材料牢固地胶结在一起。树脂的种类、性质、用量不同,塑料的物理力学性质也不同,塑料的主要性质取决于所采用的树脂,塑料的名称也是按其所含树脂的名称来命名的。

树脂是有机高分子化合物,是由低分子量的有机化合物(单体)经聚合反应或缩聚反应生成。高分子化合物结构复杂,分子量大,一般都在数千以上,甚至高达上百万。树脂的分子结构一般分为线型结构(直线型、枝链型)和体型结构(网状结构)。

1)聚合反应(又称加聚反应) 由许多相同或不同的不饱和(具有双键或三键的碳原子)化合物(单体)在加热或催化剂的作用下,不饱和键断开,相互聚合形成链状高分子化合物。在反应过程中不产生副产物。合成物的化学组成和参与反应的单体的化学组成基本相同。如聚乙烯由乙烯结构单元重复连接而成:

$$nC_2H_4 \longrightarrow (C_2H_4)_n$$

式中 n 表示聚合度,它是衡量高分子化合物分子量的一个指标,聚合度越高,树脂的黏滞性越大，聚合树脂可从黏稠的液体转变为玻璃状的固体物质。聚合树脂的结构大多为线型。

建筑塑料中常用的聚合树脂有：聚乙烯、聚氯乙烯、聚苯乙烯、聚甲基丙烯酸甲酯、聚四氟乙烯等。

2）缩聚反应（又称缩合反应）　是由两种或两种以上的单体在加热或催化剂的作用下相互结合形成合成树脂，同时生成副产物（如水、酸、氨等）。由于温度和催化剂的不同，缩聚反应生成的合成树脂的结构可分为线型的或体型的。建筑塑料中常用的缩聚树脂有：酚醛树脂、脲醛树脂、三聚氰胺甲醛树脂、环氧树脂、聚酯树脂等。

在多组分塑料中，合成树脂含量约为 30％～60％。

（2）填充料。

填充料是建筑塑料中的重要成分，按一定的配方在建筑塑料中加入填充料，可以增加制品体积，降低成本（填充料价格低于合成树脂），提高强度和硬度，增加化学稳定性，改善加工性能。

常用的填充料有：木粉、滑石粉、石灰石粉、铝粉、石墨、云母、石棉、玻璃纤维等。多组分塑料中填充料的含量约为 40％～70％。

（3）增塑剂。

增塑剂可以提高建筑塑料可塑性和流动性，使其在较低的温度和压力下成型；还可以使塑料在使用条件下保持一定的弹性、韧性，改善塑料的低温脆性。

要求增塑剂必须与树脂均匀地混溶在一起（相溶性），在光、热和大气作用下不会使塑料产生破坏或脆性、褪色及气味（稳定性），浸入水中或其他液体中时，既不发胀，也不收缩。增塑剂一般是高沸点、不易挥发的液体或低熔点的固体有机化合物。常用的增塑剂有：邻苯二甲酸二丁酯、邻苯二甲酸二辛酯、石油磺酸苯酯、樟脑、二苯甲酮等。

（4）硬化剂。

硬化剂又称固化剂或熟化剂，主要作用是促进或调节合成树脂中的线型分子交联成体型分子，使树脂具有热固性，提高强度、硬度。常用的固化剂有胺类和过氧化物等。

（5）稳定剂。

稳定剂在建筑塑料加工过程中起到减缓反应速度，防止光、热、氧化等引起的老化作用，在使用过程中，可以避免过早发生降解、交联等现象，提高制品质量、延长使用寿命。常用的稳定剂有抗氧剂、热稳定剂等，如硬脂酸盐、铅白、环氧化物等。

（6）着色剂。

加入着色剂可使塑料具有鲜艳的色彩和光泽。可分为有机和无机两大类。对着色剂的要求是：色泽鲜明、着色力强、遮盖力强、分散性好、与塑料结合牢靠、不起化学反应、不变色等。常用的着色剂有：钛白粉、钛青蓝、联苯胺黄、甲苯胺红、灰黑、氧化铁红、群青、铬酸铅等。

（7）其他添加剂。

为使塑料能够满足某些特殊要求，具有更好的性能，还需要加入各种其他添加剂。如抗氧剂、紫外线吸收剂、防火剂、阻燃剂、抗静电剂、发泡剂和发泡促进剂等。

2. 塑料的分类

塑料的品种很多，分类方法也很多，通常按树脂的合成方法可分为聚合物塑料和缩聚物塑料；按照受热时所发生变化的不同，分为热塑性塑料和热固性塑料。热塑性塑料其分子结构主要是线型和支链型的，加热时分子活动能力增加，使塑料具有一定流动性，可加工成各种形状，冷却后分子重新冻结。只要树脂分子不发生降解、交联或解聚等变化，这一过程可以反复进行。热塑性塑料包括全部聚合树脂和部分缩聚树脂。热固性塑料在热和固化剂的作用下，会发生交联等化学反应，变成不熔不溶、体型结构的大分子，质地坚硬并失去可塑性。热固性塑料的成型过程是不可逆的，固化后的制品加热不再软化，高温下会发生降解而破坏，在溶剂中只溶胀而不溶解，不能反复加工。大部分缩聚树脂属于热固性塑料。

11.1.2 塑料的特点

建筑塑料与传统建筑材料相比，具有以下优良性能：

1. 表观密度小，比强度大

塑料的表观密度一般为 $0.9 \sim 2.2 g/cm^3$，约为铝的一半，混凝土的 $1/3$，钢材的 $1/4$，铸铁的 $1/5$，与木材相近。比强度高于钢材和混凝土，有利于减轻建筑物的自重，对高层建筑意义更大。

2. 加工方便

塑料可塑性强，成型温度和压力容易控制，工序简单，设备利用率高，可以采用多种方法模塑成型，切削加工，生产成本低，适合大规模机械化生产，可制成各种薄膜、板材、管材、门窗及复杂的中空异型材等。

3. 化学稳定性良好

塑料对酸、碱、盐等化学品抗腐蚀能力要比金属和一些无机材料好，在空气中也不发生锈蚀，因此被大量应用于民用建筑上下水管材和管件，以及有酸碱等化学腐蚀的工业建筑中的门窗、地面及墙体等。

4. 电绝缘性优良

一般塑料都是电的不良导体，在建筑行业中广泛用于电器线路、控制开关、电缆等方面。

5. 导热性低

塑料的导热系数很小，约为金属的 $1/500 \sim 1/600$，泡沫塑料的导热系数最小，是良好的隔热保温材料之一。

6. 富有装饰性

塑料可以制成完全透明或半透明状的，或掺入不同的着色剂制成各种色泽鲜艳的塑料制品，表面还可以进行压花、印花处理。

7. 功能的可设计性

通过改变组成与生产工艺，可在相当大的范围内制成具有各种特殊性能的工程材料。如轻质高强的碳纤维复合材料，具有承重、轻质、隔声、保温的复合板材，柔软而富有弹性的密封防水材料等。

塑料还具有减振、吸声、耐磨、耐光等性能。

此外塑料具有弹性模量小、刚度差、易老化、易燃、变形大和成本高等缺点，但是可以通过加入添加剂改变配方等方法进行改善。

11.1.3 常用的建筑塑料及其制品

1. 热塑性塑料

(1) 聚乙烯塑料（PE）。

聚乙烯是由乙烯单体聚合而成的。聚乙烯表观密度小，有良好的耐低温性（$-70℃$），优良的电绝缘性能和化学性能，同时，耐磨性、耐水性较好；但机械强度不高，质地较软；易燃烧，并有严重的熔融滴落现象，会导致火焰蔓延。因此必须对建筑用聚乙烯进行阻燃改性。

聚乙烯塑料产量大，用途广。在建筑工程中，主要用于防水、防潮材料（管材、水箱、薄膜等）和绝缘材料及化工耐腐蚀材料等。

（2）聚氯乙烯塑料（PVC）。

聚氯乙烯树脂主要是由乙炔和氯化氢乙烯单体经悬浮聚合而成。聚氯乙烯是无色、半透明、坚硬的脆性材料；遇高温（100℃以上）会变质破坏；聚氯乙烯的含氯量高达56.8%，所以具有自熄性，这也是它作为主要建筑塑料使用的原因之一；在加入适当的增塑剂、添加剂及其他组分后，可制成各种鲜艳、半透明或不透明、性能优良的塑料。聚氯乙烯树脂加入不同数量的增塑剂，可制得硬质或软质制品。

硬质聚氯乙烯塑料机械强度高、抗腐蚀性强、耐风化性能好，在建筑工程中可用于百叶窗、天窗、屋面采光板、水管和排水管等，制成泡沫塑料，也可作隔声、保温材料。

软质聚氯乙烯塑料材质较软，耐摩擦，具有一定弹性，易加工成型，可挤压成板、片、型材做地面材料和装修材料等。

（3）聚苯乙烯塑料（PS）。

聚苯乙烯塑料是由苯乙烯单体聚合而成。聚苯乙烯塑料的透光性好，透光度可达88%～92%，易于着色，化学稳定性高，电绝缘性较好，耐水、耐光，成型加工方便，价格较低；但聚苯乙烯脆性大，敲击时有金属脆声，抗冲击韧性差，耐热性低，易燃，燃烧时会放出黑烟，使其应用受到一定限制。

聚苯乙烯在建筑中主要用来生产水箱、泡沫隔热材料、灯具、发光平顶板、各种零配件等。

（4）聚丙烯塑料（PP）。

聚丙烯塑料是由丙烯单体聚合而成。聚丙烯的密度在所有塑料中是最小的，约为0.90g/cm³ 左右；聚丙烯易燃并容易产生熔融滴落现象，但它的耐热性能优于聚乙烯，在100℃时仍能保持一定的抗拉强度；刚性、延性、抗水性和耐化学腐蚀性能好。聚丙烯的缺点是耐低温冲击性较差，通常要进行增韧改性；抗大气性差，故适用于室内。聚丙烯常用来生产管材、卫生洁具等建筑制品。

近年来，聚丙烯的生产发展较迅速，聚丙烯已与聚乙烯、聚氯乙烯等共同成为建筑塑料的主要品种。

（5）聚甲基丙烯酸甲酯（PMMA）（有机玻璃）。

聚甲基丙烯酸甲酯是由丙酮、氰化物和甲醇反应生成的甲基丙烯酸甲酯单体经聚合而成的，是透光性最好的一种塑料，它能透过92%以上的日光，并能透过73.5%的紫外光，主要用来制造有机玻璃。它质轻、坚韧并具有弹性，在低温时仍具有较高的冲击强度，有优良的耐水性和耐热性，易加工成型，在建筑工程中可制作板材、管材、室内隔断等。

2. 热固性塑料

（1）酚醛塑料（PF）。

酚醛树脂由酚和醛在酸性或碱性催化剂作用下缩聚而成。酚醛树脂的粘结强度高，耐热、耐湿、耐光、耐水、耐化学腐蚀，电绝缘性好，但性脆。在酚醛树脂中掺加填料、固化剂等可制成酚醛塑料制品，这种制品表面光洁，坚固耐用，成本低，是最常用的塑料品种之一。在建筑上主要用来生产各种层压板、玻璃钢制品、涂料和胶粘剂等。

（2）聚酯树脂。

聚酯树脂由二元或多元醇和二元或多元酸缩聚而成，通常分为不饱和聚酯树脂和饱和聚酯（又称线型聚酯）两类。

不饱和聚酯树脂是一种热固性塑料，它的优点是加工方便，可以在室温下固化，可以不加压或在低压下成型；缺点是固化时收缩率较大。常用来生产玻璃钢、涂料和聚酯装饰板等。

线型聚酯是一种热塑性塑料，具有优良的机械性能，不易磨损，有较高的硬度和成型稳定性，吸水性低，抗蠕变性能好，有一定刚性。常用来拉制成纤维或制作绝缘薄膜材料、音像制品基材，以及机械设备元件和某些精密铸件等。

（3）有机硅树脂（SI）。

有机硅树脂由一种或多种有机硅单体水解而成。有机硅树脂是一种憎水、透明的树脂，主要优点是耐高温、耐水，可用作防水及防潮涂层，并在许多防水材料中作为憎水剂；具有良好的电绝缘性能，可用作绝缘涂层；具有优良的耐候性，可做耐大气涂层。有机硅机械性能不好，粘结力不强，常用玻璃纤维、石棉、云母或二氧化硅等增强。

（4）玻璃纤维增强塑料（俗称玻璃钢）。

玻璃纤维增强塑料是由合成树脂胶结玻璃纤维制品（纤维或布等）而制成的一种轻质高强的塑料。玻璃钢中一般采用热固性树脂为胶结材料，常用的有酚醛、聚酯、环氧、有机硅等，使用最多的是不饱和聚酯树脂。玻璃钢具有以下优异性能：成型性能好，可以制成各种结构形式和形状的构件，也可以现场制作；轻质高强，可以在满足设计要求的条件下，大大减轻建筑物的自重；具有良好的耐化学腐蚀性能；具有一定的透光性能，可以同时作为结构和采光材料使用。主要缺点是刚度不如金属，有较大的变形。玻璃钢属于各向异性材料，其加工方法主要有手糊法、模压法和缠绕法等。

3. 常用的建筑塑料制品

（1）塑料门窗。

随着建筑塑料工业的发展，全塑料门窗、喷塑钢门窗和钢塑门窗将逐步取代木门窗、金属门窗，得到越来越广泛的应用。与其他门窗相比，塑料门窗具有耐水、耐腐蚀、气密性、水密性、绝热性、隔声性、耐燃性、尺寸稳定性、装饰性好，而且不需要粉刷油漆，维修保养方便，节能效果显著，节约木材、钢材、铝材等优点。

（2）塑料管材及管件。

建筑塑料管材管件制品应用极为广泛，正在逐步取代陶瓷管和金属管。塑料管材与金属管材相比，具有生产成本低，容易模制；质量轻，运输和施工方便；表面光滑，流体阻力小；不生锈，耐腐蚀，适应性强；韧性好，强度高，使用寿命长，能回收加工再利用等优点。

塑料管材按用途可分为受压管和无压管；按主要原料可分为聚氯乙烯管、聚乙烯管、聚丙烯管、ABS 管、聚丁烯管、玻璃钢管等；还可分为软管和硬管等。塑料管材的品种有建筑排水管、雨水管、给水管、波纹管、电线穿线管、天然气输送管等。

（3）其他常用塑料制品。

塑料壁纸是目前发展迅速、应用最广泛的壁纸，塑料壁纸可分三大类：普通壁纸、发泡壁纸和特种壁纸。

塑料地板与传统的地面材料相比，具有质轻、美观、耐磨、耐腐蚀、防潮、防火、吸声、绝热、有弹性、施工简便、易于清洗与保养等特点，近年来，已成为主要的地面装饰材料之一。

其他塑料制品还有塑料饰面板、塑料薄膜等也广泛应用于建筑工程及装饰工程中。

11.2 树脂胶粘剂

树脂胶粘剂是一种有粘合性能的物质，它能将木材、玻璃、橡胶、塑料、织物、纸张、金属等材料紧密粘结在一起。粘结技术和粘结材料已越来越受到人们的重视，新的粘合剂不断出现，已成为建筑材料的一个重要组成部分。

11.2.1 树脂胶粘剂的组成、分类

1. 树脂胶粘剂的组成

由于要粘结的材料性能各异，因此对胶粘剂的要求也各不相同。胶粘剂是由多组分物质组成的，起粘结作用的基本组分是粘剂，为了使胶粘剂具有更好的粘结效果，一般还要加入某些配合剂。胶粘剂的主要组成有：

（1）粘剂。

粘剂又称粘料，是胶粘剂产生粘结作用的主要成分，决定了胶粘剂的粘结性能。粘剂包括热固性树脂（如酚醛树脂、脲醛树脂、环氧树脂、有机硅树脂等）和热塑性树脂（如聚醋酸乙烯酯、聚乙烯醇缩醛类酯、聚苯乙烯等），一般胶粘剂是用粘剂的名称来命名的。

（2）溶剂。

溶剂又称稀释剂，起着溶解粘剂，调节胶粘剂黏度的作用，能改善胶粘剂的施工性能，但随着溶剂掺量的增加，粘结强度将下降。溶剂的挥发速度不能太快，否则胶层表面迅速干燥形成封闭膜，阻止内部溶剂挥发；也不能太慢，否则影响粘结强度和施工进度。

（3）固化剂。

固化剂是调节或促进固化反应的物质，能使某些线型分子通过交联作用，形成不溶、不熔的网状体型结构的高聚物，固化剂也是胶粘剂的主要成分，其性质和用量对胶粘剂的性能起着重要的作用。常用的固化剂有酸酐类、胺类等。

（4）填料。

填料呈粉状或纤维状，一般在胶粘剂中不发生化学反应，但加入填料，可增加胶粘剂的稠度，使黏度增大，降低膨胀系数，减少收缩性，提高耐热性、耐冲击韧性，降低成本。常用的填料有石棉粉、滑石粉、石英粉、氧化铝粉、银粉等。

（5）其他外加剂。

为了满足某些特殊要求，在塑料胶粘剂中还可掺入其他外加剂，如防腐剂、防霉剂、增塑剂、增韧剂、稳定剂、阻燃剂等。

2. 胶粘剂的分类

胶粘剂品种繁多，用途不同，组成各异，分类方法很多，通常是按胶粘剂的化学成分

进行分类：

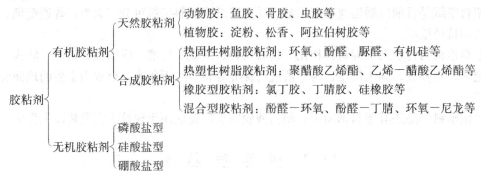

11.2.2　影响胶粘强度的因素

胶粘强度是指单位胶接面积所能承受的最大荷载。影响胶粘强度的因素很多，主要有胶粘剂的性能（如粘剂的分子量、分子空间结构、极性、黏度和体积的收缩等）、被粘材料的性质（如被粘材料的组成和粘结表面结构等）、粘结工艺和施工环境条件（如粘结的温度、压力、环境湿度、干燥时间、被粘材料表面加工处理及胶层厚度等）等。

11.2.3　常用的树脂胶粘剂

1. 聚乙烯醇缩脲甲醛胶粘剂

商品名称为 108 建筑胶，是以聚乙烯醇与甲醛在酸性介质中进行缩合反应，用尿素进行氨基化处理而制得。108 胶水是建筑万能胶，能够粘接各种塑料壁纸、墙布、瓷砖等。在水泥砂浆中渗入适量胶可以显著改善砂浆的粘接性、加强弹性，广泛用于建筑工程中。

2. 环氧树脂胶粘剂

环氧树脂必须加入适量的固化剂，经室温放置或加热固化后才能成为不熔、不溶的固体，从而产生粘结强度。环氧树脂胶粘剂具有粘结力强、收缩小、稳定性高、耐化学腐蚀、耐热、耐久等优点。在建筑工程中，环氧树脂胶粘剂用于金属、塑料、混凝土、木材、陶瓷等多种材料的粘结。

3. 聚醋酸乙烯乳液胶粘剂

俗称白乳胶，是由醋酸乙烯经乳液聚合而成的一种白色、黏稠液体。白乳胶的优点是配制方便，固化较快，粘结强度高，耐久性好，不易老化；缺点是耐水性、耐热性差。建筑工程中广泛用于粘结各种墙纸、木材、纤维等，也可用于陶瓷饰面材料的粘贴。

4. 酚醛树脂胶粘剂

酚醛树脂胶粘剂是以酚醛树脂为基料配制而成的。具有优良的耐热性、耐老化性、耐水性、耐溶剂性、电绝缘性以及很高的粘结强度；但最大的缺点是胶层脆性大，所以通常用其他高分子化合物改性后使用。用于粘结非金属、塑料等。

5. 聚氨酯胶粘剂

聚氨酯胶粘剂是以多异氰酸酯或聚氨甲酸酯为基料的一类粘合剂。聚氨酯胶粘剂具有优良的耐水、耐溶剂、耐臭氧和防霉菌性，工艺性好，初粘强度高，可加热固化，也可室温固化；主要缺点是耐热性较差，所含异氰酸酯基具有一定毒性，使用时须加以注意。在建筑工程中主要用于粘结钢、铝、塑料、橡胶、玻璃、陶瓷、木材等。

11.3　涂　料

涂料是指涂刷于建筑物表面，能与基体材料很好粘结，形成完整而坚韧保护膜的一类物质。涂料的主要作用是装饰和保护建筑物，具有工期短、工效高、工艺简单、色彩丰富、质感逼真、装饰效果好、造价较低、维修方便、更新方便等优点，应用十分广泛。

11.3.1　涂料的组成

各种涂料的组成成分各不相同，按各组分所起的作用，可分为主要成膜物质、次要成膜物质和辅助成膜物质。

1. 主要成膜物质

主要成膜物质即胶粘剂或固着剂，是决定涂料性质的最主要组分，有单独成膜的能力，也可粘接其他组分共同成膜，它的作用是把各组分粘结成一体，附着于被涂基层表面形成完整而又坚韧的保护膜，主要成膜物质应具有较高的化学稳定性和一定的机械强度，多属于高分子化合物（如天然树脂或合成树脂）或成膜后能形成高分子化合物的有机物质（各种植物和动物油料）。

常用的主要成膜物质有干性油、半干性油、不干性油、天然树脂、人造树脂、合成树脂等。

2. 次要成膜物质

次要成膜物质主要包括颜料和填充料，它不能离开主要成膜物质单独形成涂膜，它必须依靠主要成膜物质的粘结而成为膜的一个组成部分。

颜料是一种不溶于水、溶剂或涂料的微细粉末状的有色物质，能均匀地分散在涂料介质中，可增加涂料的色彩和机械强度，改善涂膜的化学性能，增加涂料的品种，常选用耐光、耐碱的无机矿物质作为着色颜料。

填料一般是一些白色粉末状的无机物质，可以增加涂膜的厚度，加强涂膜的体质，提高其耐磨性和耐久性。填料包括滑石粉、硅酸钙、硫酸钡等。

3. 辅助成膜物质

辅助成膜物质不能构成涂膜或不能构成涂膜的主体，但对涂料的成膜过程和成膜质量影响很大，对涂膜性能也有影响。辅助成膜物质包括溶剂和辅助材料。

溶剂亦称稀释剂，是能够溶解油料、树脂而又容易挥发的有机液体，是溶剂型涂料的一个重要组成部分。溶剂的作用是将涂料的成膜物质均匀分散，制成具有流动性的液体，以便于涂刷或喷涂在建筑的表面形成连续的薄层，还可增加涂料的渗透能力，改善涂料的粘结性能，节约涂料。但掺用过多的溶剂会降低涂膜的强度和耐久性。常用的溶剂有石油溶剂、煤焦溶剂、酯类、醇类、酮类等，如松节油、松香水、酒精、汽油、苯、丙酮和乙醚等。

辅助材料又称助剂，主要作用是改善涂料的性能，它的用量很少，一般是百分之几到千分之几，但作用很大，品种很多。常用的辅助材料有催干剂、增塑剂、固化剂、防污剂、分散剂、润滑剂、悬浮剂、稳定剂等。

11.3.2 涂料的分类

涂料的分类方法很多，按使用部位可分为外墙涂料、内墙涂料、地面涂料、顶棚涂料等；按涂膜厚度分为薄涂料、厚涂料、砂粒状涂料等；按使用功能可分为防火涂料、防水涂料、防霉涂料、防结露涂料等；按所用的溶剂分为溶剂型涂料和水性涂料；按主要成膜物质的化学组成可分为有机高分子涂料、无机高分子涂料和复合高分子涂料。

1. 有机涂料

（1）溶剂型涂料。

是以有机高分子合成树脂为主要成膜物质，以有机溶剂为溶剂，加入适量的颜料、填料及其他辅助材料，经研磨而成的挥发性涂料。溶剂型涂料的优点是涂膜细腻而紧韧，并且有一定的耐水性和耐老化性，但易燃，挥发后对人体有害，污染环境，在潮湿基层上施工容易起皮、剥落且价格较贵。

（2）水溶性涂料。

是以水溶性合成树脂为主要成膜物质，以水为溶剂，加入适量的颜料、填充料及其他辅助材料经研磨而制成的。水溶性涂料形成的涂膜耐水性、耐候性较差，如加入其他有机高分子材料，可以改善性能。这类涂料不易燃、无毒，价格便宜。

（3）乳液型涂料。

又称乳胶漆，是将合成树脂研磨成极细微的颗粒后再散布于水中形成乳液，并以乳液为主要成膜物质，加入适量的颜料、填料及辅助材料，经研磨而成。乳液型涂料价格比较便宜，不易燃、无毒、有一定的透气性，涂膜耐水、耐擦洗性较好，涂刷时不要求基层很干燥，可作为内外墙建筑涂料，是今后建筑涂料发展的主流。

2. 无机涂料

与有机涂料相比，无机涂料的优点是资源丰富、工艺简单、价格便宜、节约能源、保护环境；粘结力、遮盖力强，耐久性好，耐腐蚀，稳定性好，颜色、品种多样，色泽艳丽，保色性好，装饰效果好。

无机涂料是一种有发展前途的建筑涂料，目前主要有碱金属硅酸盐系和胶态二氧化硅系。

3. 复合涂料

复合涂料可使有机、无机涂料发挥各自的优势，取长补短，对于降低成本、改善性能、适应建筑装饰的新要求提供了一条有效途径。

11.3.3 涂料的选用

涂料总的选择原则是：装饰效果好，经久耐用，经济合理。通常需要考虑的因素有：

1. 工作环境

建筑物各装饰部位所处的工作环境不同，对涂料的耐水性、耐候性、耐污染性和耐冻融性及隔声、防潮等性能的要求也不相同，应根据实际需要选择不同的涂料以满足需求。

2. 基层材料

涂料需涂抹在不同的基层材料上，如混凝土、水泥、砂浆、木材、钢材和塑料等，因此选用时必须考虑被涂层材料的性质。

11.3.4 常用的建筑涂料

1. 内墙涂料和顶棚涂料

（1）聚乙烯醇水玻璃涂料。

聚乙烯醇水玻璃涂料（商品名称"106内墙涂料"）是以聚乙烯醇树脂水溶液和水玻璃为主要成膜物质，加入一定量的颜料、填料和少量助剂，经搅拌、研磨而成的水溶性涂料。特点是：配制简单、无毒无味、不易燃，施工方便、涂膜干燥快、能在稍湿的墙面上施涂，粘结力强，涂膜表面光洁平滑，装饰效果好，适用于住宅、商场、医院、旅馆、剧场、学校等民用及公共建筑的内墙装饰。

（2）聚乙烯半缩醛涂料。

聚乙烯半缩醛涂料（商品名称"803内墙涂料"）是以聚乙烯半缩醛经氨基化处理后加入颜料、填料及其他助剂经研磨而成的一种水溶性涂料。特点是：无毒无味、干燥快、遮盖力强、涂膜光滑平整，在冬季较低气温下不易结冻，施涂方便，装饰效果好，耐湿性、耐擦洗性好，粘结力较强，能在稍湿的基层及新老墙面上施工。可涂刷于混凝土、纸筋石灰及灰泥墙面，适用于各类民用和公共建筑的内墙装饰。

（3）108耐擦洗内墙涂料。

108耐擦洗内墙涂料是以改进型108胶为基料制成的。具有涂层干燥快、涂膜光洁、色彩艳丽、装饰效果好、耐水、耐污染等特点。适用于各类民用、公用建筑的内墙装饰。

（4）毛面顶棚涂料。

毛面顶棚涂料主要是由基料、填料、颜料、各种助剂及具有装饰质感的轻质材料制成的。毛面顶棚涂料表面有一定颗粒状毛面质感，遮盖力强、质感细腻、装饰效果好，施工工艺简便，可采用喷涂，工效高。产品分高、中、低档，适用于混凝土、石棉水泥板、纸面石膏板等各种基层表面，用于宾馆、剧院、办公楼等建筑物的空间较大的房间或走廊顶棚的装饰，也可用于一般民用住宅顶棚的装饰。

2. 外墙涂料

（1）104外墙涂料。

104外墙涂料是用有机高分子胶粘剂和无机高分子胶粘剂为主要成膜物质，加入颜料、填料等配制成的。104外墙涂料无毒无味、色彩鲜艳、涂层厚且呈现片状，防水、防老化性能良好、涂层干燥快、粘结力强，施工工艺简单方便，装饰效果好，适用于各种工业与民用建筑的外墙装饰。

（2）乙—丙乳胶漆。

乙—丙乳胶漆是由醋酸乙烯和几种丙烯酸酯类单体、乳化剂、引发剂，通过乳液聚合反应制成的乙—丙共聚乳液为主要成膜物质，加入颜料、填料和助剂配制而成。乙—丙乳胶漆以水为溶剂，安全无毒，涂膜干燥快，耐候性、耐腐蚀性和保光保色性良好，施工方便，适用于住宅、商场、宾馆、工矿及企事业单位的建筑外墙涂料。

（3）KS—82无机高分子外墙涂料。

KS—82无机高分子外墙涂料是以硅溶胶为基料，用丙烯酸类乳液改性的一种新型无机高分子涂料。KS—82无机高分子外墙涂料涂膜致密坚韧，有一定透水性，不产生静电、污染，粘结力强、耐碱性好，无毒、不燃，耐水、耐候性、耐老化性良好。适用于混凝土、水泥木丝板、石膏板、水泥砂浆抹面、砖墙等多种基层墙面的装饰，适用于各种工业、民用建筑外墙装饰。

（4）氯—醋—丙乳液涂料。

氯—醋—丙乳液涂料是以氯乙烯、醋酸乙烯、丙烯酸丁酯共聚乳液为主要成膜物质，掺入一定量的颜料、填料和助剂配制而成。氯—醋—丙乳液涂料耐水性、耐碱性、耐候性良好，涂膜表面微粉化，在雨水冲刷下能将表面污垢除去，具有自洁性，适用于污染较严重城市的建筑外墙。

复习思考题

1. 与传统建筑材料相比较，建筑塑料有哪些优缺点？
2. 热塑性树脂与热固性树脂主要有什么不同？
3. 热塑性塑料和热固性塑料主要有哪些品种？在建筑工程中各有什么用途？
4. 胶粘剂主要组成有哪些？各起什么作用？
5. 影响胶粘剂粘结强度的因素主要有哪些？粘结塑料墙纸、木材家具和装饰玻璃应分别选用哪种胶粘剂？
6. 建筑涂料主要包括哪些组分？各组分在涂料中起什么作用？
7. 常用的内墙涂料有哪些？常用的外墙涂料有哪些？

12 建筑装饰材料

建筑装饰材料是指用于建筑物内外墙面、地面、顶棚和室内空间装饰装修所用的材料。装饰材料可以大大提高和改善建筑物的艺术效果，给人以美和舒适的享受。这类材料还兼有保温绝热、吸声隔声、防火、防潮等功能，起到保护主体结构、延长建筑物使用寿命的作用。在一般建筑物中，装饰材料的费用占整个材料费的50%左右，而一些装饰标准较高的工程如宾馆、高级的写字楼和住宅等建筑物中，所占的比例可达70%或更高。

随着建筑装饰工程的不断发展，装饰材料品种日益增多，质量逐步提高。除在前面有关章节已讲到的装饰材料如石材、石膏、木材、涂料等之外，本章介绍建筑玻璃、建筑陶瓷、铝合金门窗及金属装饰板材。

12.1 玻璃及其制品

玻璃是以石英砂、纯碱、长石和石灰石等为主要原料，在1600℃高温下熔融成液态，经拉制或压制而成的非结晶透明状的无机材料。

随着现代建筑发展的要求，玻璃正朝着多功能方向发展，除了用作一般采光材料外，经过深加工的玻璃制品还具有可控制光线、隔热、隔声、节能、安全和艺术装饰等功能。建筑中使用的玻璃制品种类很多，其中主要有平板玻璃、安全玻璃、特种玻璃和其他玻璃。

12.1.1 平板玻璃

平板玻璃是指未经再加工的，表面平整光滑透明的板状玻璃，主要用于装配建筑物门窗，起采光、遮挡风雨、保温和隔声等作用。平板玻璃也可用作进一步深加工或具有特殊功能的基础材料。平板玻璃的生产方法通常分为两种，即传统的引拉法和浮法。用引拉法生产的平板玻璃称为普通平板玻璃。浮法是目前最先进的生产工艺，采用浮法生产平板玻璃，不仅产量大、工效高，而且表面平整、厚度均匀，光学等性能都优于普通平板玻璃，称为浮法玻璃。

1. 平板玻璃的分类与质量要求

（1）平板玻璃的分类。

根据《平板玻璃》GB 11614—2009规定，平板玻璃按颜色属性分为无色透明平板玻璃和本体着色平板玻璃；按外观质量分为优等品、一等品与合格品；按公称厚度分为：2mm、3mm、4mm、5mm、6mm、8mm、10mm、12mm、15mm、19mm、22mm、25mm。

（2）平板玻璃的质量要求

平板玻璃的质量要求包括尺寸偏差、对角线差、厚度偏差、厚薄差、外观质量、弯曲度、光学性能等。

平板玻璃应切裁成矩形，其长度和宽度的尺寸偏差应不超过表 12-1 的规定。

平板玻璃的尺寸偏差（GB 11614—2009）　　　　　　　　　　　　　　表 12-1

公称厚度（mm）	尺寸偏差（mm）	
	尺寸≤3000	尺寸＞3000
2～6	±2	±3
8～10	+2，−3	+3，−4
12～15	±3	±4
19～25	±5	±5

平板玻璃的对角线差应不大于其平均长度的 0.2%，厚度偏差和厚薄差应不超过表 12-2 的规定。

平板玻璃的厚度偏差和厚薄差（GB 11614—2009）　　　　　　　　　表 12-2

公称厚度（mm）	厚度偏差（mm）	厚薄差（mm）
2～6	±0.2	0.2
8～12	+0.3	0.3
15	±0.5	0.5
19	±0.7	0.7
22～25	±1.0	1.0

平板玻璃的外观质量应符合表 12-3 的规定，弯曲度应不超过 0.2%，光学性能应符合表 12-4 的规定。

平板玻璃的外观质量（GB 11614—2009）　　　　　　　　　　　　　表 12-3

缺陷种类	质量要求					
	优等品		一等品		合格品	
	尺寸 L（mm）	允许个数限度	尺寸 L（mm）	允许个数限度	尺寸 L（mm）	允许个数限度
点状缺陷	$0.3{\leqslant}L{\leqslant}0.5$	$1{\times}S$	$0.3{\leqslant}L{\leqslant}0.5$	$2{\times}S$	$0.5{\leqslant}L{\leqslant}1.0$	$2{\times}S$
	$0.5{<}L{\leqslant}1.0$	$0.2{\times}S$	$0.5{<}L{\leqslant}1.0$	$0.5{\times}S$	$1.0{<}L{\leqslant}2.0$	$1{\times}S$
	$L{>}1.0$	0	$1.0{<}L{\leqslant}1.5$	$0.2{\times}S$	$2.0{<}L{\leqslant}3.0$	$0.5{\times}S$
			$L{>}1.5$	0	$L{>}3.0$	0
点状缺陷密集度	尺寸≥0.3mm 的点状缺陷最小间距不小于 300mm；直径 100mm 圆内尺寸≥0.1mm 的点状缺陷不超过 3 个		尺寸≥0.3mm 的点状缺陷最小间距不小于 300mm；直径 100mm 圆内尺寸≥0.2mm 的点状缺陷不超过 3 个		尺寸≥0.5mm 的点状缺陷最小间距不小于 300mm；直径 100mm 圆内尺寸≥0.3mm 的点状缺陷不超过 3 个	
线道	不允许		不允许		不允许	
裂纹	不允许		不允许		不允许	
划伤	允许范围	允许条数限度	允许范围	允许条数限度	允许范围	允许条数限度
	宽≤0.1mm，长≤30mm	$2{\times}S$	宽≤0.2mm，长≤40mm	$2{\times}S$	宽≤0.5mm，长≤60mm	$3{\times}S$

缺陷种类		质量要求					
		优等品		一等品		合格品	
	公称厚度（mm）	无色透明平板玻璃	本体着色平板玻璃	无色透明平板玻璃	本体着色平板玻璃	无色透明平板玻璃	本体着色平板玻璃
光学变形	2	≥50°	≥50°	≥50°	≥45°	≥40°	≥40°
	3	≥55°	≥50°	≥55°	≥50°	≥45°	≥45°
	4～12	≥60°	≥55°	≥60°	≥55°	≥50°	≥45
	≥15	≥55°	≥50°	≥55°	≥50°		
断面缺陷		公称厚度不超过 8mm 时，不超过玻璃板的厚度；8mm 以上时，不超过 8mm					

注：1. S 是以平方米为单位的玻璃板面积数值，按 GB/T 8170 修约，保留小数点后两位。点状缺陷的允许个数限度及划伤的允许条数限度为各系数与 S 相乘所得的数值，按 GB/T 8170 修约至整数。

2. 合格品中光畸变点视为 0.5～1.0mm 的点状缺陷；一等品、优等品点状缺陷中不允许有光畸变点。

平板玻璃的光学性能（GB 11614—2009）　　　　　　　　表 12-4

无色透明平板玻璃				本体着色平板玻璃	
公称厚度（mm）	可见光透射比最小值（%）	公称厚度（mm）	可见光透射比最小值（%）	种类	偏差（%）
2	89	10	81	可见光（380～780nm）透射比	2.0
3	88	12	79		
4	87	15	76	太阳光（300～2500nm）直接透射比	3.0
5	86	19	72		
6	85	22	69	太阳能（300～2500nm）总透射比	4.0
8	83	25	67		

2. 平板玻璃的计量和保管

平板玻璃应采用木箱或者集装箱（架）包装。厚度为 2mm 的平板玻璃，每 $10m^2$ 为一标准箱，一标准箱的质量为 50kg 时称为一质量箱。对于其他厚度规格的玻璃计量时按表 12-5 进行标准箱或者质量箱的换算。

平板玻璃标准箱和质量箱换算系数　　　　　　　　表 12-5

厚度（mm）	折合标准箱		折合质量箱	
	每 $10m^2$ 折合标准箱	每一标准箱折合 m^2 数	每 $10m^2$ 折合 kg 数	每 $10m^2$ 折合质量箱
2	1.0	10.00	50	1
3	1.65	6.06	75	1.5
5	3.5	2.85	125	2.5
6	4.5	2.22	150	3
8	6.5	1.54	200	4
10	8.5	1.17	250	5
12	10.5	0.95	300	6

平板玻璃属于易碎品，在运输和贮存时，必须箱盖向上，垂直立放，入库或入棚保管，注意防雨防潮。

12.1.2 安全玻璃

玻璃是脆性材料,当外力超过一定数值时即碎裂成具有尖锐棱角的碎片,破坏时几乎没有塑性变形。为了减少玻璃的脆性,提高强度,改变玻璃碎裂时带尖锐棱角的碎片飞溅,容易伤人的现象,对普通的平板玻璃进行增强处理,或者与其他材料复合,这类玻璃称为安全玻璃,常用的有以下几种:

1. 钢化玻璃

常见的钢化玻璃是采用物理钢化法制得的。即将平板玻璃加热到接近软化温度(约650℃),然后用冷空气喷吹使其迅速冷却,表面形成均匀的预加压应力,从而提高了玻璃的强度、抗冲击性和热稳定性。

钢化玻璃的抗弯强度提高 3～5 倍,达 200MPa 以上,韧性提高约 5 倍,热稳定性高,最大安全工作温度为 288℃,能承受 204℃ 的温差变化。钢化玻璃一旦受损破坏,便产生应力崩溃,破碎成无数带钝角的小块,不易伤人。

钢化玻璃可用作高层建筑的门窗、幕墙、隔墙、屏蔽、桌面玻璃、炉门上的观察窗以及车船玻璃。钢化玻璃不能切割、磨削。使用时需按现成尺寸规格选用或按设计要求定制,钢化玻璃搬运时须注意保护边角不受损伤。

2. 夹丝玻璃

夹丝玻璃是在平板玻璃中嵌入金属丝或金属网的玻璃。夹丝玻璃一般采用压延法生产,在玻璃液进入压延辊的同时,将经过预热处理的金属丝或金属网嵌入玻璃板中而制成。夹丝玻璃的表面有压花的或光面的,颜色有无色透明的或彩色的,厚度一般都在 5mm 以上。

夹丝玻璃的耐冲击性和耐热性好,在外力作用或温度剧变时,玻璃裂而不散粘连在金属丝网上,避免碎片飞出伤人。发生火灾时夹丝玻璃即使受热炸裂,仍能固定在金属丝网上,起到隔绝火势的作用。

夹丝玻璃适用于震动较大的工业厂房门窗、屋面、采光天窗,建筑物的防火门窗或仓库、图书库门窗。

3. 夹层玻璃

夹层玻璃是在两片或多片玻璃之间嵌夹透明塑料膜片,经加热、加压粘合而成。生产夹层玻璃的原片可采用平板玻璃、钢化玻璃、热反射玻璃、吸热玻璃等。玻璃的厚度可为 2、3、5、6、8mm。常用的塑料膜片为聚乙烯醇缩丁醛。夹层玻璃的层数最多可达 9 层,这种玻璃也称防弹玻璃。

夹层玻璃按形状可分为平面和曲面两类。夹层玻璃的抗冲击性能比平板玻璃高出几倍,破碎时只产生裂纹而不分离成碎片,不致伤人。

夹层玻璃适用于安全性要求高的门窗,如高层建筑或银行等建筑物的门窗、隔断,商品或展品陈列柜及橱窗等防撞部位,车、船驾驶室的风挡玻璃。

12.1.3 节能玻璃

1. 吸热玻璃

吸热玻璃是能吸收大量红外线辐射能,并保持较高可见光透过率的平板玻璃。

吸热玻璃是有色的,其生产方法有两种:一是在玻璃原料中加入一定量的有吸热性能的着色剂,如氧化铁、氧化镍、氧化钴以及硒等;另一种是在平板玻璃表面喷镀一层或多层金属氧化物镀膜而制成。吸热玻璃的颜色有灰色、茶色、蓝色、绿色、青铜色、粉红色和金黄色等。厚度有 2、3、5mm 和 6mm 四种规格。

吸热玻璃能吸收 20%～80% 的太阳辐射热，透光率为 40%～75%。吸热玻璃除了能够吸收红外线之外，还可以防眩光和减少紫外线的射入，降低紫外线对人体和室内装饰及家具的损害。

吸热玻璃适用于既需要采光，又需要隔热之处，尤其是炎热地区需设置空调、避免眩光的大型公共建筑的门窗、幕墙、商品陈列窗、计算机房及车船玻璃，还可以制成夹层、夹丝或中空玻璃等制品。

2. 热反射玻璃

热反射玻璃是具有较强的热反射能力而又保持良好透光性的玻璃。它是采用热解法、真空蒸镀法、阴极溅射等方法，在玻璃表面镀上一层或几层例如金、银、铜、镍、铬、铁及上述金属的合金或金属氧化物薄膜，或采用电浮法等离子交换方法，以金属离子置换玻璃表面原有离子而形成热反射膜。热反射玻璃又称镀膜玻璃或镜面玻璃，有金色、茶色、灰色、紫色、褐色、青铜色和浅蓝等色。

热反射玻璃对太阳光具有较高的热反射能力，一般热反射率都在 30% 以上，最高可达 60%。玻璃本身还能吸收一部分热量，使透过玻璃的总热量更少。热反射玻璃的可见光部分透过率一般在 20%～60%，透过热反射玻璃的光线变得较为柔和，能有效地避免眩光，从而改善室内环境，是有效的防太阳辐射玻璃。镀金属膜的热反射玻璃还具有单向透像的作用，即在玻璃的迎光面具有镜子的功能，在背光面则又如普通玻璃可透视。所以在白天能从室内看到室外景物，而从室外却看不到室内的景象，只能看见玻璃对周围景物的影像。

热反射玻璃主要用作公共或民用建筑的门窗、门厅或幕墙等装饰部位，不仅能降低能耗，还能增加建筑物的美感，起到装饰作用。

3. 中空玻璃

中空玻璃是将两片或多片平板玻璃相互间隔 6～12mm，四周用间隔框分开，并用密封胶或其他方法密封，使玻璃层间形成有干燥气体空间的产品。

中空玻璃可以根据要求选用各种不同性能和规格的玻璃原片，如浮法玻璃、钢化玻璃、夹层玻璃、夹丝玻璃、压花玻璃、彩色玻璃、热反射玻璃、吸热玻璃等。玻璃片厚度可分为 3、4、5 和 6mm，中空玻璃总厚度为 12～42mm。

中空玻璃具有良好的保温隔热性能，如双层中空玻璃（3+12A+3）mm 的隔热效果与 100mm 厚混凝土墙效果相当，而中空玻璃的重量只有 100mm 厚混凝土墙的 1/16。再如 3 层中空玻璃（3+12A+3+12A+3）mm 的隔热效果与 370mm 烧结普通砖墙相当，而自重只有砖墙的 1/20。因此在隔热效果相同的条件下，用中空玻璃代替部分砖墙或混凝土墙，不仅可以增加采光面积、透明度和室内舒适感，而且可以减轻建筑物自重，简化建筑结构。中空玻璃有良好的隔声效果，可降低室外噪声 25～30dB。另外，中空玻璃可降低表面结露温度。

中空玻璃主要用于需要采暖、空调、防止噪声、防结露及要求无直接阳光和特殊光的建筑物上，如住宅、写字楼、学校、医院、宾馆、饭店、商店、恒温恒湿的实验室等处的门窗、天窗或玻璃幕墙。

12.1.4 其他玻璃制品

1. 磨砂玻璃

磨砂玻璃又称毛玻璃，是采用机械喷砂、手工研磨或氢氟酸溶蚀等方法将普通的平板玻璃表面处理成均匀的毛面。磨砂玻璃表面粗糙，使透过光产生漫射而不能透视，灯光透过后变得柔和而不刺目。所以这种玻璃还具有避免眩光的特点。

磨砂玻璃可用于会议室、卫生间、浴室等处，安装时毛面应朝向室内或背向淋水的一侧。磨砂玻璃也可制成黑板或灯罩。

2. 压花玻璃

压花玻璃是将熔融的玻璃液在急冷中通过带图案花纹的辊轴压延而成的制品。可以一面压花，也可以两面压花。若在原料中着色或在玻璃表面喷涂金属氧化物薄膜，可制成彩色压花玻璃。由于压花面凹凸不平，当光线通过时产生漫射。所以通过它观察物体时会模糊不清，产生透光不透视的效果。压花玻璃表面有多种图案花纹或色彩，具有一定艺术装饰效果，多用于办公室、会议室、卫生间、浴室以及公共场所分离室的门窗和隔断等处，安装时应将花纹朝向室内。

3. 空心玻璃砖

空心玻璃砖是由两个半块玻璃砖组合而成，中间具有空腔而周边密封。空腔内有干燥空气并存在微负压。空心玻璃砖有单腔和双腔两种。形状多为正方形或长方形，外表面可制成光面或凹凸花纹面。

由于空心玻璃砖内部有密封的空腔，因此具有隔声、隔热、控光及防结露等性能。空心玻璃砖可用于写字楼、宾馆、饭店、别墅等门厅、屏风、立柱的贴面、楼梯栏板、隔断墙和天窗等不承重的墙体或墙体装饰，或用于必须控制透光、眩光的场所及一些外墙装饰。

空心玻璃砖不能切割，可用水泥砂浆砌筑。施工时可用固定间隔框或用 Φ6 拉结筋结合固定框的方法进行固定。由于空心玻璃砖的热胀系数与烧结普通砖、混凝土和钢结构不相同，因此砌筑时在玻璃砖与烧结普通砖、混凝土或钢结构联接处应加弹性衬垫，起缓冲作用。若是大面积砌筑时在联接处应设置温度变形缝。

4. 玻璃马赛克

玻璃马赛克是采用熔融法和烧结法生产的用于建筑物内外墙面装饰的玻璃制品。它的规格尺寸与陶瓷马赛克相似，多为正方形或长方形，一般尺寸为 20mm×20mm～30mm×60mm，厚 4～6mm，背面有槽纹利于与基层粘结，为便于施工，出厂前将玻璃马赛克按设计图案贴在尼龙网格布或反贴在牛皮纸上，尺寸一般为 305.5mm×305.5mm 称为一联。

玻璃马赛克质地坚硬、性能稳定、颜色丰富、雨天能自涤，经久常新，是一种较好的墙面装饰材料。

建筑装饰工程中用到的玻璃还有釉面玻璃、镭射玻璃、刻花玻璃、冰花玻璃、镜面玻璃、晶质玻璃等。

12.2 建 筑 陶 瓷

建筑陶瓷是指用于覆盖建筑物墙面、地面的薄板状陶瓷砖和用作卫生洁具的陶瓷制品，以及用于图标或仿古建筑的玻璃制品。它是现代装修工程中大量广泛使用的一类装饰材料。

12.2.1 陶瓷砖

陶瓷砖质地均匀密实，有较高的强度和硬度、耐水、耐磨、耐化学腐蚀，不燃烧、不退色、经久耐用，容易清洗保洁。品种花色繁多用于墙面、地面等处。

陶瓷砖是由黏土和其他无机非金属原料，采用挤压、干压或者其他方法成型，经干燥、焙烧制成，表面可以施釉或不施釉。由于原料和成型工艺不同陶瓷砖分为三类：

Ⅰ类：是以较纯的高岭土（瓷土）为原料，坯体致密呈半透明状，色白、耐酸碱腐蚀，耐急冷急热，坚硬耐磨，其中吸水率 $W \leqslant 0.5\%$ 为瓷质，吸水率 $0.5\% < W \leqslant 3\%$ 的为炻瓷质。

Ⅱ类：炻质是介于瓷和陶之间的产品，断面较密实，颜色从白色、浅黄至深红黄色。其中按吸水率分为细炻砖（$3\% < W \leqslant 6\%$），炻质砖（$6\% < W \leqslant 10\%$），大部分墙地砖属于炻质。

Ⅲ类：为陶质砖（$W > 10\%$），断面粗糙无光，不透明、敲击声音粗哑，坯体呈白色或浅黄色，如釉面内墙砖。

常用的陶瓷砖有釉面内墙砖、墙地砖、劈离砖和彩胎砖等。

1. 釉面内墙砖

釉面内墙砖简称釉面砖，又称瓷砖或瓷片。釉面砖主要用作厨房、浴室、卫生间、盥洗间、实验室、精密仪器车间和医院等室内墙面、台面等处的饰面材料，既清洁卫生，又美观耐用。

釉面砖按釉面色彩分为单色（如白色）、套色和图案砖三种。按形状分为正方形、长方形和异形配件砖。主要尺寸有 108mm×108mm～300mm×600mm、厚度 5～10mm 等多种规格。釉面砖背面有凹槽以便增强与砂浆的粘结力，凹槽深度应不小于 0.2mm。釉面砖由过去白色小面积的单一品种，向各种花色和图案砖发展，其装饰效果更佳。

釉面砖不宜用于室外，因其吸水率较大，吸水后坯体产生膨胀，而表面釉层的湿胀很小，若用于室外经常受到大气温、湿度变化的影响，会导致釉层产生裂纹或剥落，尤其是在寒冷地区，会大大降低其耐久性。

釉面砖铺贴前须浸水 2h 以上，然后取出阴干至表面无明水，才可进行粘贴施工。否则将严重影响粘贴质量。在粘贴用的砂浆中掺入一定量的合成胶水，不仅可以改善灰浆的和易性，延长水泥凝结时间，以保证铺贴时有足够的时间对所贴砖进行拔缝调整，也有利于提高粘贴强度，提高质量。

2. 墙地砖

墙地砖包括建筑物室内外墙面、柱面和地面装饰铺贴用砖，由于这类砖可墙地两用，故称为墙地砖。主要品种有彩釉墙地砖、无釉墙地砖、劈离砖、彩胎砖等。

（1）彩釉墙地砖。

彩色釉面陶瓷墙地砖坯体多为陶质或炻质，面层施以彩釉，简称彩釉砖。彩釉砖色彩图案多样，表面有的平滑光亮，有的布有凸起的花纹或小麻点可防滑。吸水率≤10%，坚固耐磨、易清洗，主要用于建筑物的外墙面及地面装饰或一些公共建筑的室内墙裙，一般铺地用砖质地较厚些。

（2）无釉墙地砖。

无釉墙地砖简称无釉砖，是表面没有施釉的吸水率<6%的较密实的陶瓷面砖。按其表面状况分为无光和有光两种，后者为前者经磨光或抛光而制成。无釉砖颜色及品种多样，表面可制成平面或带有沟条及图案等形式。无釉砖坚固、耐磨、抗冻、耐腐蚀、易清

洗，适用于地面或外墙面等处。

（3）劈离砖。

劈离砖是坯体成型时双砖背联，待烧成后再劈离成两块，故称劈离砖。劈离砖品种规格多样，花色丰富柔和自然，表面质感有细质的和粗质的，有上釉的也有不上釉的。

劈离砖坯体密实，强度较高，其抗折强度大于 30MPa，吸水率＜6％，表面硬度较高，耐磨防滑、抗冻、耐腐蚀、耐急冷急热。背面有明显的凹槽纹与粘结砂浆形成楔形结合，粘结牢固。劈离砖适用于各类建筑物的外墙装饰，也适用于各类公共建筑的室内地面或室外停车场、人行道等人流或活动场所地面铺贴。

（4）彩胎砖。

彩胎砖是瓷质表面无釉本色的饰面砖，彩胎砖配料讲究，坯体经一次烧成后即呈多彩细花纹的表面，具有天然花岗岩的纹理，颜色有红、绿、黄、蓝、灰、棕等基色，多为浅色调，纹理细腻、色调柔和莹润、质朴高雅。

彩胎砖表面有平面和浮雕型两种，又有无光、磨光、抛光之分。吸水率＜1％，抗折强度大于 27MPa，耐磨性和耐久性好。适用于商场、剧院等公共场所或住宅厅堂等地面铺贴。

12.2.2 陶瓷马赛克

陶瓷马赛克，是用优质瓷土烧制而成，具有多种色彩和不同形状的小块砖。边长一般≤95mm，面积≤55cm²。陶瓷马赛克的计量单位是联，它是将正方形、长方形、六边形等薄片状小块瓷砖，按设计图案反粘在牛皮纸上拼贴组成，称为一联。砖联有正方形、长方形或根据特殊要求定制的形式。按表面性质分为有釉、无釉两种；按砖联分为单色、混色和拼花三种。

1. 陶瓷马赛克的基本形状

陶瓷马赛克的几种基本拼花图案如图 12-1 所示。

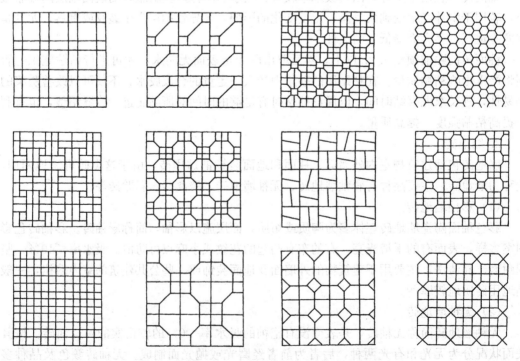

图 12-1　陶瓷马赛克的基本拼花图案

2. 陶瓷马赛克的质量等级和技术要求

根据陶瓷马赛克的行业标准《陶瓷马赛克》（JC/T 456—2005）规定，陶瓷马赛克按尺寸允许偏差和外观质量分为优等品和合格品两个等级。其尺寸允许偏差和主要技术要求见表 12-6 和表 12-7。

陶瓷马赛克尺寸允许偏差（mm）　　　　　　　表 12-6

项　目		允　许　偏　差	
		优　等　品	合　格　品
单块马赛克	长度和宽度	±0.5	±1.0
	厚度	±0.3	±0.4
每联马赛克	线路	±0.6	±1.0
	联长	±1.5	±2.0

注：1. 线路是指一联砖内行间的空隙。
　　2. 特殊要求的尺寸偏差可由供需双方协商。

陶瓷马赛克的主要技术要求　　　　　　　表 12-7

品　种	吸　水　率	经五次抗热震性试验	脱纸时间
无釉马赛克	≤0.2%	不出现炸裂或裂纹	≤40min
有釉马赛克	≤1.0%		

3. 陶瓷马赛克的特点和应用

陶瓷马赛克色彩多样，色泽牢固，图案美观，质地坚实，抗压强度高，耐磨、耐腐蚀，不易污染，不吸水，不滑，易清洁，坚固耐用，造价较低。可用于洁净车间、化验室、门厅、走廊、餐厅、厨房、盥洗间、浴室等处的地面或墙面，也可用于建筑物的外墙饰面。另外利用不同色彩和花纹的马赛克，按照预先的设计可拼贴出大面积的图案或壁画。

12.2.3　卫生陶瓷

卫生陶瓷指用于浴室、盥洗间、厕所等处的卫生洁具，如洗面器、大、小便器、水槽水池等。卫生陶瓷多用耐火黏土或难熔黏土经配料制浆、灌浆成型、上釉焙烧而成。卫生陶瓷形式多样，颜色分为白色和彩色，表面光洁易于清洗。

12.2.4　建筑琉璃制品

琉璃制品是用难熔黏土经制坯、干燥、素烧、施釉、釉烧而成。建筑琉璃制品质地致密，表面光滑，不易污染，经久耐用，色彩绚丽，造型古朴，是具有我国民族传统特色的建筑材料，常用色彩有金黄、翠绿、宝蓝等色。主要制品有琉璃瓦、琉璃砖、琉璃兽以及琉璃花窗、栏杆等各种装饰制件，还有陈设用的建筑工艺品，如琉璃桌、绣墩、鱼缸、花盆、花瓶等。建筑琉璃制品主要用于仿古建筑、园林建筑或纪念性建筑。

12.3　铝合金门窗及金属装饰板材

金属是建筑装饰装修中不可缺少的重要材料之一。金属装饰板材易于成型，能够满足造型方面的要求，同时又有防火、耐磨、耐腐蚀等优点，还有独特的金属质感，丰富多彩的色彩与图案，因而得到了广泛的应用。金属装饰材料的主要形式有各种板材，如花纹板、波纹板、穿孔板等。

12.3.1 建筑装饰用铝合金制品

建筑装饰工程中常用的铝合金制品主要有铝合金门窗、各种装饰板等。

1. 铝合金门窗

铝合金门窗是将经表面处理的铝合金门窗框料，经下料、钻孔、铣槽、攻丝、配制等一系列工艺装配而成。

铝合金门窗造价较高，但因其长期维修费用低，并且在造型、色彩、玻璃镶嵌、密封和耐久性方面均比钢、木门窗有着明显的优势，所以在高层建筑和公共建筑中应用特别广泛，目前随着我国人民生活水平的提高，也越来越多的应用于家庭装修方面。

(1) 铝合金门窗的特点。

1) 自重轻　铝合金门窗断面多是空腹薄壁组合断面，用料省，重量轻。每平方米耗材平均 8~12kg，而钢门窗一般则需耗材 17~20kg。

2) 密封性好　由于加工精度高、型材断面尺寸精确、配件精度高及采用较好的弹性防水密封材料封缝等，所以铝合金门窗气密性、水密性、隔声性、隔热性都优于其他类型的门窗。

3) 装饰性好　铝合金门窗框有银白色、古铜色、暗灰色、黑色等多种颜色，且有金属光泽，玻璃的颜色也可以选配，使得建筑物表面光洁、简洁明亮，富有层次感。

4) 耐久性好　铝合金门窗不锈蚀、不退色、不用油漆、维修费用少、整体强度高、刚度好、经久耐用。

(2) 铝合金门窗的构造及性能。

铝合金门窗按结构与开闭方式分为推拉式、平开式、回转式、固定窗、悬挂窗、纱窗等。铝合金门窗使用前需检测强度、气密性、水密性、开闭力、隔声性、隔热性等指标，以上几项均合格才能安装使用。铝合金门窗根据风压强度、气密性、水密性三项性能指标，分为 A、B、C 三类，每类又分为优等品、一等品和合格品。

2. 铝合金装饰板材

铝合金装饰板材具有价格便宜、加工方便、色彩丰富、质量轻、刚度好、耐大气腐蚀、经久耐用等特点，适用于宾馆、商场、体育馆、办公楼等建筑的墙面和屋面装饰。建筑中常用的铝合金装饰板材主要有：

(1) 铝合金花纹板。

铝合金花纹板是采用防锈铝合金坯料，用特殊的花纹轧辊轧制而成。花纹美观大方、筋高适中，不易磨损、防滑性好、防腐蚀性能强、便于冲洗，通过表面处理可以获得各种美丽的色彩。花纹板板材平整，裁剪尺寸精确，便于安装，广泛应用于现代建筑的墙面装饰及楼梯踏板等处。

铝合金浅花纹板花纹精巧别致，色泽美观大方，除具有普通铝合金板的优点外，刚度提高 20%，抗污垢、抗划伤、抗擦伤能力均有提高。铝合金浅花纹板对白光反射率达75%~90%，热反射率达 85%~95%，对酸的耐腐蚀性良好，通过表面处理可得到不同色彩和立体图案的浅花纹板。

（2）铝合金波纹板。

铝合金波纹板有多种颜色，自重轻，有很强的反光能力，防火、防潮、防腐，在大气中可使用 20 年以上。主要用于建筑墙面和屋面装饰。

（3）铝合金压型板。

铝合金压型板质量轻、外形美、耐腐蚀、经久耐用，经表面处理可得到各种优美的色彩，主要用作墙面和屋面。

（4）铝合金冲孔平板。

铝合金冲孔平板是用各种铝合金平板经机械冲孔而成。孔型根据需要有圆孔、方孔、长圆孔、长方孔、三角孔、大小组合孔等，是一种能降低噪声并兼有装饰作用的新产品。铝合金冲孔板材质轻、耐高温、耐高压、耐腐蚀、防火、防潮、防震、化学稳定性好，造型美观，立体感强，装饰效果好，组装简单。可用于大中型公共建筑及中、高级民用建筑中以改善音质条件，也可作为各类车间厂房等降噪措施。

12.3.2　装饰用钢板

装饰用钢板有：不锈钢钢板、彩色不锈钢钢板、彩色涂层钢板、彩色压型钢板。

1. 不锈钢钢板

装饰用不锈钢钢板主要是厚度小于 4mm 的薄板、用量最多的是厚度小于 2mm 的板材。常用的有平面钢板和凹凸钢板两类。前者通常是经研磨、抛光等工序制成，后者是在正常的研磨、抛光之后再经辊压、雕刻、特殊研磨等工序制成。平面钢板又分为镜面板（板面反射率＞90％），有光板（反射率＞70％），亚光板（反射率＜50％）三类。凹凸板也有浮雕板、浅浮雕花纹板和网纹板三类。不锈钢薄板可作内外墙饰面、幕墙、隔墙、屋面等面层。

2. 彩色不锈钢钢板

彩色不锈钢钢板是在不锈钢板上再进行技术和艺术加工，使其成为各种色彩绚丽的装饰板。其颜色有蓝、灰、紫、红、青、绿、金黄、茶色等。彩色不锈钢钢板不仅具有良好的抗腐蚀性，耐磨、耐高温等特点，而且其彩色面层经久不褪色，并且色泽随着光照角度不同会产生色调变幻，增强装饰效果。常用作厅堂墙板、顶棚、电梯厢板、外墙饰面等。

3. 彩色涂层钢板

彩色涂层钢板的涂层有：有机、无机和复合层三大类。这种钢板的原板为热轧钢板和镀锌钢板，常用的有机涂层为聚氯乙烯、聚丙烯酸酯、环氧树脂、醇酸树脂等。彩色涂层钢板具有耐污染性强、洗涤后表面光泽、色差不变，热稳定性好、装饰效果好、易加工、耐久性好等优点。可用作外墙板、壁板、屋面板等。

4. 彩色压型钢板

彩色压型钢板是以镀锌钢板为基材，经成型轧制，并敷以各种耐腐蚀涂层与彩色烤漆而成的装饰板材。其性能和用途与彩色涂层钢板相同。

复习思考题

1. 常用平板玻璃从生产工艺上分有哪几种？质量上有何差别？

2. 平板玻璃如何计量？

3. 安全玻璃有哪些种类？各有何特点？适用于何处？

4. 节能玻璃有哪些种类？各适用于何处？

5. 建筑陶瓷饰面砖有哪几种？各有哪些性能、特点和用途？

6. 铝合金门窗有何特点？按结构和开闭方式分有哪些种类？

13 绝热材料和吸声材料

建筑物采用适当的绝热材料，不仅能满足人们对居住环境的要求，而且有着明显的节能效果。采用适当的吸声材料，可以保持室内良好的音响效果和减少噪声污染。应用绝热材料和吸声材料，对提高人们的生活质量有重要意义。

13.1 绝 热 材 料

绝热材料是用于减少结构物与环境热交换的一种功能材料。是保温材料和隔热材料的总称。在建筑工程中绝热材料主要用于墙体、屋顶的保温隔热；热工设备、热力管道的保温；有时也用于冬期施工的保温；一般在空调房间、冷藏室、冷库等的围护结构上也大量使用。

建筑工程中使用的绝热材料，一般要求其导热系数不宜大于 0.17W/（m·K），表观密度不大于 $600kg/m^3$，抗压强度不小于 0.3MPa。在具体选用时，还要根据工程的特点，考虑材料的耐久性、耐火性、耐侵蚀性等是否满足要求。

13.1.1 影响材料绝热性能的因素

热量传递的三种方式有：传导、对流和辐射。传导是指热量由高温物体流向低温物体或者由物体的高温部分流向低温部分；对流是指液体或气体通过循环流动传递热量的方式；辐射是指靠电磁波传递热量的方式。在热传递过程中，往往同时存在两种或三种传热方式，但因绝热材料通常都是多孔的，孔壁之间的热辐射和孔隙中空气的对流作用与热传导相比，所占的比例很小，所以在建筑热工设计时通常主要考虑热传导。材料的导热能力用导热系数来表示。导热系数是指单位厚度的材料，当两相对侧面温差为 1K 时，在单位时间内通过单位面积的热量。导热系数愈小，保温隔热性能愈好。导热系数受材料的组成、孔隙率及孔隙特征、所处环境的温度及热流方向等的影响。

1. 材料的组成

材料的导热系数受自身物质的化学组成和分子结构影响。化学组成和分子结构简单的物质比结构复杂的物质导热系数大。一般金属导热系数较大，非金属次之，液体较小，气体更小。

2. 孔隙率及孔隙构造

固体材料的导热系数比空气的导热系数大得多，一般来说，材料的孔隙率越大，导热系数就越小。材料的导热系数不仅与孔隙率有关，而且还与孔隙的大小、分布、形状及连通情况有关。

3. 湿度

材料受潮吸湿后，其导热系数会增大，若受冻结冰后，则导热系数会增大更多。这是由于水的导热系数 [$\lambda=0.58W/(m·K)$] 比密闭空气的导热系数 [$\lambda=0.023W/（m·K）$]

大 20 多倍，而冰的导热系数［$\lambda=2.20W/(m\cdot K)$］约为密闭空气的导热系数的 100 倍。故绝热材料在使用时特别要注意防潮、防冻。

4. 温度

材料的导热系数随温度的升高而增大，因为温度升高，材料固体分子的热运动增强，同时材料孔隙中空气的导热和孔壁间的辐射作用也有所增加。

5. 热流方向

对于各向异性材料，如木材等纤维质材料，当热流平行于纤维方向时，热流受到的阻力小；而热流垂直于纤维方向时，受到的阻力就大。

13.1.2 常用绝热材料及其性能

绝热材料根据化学成分可以分为无机材料和有机材料两大类，根据结构形式又可分为纤维状材料、散粒状材料和多孔材料。

1. 无机纤维状绝热材料

（1）石棉及其制品。

石棉是一种天然矿物纤维材料，主要成分是含水硅酸镁、硅酸铁，是由天然蛇纹石或角闪石经松解而成。具有耐火、耐热、耐酸碱、绝热、防腐、隔声及绝缘等性能。除用作填充材料外，还可与水泥、碳酸镁等结合制成石棉制品绝热材料，用于建筑工程的高效保温及防火覆盖等。

（2）矿棉及其制品。

岩棉和矿渣棉统称为矿棉。矿渣棉的原料主要是工业废料矿渣；岩棉的主要原料为天然岩石，经熔融后，用喷吹法或离心法制成。矿棉具有轻质、不燃、绝热和电绝缘等性能，且原料来源丰富，成本较低。可制成矿棉板、矿棉毡及管套等，可用于建筑物的墙壁、屋顶、天花板等处的保温材料及热力管道的保温材料。

（3）玻璃棉及其制品。

玻璃棉是用玻璃原料或碎玻璃经熔融后制成的一种纤维状材料，包括短棉和超细棉两种。短棉可制成沥青玻璃棉毡、板等制品；超细棉可制成普通超细棉毡、板，也可制作无碱超细玻璃棉毡等，用于房屋建筑中的保温及管道保温。

（4）陶瓷纤维。

陶瓷纤维以氧化硅、氧化铝为原料，经高温熔融、喷吹制成。可制成毡、毯、纸、绳等制品，最高使用温度可达 1100～1300℃，用于高温绝热。

2. 无机散粒状绝热材料

（1）膨胀蛭石及其制品。

膨胀蛭石是将天然蛭石经破碎、煅烧膨胀后制得的松散颗粒状材料，$\lambda=0.046\sim0.070W/(m\cdot K)$，最高使用温度为 1000～1100℃，主要用于填充墙壁、楼板及平屋顶保温等，使用时应注意防潮。

膨胀蛭石除用作填充材料外，也可与水泥、水玻璃等胶凝材料配合制成砖、板、管件等用于围护结构及管道保温。

（2）膨胀珍珠岩。

膨胀珍珠岩是由天然珍珠岩经破碎、煅烧膨胀后制得，呈蜂窝泡沫状的白色或灰白色颗粒材料。导热系数 $\lambda=0.047\sim0.070W/(m\cdot K)$，最高使用温度可达 800℃，最低使用温度为-200℃，质轻、吸湿性好、化学稳定性好、不燃烧、耐腐蚀、施工方便。广泛用于建筑工程的围护结构、低温和超低温制冷设备、热工设备等的绝热保温。

膨胀珍珠岩制品是用膨胀珍珠岩配以适量胶凝材料（水泥、水玻璃等），经拌合、成型、养护而成的板、砖、管件等制品。

3. 无机多孔类绝热材料

（1）硅藻土。

硅藻土是一种被称为硅藻的水生植物的残骸。硅藻土是由微小的硅藻壳构成，硅藻壳内又包含大量极细小的微孔。硅藻土的孔隙率为50%～80%，因而具有很好的保温绝热性能。其导热系数$\lambda=0.060W/(m \cdot K)$，最高使用温度约为900℃，硅藻土常用作填充料或制作硅藻土砖等。

（2）微孔硅酸钙制品。

微孔硅酸钙制品是用硅藻土、石灰、石英砂、纤维增强材料及水等经拌合、成型、蒸压处理和干燥等工序制成。导热系数$\lambda=0.047～0.056W/(m \cdot K)$，最高使用温度约为650～1000℃，用于建筑物的围护结构和管道保温，效果比水泥膨胀珍珠岩和水泥膨胀蛭石好。

（3）泡沫玻璃。

泡沫玻璃是用碎玻璃加入一定量的发泡剂，经粉磨、混合、装模，在800℃下焙烧生成具有大量封闭气泡的多孔材料。泡沫玻璃具有导热系数小、抗压强度高、抗冻性好、耐久性好等特点，并且可锯切、钻孔、粘接，是一种高级绝热材料。可用来砌筑墙体，也可用于冷藏设备的保温，或用作漂浮过滤材料。

（4）泡沫混凝土和加气混凝土（详见5.7其他品种混凝土）。

4. 有机绝热材料

（1）泡沫塑料。

泡沫塑料是以合成树脂为基料，加入一定剂量的发泡剂、催化剂、稳定剂等辅助材料经过加热发泡而制成的新型轻质、保温、防震材料，目前我国生产的有聚苯乙烯泡沫塑料、聚氯乙烯泡沫塑料、聚氨酯泡沫塑料及脲醛泡沫塑料等。可用于屋面、墙面保温、冷库绝热和制成夹心复合板。

（2）植物纤维类绝热板。

以植物纤维为主要成分的板材，常用做绝热材料，包括各种软质纤维板。

1）软木板　软木板是用栓皮栎树或黄菠萝树皮为原料，经破碎后与皮胶溶液拌合，加压成型，在80℃的干燥室中干燥一昼夜而制成的。具有表观密度小、导热系数小、抗渗和防腐性能好的特点。

2）蜂窝板　蜂窝板是由两块较薄的面板，牢固地粘结在一层较厚的蜂窝状芯材两面制成的板材，也称作蜂窝夹层结构。蜂窝状芯材通常是用浸渍过合成树脂（酚醛、聚酯等）的牛皮纸、玻璃布或铝片经过加工粘合成六角形空腹的整块芯材，芯材的厚度可根据使用要求确定。常用的面板为浸渍过树脂的牛皮纸、玻璃布或不经浸渍的胶合板、纤维板、石膏板等。面板与芯材必须用合适的胶粘剂牢固地粘合在一起。蜂窝板的特点是强度大、导热系数小、抗震性好，可以制成轻质高强的结构用板材，也可以制成绝热性能良好的非结构用板材和隔声材料。

13.2 吸 声 材 料

吸声材料是指能在一定程度上吸收由空气传递的声波能量的材料。广泛用在音乐厅、影剧院、大会堂、语音室等内部的墙面、地面、天棚等部位，适当采用吸声材料，能改善声波在室内传播的质量，获得良好的音响效果。

13.2.1 材料的吸声原理

声音源于物体的振动，它迫使邻近的空气跟着振动而形成声波，并在空气介质中向四周传播。声音在室外空旷处传播过程中，一部分声能因传播距离增加而扩散；一部分因空气分子的吸收而减弱。但在室内体积不大的房间，声能的衰减不是靠空气，而主要是靠墙壁、顶棚、地板等材料表面对声能的吸收。

当声波遇到材料表面时，一部分被反射，一部分穿透材料，其余部分则被材料吸收。这些被吸收的能量（包括穿透部分的声能）与入射声能之比，称为吸声系数 α，即

$$\alpha = \frac{E_1 + E_2}{E_0}$$

式中　α——材料的吸声系数；

$\quad\quad E_1$——材料吸收的声能；

$\quad\quad E_2$——穿透材料的声能；

$\quad\quad E_0$——入射的全部声能。

材料的吸声性能除与材料本身性质、厚度及材料的表面特征有关外，还与声音的频率及声音的入射方向有关。为了全面反映材料的吸声性能，通常采用 125、250、500、1000、2000、4000Hz 6 个频率的吸声系数表示材料吸声的频率特征。任何材料均能不同程度的吸收声音，通常把 6 个频率的平均吸声系数大于 0.2 的材料，称为吸声材料。

13.2.2 影响材料吸声性能的主要因素

1. 材料的表观密度

对同一种多孔材料来说，当其表观密度增大（即孔隙率减小时），对低频的吸声效果有所提高，而对高频的吸声效果则有所降低。

2. 材料的厚度

增加厚度，可以提高低频的吸声效果，而对高频吸声没有多大影响。

3. 材料的孔隙特征

孔隙愈多愈细小，吸声效果愈好。如果孔隙太大，则吸声效果较差。互相连通的开放的孔隙愈多，材料的吸声效果越好。当多孔材料表面涂刷油漆或材料吸湿时，由于材料的孔隙大多被水分或涂料堵塞，吸声效果将大大降低。

4. 吸声材料设置的位置

悬吊在空中的吸声材料，可以控制室内的混响时间和降低噪声。多孔材料或饰物悬吊在空中其吸声效果比布置在墙面或顶棚上要好，而且使用和安置也较为便利。

13.2.3 建筑上常用的吸声材料

建筑上常用吸声材料的吸声系数及其安装方法见表 13-1 所示。

建筑常用吸声材料 表 13-1

名 称	厚度(cm)	各种频率下的吸声系数（Hz）						装置情况
		125	250	500	1000	2000	4000	
1. 无机材料								
石膏板（有花纹）	—	0.03	0.05	0.06	0.09	0.04	0.06	贴实
水泥蛭石板	4.0	—	0.14	0.46	0.78	0.50	0.60	贴实
石膏砂浆（掺水泥玻璃纤维）	2.2	0.24	0.12	0.09	0.30	0.32	0.83	墙面粉刷
水泥膨胀珍珠岩板	5.0	0.16	0.46	0.64	0.48	0.56	0.56	
水泥砂浆	1.7	0.21	0.16	0.25	0.40	0.42	0.48	
砖（清水墙面）		0.02	0.03	0.04	0.04	0.05	0.05	
2. 有机材料								贴实钉在木龙骨上，后面留
软木板	2.5	0.05	0.11	0.25	0.63	0.70	0.70	10cm和5cm空气层两种
木丝板	3.0	0.10	0.36	0.62	0.53	0.71	0.90	
三合板	0.3	0.21	0.73	0.21	0.19	0.08	0.12	
穿孔五合板	0.5	0.01	0.25	0.55	0.30	0.16	0.19	
刨花板	0.8	0.03	0.02	0.03	0.03	0.04	—	
木质纤维板	1.0	0.06	0.15	0.28	0.30	0.33	0.31	
3. 多孔材料								
泡沫玻璃	4.0	0.11	0.32	0.52	0.44	0.52	0.33	贴实
脲醛泡沫塑料	5.0	0.22	0.29	0.40	0.68	0.95	0.94	贴实
泡沫水泥（外粉刷）	2.0	0.18	0.05	0.22	0.48	0.22	0.32	紧靠粉刷
吸声蜂窝板	—	0.27	0.12	0.42	0.86	0.48	0.30	紧贴墙
泡沫塑料	1.0	0.03	0.06	0.12	0.41	0.85	0.67	
4. 纤维材料								
矿棉板	3.13	0.10	0.21	0.60	0.95	0.85	0.72	贴实
玻璃棉	5.0	0.06	0.08	0.18	0.44	0.72	0.82	贴实
酚醛玻璃纤维板	8.0	0.25	0.55	0.80	0.92	0.98	0.95	贴实
工业毛毡	3.0	0.10	0.28	0.55	0.60	0.60	0.56	紧靠墙面

13.2.4 隔声材料

隔声是指材料阻止声波透过的能力。隔声性能的好坏用材料的入射声能与透过声能相差的分贝数表示，差值越大，隔声性能越好。

通常要隔绝的声音按照传播途径可分为空气声（由于空气的振动）和固体声（由于固体的撞击或振动）两种。对于隔绝空气声，根据声学中的"质量定律"，墙或板传声的大小，主要取决于其单位面积的质量，质量越大，越不易振动，隔声效果越好，故应选择密实、沉重的材料（如烧结普通砖、钢筋混凝土、钢板等）作为隔声材料。对于隔绝固体声最有效的措施是采用不连续的结构处理，即在墙壁和承重梁之间、房屋的框架和墙板之间加弹性衬垫，如毛毡、软木、橡皮等材料或在楼板上加弹性地毯。

复 习 思 考 题

1. 何谓绝热材料？影响材料绝热性能的主要因素有哪些？
2. 为什么使用绝热材料时要特别注意防水防潮？
3. 常用的绝热材料有几类？试举出几种常用的绝热材料，并说明它们各自的特点？
4. 何谓吸声材料？材料的吸声性能用什么指标来表示？
5. 影响吸声材料吸声效果的因素有哪些？

14 建筑材料试验

建筑材料试验是本课程重要的实践性教学环节。试验既是建筑材料课程的重要组成部分，同时也是学习和研究建筑材料的重要方法。通过试验，一是使学生增加感性认识，对常用材料的性能进行检验和评定，验证、巩固所学的理论知识；二是熟悉常用材料试验仪器的性能和操作方法，掌握基本的试验方法；三是进行科学研究的基本训练，培养分析问题和解决问题的能力。

为了达到以上目的，要求学生做到：

（1）认真预习有关试验的目的、内容和操作程序；

（2）在老师的指导下，独立、全面、规范地完成试验，详细做好试验记录；

（3）按要求处理数据，填好试验报告。

本教材试验是按照课程教学大纲要求选材，根据现行的国家标准和行业标准编写的。内容包括建筑材料的基本性质试验以及水泥、建筑用砂、建筑用卵石（碎石）、普通混凝土、建筑砂浆、烧结普通砖、钢筋、石油沥青、弹性体改性沥青防水卷材等主要材料的试验，今后需要其他试验时，可参考有关标准规范等资料。

14.1 建筑材料的基本性质试验

建筑材料基本性质的试验项目较多，对于各种不同的材料，测试的项目也不相同。本试验包括材料的密度、表观密度、堆积密度和吸水率的测定。

14.1.1 密度试验

1. 试验目的

测定材料在绝对密实状态下，单位体积的质量，即密度。它还可以用来计算材料的孔隙率和密实度，而材料的很多性质都与孔隙率的大小及孔隙特征有关。

2. 主要仪器

密度瓶（如图 14-1 所示，又名李氏瓶）、量筒、烘箱、干燥器、天平（量程 1kg，感量 0.01g）、温度计、漏斗和小勺等。

3. 试样制备

将试样研碎，通过 900 孔/cm² 的筛，除去筛余物，放在 105~110℃的烘箱中，烘干至恒质量，再放入干燥器中冷却至室温。

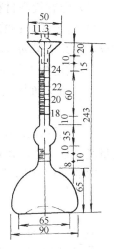

图 14-1 李氏瓶(mm)

4. 试验步骤

（1）将不与试样反应的液体倒入密度瓶中，使液面达到突颈下部 0~1mL 刻度之间。

（2）将密度瓶置于盛水的玻璃容器中，使刻度部分完全进入水中，并用支架夹住以防密度瓶浮起或歪斜。容器中的水温应保持在 20 ± 2℃。经 30min，读出密度瓶内液体凹液面的刻度值 V_1（精确至 0.1mL，以下同）。

（3）用天平称取 60～90g 试样，用小勺和漏斗小心地将试样徐徐送入密度瓶中，要防止在密度瓶喉部发生堵塞，直至液面上升到 20mL 刻度左右为止。再称剩余的试样质量，计算出装入瓶内的试样质量 m（g）。

（4）将密度瓶倾斜一定角度并沿瓶轴旋转，使试样粉末中的气泡逸出，再将密度瓶放入盛水的玻璃容器中（方法同上），经 30min，待瓶中液体温度与水温相同后，读出密度瓶内液体凹液面的刻度值 V_2（mL）。

5. 试验结果

（1）密度 ρ 按下式计算，精确至 0.01g/cm^3：

$$\rho=\frac{m}{V}$$

式中　m——密度瓶中试样粉末的质量（g）；

　　　V——装入密度瓶中试样粉末的绝对体积（cm^3），即两次液面读数之差，$V=V_2-V_1$。

（2）以两次试验结果的平均值作为密度的测定结果。两次试验结果的差值不得大于 0.02g/cm^3，否则应重新取样进行试验。

14.1.2　表观密度试验

1. 试验目的

测定材料在自然状态下，单位体积的质量，即表观密度。通过表观密度可以估计材料的强度、导热性及吸水性等性质，亦可用来计算材料的孔隙率、体积及结构自重等。

2. 主要仪器

游标卡尺（精度 0.1mm）、天平（感量 0.1g）、液体静力天平、烘箱、干燥器等。

3. 试验步骤与结果计算

（1）形状规则材料（如砖、石块、砌块等）。

1）将欲测材料的试件放入 105 ± 5℃的烘箱中烘干至恒质量，取出在干燥器内冷却至室温，称其质量 m（g）。

2）用游标卡尺量出试件的尺寸，并计算出表观体积 V_0（cm^3）。

① 对于六面体试件，长、宽、高各方向上须测量三处，分别取其平均值 a、b、c，则

$$V_0=a\times b\times c$$

② 对于圆柱体试件，在圆柱体上、下两个平行切面上及腰部，按两个互相垂直的方向量其直径，求 6 次的平均值 d，再在互相垂直的两直径与圆周交界的 4 点上量其高度，求 4 次的平均值 h，则

$$V_0=\frac{\pi d^2}{4}\times h$$

3）结果计算。

① 表观密度 ρ_0 按下式计算，精确至 10kg/m^3 或 0.01g/cm^3：

$$\rho_0=\frac{m}{V_0}$$

式中　m——试件在干燥状态下的质量（g）；

V_0——试件的表观体积（cm^3）。

② 试件结构均匀者，以三个试件结果的算术平均值作为试验结果，各次结果的误差不得超过 $20kg/m^3$ 或 $0.02g/cm^3$；如试件结构不均匀，应以 5 个试件结果的算术平均值作为试验结果，并注明最大、最小值。

（2）形状不规则材料。

1）将试件加工成（或选择）长约 $20\sim50mm$ 的试件 $5\sim7$ 个，置于 $105\pm5℃$ 的烘箱内烘干至恒质量，并在干燥器内冷却至室温。

2）取出 1 个试件，称出试件的质量 m，精确至 $0.1g$（以下同）。

3）将试件置于熔融的石蜡中 $1\sim2s$ 取出，使试件表面沾上一层蜡膜（膜厚不超过 $1mm$）。

4）称出封蜡试件的质量 m_1（g）。

5）用液体静力天平称出封蜡试件在水中的质量 m_2（g）。

6）检定石蜡的密度 $\rho_{蜡}$（一般为 $0.93g/cm^3$）。

7）结果计算。

① 表观密度 ρ_0 按下式计算，精确至 $10kg/m^3$ 或 $0.01g/cm^3$：

$$\rho_0 = \frac{m}{m_1 - m_2 - \dfrac{m_1 - m}{\rho_{蜡}}}$$

式中 m——试件质量（g）；

m_1——封蜡试件的质量（g）；

m_2——封蜡试件在水中的质量（g）。

② 试件结构均匀者，以三个试件结果的算术平均值作为试验结果，各次结果的误差不得超过 $20kg/m^3$ 或 $0.02g/cm^3$；如试件结构不均匀，应以 5 个试件结果的算术平均值作为试验结果，并注明最大、最小值。

14.1.3 堆积密度试验

1. 试验目的

测定粉状、粒状或纤维状材料在堆积状态下，单位体积的质量，即堆积密度。它可以用来估算散粒材料的堆积体积及质量，考虑运输工具，估计材料级配情况等。

2. 主要仪器

标准容器（容积已知）、天平（感量 $0.1g$）、烘箱、干燥器、漏斗、钢尺等。

3. 试样制备

将试样放在 $105\sim110℃$ 的烘箱中，烘干至恒质量，再放入干燥器中冷却至室温。

4. 试验步骤

（1）材料松散堆积密度的测定。

称量标准容器的质量 m_1（kg）。将材料试样经过标准漏斗或标准斜面，徐徐地装入容器内，漏斗口或斜面底距容器口为 $5cm$，待容器顶上形成锥形，将多余的材料用钢尺沿容器口中心线向两个相反方向刮平（试验过程应防止触动容量筒），称得容器和材料总质量为 m_2（kg）。

（2）材料紧密堆积密度的测定。

称量标准容器的质量 m_1（kg）。取另一份试样，分两层装入标准容器内。装完一层后，在筒底垫放一根 $\phi 10$ 钢筋，将筒按住，左右交替颠击地面各 25 下，再装第二层，把垫着的钢筋转 $90°$，同法颠击。加料至试样超出容器口，用钢尺沿容器口中心线向两个相反方向刮平，称得容器和材料总质量为 m_2（kg）。

5. 试验结果

(1) 松散堆积密度和紧密堆积密度 ρ'_0 均按下式计算，精确至 10kg/m^3：

$$\rho'_0 = \frac{m_2 - m_1}{V'_0}$$

式中　m_2——容器和试样总质量（kg）；

　　　m_1——容器质量（kg）；

　　　V_0'——容器的容积（m^3）。

(2) 以两次试验结果的算术平均值作为松散堆积密度和紧密堆积密度测定结果。

14.1.4 吸水率试验

1. 试验目的

材料的吸水率是指材料在吸水饱和状态下，吸入水的质量或体积与材料干燥状态下质量或体积的比。材料吸水率的大小对其强度、抗冻性、导热性等性能影响很大，测定材料的吸水率，可估计其各项性能。

2. 主要仪器

天平（称量 1000g，感量 0.1g）、水槽、烘箱、干燥器等。

3. 试验步骤

(1) 将试件置于烘箱中，以不超过 110℃ 的温度将试件烘干至恒质量，再放入干燥器中冷却至室温，称其质量 m（g）。

(2) 将试件放入水槽中，试件之间应留 $1\sim 2\text{cm}$ 的间隔，试件底部应用玻璃棒垫起，避免与槽底直接接触。

(3) 将水注入水槽中，使水面至试件高度的 1/4 处，2h 后加水至试件高度的 1/2 处，隔 2h 再加入水至试件高度的 3/4 处，又隔 2h 加水至高出试件 $1\sim 2\text{cm}$，再经 24h 后取出试件。这样逐次加水能使试件孔隙中的空气逐渐逸出。

(4) 取出试件后，用拧干的湿毛巾轻轻抹去试件表面的水分（不得来回擦拭）。称其质量，称量后仍放回槽中浸水。

以后每隔 1 昼夜用同样方法称取试样质量，直至试件浸水至恒定质量为止（质量相差不超过 0.05g），此时称得试件质量为 m_1（g）。

4. 试验结果

(1) 质量吸水率 $W_质$（%）及体积吸水率 $W_体$（%）按下式计算：

$$W_质 = \frac{m_1 - m}{m} \times 100\%$$

$$W_体 = \frac{V_1}{V_0} \times 100\% = \frac{m_1 - m}{m} \cdot \frac{\rho_0}{\rho_{H_2O}} \times 100\% = W_质 \cdot \rho_0$$

式中　m_1——材料吸水饱和时的质量（g）；

　　　m——材料干燥状态时的质量（g）；

　　　V_1——材料吸水饱和时水的体积（cm^3）；

V_0——干燥材料自然状态时的体积（cm³）；

ρ_0——试样的干表观密度（g/cm³）；

ρ_{H_2O}——水的密度，常温时 $\rho_{H_2O}=1$g/cm³。

（2）取三个试件吸水率的算术平均值作为结果。

14.2 水 泥 试 验

14.2.1 试验依据

《通用硅酸盐水泥》GB 175—2007

《水泥取样方法》GB 12573—2008

《水泥细度检验方法 筛析法》GB/T 1345—2005

《水泥标准稠度用水量、凝结时间、安定性检验方法》GB/T 1346—2011

《水泥胶砂强度检验方法（ISO法）》GB/T 17671—1999

14.2.2 水泥试验的一般规定

（1）取样方法：水泥按同品种、同强度等级进行编号和取样。袋装水泥和散装水泥应分别进行编号和取样。每一编号为一取样单位。编号按水泥厂年生产能力，可以取 100～1200t 为一编号。取样应有代表性，可连续取，亦可从 20 个以上不同部位取等量样品，总量不得少于 12kg。

（2）取得的水泥试样应通过 0.9mm 方孔筛，充分混合均匀，分成两等份，一份进行水泥各项性能试验，一份密封保存 3 个月，供作仲裁检验时使用。

（3）试验室用水必须是洁净的淡水。

（4）水泥细度试验对试验室的温、湿度没有要求，其他试验要求试验室的温度应保持在 20±2℃，相对湿度大于 50%；湿气养护箱温度为 20±1℃，相对湿度大于 90%；养护水的温度为 20±1℃。

（5）水泥试样、标准砂、拌合水、仪器和用具的温度均应与试验室温度相同。

14.2.3 水泥细度检验

细度检验可采用负压筛析法或水筛法，若没有前两种设备可采用手工干筛法。

1. 试验目的

水泥的物理力学性质都与细度有关，因此必须进行细度测定。

2. 负压筛析法

（1）主要仪器。

1）负压筛 负压筛由圆形筛框和筛网组成，筛网采用方孔边长 0.080mm 或 0.045mm 的铜丝筛布，其结构尺寸如图 14-2 所示。负压筛应附有透明筛盖，筛盖与筛上口应有良好的密封性。筛

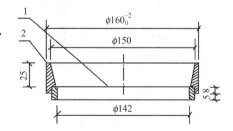

图 14-2 负压筛
1—筛网；2—筛框

网应紧绷在筛框上，筛网和筛框接触处应用防水胶密封，防止水泥嵌入。

2）负压筛析仪 负压筛析仪由筛座、负压筛、负压源及收尘器组成，其中筛座由转速为 30±2r/min 的喷气嘴、负压表、控制板、微电机及壳体等构成，如图 14-3 所示。筛析仪负压

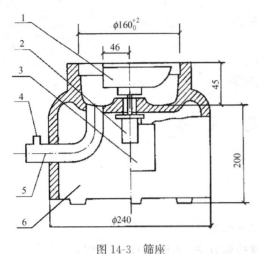

图 14-3 筛座

1—喷气嘴；2—微电机；3—控制板开口；4—负压
表接口；5—负压源及收尘器接口；6—壳体

可调范围为 4000~6000Pa。喷气嘴上口平面与筛网之间距离为 2~8mm。负压源和收尘器由功率为 600W 的工业吸尘器和小型旋风收尘筒组成或用其他具有相当功能的设备。

（2）试验步骤。

1）筛析试验前，应把负压筛放在筛座上，盖上筛盖，接通电源，检查控制系统，调节负压至 4000~6000Pa 范围内。

2）试验时，80μm 筛析试验称取试样25g，45μm 筛析试验称取试样 10g。称取试样精确至 0.01g，置于洁净的负压筛中，盖上筛盖，放在筛座上，开动筛析仪连续筛析2min，在此期间如有试样附着在筛盖上，可轻轻地敲击，使试样落下。筛毕，用天平称量筛余物的质量 R_s（g）。

3）当工作负压<4000Pa 时，应清理吸尘器内水泥，使负压恢复正常。

3. 水筛法

（1）主要仪器。

1）水筛 由圆形筛框和筛网组成，筛网采用方孔边长 0.080mm 的铜丝筛布，如图14-4 所示。

2）水筛架 用于支撑筛子并能带动筛子转动，转速约 50r/min，如图 14-5 所示。

3）喷头 直径 55mm，面上均匀分布 90 个孔，孔径 0.5~0.7mm，如图 14-5 所示。

（2）试验步骤。

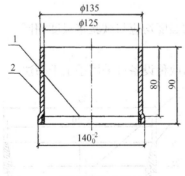

图 14-4 水筛

1—筛网；2—筛框

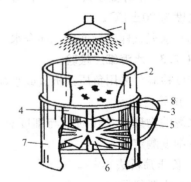

图 14-5 水泥细度筛

1—喷头；2—标准筛；3—旋转托架；4—集水头；
5—出水口；6—叶轮；7—外筒；8—把手

1）筛析试验前，应检查水中无泥、砂，调整好水压及水筛架的位置，使其能正常运转。喷头底面和筛网之间距离为 35~75mm。

2）称取试样的规定同负压筛析法。将试样置于洁净的水筛中，立即用淡水冲洗至大部分细粉通过后，放在水筛架上，用水压为 0.05±0.02MPa 的喷头连续冲洗 3min。筛毕，用少量水把筛余物冲至蒸发皿中，等水泥颗粒全部沉淀后，小心倒出清水，烘干并用天平称量筛余物的质量 R_s（g）。

4. 手工干筛法

（1）主要仪器。

筛子 筛框有效直径 150mm，高 50mm，筛孔边长 0.080mm，并附有筛盖。

（2）试验步骤。

称取试样的规定同负压筛析法。将试样倒入干筛内。用一只手执筛往复摇动，另一只手轻轻拍打，拍打速度每分钟约 120 次，每 40 次向同一方向转动 60°，使试样均匀分布在筛网上，直至每分钟通过的试样量不超过 0.05g 时为止。称量筛余物的质量 R_s（g）。

5. 试验结果

（1）水泥试样筛余百分数 F 按下式计算，精确至 0.1%：

$$F = \frac{R_s}{W} \times 100\%$$

式中 R_s——水泥筛余物的质量（g）；

W——水泥试样的质量（g）。

（2）筛余结果的修正。

试验筛的筛网会在试验中磨损，因此筛析结果应进行修正。修正的方法是将以上结果乘以该试验筛标定后得到的有效修正系数，即为最终结果。

（3）合格评定时，每个样品应称取二个试样分别筛析，取筛余平均值为筛析结果。若两次筛余结果绝对误差大于 0.5% 时（筛余值大于 5.0% 时可放至 1.0%），应再做一次试验，取两次相近结果的算术平均值，作为最终结果。

（4）负压筛析法与水筛法、手工干筛法测定的结果发生争议时，以负压筛法为准。

14.2.4 水泥标准稠度用水量的测定

1. 试验目的

水泥的凝结时间和安定性都与用水量有关。为了消除试验条件的差异而有利于比较，水泥净浆必须有一个标准的稠度。本试验就是测定水泥净浆达到标准稠度时的用水量，以便为进行凝结时间和安定性试验做好准备。

2. 标准法

（1）主要仪器。

1）水泥净浆搅拌机 净浆搅拌机主要由搅拌锅、搅拌叶片、传动机构和控制系统组成，如图 14-6、图 14-7 所示。搅拌叶片在搅拌锅内作旋转方向相反的公转和自转，并可在竖直方向调节。搅拌锅可以升降，传动机构保证搅拌叶片按规定的方向和速度运转，控制系统具有按程序自动控制与手动控制两种功能。搅拌叶片公转转速为：慢速 62 ± 5 r/min，快速 125 ± 10 r/min；自转转速为：慢速 140 ± 5 r/min，快速 285 ± 10 r/min。

2）标准法维卡仪 如图 14-8 所示，标准稠度测定采用试杆 [图 14-8（c）]，其有效长度为 50 ± 1 mm，由直径为 $\phi 10 \pm 0.05$ mm 的圆柱形耐腐蚀金属制成。测定凝结时间时取下试杆，用试针 [图 14-8（d）、（e）] 代替试杆。试针由钢制成，初凝针是有效长度为 50 ± 1 mm、直径为 $\phi 1.13 \pm 0.05$ mm 的圆柱体；终凝针是有效长度为 30 ± 1 mm、直径为

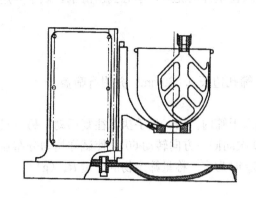

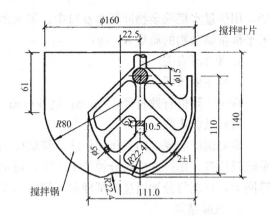

图 14-6　水泥净浆搅拌机　　　　　图 14-7　搅拌锅与搅拌叶片示意图

$\phi 1.13\pm 0.05$mm 的圆柱体。滑动部分的总质量为 300 ± 1g。与试杆、试针联结的滑动杆表面应光滑，能靠重力自由下落，不得有紧涩和旷动现象。

盛装水泥浆的试模 [图 14-8 (a)] 应由耐腐蚀的、有足够硬度的金属制成。试模为深 40 ± 0.2mm、顶内径 $\phi 65\pm 0.5$mm、底内径 $\phi 75\pm 0.5$mm 的截顶圆锥体。每只试模应配备一块大于试模、而且厚度≥2.5mm 的平板玻璃底板。

（2）试验步骤。

1）试验前必须做到。

① 维卡仪的金属棒能自由滑动，调整至试杆接触玻璃板时指针对准零；

② 水泥净浆搅拌机运行正常。

2）用水泥净浆搅拌机搅拌水泥净浆。将搅拌锅和搅拌叶片先用湿布擦过，将拌合水倒入搅拌锅内，然后在 5~10s 内小心将称好的 500g 水泥加入水中，防止水和水泥溅出；拌合时，先将锅放在搅拌机的锅座上，升至搅拌位置，启动搅拌机，低速搅拌 120s，停 15s，同时将叶片和锅壁上的水泥浆刮入锅中间，接着高速搅拌 120s 停机。

3）拌和结束后，立即将拌制好的水泥净浆装入已置于玻璃板上的试模中，用小刀插捣，轻轻振动数次，刮去多余的净浆。抹平后迅速将试模和底板移到维卡仪上，并将其中心定在试杆下，降低试杆直至与水泥净浆表面接触，拧紧螺丝 1~2s 后，突然放松，使试杆垂直自由地沉入水泥净浆中。在试杆停止沉入或释放试杆 30s 时记录试杆距底板之间的距离。提起试杆后，立即擦净。整个操作应在搅拌后 1.5min 内完成。

（3）试验结果。

以试杆沉入净浆并距底板 6 ± 1mm 的水泥净浆作为标准稠度净浆。水泥的标准稠度用水量 P（％）按水泥质量的百分比计，按下式计算：

$$P = \frac{m_1}{m_2}\times 100\%$$

式中　m_1——水泥净浆达到标准稠度时的拌合用水量（g）；

　　　m_2——水泥质量（g）。

3. 代用法

（1）主要仪器。

1）水泥净浆搅拌机　如图 14-6、图 14-7 所示。

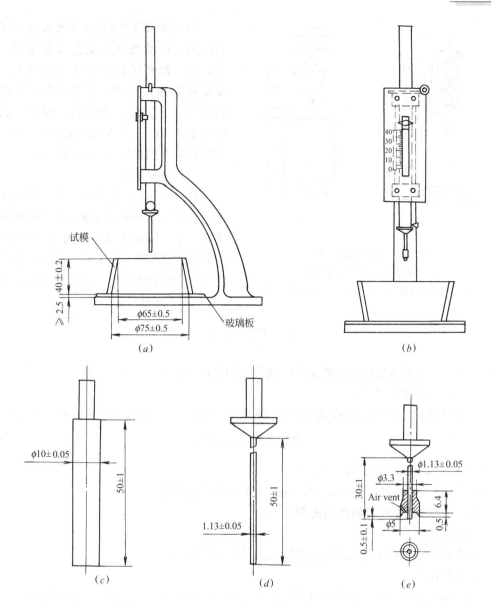

图 14-8　测定水泥标准稠度和凝结时间的维卡仪

(a) 测初凝时间时用试模正位测视图；(b) 终凝时间测定时把模子翻过来的正视图；

(c) 标准稠度试杆；(d) 初凝针；(e) 终凝针

2）代用法维卡仪　如图 14-9 所示，包括测试架、试锥和试模，滑动部分总质量为 $300\pm2g$。

（2）试验步骤。

采用代用法测定水泥标准稠度用水量可用调整水量和不变水量两种方法的任一种测定。

1）水泥净浆的拌制同标准法。采用调整水量法时拌合水量按经验加水，采用不变水量法时用 142.5mL 水，水量精确至 0.5mL。

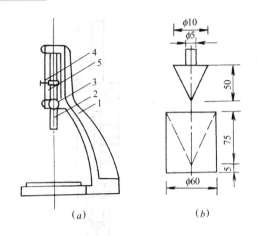

图 14-9 代用法维卡仪

(*a*) 试针支架；(*b*) 试锥和锥模；

1—铁座；2—金属圆柱；3—松紧螺旋；4—指针；5—标尺

2）将拌好的净浆装入锥模内，用小刀插捣，振动数次，刮去多余净浆、抹平，然后放到试锥下面固定位置上，将试锥降至净浆表面，拧紧螺丝；突然放松螺丝，让试锥自由沉入净浆中，到试锥停止下沉时记录下沉深度 S（mm）。整个操作应在搅拌后 1.5min 内完成。

（3）试验结果。

1）用调整水量法时，将试锥下沉深度 S 为 28 ± 2 mm 时的净浆作为标准稠度净浆，下沉深度 S 大于或小于 28 ± 2mm 时应减少或增加水量，重新测定，直至 S 为 28 ± 2mm 时为止。标准稠度用水量 P（％）按下式计算：

$$P=\frac{m_1}{m_2}\times100\%$$

式中　m_1——水泥净浆达到标准稠度时的拌和用水量（g）；

　　　m_2——水泥质量（g）。

2）用不变水量法时，根据测得的下沉深度 S（mm），计算标准稠度用水量 P（％）。

$$P=33.4-0.185S$$

式中　S——试锥的下沉深度（mm）。

如试锥下沉深度小于 13mm 时，应改用调整水量法测定。

14.2.5 水泥净浆凝结时间的测定

1. 试验目的

测定水泥的凝结时间，并确定它能否满足施工的要求。

2. 主要仪器

（1）标准法维卡仪　如图 14-8 所示，测定凝结时间时取下试杆，用试针代替试杆。

（2）净浆搅拌机　如图 14-6、图 14-7 所示。

3. 试验步骤

（1）调整标准法维卡仪的试针接触玻璃板时指针对准零点。

（2）称取水泥试样 500g，以标准稠度用水量加水，按照上述标准稠度用水量试验方法制成标准稠度净浆，一次装满试模，振动数次刮平，立即放入湿气养护箱中。记录水泥全部加入水中的时间，作为凝结时间的起始时间。

（3）初凝时间的测定：试件在湿气养护箱中养护至加水后 30min 时进行第一次测定，临近初凝时，每隔 5min 测定一次。测定时，从湿气养护箱中取出试模放到试针下，降低试针与水泥净浆表面接触，拧紧螺丝 1~2s 后，突然放松，试针垂直自由地沉入水泥净浆。观察试针停止下沉或释放试针 30s 时指针的读数。当试针沉至距底板 4 ± 1mm 时，为水泥达到初凝状态。

（4）终凝时间的测定：为了准确观测试针沉入的状况，在终凝针上安装了一个环形附件［见图 14-8（e）所示］。在完成初凝时间测定后，立即将试模连同浆体以平移的方式从玻璃板取下，翻转 180°，直径大端向上，小端向下放在玻璃板上，再放入湿气养护箱中继续养护，临近终凝时每隔 15min 测定一次，当试针沉入试体 0.5mm，即环形附件开始不能在试体上留下痕迹时，为水泥达到终凝状态。

（5）测定时应注意，在最初测定操作时应轻轻扶持金属柱，使其徐徐下降，以防试针撞弯，但结果以自由下落为准；在整个测试过程中试针沉入的位置至少要距试模内壁 10mm，每次测定不能让试针落入原针孔，每次测试完毕须将试针擦净，并将试模放回湿气养护箱内。整个测试过程要防止试模受振。

4. 试验结果

（1）由水泥全部加入水时起，至试针沉至距底板 4±1mm（即初凝状态）时，所需时间为初凝时间，至试针沉入试体 0.5mm（即终凝状态）时，所需时间为终凝时间。

（2）初凝时间和终凝时间都用小时（h）和分（min）来表示。

14.2.6 水泥安定性的测定

安定性试验可以用试饼法（代用法），也可以用雷氏法（标准法），有争议时以雷氏法为准。试饼法是通过观察水泥净浆试饼沸煮后的外形变化来检验水泥的体积安定性；雷氏法是通过测定水泥净浆在雷氏夹中沸煮后的膨胀值来检验水泥的体积安定性。

1. 试验目的

检验水泥是否由于游离氧化钙造成了体积安定性不良，以决定水泥是否可以使用。

2. 主要仪器

（1）水泥净浆搅拌机　如图 14-6、图 14-7 所示。

（2）沸煮箱　能在 30±5min 内将箱内水由室温升至沸腾，并在不需要补充水的情况下保持沸腾状态 180±5min，如图 14-10 所示。

（3）雷氏夹　由铜质材料制成，形状和尺寸如图 14-11 所示。当用 300g 砝码校正时，两根针的针尖距离增加应在 17.5±2.5mm 范围内，如图 14-12 所示。

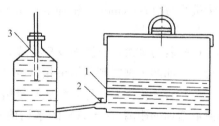

图 14-10　沸煮箱
1—篦板；2—阀门；3—水位管

（4）雷氏夹膨胀测定仪　形状和尺寸见图 14-13 所示，标尺最小刻度为 0.5mm。

3. 试验步骤

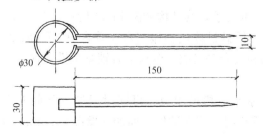

图 14-11　雷氏夹

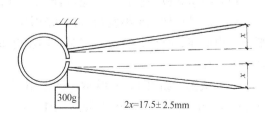

$2x=17.5\pm2.5mm$

图 14-12　雷氏夹校正图

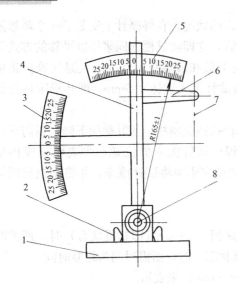

图 14-13　雷氏夹膨胀测定仪

1—底座；2—模子座；3—测弹性标尺；4—立柱；
5—测膨胀值标尺；6—悬臂；7—悬丝；8—弹簧顶钮

（1）称取水泥试样 500g，按标准稠度用水量制成标准稠度净浆。

（2）采用试饼法时，将制好的净浆取出一部分，分成两等份，使之呈球形，分别放在两个预先涂过油的玻璃板上，轻轻振动玻璃板并用湿布擦过的小刀由边缘向中央抹动，做成直径 70～80mm，中心厚约 10mm，边缘渐薄，表面光滑的试饼，接着将试饼放入湿气养护箱中养护24±2h。

（3）采用雷氏法时，将雷氏夹放在已涂过油的玻璃板上，把制好的净浆一次装满雷氏夹模内，装模时一只手轻轻扶持试模，另一只手用小刀插捣数次后抹平，盖上稍涂油的玻璃板，然后将雷氏夹放入湿气养护箱中养护24±2h。

（4）将养护好的试饼或雷氏夹试件放入沸煮箱水中的篦板上，但雷氏夹放入之前应先测量两指针尖端之间的距离 A（mm），精确至 0.5mm，两根指针朝上。然后在 30±5min 内加热至沸腾，并恒沸 3h±5min。沸煮结束，放掉沸煮箱中的水，打开箱盖，冷却至室温后取出试饼或雷氏夹试件，并再次测量雷氏夹两指针尖端间的距离 C（mm），精确至 0.5mm。

4．试验结果

（1）若为试饼，目测未发现裂缝，用直尺检查也没有弯曲，表明安定性合格，否则为不合格。如两个试饼判别结果相矛盾时，为安定性不合格。

（2）若为雷氏夹，计算两次测量指针尖端之间距离的差值 $(C-A)$ mm。当两个试件沸煮后增加的距离 $(C-A)$ 的平均值不大于 5.0mm 时，表明安定性合格，否则为不合格。当两个试件的 $(C-A)$ 值相差超过 4.0mm 时，应用同一样品立即重做一次试验，再如此，则认为该水泥为安定性不合格。

14.2.7　水泥胶砂强度的测定

1．试验目的

检验并确定水泥的强度等级。

2．主要仪器

（1）行星式胶砂搅拌机　应符合 JC/T 681 的要求，其结构如图 14-14 所示。

（2）胶砂试体成型振实台（ISO 振实台）　胶砂试体成型振实台应符合 JC/T 682 的要求。由底座、臂杆、台盘、突头、同步电机和模套等组成，台盘上有锁紧试模装置，如图 14-15 所示。

（3）试模　如图 14-16 所示，试模由三个水平的模槽组成，可同时成型三条截面为 40mm×40mm、长 160mm 的菱形试体。成型操作时，应在试模上面加一壁高为 20mm 的金属模套。

（4）电动抗折试验机　常用杠杆比值为 1：50 的双杠杆抗折试验机，如图 14-17 所

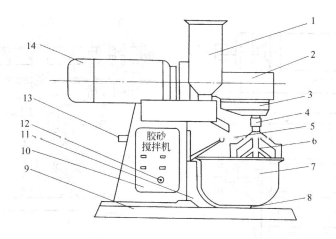

图 14-14　行星式胶砂搅拌机结构示意图

1—砂斗；2—减速箱；3—行星机构；4—叶片紧固螺母；5—升降
柄；6—叶片；7—锅；8—锅座；9—机座；10—立柱；11—升降机
构；12—面板自动、手动切换开关；13—接口；14—立式双速电机

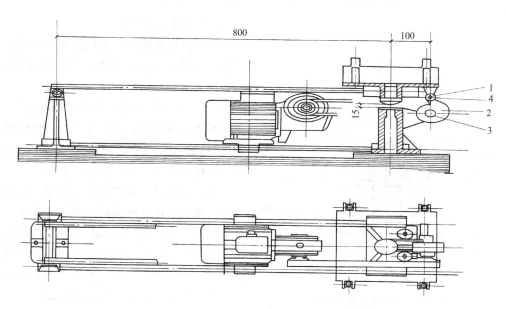

图 14-15　典型的振实台

1—突头；2—凸轮；3—止动器；4—随动轮

示。抗折夹具的加荷圆柱与支撑圆柱直径均为 10 ± 0.1mm，两个支撑圆柱的中心距为 100 ±0.2mm。

（5）抗压试验机和抗压夹具

1）抗压强度试验机　最大荷载以 $200\sim300$kN 为佳，记录的荷载应有 $\pm1\%$ 精度。

2）抗压试验机用夹具　应符合 JC/T 683 的要求，如图 14-18 所示，加压板长和宽均为 40mm，加压面必须磨平。

（6）播料器和金属刮平直尺。

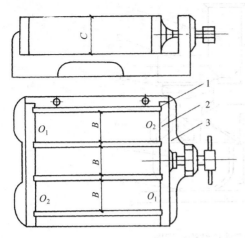

图 14-16　水泥胶砂强度检验试模
1—隔板；2—端板；3—底板

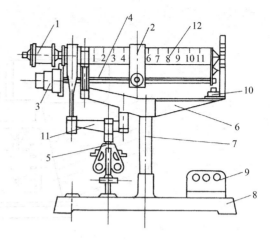

图 14-17　电动抗折试验机
1—平衡锤；2—流动砝码；3—电动机；4—传动丝杠；
5—抗折夹具；6—机架；7—立柱；8—底座；9—电器
控制箱；10—启动开关；11—下杠杆；12—上杠杆

3. 试件成型及养护

（1）将试模擦净，四周的模板与底座的接触面上涂上黄油，紧密装配，防止漏浆，内壁均匀涂刷一薄层机油。

（2）所用砂子为中国 ISO 标准砂。水泥与标准砂的质量比为 1：3，水灰比为 0.5。每成型一联三条试件需称取水泥 450g，标准砂 1350g，拌合水 225g。

（3）搅拌时，先把水加入锅里，再加入水泥，把锅放在胶砂搅拌机的固定架上，上升至固定位置。立即开动机器，低速搅拌 30s，在第二个 30s 开始的同时搅拌机自动将砂子均匀地加入。把机器转至高速再搅拌 30s。停拌 90s，并用一胶皮刮具将叶片和锅壁上的胶砂刮入锅中间，在高速下继续搅拌 60s。停机，取下搅拌锅。

（4）在搅拌胶砂的同时，将空试模和模

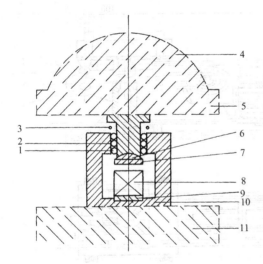

图 14-18　抗压强度试验夹具
1—滚珠轴承；2—滑块；3—复位弹簧；4—压力机球座；
5—压力机上压板；6—夹具球座；7—夹具上压板；
8—试体；9—底板；10—夹具下垫板；11—压力机下垫板

套固定在振实台上。将搅拌好的胶砂分两层装入试模。装第一层时，每个槽里约放 300g 胶砂，用大播料器垂直架在模套顶部，沿每个模槽来回一次将料层播平，振实 60 次。再装入第二层胶砂，用小播料器播平，再振实 60 次。

（5）移走模套，取下试模，用一金属刮平尺以近似 90°的角度架在试模模顶的一端，然后沿试模长度方向以横向锯割动作慢慢向另一端移动，一次将超过试模部分的胶砂刮去，并用同一直尺在近乎水平的情况下将试件表面抹平。在试模上作标记后放入湿气养护箱的水平架子上养护 24±3h。

（6）到规定的时间取出脱模。脱模前对试件进行编号，两个龄期以上的试件，在编号时应将同一试模中的三条试件分在两个以上龄期内。试件脱模后应立即放入 $20\pm1℃$ 的水中养护至龄期。

4. 强度测定

（1）试件龄期是从水泥加水搅拌开始试验时算起。不同龄期强度试验在下列时间里进行：$24h\pm15min$、$48h\pm30min$、$72h\pm45min$、$7d\pm2h$、$>28d\pm8h$。

（2）抗折强度测定　取出试件擦干水分和砂粒，调整抗折机呈平衡状态。将试件一个侧面放在试验机支撑圆柱上，试件长轴垂直于支撑圆柱，通过加荷圆柱以 $50\pm10N/s$ 的速率均匀地将荷载垂直地加在棱柱体相对侧面上，直至折断，记录折断时施加于棱柱体中部的荷载 $F_f(N)$。

（3）抗压强度测定　用抗折强度测定后的两个断块立即做抗压试验，在半截棱柱体的侧面上进行。将试件放入抗压夹具内用定位销固定位置，开动机器以 $2400\pm200N/s$ 的速率均匀地加荷直至试件破坏，记录破坏时的荷载 $F_c(N)$。

5. 试验结果

（1）抗折强度 f_m 按下式计算，精确至 $0.1MPa$：

$$f_m = \frac{1.5F_f L}{b^3}$$

式中　F_f——折断时施加于棱柱体中部的荷载（N）；

　　　L——支撑圆柱之间的距离，$100mm$；

　　　b——棱柱体正方形截面的边长，$40mm$。

（2）抗压强度 f 按下式计算，精确至 $0.1MPa$：

$$f = \frac{F_c}{A}$$

式中　F_c——抗压破坏时的荷载（N）；

　　　A——试件受压部分面积，为 $40mm\times40mm=1600mm^2$

（3）抗折强度以一组 3 个试件抗折强度测定值的平均值（精确至 $0.1MPa$）作为试验结果。当 3 个强度值中有超出平均值 $\pm10\%$ 时，应剔除后再取平均值作为抗折强度试验结果。抗压强度以一组 3 个试件得到的 6 个抗压强度测定值的算术平均值（精确至 $0.1MPa$）作为试验结果。当 6 个测定值中有一个超出平均值的 $\pm10\%$ 时，就应剔除这个结果，而以剩下 5 个的平均值作为试验结果；如果 5 个测定值中再有超过它们平均值 $\pm10\%$ 的，则此组结果作废。

14.3　普通混凝土用砂、石试验

14.3.1　试验依据

《建设用砂》GB/T 14684—2011

《建设用碎石、卵石》GB/T 14685—2011

《普通混凝土用砂、石质量及检验方法标准》JGJ 52—2012

14.3.2　取样方法及数量

使用单位应按砂或石的同产地、同规格分批验收。采用大型工具（如火车、货船或汽车）运输的，以 400m³ 或 600t 为一验收批；采用小型工具（如拖拉机等）运输的，以 200m³ 或 300t 为一验收批。不足上述数量者，应按一验收批进行验收。

当砂或石的质量比较稳定、进料量又较大时，可以 1000t 为一验收批。

在料堆上取样时，取样部分应均匀分布，取样前先将取样部位表层铲除，然后由各部位抽取大致相等的砂 8 份，石子为 16 份，组成各自一组样品。

从皮带运输机上取样时，应在皮带运输机机尾的出料处用接料器定时抽取砂 4 份、石 8 份组成各自一组样品。

从火车、汽车、货船上取样时，应从不同部位和深度抽取大致相等的砂 8 份、石 16 份组成各自一组样品。

除筛分析外，当其余检验项目存在不合格项时，应加倍取样进行复验。当复验仍有一项不满足标准要求时，应按不合格品处理。

对于每一单项检验项目，砂、石的每组样品取样数量应满足表 14-1 的规定。当需要做多项检验时，可在确保样品经一项试验后不致影响其他试验结果的前提下，用同组样品进行多项不同的试验。

每组样品应妥善包装，避免细料散失，防止污染，并附样品卡片，标明样品的编号、取样时间、代表数量、产地、样品量、要求检验项目及取样方式等。

单项试验的最少取样数量 表 14-1

骨料种类 试验项目	砂（kg）	碎石或卵石（kg）							
		骨料最大粒径（mm）							
		10.0	16.0	20.0	25.0	31.5	40.0	63.0	80.0
筛分析	4.4	8.0	15.0	15.0	20.0	25.0	32.0	50.0	64.0
表观密度	2.6	8.0	8.0	8.0	8.0	12.0	16.0	24.0	24.0
堆积密度	5.0	40.0	40.0	40.0	40.0	80.0	80.0	120.0	120.0
含泥量	4.4	8.0	8.0	24.0	24.0	40.0	40.0	80.0	80.0
泥块含量	20.0	8.0	8.0	24.0	24.0	40.0	40.0	80.0	80.0

试验时按照规定的方法分别缩取各项试验所需的数量。砂的样品缩分方法可选择下列两种方法之一。

（1）用分料器缩分。将样品在潮湿状态下拌合均匀，然后将其通过分料器，留下两个接料斗中的一份，并将另一份再次通过分料器。重复上述过程，直至把样品缩分到试验所需量为止。

（2）人工四分法缩分。将样品置于平板上，在潮湿状态下拌合均匀，并堆成厚度约为 20mm 的"圆饼"状，然后沿互相垂直的两条直径把"圆饼"分成大致相等的四份，取其对角的两份重新拌匀，再堆成"圆饼"状。重复上述过程，直至把样品缩分到试验所需量为止。

碎石或卵石缩分时，应将样品置于平板上，在自然状态下拌合均匀，并堆成锥体，然后沿互相垂直的两条直径把锥体分成大致相等的四份，取其对角的两份重新拌匀，再堆成锥体。重复上述过程，直至把样品缩分到试验所需量为止。

14.3.3 砂的筛分析试验

1. 试验目的

评定普通混凝土用砂的颗粒级配，计算砂的细度模数并评定其粗细程度。

2. 主要仪器

（1）试验筛 公称直径分别为 10.0mm、5.00mm、2.50mm、1.25mm、630μm、315μm、160μm 的方孔筛各一只，并附有底盘和筛盖各一只。

（2）天平 称量 1000g，感量 1g。

（3）鼓风烘箱 能使温度控制在（105±5）℃。

（4）摇筛机、浅盘和硬、软毛刷等。

3. 试样制备

用于筛分析的试样，其颗粒的公称粒径不应大于 10.0mm。试验前应先将试样通过公称直径 10.0mm 的方孔筛，并计算筛余。称取经缩分后样品不少于 550g 两份，分别装入两个浅盘，在（105±5）℃的温度下烘干至恒质量，冷却至室温后备用。

4. 试验步骤

（1）称取烘干试样 500g（特细砂可称 250g），将试样倒入按筛孔大小顺序排列的套筛的最上一只筛（公称直径为 5.00mm 的方孔筛）上；将套筛装入摇筛机内固定，筛分 10min。

（2）取下套筛，按筛孔由大到小的顺序，逐个进行手筛，直至每分钟的筛出量不超过试样总量的 0.1% 为止；通过的试样并入下一只筛子，并和下一只筛子中的试样一起进行手筛。这样顺序进行，直至所有的筛子全部筛完为止。

（3）称出各筛的筛余量，试样在各筛上的筛余量不得超过按下式计算出的剩留量，否则应将该筛的筛余试样分成少于按上式计算出的两份或数份，分别进行筛分，并以筛余量之和作为该筛的筛余量。

$$m_r = \frac{A\sqrt{d}}{300}$$

式中 m_r——某一个筛上的剩留量（g）；

A——筛面面积（mm^2）；

d——筛孔边长（mm）。

（4）称取各筛筛余试样的质量，精确至 1g，所有各筛的分计筛余量和底盘中的剩余量之和与筛分前的试样总量相比，相差不得超过 1%。

5. 结果计算与评定

（1）计算分计筛余百分率：分计筛余百分率为各筛的筛余量与试样总量之比，精确至 0.1%。

（2）计算累计筛余百分率：累计筛余百分率为该筛的分计筛余百分率与该筛以上各筛的分计筛余百分率之和，精确至 0.1%。

（3）根据各筛两次试验累计筛余百分率的平均值，精确至 1%，评定颗粒级配。

（4）砂的细度模数 μ_f 按下式计算，精确至 0.01：

$$\mu_f = \frac{(A_2 + A_3 + A_4 + A_5 + A_6) - 5A_1}{100 - A_1}$$

式中 μ_f——细度模数；

$A_1 \sim A_6$——分别为公称直径 5.00mm、2.50mm、1.25mm、$630\mu m$、$315\mu m$、$160\mu m$ 方孔筛的累计筛余百分数值，代入公式计算时，A_i 不带%。

以两次试验结果的算术平均值作为测定值，精确至 0.1。当两次试验所得的细度模数之差超过 0.20 时，需重新试验。

14.3.4 砂的表观密度试验

1. 试验目的

测定砂的表观密度，为计算砂的空隙率和混凝土配合比设计提供依据。

2. 主要仪器。

(1) 天平 称量 1000g，感量 1g。

(2) 容量瓶 500mL。

(3) 鼓风烘箱 能使温度控制在（105±5）℃。

(4) 干燥器、浅盘、料勺、温度计等。

3. 试样制备

经缩分后不少于 650g 的样品装入浅盘，在温度为（105±5）℃的烘箱中烘干至恒质量，并在干燥器内冷却至室温后。

4. 试验步骤

(1) 称取烘干的试样 300g（m_0），装入盛有半瓶冷开水的容量瓶中。

(2) 摇转容量瓶，使试样在水中充分摇动以排除气泡，塞紧瓶盖，静置 24h。然后用滴管小心加水至容量瓶瓶颈刻度线平齐，塞紧瓶塞，擦干瓶外水分，称出其质量 m_1。

(3) 倒出瓶内水和试样，洗净容量瓶内外壁，再向瓶内加入冷开水至瓶颈刻度线，水温与上次水温相差不超过 2℃。塞紧瓶塞，擦干瓶外水分，称出其质量 m_2。

5. 试验结果

砂的表观密度 ρ_0 按下式计算，精确至 $10kg/m^3$：

$$\rho_0 = \left(\frac{m_0}{m_0 + m_2 - m_1} \right) \times \rho_{水}$$

式中　$\rho_{水}$——水的密度，$1000kg/m^3$；

$\quad\quad m_0$——烘干试样的质量（g）；

$\quad\quad m_1$——试样、水及容量瓶的总质量（g）；

$\quad\quad m_2$——水及容量瓶的总质量（g）。

表观密度取两次试验结果的算术平均值，精确至 $10kg/m^3$；如两次试验结果之差大于 $20kg/m^3$，须重新试验。

14.3.5 砂的堆积密度试验

1. 试验目的

测定砂的堆积密度，为计算砂的空隙率和混凝土配合比设计提供依据。

2. 主要仪器

(1) 鼓风烘箱 能使温度控制在（105±5）℃。

(2) 称 称量 5kg，感量 5g。

(3) 容量筒 圆柱形金属筒，内径 108mm，净高 109mm，壁厚 2mm，筒底厚约 5mm，容积为 1L。

(4) 方孔筛　孔径为 5.00mm 的筛一只。

(5) 垫棒、直尺、漏斗或料勺、浅盘、毛刷等。

3. 试样制备

先用公称直径 5.00mm 的筛子过筛，然后取经缩分后的样品不少于 3L，装入浅盘，在温度为（105+5）℃烘箱中烘干至恒质量，取出并冷却至室温，分为大致相等的两份备用。试样烘干后若有结块，应在试验前先予捏碎。

4. 试验步骤与试验结果

砂的堆积密度的测定包括松散堆积密度和紧密堆积密度的测定，其试验步骤与试验结果参考 **14.1.3** 建筑材料的基本性质试验中堆积密度试验。

14.3.6　砂的含泥量试验（标准法）

1. 试验目的

测定粗砂、中砂和细砂（特细砂中含泥量测定方法需要采用虹吸管法）的含泥量，为评定砂的质量提供依据。

2. 主要仪器

(1) 天平　称量 1000g，感量 1g；

(2) 烘箱　温度控制范围为（105±5）℃；

(3) 试验筛　筛孔公称直径为 80μm 及 1.25mm 的方孔筛各一个；

(4) 洗砂用的容器及烘干用的浅盘等。

3. 试样制备

样品缩分至 1100g，置于温度为（105±5）℃的烘箱中烘干至恒质量，冷却至室温后，称取各为 400g（m_0）的试样两份备用。

4. 试验步骤

(1) 取烘干的试样一份置于容器中，并注入饮用水，使水面高出砂面约 150mm，充分拌匀后，浸泡 2h，然后用手在水中淘洗试样，使尘屑、淤泥和黏土与砂粒分离，并使之悬浮或溶于水中，缓缓地将浑浊液倒入公称直径为 1.25mm、80μm 的方孔套筛（1.25mm 筛放置于上面）上，滤去小于 80μm 的颗粒。试验前筛子的两面应先用水浸润，在整个试验过程中应避免砂粒丢失。

(2) 再次加水于容器中，重复上述过程，直到筒内洗出的水清澈为止。

(3) 用水淋洗剩留在筛上的细粒，并将 80μm 筛放在水中（使水面略高出筛中砂粒的上表面）来回摇动，以充分洗除小于 80μm 的颗粒。然后将两只筛上剩留的颗粒和容器中已经洗净的试样一并装入浅盘，置于温度为（105±5）℃的烘箱中烘干至恒质量。取出来冷却至室温后，称试样的质量（m_1）。

5. 结果计算与评定

砂中含泥量按下式计算，精确至 0.1%：

$$w_C = \frac{m_0 - m_1}{m_0} \times 100\%$$

式中　w_C——砂中含泥量（%）；

m_0——试验前的烘干试样质量（g）；

m_1——试验后的烘干试样质量（g）。

以两个试样试验结果的算术平均值作为测定值。两次结果之差大于 0.5% 时，应重新取样进行试验。

14.3.7 砂的泥块含量试验

1. 试验目的

测定砂的泥块含量，为评定砂的质量提供依据。

2. 主要仪器

(1) 天平　称量 1000g，感量 1g；称量 5000g，感量 5g；

(2) 烘箱　温度控制范围为 (105±5)℃；

(3) 试验筛　筛孔公称直径为 630μm 及 1.25mm 的方孔筛各一只；

(4) 洗砂用的容器及烘干用的浅盘等。

3. 试样制备

将样品缩分至 5000g，置于温度为 (105±5)℃ 的烘箱中烘干至恒质量，冷却至室温后，用公称直径 1.25mm 的方孔筛筛分。取筛上的砂不少于 400g 分为两份备用。特细砂按实际筛分量。

4. 试验步骤

(1) 称取试样约 200g（m_1）置于容器中，并注入饮用水，使水面高出砂面约 150mm。充分拌匀后，浸泡 24h，然后用手在水中碾碎泥块，再把试样放在公称直径为 630μm 的方孔筛上，用水淘洗，直至水清澈为止。

(2) 保留下来的试样应小心地从筛里取出，装入浅盘后，置于温度为 (105±5)℃ 的烘箱中烘干至恒质量，冷却后称重（m_2）。

5. 结果计算与评定

砂中泥块含量按下式计算，精确至 0.1%：

$$w_{C,L} = \frac{m_1 - m_2}{m_1} \times 100\%$$

式中　$w_{C,L}$——砂中泥块含量（%）；

　　　m_1——试验前的干燥试样质量（g）；

　　　m_2——试验后的干燥试样质量（g）。

以两次试样试验结果的算术平均值作为测定值。

14.3.8 石子的筛分析试验

1. 试验目的

评定普通混凝土用碎石或卵石的颗粒级配。

2. 主要仪器

(1) 试验筛　筛孔公称直径分别为 100.0、80.0、63.0、50.0、40.0、31.5、25.0、20.0、16.0、10.0、5.00、2.50mm 的方孔筛各一只，并附有底盘和筛盖各一只。

(2) 天平和称　天平的称量 5kg，感量 5g；称的称量 20kg，感量 20g。

(3) 烘箱　温度控制范围为 (105±5)℃；

(4) 浅盘。

3. 试样制备

试验前，应将样品缩分至表 14-2 所规定的试样最少质量，并烘干或风干后备用。

筛分析所需试样的最少质量 表 14-2

公称粒径（mm）	10.0	16.0	20.0	25.0	31.5	40.0	63.0	80.0
试样最少质量（kg）	2.0	3.2	4.0	5.0	6.3	8.0	12.6	16.0

4. 试验步骤

（1）按表 14-2 的规定称取试样。

（2）将试样按筛孔大小顺序过筛，当每只筛上的筛余层厚度大于试样的最大粒径值时，应将该筛上的筛余试样分成两份，再次进行筛分，直至各筛每分钟的通过量不超过试样总量的 0.1%。

（3）称取各筛筛余试样的质量，精确至试样总质量的 0.1%。各筛的分计筛余量和底盘剩余量的总和与筛分前测定的试样总量相比，其相差不得超过 1%。

5. 结果计算与评定

（1）计算分计筛余百分率：分计筛余百分率为各筛的筛余量与试样总量之比，精确至 0.1%；

（2）计算累计筛余百分率：累计筛余百分率为该筛的分计筛余百分率与该筛以上各筛的分计筛余百分率之和，精确至 1%；

（3）根据各筛的累计筛余百分率，评定该试样的颗粒级配。

14.3.9 石子的表观密度试验

1. 试验目的

测定石子的表观密度，为计算石子的空隙率和混凝土配合比设计提供依据。

2. 标准法

（1）主要仪器。

1）液体天平　称量 5kg，感量 5g，其型号及尺寸应能允许在臂上悬挂盛试样的吊篮，并能将吊篮放在水中称量，如图 14-19。

图 14-19　液体天平
1—5kg 天平；2—吊篮；3—带有溢流孔的
金属容器；4—砝码；5—容器

2）吊篮　直径和高度均为 150mm，由孔径为 1～2mm 的筛网或钻有 2～3mm 孔洞的耐锈蚀金属板制成。

3）盛水容器　需带有溢流孔。

4）鼓风烘箱　能使温度控制在 105±5℃。

5）方孔筛　筛孔公称直径为 5.00mm 的筛一只。

6）温度计　0～100℃

7）带盖容器、浅盘、刷子、毛巾等。

（2）试样制备。

试验前，筛除样品中公称粒径 5.00mm 以下的颗粒，并缩分至略大于表 14-3 所规定量的两倍，刷洗干净后分成两份备用。

表观密度试验所需的试样最少质量 表 14-3

最大公称粒径（mm）	10.0	16.0	20.0	25.0	31.5	40.0	63.0	80.0
试样最小质量（kg）	2.0	2.0	2.0	2.0	3.0	4.0	6.0	6.0

（3）试验步骤。

1）按表 14-3 的规定称取试样。取试样一份装入吊篮，并浸入盛水的容器中，水面至少高出试样表面 50mm。

2）浸水 24h 后，移放到称量用的盛水容器中，并用上下升降吊篮的方法排除气泡（试样不得露出水面）。吊篮每升降一次约为 1s，升降高度为 30～50mm。

3）测定水温后（此时吊篮应全浸在水中），准确称出吊篮及试样在水中的质量 m_2。称量时盛水容器中水面的高度由容器的溢流孔控制。

4）提起吊篮，将试样置于浅盘中，放入烘箱中于（105±5）℃下烘干至恒质量。取出来放在带盖的容器中冷却至室温后，称其质量 m_0。

5）称量吊篮在同样温度的水中的质量 m_1，称量时盛水容器的水面高度仍应由溢流孔控制。

注：试验的各项称量可以在 15～25℃ 的温度范围内进行，但从试样加水静置的最后 2h 起至试验结束，其温度变化不应超过 2℃。

（4）试验结果。

1）表观密度 ρ_0 应按下式计算，精确至 $10kg/m^3$：

$$\rho_0 = \left(\frac{m_0}{m_0 + m_1 - m_2} \right) \times \rho_水$$

式中　m_0——试样的干燥质量（g）；

　　　m_1——吊篮在水中的质量（g）；

　　　m_2——吊篮及试样在水中的质量（g）；

　　　$\rho_水$——水的密度，$1000kg/m^3$。

2）以两次测定结果的算术平均值作为测定值。如两次结果之差大于 $20kg/m^3$ 时，应重新取样进行试验。对颗粒材质不均匀的试样，如两次试验结果之差超过 $20kg/m^3$，可取四次测定结果的算术平均值作为测定值。

3. 简易法

本方法不宜用于测定最大公称粒径超过 40mm 的碎石或卵石的表观密度。

（1）主要仪器。

1）鼓风烘箱　能使温度控制在（105±5）℃。

2）称　称量 20kg，感量 20g。

3）广口瓶　1000mL，磨口，带玻璃片。

4）方孔筛　筛孔公称直径为 5.00mm 的筛一只。

5）毛巾、刷子等。

（2）试样制备。

同标准法的试样制备方法。

（3）试验步骤。

1）按表 14-3 的规定称取试样。将试样浸水饱和，然后装入广口瓶中。装试样时，广口瓶应倾斜放置，注入饮用水，用玻璃片覆盖瓶口，以上下左右摇晃的方法排除气泡。

2）气泡排尽后，向瓶中添加饮用水直至水面凸出瓶口边缘。然后用玻璃片沿瓶口迅速滑行，使其紧贴瓶口水面。擦干瓶外水分后，称取试样、水、瓶和玻璃片的总质量 m_1。

3）将瓶中试样倒入浅盘中，放在烘箱中于（105±5）℃下烘干至恒质量。取出来放在带盖的容器中，冷却至室温后称其质量 m_0。

4）将瓶洗净，重新注入饮用水，用玻璃片紧贴瓶口水面，擦干瓶外水分后称其质量 m_2。

注：试验时各项称量可以在 15～25℃ 范围内进行，但从试样加水静置的最后 2h 起至试验结束，其温度变化不应超过 20℃。

（4）试验结果。

1）表观密度 ρ_0 应按下式计算，精确至 10kg/m^3：

$$\rho_0 = \left(\frac{m_0}{m_0 + m_2 - m_1}\right) \times \rho_{\text{水}}$$

式中　m_0——试样的干燥质量（g）；

　　　m_1——试样、水、瓶和玻璃片总质量（g）；

　　　m_2——水、瓶和玻璃片总质量（g）；

　　　$\rho_{\text{水}}$——水的密度，1000kg/m^3。

2）以两次测定结果的算术平均值作为测定值。当两次结果之差大于 20kg/m^3 时，应重新取样进行试验。对颗粒材质不均匀的试样，如两次测定结果之差大于 20kg/m^3，可取四次测定结果的算术平均值作为测定值。

14.3.10　石子的堆积密度试验

1. 试验目的

测定石子的堆积密度，为计算石子的空隙率和混凝土配合比设计提供依据。

2. 主要仪器

（1）磅秤　称量 100kg，感量 100g。

（2）容量筒　容量筒规格见表 14-4。

（3）鼓风烘箱　能使温度控制在（105±5）℃。

（4）平头铁锹、垫棒（直径 25mm 的钢筋）、小铲等。

容量筒的规格要求　　　　　　　　表 14-4

最大公称粒径（mm）	容量筒容积（L）	容 量 筒 规 格		
		内径（mm）	净高（mm）	壁厚（mm）
10.0、16.0、20.0、25.0	10	208	294	2
31.5、40.0	20	294	294	3
63.0、80.0	30	360	294	4

3. 试样制备

按表 14-1 的规定称取试样，放入浅盘，在（105±5）℃的烘箱中烘干，也可摊在清洁的地面上风干，拌匀分为大致相等的两份备用。

4. 试验步骤

（1）松散堆积密度。

1）称量容量筒的质量 m_2（g）。

2）取试样一份，置于平整干净的地板（或铁板）上，用平头铁锹铲起试样，从容量筒口中心上方 50mm 处徐徐倒入，让试样自由落下，当容量筒上部试样呈堆体，且容量筒四周溢满时，即停止加料。除去凸出容量筒口表面的颗粒，并以合适的颗粒填入凹陷部分，使表面稍凸起部分和凹陷部分的体积大致相等（试验过程应防止触动容量筒），称取试样和容量筒的总质量 m_1。

（2）紧密堆积密度。

1）称量容量筒的质量 m_2（g）。

2）取试样一份分三层装入容量筒。装完第一层后，在筒底垫放一根直径为 25mm 的钢筋，将筒按住并左右交替颠击地面各 25 次，再装入第二层。第二层装满后用同样方法颠实（但筒底所垫钢筋的方向与第一层时的方向垂直），然后再装入第三层，如法颠实。待三层试样装填完毕后，加料直至超过筒口，用钢筋沿筒口边缘滚转，刮去高出筒口的颗粒，用合适的颗粒填平凹处，使表面稍凸起部分与凹陷部分的体积大致相等。称取试样和容量筒的总质量 m_1。

5. 试验结果

（1）松散堆积密度或紧密堆积密度 ρ'_0 按下式计算，精确至 $10kg/m^3$：

$$\rho'_0 = \frac{m_1 - m_2}{V'_0}$$

式中 　m_1——容量筒和试样的总质量（g）；

　　　m_2——容量筒质量（g）；

　　　V'_0——容量筒的容积（L）。

（2）堆积密度取两次试验结果的算术平均值。

14.3.11 石中针、片状颗粒含量试验

1. 试验目的

测定碎石或卵石中针状和片状颗粒的总含量，为评定石子的质量提供依据。

2. 主要仪器

（1）针状规准仪和片状规准仪，或游标卡尺；

（2）天平和称　天平的称量 2kg，感量 2g；称的称量 20kg，感量 20g；

（3）试验筛　筛孔公称直径分别为 5.00mm、10.0mm、20.0mm、25.0mm、31.5mm、40.0mm、63.0mm 和 80.0mm 的方孔筛各一只，根据需要选用；

（4）卡尺。

3. 试样制备

将样品在室内风干至表面干燥，并缩分至表 14-5 规定的量，称量（m_0），然后筛分成表 14-6 所规定的粒级备用。

针状和片状颗粒的总含量试验所需的试样最少质量　　　　　表 14-5

最大公称粒径（μm）	10.0	16.0	20.0	25.0	31.5	$\geqslant$40.0
试样最少质量（kg）	0.3	1	2	3	5	10

针状和片状颗粒的总含量试验的粒级划分及其相应的规准仪孔宽或间距　　　表 14-6

公称粒级（mm）	5.00~10.0	10.0~16.0	16.0~20.0	20.0~25.0	25.0~31.5	31.5~40.0
片状规准仪上相对应的孔宽（mm）	2.8	5.1	7.0	9.1	11.6	13.8
针状规准仪上相对应的间距（mm）	17.1	30.6	42.0	54.6	69.6	82.8

4. 试验步骤

(1) 按表 14-6 所规定的粒级用规准仪逐粒对试样进行鉴定,凡颗粒长度大于针状规准仪上相对应的间距的,为针状颗粒;厚度小于片状规准仪上相应孔宽的,为片状颗粒。

(2) 公称粒径大于 40mm 的可用卡尺鉴定其针片状颗粒,卡尺卡口的设定宽度应符合表 14-7 的规定。

公称粒径大于 40mm 用卡尺卡口的设定宽度　　　　表 14-7

公称粒级 (mm)	40.0～63.0	63.0～80.0
片状颗粒的卡口宽度 (mm)	18.1	27.6
针状颗粒的卡口宽度 (mm)	108.6	165.6

(3) 称取由各粒级挑出的针状和片状颗粒的总质量 (m_1)。

5. 结果计算与评定

石中针状和片状颗粒的总含量按下式计算,精确至 1%:

$$w_{\mathrm{p}} = \frac{m_1}{m_0} \times 100\%$$

式中　w_{p}——石中针状和片状颗粒的总含量(%);

　　　m_1——试样中所含针状和片状颗粒的总质量 (g);

　　　m_0——试样总质量 (g)。

14.4 普通混凝土拌合物性能试验

14.4.1 试验依据

《普通混凝土拌合物性能试验方法标准》GB/T 50080—2002

14.4.2 混凝土拌合物取样及试样制备

1. 混凝土拌合物取样

(1) 同一组混凝土拌合物的取样应从同一盘混凝土或同一车混凝土中取出。取样量应多于试验所需量的 1.5 倍,且不宜小于 20L。

(2) 混凝土拌合物的取样应具有代表性,宜采用多次采样的方法。一般在同一盘混凝土或同一车混凝土中的约 1/4 处、1/2 处和 3/4 处之间分别取样,从第一次取样到最后一次取样不宜超过 15min,然后人工搅拌均匀。

(3) 从取样完毕到开始做混凝土拌合物(不包括成型试件)各项性能试验不宜超过 5min。

2. 混凝土拌合物试样制备

(1) 主要仪器。

1) 搅拌机　容量 75～100L,转速为 18～22r/min。

2) 磅秤　称量 50kg,感量 50g。

3) 拌板、拌铲、量筒、天平、盛器等。

(2) 材料备置。

1) 在试验室制备混凝土拌合物,拌合时试验室的温度应保持在 20±5℃,所用材料的温度应与试验室温度保持一致。

注：需要模拟施工条件下所用的混凝土时，所用原材料的温度宜与施工现场保持一致。

2）拌合混凝土的材料用量应以质量计。称量精度：骨料为±1%，水、水泥、掺合料、外加剂均为±0.5%。

（3）拌合方法。

人工拌合法

1）按所定配合比备料，以全干状态为准。

2）将拌板和拌铲用湿布润湿后，将砂倒在拌板上，然后加入水泥，用拌铲自拌板一端翻拌至另一端，然后再翻拌回来，如此反复，直至颜色混合均匀，再加上石子，翻拌至混合均匀为止。

3）将干混合料堆成堆，在中间作一凹槽，将已称量好的水倒入一半左右在凹槽中（勿使水流出），然后仔细翻拌，并徐徐加入剩余的水，继续翻拌，每翻拌一次，用铲在混合料上铲切一次，直至拌合均匀为止。

4）拌合时力求动作敏捷，拌合时间从加水时算起，应大致符合下列规定：

拌合物体积为30L以下时4～5min；

拌合物体积为30～50L时5～9min；

拌合物体积为51～75L时9～12min。

5）从试样制备完毕到开始做混凝土拌合物各项性能试验（不包括成型试件）不宜超过5min。

机械搅拌法

1）按所定配合比备料，以全干状态为准。

2）预拌一次。即用按配合比的水泥、砂和水组成的砂浆及少量石子，在搅拌机中进行涮膛，然后倒出并刮去多余的砂浆，其目的是使水泥砂浆先粘附满搅拌机的筒壁，以免正式拌合时影响拌合物的配合比。

3）开动搅拌机，向搅拌机内依次加入石子、砂和水泥，先干拌均匀，再将水徐徐加入，全部加料时间不超过2min，水全部加入后，继续拌合2min。

4）将拌合物自搅拌机中卸出，倾倒在拌板上，再经人工拌合1～2min，即可做混凝土拌合物各项性能试验。从试样制备完毕到开始做各项性能试验（不包括成型试件）不宜超过5min。

14.4.3　混凝土拌合物和易性试验

1. 试验目的

检验所设计的混凝土配合比是否符合施工和易性要求，以作为调整混凝土配合比的依据。

2. 坍落度与坍落扩展度法

坍落度与坍落扩展度法适用于骨料最大粒径≤40mm、坍落度值≥10mm的混凝土拌合物的和易性测定。

（1）主要仪器。

1）坍落度筒　由薄钢板或其他金属制成，形状和尺寸如图14-20（a）所示，两侧焊把手，近下端两侧焊脚踏板。

2）捣棒　如图14-20（b）所示。

3）底板、钢尺、小铲等。

（2）试验步骤。

1）湿润坍落度筒及底板，在坍落度筒内壁和底板上应无明水。底板应放置在坚实的水平面上，并把筒放在底板中心。用脚踩住两边的脚踏板，使坍落度筒在装料时保持固定的位置。

2）把按要求取得或制备的混凝土试样用小铲分三层均匀地装入筒内，使捣实后每层高度为筒高的 1/3 左右。每层用捣棒插捣 25 次，插捣应沿螺旋方向由外向中心进行，各次插捣应在截面上均匀分布。插捣筒边混凝土时，捣棒可以稍稍倾斜。插捣底层时，捣棒应贯穿整个深度，插捣第二层和顶层时，捣棒应插透本层至下一层的表面；浇筑顶层时，混凝土应高出筒口。插捣过程中，如混凝土沉落到低于筒口，则应随时添加。顶层插捣完后，刮去多余的混凝土，并用抹刀抹平。

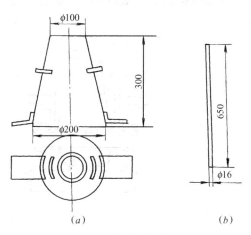

图 14-20 坍落度筒和捣棒
(a) 坍落度筒；(b) 捣棒

3）清除筒边底板上的混凝土后，垂直平稳地提起坍落度筒。坍落度筒的提离过程应在 5～10s 内完成。

从开始装料到提坍落度筒的整个过程应不间断地进行，并应在 150s 内完成。

4）提起坍落度筒后，测量筒高与坍落后混凝土试体最高点之间的高度差，即为该混凝土拌合物的坍落度值。

坍落度筒提离后，如混凝土发生崩坍或一边剪坏现象，则应重新取样另行测定。如第二次试验仍出现上述现象，则表示该混凝土和易性不好，应予记录备查。

5）当混凝土拌合物的坍落度＞220mm 时，用钢尺测量混凝土扩展后最终的最大直径和最小直径，在这两个直径之差小于 50mm 的条件下，用其算术平均值作为坍落扩展度值；否则，此次试验无效。

（3）试验结果评定。

1）坍落度≤220mm 时，混凝土拌合物和易性的评定：

① 流动性　以坍落度值表示，测量精确至 1mm，结果表达修约至 5mm。

② 黏聚性　测定坍落度值后，用捣棒在已坍落的混凝土锥体侧面轻轻敲打，如锥体逐渐下沉，表示黏聚性良好；如锥体倒塌、部分崩裂或出现离析现象，则表示黏聚性不好。

③ 保水性　提起坍落度筒后如底部有较多稀浆析出，锥体部分的混凝土也因失浆而骨料外露，表明保水性不好；如无稀浆或仅有少量稀浆自底部析出，则表明保水性良好。

2）坍落度＞220mm 时，混凝土拌合物和易性的评定：

① 流动性　以坍落扩展度值表示，测量精确至 1mm，结果表达修约至 5mm。

② 抗离析性　提起坍落度筒后，如果混凝土拌合物在扩展的过程中，始终保持其匀质性，不论是扩展的中心还是边缘，粗骨料的分布都是均匀的，也无浆体从边缘析出，表明混凝土拌合物抗离析性良好；如果发现粗骨料在中央集堆或边缘有水泥浆析出，则表明混凝土拌合物抗离析性不好。

3. 维勃稠度法

本方法适用于骨料最大粒径≤40mm，维勃稠度在5～30s之间的混凝土拌合物的稠度测定。

（1）主要仪器。

1）维勃稠度仪 如图14-21所示，其组成如下：

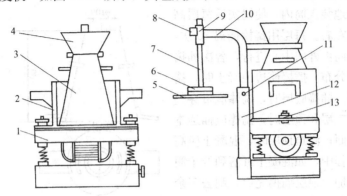

图14-21 维勃稠度仪

1—振动台；2—容器；3—坍落度筒；4—喂料斗；5—透明圆盘；6—荷重；
7—测杆；8—测杆螺丝；9—套筒；10—旋转架；11—定位螺丝；12—支柱；
13—固定螺丝

① 振动台 台面长380mm，宽260mm，支承在4个减振器上。台面底部安有频率为50±3Hz的振动器。装有空容器时台面的振幅应为0.5±0.1mm。

② 容器 由钢板制成，内径为240±5mm，高为200±2mm，筒壁厚3mm，筒底厚7.5mm。

③ 坍落度筒 如图14-20所示，但应去掉两侧的脚踏板。

④ 旋转架 与测杆及喂料斗相连。测杆下部安装有透明且水平的圆盘，并用测杆螺丝把测杆固定在套筒中。旋转架安装在支柱上，通过十字凹槽来固定方向，并用定位螺丝来固定其位置。就位后，测杆或喂料斗的轴线应与容器的轴线重合。

⑤ 透明圆盘 直径为230±2mm，厚度为10±2mm。荷重块直接固定在圆盘上。由测杆、圆盘及荷重块组成的滑动部分总质量应为2750±50g。

2）捣棒、小铲、秒表（精度0.5s）等。

（2）试验步骤。

1）把维勃稠度仪放置在坚实的水平面上，用湿布把容器、坍落度筒、喂料斗内壁及其他用具润湿。

2）将喂料斗提到坍落度筒上方扣紧，校正容器位置，使其中心与喂料斗中心重合，然后拧紧固定螺丝。

3）将混凝土拌合物试样用小铲经喂料斗分三层均匀地装入坍落度筒内，装料及插捣的方法同坍落度与坍落扩展度试验。

4）把喂料斗转离，垂直地提起坍落度筒，此时应注意不使混凝土试体产生横向扭动。

5）把透明圆盘转到混凝土圆台体顶面，放松测杆螺丝，降下圆盘，使其轻轻接触到混凝土顶面。拧紧定位螺丝，并检查测杆螺丝是否已完全放松。

6）开启振动台，同时用秒表计时，当振动到透明圆盘的底面被水泥浆布满的瞬间停止计时，并关闭振动台。

（3）试验结果。

由秒表读出的时间即为该混凝土拌合物的维勃稠度值，精确至 1s。如维勃稠度值 <5s或>30s，则此种混凝土所具有的稠度已超出本仪器的适用范围。

注：坍落度≤50mm 或干硬性混凝土和维勃稠度>30s 的特干硬性混凝土拌合物的稠度可采用增实因数法来测定。

14.4.4　混凝土拌合物凝结时间试验

1. 试验目的

测定混凝土拌合物的凝结时间，它对混凝土工程中混凝土的搅拌、运输以及施工具有重要的参考作用。

2. 主要仪器

（1）贯入阻力仪　应由加荷装置、测针、砂浆试样筒和标准筛组成，可以是手动的，也可以是自动的。贯入阻力仪应符合下列要求：

1）加荷装置　最大测量值应≥1000N，精度为±10N。

2）测针　长为 100mm，承压面积有 100mm²、50mm² 和 20mm² 三种，在距贯入端 25mm 处刻有一圈标记。

3）砂浆试样筒　上口径为 160mm、下口径为 150mm、净高为 150mm 的刚性不透水的金属圆筒，并配有盖子。

4）标准筛　筛孔为 5mm 的符合现行国家标准《试验筛》GB/T 6005 规定的金属圆孔筛。

（2）振动台、捣棒、秒表等。

3. 试验步骤

（1）从现场取得或试验室制备的混凝土拌合物试样中，用 5mm 标准筛筛出砂浆，每次应筛净，然后将其拌合均匀。

（2）将砂浆一次分别装入三个试样筒中并振实或捣实，做三个试样。坍落度不大于 70mm 的混凝土宜用振动台振实砂浆；坍落度大于 70mm 的混凝土宜用捣棒人工捣实。用振动台振实砂浆时，振动应持续到表面出浆为止，不得过振；用捣棒人工捣实时，应沿螺旋方向由外向中心均匀插捣 25 次，然后用橡皮锤轻轻敲打筒壁，直至插捣孔消失为止。振实或插捣后，砂浆表面应低于砂浆试样筒口约 10mm；砂浆试样筒应立即加盖。

（3）三个砂浆试样制备完毕，编号后应置于温度为 20±2℃的环境中或施工现场同条件下待试，在以后的整个测试过程中，环境温度应始终保持 20±2℃，施工现场同条件测试时，应与施工现场条件保持一致。在整个测试过程中，除在吸取泌水或进行贯入试验外，试样筒应始终加盖。

（4）凝结时间测定从水泥与水接触瞬间开始计时。根据混凝土拌合物的性能，确定测针首次试验时间。在一般情况下，基准混凝土在成型后 2～3h、掺早强剂的混凝土在 1～2h、掺缓凝剂的混凝土在 4～6h 后开始用测针测试，以后每隔 0.5h 测试一次，在临近初、终凝时可增加测定次数。

（5）在每次测试前 2min，将一片 20mm 厚的垫块垫入筒底一侧使其倾斜，用吸管吸去表面的泌水，吸水后平稳地复原。

（6）测试时将砂浆试样筒置于贯入阻力仪上，测针端部与砂浆表面接触，然后在 10±2s 内均匀地使测针贯入砂浆 25±2mm 深度，记录贯入压力 P，精确至 10N；记录测试时间，精确至 1min；记录环境温度，精确至 0.5℃。

（7）贯入阻力测试在 0.2～28MPa 之间应至少进行 6 次，直至贯入阻力大于 28MPa 为止。

（8）各测点的间距应大于测针直径的两倍且不小于 15mm，测点与试样筒壁的距离应不小于 25mm。

（9）在测试过程中应根据砂浆凝结状况，适时更换测针，更换测针宜按表 14-8 选用。

测针选用规定表 表 14-8

贯入阻力（MPa）	0.2～3.5	3.5～20	20～28
测针面积（mm²）	100	50	20

4. 试验结果

（1）贯入阻力 f_{PR} 应按下式计算，精确至 0.1MPa：

$$f_{PR} = \frac{P}{A}$$

式中　P——贯入压力（N）；

　　　A——测针面积（mm²）。

（2）凝结时间宜通过线性回归方法确定，如图 14-22 所示。将贯入阻力 f_{PR} 和时间 t 分别取自然对数 $\ln(f_{PR})$ 和 $\ln(t)$，然后把 $\ln(f_{PR})$ 当作自变量，$\ln(t)$ 当作因变量作线性回归得到回归方程：

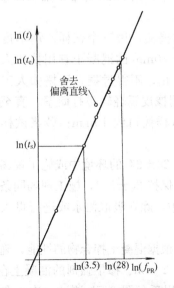

图 14-22　回归法确定凝结时间

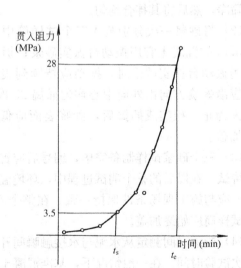

图 14-23　绘图法确定凝结时间

$$\ln(t) = A + B\ln(f_{PR})$$

式中　t——时间（min）；

　　　f_{PR}——贯入阻力（MPa）；

　A、B——线性回归系数。

根据上式求得当贯入阻力为 3.5MPa 时为初凝时间 t_s，贯入阻力为 28MPa 时为终凝时间 t_e：

$$t_s = e^{(A+B\ln(3.5))}$$

$$t_e = e^{(A+B\ln(28))}$$

式中　t_s——初凝时间（min）；

　　　t_e——终凝时间（min）；

　A、B——线性回归系数。

凝结时间也可用绘图拟合方法确定，如图 14-23 所示。以贯入阻力为纵坐标，经过的时间为横坐标（精确至 1min），绘制出贯入阻力与时间之间的关系曲线，以 3.5MPa 和 28MPa 画两条平行于横坐标的直线，分别与曲线相交的两个交点的横坐标即为混凝土拌合物的初凝时间和终凝时间。

（3）用三个试验结果的初凝和终凝时间的算术平均值作为此次试验的初凝和终凝时间。如果三个测值的最大值或最小值中有一个与中间值之差超过中间值的 10%，则以中间值为试验结果；如果最大值和最小值与中间值之差均超过中间值的 10% 时，则此次试验无效。

凝结时间用"h·min"表示，并修约至 5min。

14.4.5　混凝土拌合物泌水试验

本方法适用于骨料最大粒径 ≤ 40mm 的混凝土拌合物泌水测定。

1. 试验目的

测定混凝土拌合物的泌水量和泌水率，以此来评定混凝土拌合物的可泵性和工作性。

2. 主要仪器

（1）试样筒　应符合混凝土拌合物表观密度试验所用容量筒的要求，容积为 5L，并配有盖子。

（2）台秤　称量为 50kg，感量为 50g。

（3）量筒　容量为 10、50、100mL 的量筒及吸管。

（4）振动台　应符合《混凝土试验室用振动台》JG/T 3020 中技术要求的规定。

（5）捣棒、秒表等。

3. 试验步骤

（1）用湿布湿润试样筒内壁后立即称量，记录试样筒的质量 G_0（g）。将混凝土试样装入试样筒，混凝土的装料及捣实方法有两种：

1）方法 A：用振实台振实。将试样一次装入试样筒内，开启振动台，振动应持续到表面出浆为止，且应避免过振；并使混凝土拌合物表面低于试样筒筒口 30±3mm，用抹刀抹平。抹平后立即计时并称量，记录试样筒与试样的总质量 G_1（g）。

2）方法 B：用捣棒捣实。采用捣棒捣实时，混凝土拌合物应分两层装入，每层的插捣次数应为 25 次；捣棒由边缘向中心均匀地插捣，插捣底层时捣棒应贯穿整个深度，插捣第二层时，捣棒应插透本层至下一层的表面；每一层捣完后用橡皮锤轻轻沿容器外壁敲打 5～10 次，进行振实，直至拌合物表面插捣孔消失并不见大气泡为止；并使混凝土拌合物表面低于试样筒筒口 30±3mm，用抹刀抹平。抹平后立即计时并称量，记录试样筒与试样的总质量 G_1（g）。

（2）在以下吸取混凝土拌合物表面泌水的整个过程中，应使试样筒保持水平、不受振动；除了吸水操作外，应始终盖好盖子；室温应保持在 20±2℃。

（3）从计时开始后 60min 内，每隔 10min 吸取 1 次试样表面渗出的水。60min 后，每隔 30min 吸 1 次水，直至认为不再泌水为止。为了便于吸水，每次吸水前 2min，将一片 35mm 厚的垫块垫入筒底一侧使其倾斜，吸水后平稳地复原。吸出的水放入量筒中，记录每次吸水的水量并计算累计水量，精确至 1mL。

4. 试验结果

（1）泌水量 B_a 应按下式计算，精确至 $0.01mL/mm^2$：

$$B_a = \frac{V}{A}$$

式中　V——最后一次吸水后累计的泌水量（mL）；

　　　A——试样外露的表面面积（mm^2）。

泌水量取三个试样测值的平均值。三个测值中的最大值或最小值，如果有一个与中间值之差超过中间值的 15%，则以中间值为试验结果；如果最大值和最小值与中间值之差均超过中间值的 15% 时，则此次试验无效。

（2）泌水率 B（%）应按下式计算，精确至 1%：

$$B = \frac{V_W}{(W/G)G_W} \times 100\%$$

$$G_W = G_1 - G_0$$

式中　V_W——泌水总量（mL）；

　　　G_W——试样质量（g）；

　　　W——混凝土拌合物总用水量（mL）；

　　　G——混凝土拌合物总质量（g）；

　　　G_1——试样筒及试样总质量（g）；

　　　G_0——试样筒质量（g）。

泌水率取三个试样测值的平均值。三个测值中的最大值或最小值，如果有一个与中间值之差超过中间值的 15%，则以中间值为试验结果；如果最大值和最小值与中间值之差均超过中间值的 15% 时，则此次试验无效。

14.4.6 混凝土拌合物表观密度试验

1. 试验目的

测定混凝土拌合物捣实后的表观密度，作为调整混凝土配合比的依据。

2. 主要仪器

（1）容量筒　金属制成的圆筒，两旁装有提手。上缘及内壁应光滑平整，顶面与底面应平行，并与圆柱体的轴垂直。

对骨料最大粒径≤40mm的拌合物采用容积为5L的容量筒，其内径与内高均为186±2mm，筒壁厚为3mm；骨料最大粒径大于40mm时，容量筒的内径与内高均应大于骨料最大粒径的4倍。

（2）台秤 称量50kg，感量50g。

（3）振动台、捣棒。

3. 试验步骤

（1）用湿布把容量筒内外擦干净，称出筒的质量m_1，精确至50g。

（2）混凝土拌合物的装料及捣实方法应根据拌合物的稠度而定。坍落度≤70mm的混凝土，用振动台振实为宜；坍落度>70mm的混凝土用捣棒捣实为宜。

采用振动台振实时，应一次将混凝土拌合物灌到高出容量筒口。装料时可用捣棒稍加插捣，振动过程中如混凝土沉落到低于筒口，则应随时添加混凝土，振动直至表面出浆为止。

采用捣棒捣实时，应根据容量筒的大小决定分层与插捣次数。用5L容量筒时，混凝土拌合物应分两层装入，每层插捣25次。用大于5L的容量筒时，每层混凝土的高度不应大于100mm，每层插捣次数应按每10000mm^{2}截面不小于12次计算。各次插捣应由边缘向中心均匀地插捣，插捣底层时捣棒应贯穿整个深度，以后插捣每层时，捣棒应插透本层至下一层的表面。每一层插捣完后用橡皮锤轻轻沿容器外壁敲打5~10次，进行振实，直至拌合物表面插捣孔消失并不见大气泡为止。

（3）用刮尺将筒口多余的混凝土拌合物刮去，表面如有凹陷应予填平。将容量筒外壁擦净，称出混凝土试样与容量筒总质量m_2，精确至50g。

4. 试验结果

混凝土拌合物表观密度ρ_{0h}按下式计算，精确至10kg/m^3：

$$\rho_{0h} = \frac{m_2 - m_1}{V_0} \times 1000$$

式中 m_1——容量筒质量（kg）；

m_2——容量筒及试样总质量（kg）；

V_0——容量筒容积（L）。

14.5 普通混凝土力学性能与非破损试验

14.5.1 试验依据

《普通混凝土力学性能试验方法标准》GB/T 50081—2002

《回弹法检测混凝土抗压强度技术规程》JGJ/T 23—2011

14.5.2 普通混凝土力学性能试验

1. 混凝土的取样

（1）混凝土的取样或试验室试样制备应符合《普通混凝土拌合物性能试验方法标准》GB/T 50080—2002中的有关规定。

（2）普通混凝土力学性能试验应以三个试件为一组，每组试件所用的拌合物应从同一盘混凝土（或同一车混凝土）中取样或在试验室制备。

2. 混凝土试件的制作与养护

（1）混凝土试件的尺寸和形状。

混凝土试件的尺寸应根据混凝土中骨料的最大粒径按表 14-9 选定。

混凝土试件尺寸选用表　　　　　　表 14-9

试件尺寸（mm）	骨料最大粒径（mm）	
	立方体抗压强度试验	劈裂抗拉强度试验
100×100×100	31.5	20
150×150×150	40	40
200×200×200	63	—

边长为 150mm 的立方体试件是标准试件，边长为 100mm 和 200mm 的立方体试件是非标准试件。当施工涉外工程或必须用圆柱体试件来确定混凝土力学性能时，可采用 $\phi150mm×300mm$ 的圆柱体标准试件或 $\phi100mm×200mm$ 和 $\phi200mm×400mm$ 的圆柱体非标准试件。

（2）混凝土试件的制作。

1）成型前，应检查试模尺寸；试模内表面应涂一薄层矿物油或其他不与混凝土发生反应的脱模剂。

2）取样或试验室拌制的混凝土应在拌制后尽量短的时间内成型，一般不宜超过 15min。成型前，应将混凝土拌合物至少用铁锹再来回拌合三次。

3）试件成型方法根据混凝土拌合物的稠度而定。坍落度≤70mm 的混凝土宜采用振动台振实成型；坍落度＞70mm 的混凝土宜采用捣棒人工捣实成型。

采用振动台成型时，将混凝土拌合物一次装入试模，装料时应用抹刀沿各试模壁插捣，并使混凝土拌合物高出试模口；振动时试模不得有任何跳动，振动应持续到混凝土表面出浆为止，不得过振。

人工插捣成型时，将混凝土拌合物分两层装入试模，每层插捣次数在每 $10000mm^2$ 截面积内不得少于 12 次；插捣应按螺旋方向从边缘向中心均匀进行。在插捣底层混凝土时，捣棒应达到试模底部；插捣上层时，捣棒应贯穿上层后插入下层 20～30mm；插捣时捣棒应保持垂直，不得倾斜。然后应用抹刀沿试模内壁插拔数次。插捣后应用橡皮锤轻轻敲击试模四周，直至插捣棒留下的空洞消失为止。

4）刮除试模上口多余的混凝土，待混凝土临近初凝时，用抹刀抹平。

（3）混凝土试件的养护。

1）试件成型后应立即用不透水的薄膜覆盖表面，以防止水分蒸发。

2）根据试验目的的不同，试件可采用标准养护或与构件同条件养护。确定混凝土特征值、强度等级或进行材料性能研究时应采用标准养护；检验现浇混凝土工程或预制构件中混凝土强度时应采用同条件养护。

3）采用标准养护的试件，应在温度为 $20±5℃$ 的环境中静置一昼夜至两昼夜，然后编号、拆模。拆模后应立即放入温度为 $20±2℃$，相对湿度为 95% 以上的标准养护室中养护，或在温度为 $20±2℃$ 的不流动的 $Ca(OH)_2$ 饱和溶液中养护。标准养护室内的试件应放在支架上，彼此间隔 10～20mm，试件表面应保持潮湿，并不得被水直接冲淋。

4）同条件养护试件的拆模时间可与实际构件的拆模时间相同，拆模后，试件仍需保持同条件养护。

5）标准养护龄期为 28d（从搅拌加水开始计时）。

3. 混凝土立方体抗压强度试验

（1）试验目的。

测定混凝土立方体抗压强度，作为评定混凝土质量的主要依据。

（2）主要仪器。

1）压力试验机　应符合《液压式压力试验机》GB/T 3722 的规定。测量精度为 ±1%，其量程应能使试件的预期破坏荷载值大于全量程的 20%，且小于全量程的 80%。试验机应具有加荷速度指示装置或加荷速度控制装置，并应能均匀、连续地加荷；上、下压板之间可各垫以钢垫板，钢垫板的承压面均应机械加工。

2）振动台　频率为 50±3Hz，空载振幅约为 0.5mm。

3）试模　由铸铁或钢制成，应具有足够的刚度并拆装方便。

4）捣棒、小铁铲、金属直尺、镘刀等。

（3）试验步骤。

1）试件自养护地点取出后应及时进行试验，以免试件内部的温度发生显著变化。将试件擦拭干净，检查其外观，测量尺寸（精确至 1mm），并据此计算试件的承压面积 $A(mm^2)$。如实测尺寸与公称尺寸之差不超过 1mm，可按公称尺寸计算。

2）将试件安放在试验机的下压板或钢垫板上，试件的承压面应与成型时的顶面垂直。试件的中心应与试验机下压板中心对准。开动试验机，当上压板与试件或钢垫板接近时，调整球座，使接触均衡。

3）加荷应连续而均匀，加荷速度为：混凝土强度等级＜C30 时，取 0.3～0.5 MPa/s；混凝土强度等级≥C30 且＜C60 时，取 0.5～0.8MPa/s；混凝土强度等级≥C60 时，取 0.8～1.0MPa/s。当试件接近破坏而开始迅速变形时，应停止调整试验机油门，直至试件破坏。然后记录破坏荷载 $F(N)$。

（4）试验结果。

1）混凝土立方体抗压强度 f_{cu} 按下式计算，精确至 0.1MPa：

$$f_{cu} = \frac{F}{A}$$

式中　F——试件破坏荷载（N）；

　　　　A——试件承压面积（mm^2）。

2）以三个试件抗压强度测定值的算术平均值作为该组试件的抗压强度值。三个测定值中的最大值或最小值中如有一个与中间值的差值超过中间值的 15% 时，则取中间值作为该组试件的抗压强度值；如最大值和最小值与中间值的差值均超过中间值的 15%，则该组试件的试验结果无效。

3）混凝土抗压强度以 150mm×150mm×150mm 立方体试件的抗压强度为标准值。混凝土强度等级＜C60 时，用非标准试件测得的强度值均应乘以尺寸换算系数，其值为：

对 200mm×200mm×200mm 试件为 1.05；对 100mm×100mm×100mm 试件为 0.95。当混凝土强度等级≥C60 时，宜采用标准试件；采用非标准试件时，尺寸换算系数应由试验确定。

4. 混凝土劈裂抗拉强度试验

(1) 试验目的。

测定混凝土的劈裂抗拉强度，为确定混凝土的力学性能提供依据。

(2) 主要仪器。

1) 压力试验机　要求同立方体抗压强度试验用压力试验机。

2) 垫块　半径为 75mm 的钢制弧形垫块，其横截面尺寸如图 14-24 所示，垫块的长度与试件相同。

3) 垫条　三层胶合板制成，宽度为 20mm，厚度为 3～4mm，长度不小于试件长度，垫条不得重复使用。

4) 钢支架　如图 14-25 所示。

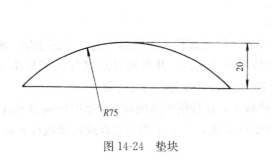

图 14-24　垫块

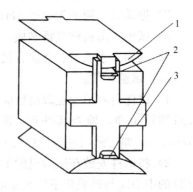

图 14-25　钢支架示意图
1—垫块；2—垫条；3—支架

(3) 试验步骤。

1) 试件从养护地点取出后应及时进行试验，将试件表面与试验机上下承压板面擦干净。在试件上划线定出劈裂面的位置，劈裂面应与试件的成型面垂直。测量劈裂面的边长（精确至 1mm），计算出劈裂面面积 $A(mm^2)$。

2) 将试件放在试验机下压板的中心位置，劈裂承压面和劈裂面应与试件成型时的顶面垂直；在上、下压板与试件之间垫以圆弧形垫块及垫条各一条，垫块与垫条应与试件上、下面的中心线对准并与成型时的顶面垂直。宜把垫条及试件安装在定位架上使用，如图 14-25 所示。

3) 开动试验机，当上压板与圆弧形垫块接近时，调整球座，使接触均衡。加荷应连续均匀，当混凝土强度等级＜C30 时，加荷速度取 0.02～0.05MPa/s；当混凝土强度等级≥C30 且＜C60 时，取 0.05～0.08MPa/s；当混凝土强度等级≥C60 时，取 0.08～0.10MPa/s。至试件接近破坏时，应停止调整试验机油门，直至试件破坏，然后记录破坏荷载 $F(N)$。

(4) 试验结果。

1）混凝土劈裂抗拉强度 f_{ts} 按下式计算，精确至 0.01MPa：

$$f_{ts} = \frac{2F}{\pi A} = 0.637 \frac{F}{A}$$

式中 F——试件破坏荷载（N）；

A——试件劈裂面面积（mm²）。

2）以三个试件测定值的算术平均值作为该组试件的劈裂抗拉强度值，精确至 0.01MPa。三个测定值中的最大值或最小值中如有一个与中间值的差值超过中间值的 15％时，则取中间值作为该组试件的劈裂抗拉强度值；如最大值和最小值与中间值的差值均超过中间值的 15％，则该组试件的试验结果无效。

3）混凝土劈裂抗拉强度以 150mm×150mm×150mm 立方体试件的劈裂抗拉强度为标准值。采用 100mm×100mm×100mm 非标准试件测得的劈裂抗拉强度值，应乘以尺寸换算系数 0.85；当混凝土强度等级≥C60 时，宜采用标准试件；采用非标准试件时，尺寸换算系数应由试验确定。

14.5.3 混凝土非破损检验——回弹法检测混凝土抗压强度

混凝土非破损检验又称无损检验，它可用同一试件进行多次重复测试而不损坏试件，可以直接而迅速地测定混凝土的强度、内部缺陷的位置和大小，还可判断混凝土结构遭受破坏或损伤的程度，因而无损检验在工程中得到普遍重视和应用。

用于混凝土非破损检验的方法很多，通常有回弹法、超声波法、电测法、谐振法和取芯法等，还可以采用两种或两种以上的方法联合使用，以便综合地、更准确地判断混凝土的强度和耐久性等。本试验仅介绍回弹法检测混凝土抗压强度。

混凝土的强度可用回弹仪测定。采用附有拉簧和金属弹击杆的回弹仪，以一定的能量弹击混凝土表面，以弹击后回弹的距离值，表示被测混凝土表面的硬度。根据混凝土表面硬度与强度的关系，估算混凝土的抗压强度。

1. 主要仪器

回弹仪 宜采用示值系统为指针直读式的混凝土回弹仪，其构造如图 14-26 所示，应符合下列标准状态的要求：

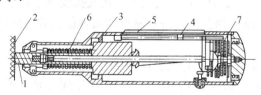

图 14-26 回弹仪构造图

1—弹击杆；2—混凝土试件；3—冲锤；4—指针；5—刻度尺；6—拉力弹簧；7—压力弹簧

（1）水平弹击时，弹击锤脱钩的瞬间，回弹仪的标准能量应为 2.207J；

（2）弹击锤与弹击杆碰撞的瞬间，弹击拉簧应处于自由状态，此时弹击锤起跳点应相应于指针指示刻度尺上"0"处；

（3）在洛氏硬度 HRC 为 60±2 的钢砧上，回弹仪的率定值应为 80±2。

2. 一般规定

（1）结构或构件混凝土强度检测可采用下列两种方式，其适用范围及结构或构件数量应符合下列规定：

1）单个检测：适用于单个结构或构件的检测；

2）批量检测：适用于在相同的生产工艺条件下，混凝土强度等级相同，原材料、配合比、成型工艺、养护条件基本一致且龄期相近的同类结构或构件。按批进行检测的构件，抽检数量不得少于同批构件总数的 30% 且构件数量不得少于 10 件。抽检构件时，应随机抽取并使所选构件具有代表性。

（2）每一结构或构件的测区应符合下列规定：

1）每一结构或构件测区数不应少于 10 个，对某一方向尺寸小于 4.5m 且另一方向尺寸小于 0.3m 的构件，其测区数量可适当减少，但不应少于 5 个；

2）相邻两测区的间距应控制在 2m 以内，测区离构件端部或施工缝边缘的距离不宜大于 0.5m，且不宜小于 0.2m；

3）测区应选在使回弹仪处于水平方向检测混凝土浇筑侧面。当不能满足这一要求时，可使回弹仪处于非水平方向检测混凝土浇筑侧面、表面或底面；

4）测区宜选在构件的两个对称可测面上，也可选在一个可测面上，且应均匀分布。在构件的重要部位及薄弱部位必须布置测区，并应避开预埋件；

5）测区的面积不宜大于 $0.04m^2$；

6）检测面应为混凝土表面，并应清洁、平整，不应有疏松层、浮浆、油垢、涂层以及蜂窝、麻面，必要时可用砂轮清除疏松层和杂物，但不应有残留的粉末或碎屑；

7）对弹击时产生颤动的薄壁、小型构件应进行固定。

（3）结构或构件的测区应标有清晰的编号，必要时应在记录纸上描述测区布置示意图和外观质量情况。

3. 回弹值测量

（1）检测时，回弹仪的轴线应始终垂直于结构或构件的混凝土检测面，缓慢施压，准确读数，快速复位。

（2）测点宜在测区范围内均匀分布，相邻两测点的净距不宜小于 20mm；测点距外露钢筋、预埋件的距离不宜小于 30mm。测点不应在气孔或外露石子上，同一测点只应弹击一次。每一测区应记取 16 个回弹值，每一测点的回弹值读数估读至 1。

4. 碳化深度值测量

（1）回弹值测量完毕后，应在有代表性的位置上测量碳化深度值，测点不应少于构件测区数的 30%，取其平均值为该构件每测区的碳化深度值。当碳化深度值极差大于 2.0mm 时，应在每一测区测量碳化深度值。

（2）碳化深度值测量，可采用适当的工具在测区表面形成直径约 15mm 的孔洞，其深度应大于混凝土的碳化深度。孔洞中的粉末和碎屑应除净，并不得用水擦洗。同时，应采用浓度为 1% 的酚酞酒精溶液滴在孔洞内壁的边缘处，当已碳化与未碳化界线清楚时，再用深度测量工具测量已碳化与未碳化混凝土交界面到混凝土表面的垂直距离，测量不应少于 3 次，取其平均值。每次读数精确至 0.5mm。

5. 回弹值计算

（1）计算测区平均回弹值，从该测区的 16 个回弹值中剔除 3 个最大值和 3 个最小值，余下的 10 个回弹值应按下式计算：

$$R_m = \frac{\sum_{i=1}^{10} R_i}{10}$$

式中 R_m——测区平均回弹值，精确至 0.1；

R_i——第 i 个测点的回弹值。

（2）非水平方向检测混凝土浇筑侧面时，应按下式修正：

$$R_m - R_{m\alpha} + R_{a\alpha}$$

式中 $R_{m\alpha}$——非水平状态检测时测区的平均回弹值，精确至 0.1；

$R_{a\alpha}$——非水平状态检测时回弹值修正值，按表 14-10 采用。

（3）水平方向检测混凝土浇筑顶表面或底面时，应按下列公式修正：

$$R_m = R_m^t + R_a^t$$
$$R_m = R_m^b + R_a^b$$

式中 R_m^t、R_m^b——水平方向检测混凝土浇筑表面、底面时，测区的平均回弹值，精确至 0.1；

R_a^t、R_a^b——混凝土浇筑表面、底面回弹值的修正值，应按表 14-11 采用。

（4）当检测时回弹仪为非水平方向且测试面为非混凝土的浇筑侧面时，应先对回弹值进行角度修正，再对修正后的值进行浇筑面修正。

非水平状态检测时的回弹值修正值 $R_{a\alpha}$　　　　　　表 14-10

$R_{m\alpha}$	检 测 角 度							
	向 上				向 下			
	90°	60°	45°	30°	−30°	−45°	−60°	−90°
20	−6.0	−5.0	−4.0	−3.0	+2.5	+3.0	+3.5	+4.0
21	−5.9	−4.9	−4.0	−3.0	+2.5	+3.0	+3.5	+4.0
22	−5.8	−4.8	−3.9	−2.9	+2.4	+2.9	+3.4	+3.9
23	−5.7	−4.7	−3.9	−2.9	+2.4	+2.9	+3.4	+3.9
24	−5.6	−4.6	−3.8	−2.8	+2.3	+2.8	+3.3	+3.8
25	−5.5	−4.5	−3.8	−2.8	+2.3	+2.8	+3.3	+3.8
26	−5.4	−4.4	−3.7	−2.7	+2.2	+2.7	+3.2	+3.7
27	−5.3	−4.3	−3.7	−2.7	+2.2	+2.7	+3.2	+3.7
28	−5.2	−4.2	−3.6	−2.6	+2.1	+2.6	+3.1	+3.6
29	−5.1	−4.1	−3.6	−2.6	+2.1	+2.6	+3.1	+3.6
30	−5.0	−4.0	−3.5	−2.5	+2.0	+2.5	+3.0	+3.5
31	−4.9	−4.0	−3.5	−2.5	+2.0	+2.5	+3.0	+3.5
32	−4.8	−3.9	−3.4	−2.4	+1.9	+2.4	+2.9	+3.4
33	−4.7	−3.9	−3.4	−2.4	+1.9	+2.4	+2.9	+3.4
34	−4.6	−3.8	−3.3	−2.3	+1.8	+2.3	+2.8	+3.3
35	−4.5	−3.8	−3.3	−2.3	+1.8	+2.3	+2.8	+3.3
36	−4.4	−3.7	−3.2	−2.2	+1.7	+2.2	+2.7	+3.2
37	−4.3	−3.7	−3.2	−2.2	+1.7	+2.2	+2.7	+3.2
38	−4.2	−3.6	−3.1	−2.1	+1.6	+2.1	+2.6	+3.1
39	−4.1	−3.6	−3.1	−2.1	+1.6	+2.1	+2.6	+3.1

$R_{m\alpha}$	检　测　角　度							
	向　上				向　下			
	90°	60°	45°	30°	−30°	−45°	−60°	−90°
40	−4.0	−3.5	−3.0	−2.0	+1.5	+2.0	+2.5	+3.0
41	−4.0	−3.5	−3.0	−2.0	+1.5	+2.0	+2.5	+3.0
42	−3.9	−3.4	−2.9	−1.9	+1.4	+1.9	+2.4	+2.9
43	−3.9	−3.4	−2.9	−1.9	+1.4	+1.9	+2.4	+2.9
44	−3.8	−3.3	−2.8	−1.8	+1.3	+1.8	+2.3	+2.8
45	−3.8	−3.3	−2.8	−1.8	+1.3	+1.8	+2.3	+2.8
46	−3.7	−3.2	−2.7	−1.7	+1.2	+1.7	+2.2	+2.7
47	−3.7	−3.2	−2.7	−1.7	+1.2	+1.7	+2.2	+2.7
48	−3.6	−3.1	−2.6	−1.6	+1.1	+1.6	+2.1	+2.6
49	−3.6	−3.1	−2.6	−1.6	+1.1	+1.6	+2.1	+2.6
50	−3.5	−3.0	−2.5	−1.5	+1.0	+1.5	+2.0	+2.5

注：1. $R_{m\alpha}$<20 或>50 时，均分别按 20 或 50 查表；

　　2. 表中未列入的相应于 $R_{m\alpha}$ 的修正值 $R_{a\alpha}$，可用内插法求得，精确至 0.1。

6. 混凝土强度的计算

(1) 结构或构件第 i 个测区混凝土强度换算值 $f^c_{cu,i}$，可根据所求得的平均回弹值 R_m 及平均碳化深度值 d_m，采用以下三类测强曲线计算：

1) 统一测强曲线：由全国有代表性的材料、成型养护工艺配制的混凝土试件，通过试验所建立的曲线；

2) 地区测强曲线：由本地区常用的材料、成型养护工艺配制的混凝土试件，通过试验所建立的曲线；

不同浇筑面的回弹值修正值　　　　　　　　　表 14-11

R^t_m 或 R^b_m	表面修正值 R^t_a	底面修正值 R^b_a	R^t_m 或 R^b_m	表面修正值 R^t_a	底面修正值 R^b_a
20	+2.5	−3.0	32	+1.3	−1.8
21	+2.4	−2.9	33	+1.2	−1.7
22	+2.3	−2.8	34	+1.1	−1.6
23	+2.2	−2.7	35	+1.0	−1.5
24	+2.1	−2.6	36	+0.9	−1.4
25	+2.0	−2.5	37	+0.8	−1.3
26	+1.9	−2.4	38	+0.7	−1.2
27	+1.8	−2.3	39	+0.6	−1.1
28	+1.7	−2.2	40	+0.5	−1.0
29	+1.6	−2.1	41	+0.4	−0.9
30	+1.5	−2.0	42	+0.3	−0.8
31	+1.4	−1.9	43	+0.2	−0.7

R_m^t 或 R_m^b	表面修正值 R_a^t	底面修正值 R_a^b	R_m^t 或 R_m^b	表面修正值 R_a^t	底面修正值 R_a^b
44	+0.1	−0.6	48	0	−0.2
45	0	−0.5	49	0	−0.1
46	0	−0.4	50	0	0
47	0	−0.3			

注：1. R_m^t 或 R_m^b＜20 或＞50 时，均分别按 20 或 50 查表；

2. 表中有关混凝土浇筑表面的修正系数，是指一般原浆抹面的修正值；

3. 表中有关混凝土浇筑底面的修正系数，是指构件底面与侧面采用同一类模板在正常浇筑情况下的修正值；

4. 表中未列入的相应于 R_m^t 或 R_m^b 的 R_a^t 或 R_a^b 值，可用内插法求得，精确至 0.1。

3）专用测强曲线：由与结构或构件混凝土相同的材料、成型养护工艺配制的混凝土试件，通过试验所建立的曲线。

对有条件的地区和部门，应制定本地区的测强曲线或专用测强曲线，经上级主管部门组织审定和批准后实施。各检测单位应按专用测强曲线、地区测强曲线、统一测强曲线的次序选用测强曲线。

（2）结构或构件的测区混凝土强度平均值可根据各测区的混凝土强度换算值计算。当测区数为 10 个及以上时，应计算强度标准差。平均值及标准差应按下列公式计算：

$$m_{f_\mathrm{cu}^\mathrm{c}} = \frac{\sum\limits_{i=1}^{n} f_{\mathrm{cu},i}^\mathrm{c}}{n}$$

$$S_{f_\mathrm{cu}^\mathrm{c}} = \sqrt{\frac{\sum\limits_{i=1}^{n} (f_{\mathrm{cu},i}^\mathrm{c})^2 - n(m_{f_\mathrm{cu}^\mathrm{c}})^2}{n-1}}$$

式中　$m_{f_\mathrm{cu}^\mathrm{c}}$——结构或构件测区混凝土强度换算值的平均值，精确至 0.1MPa；

$S_{f_\mathrm{cu}^\mathrm{c}}$——结构或构件测区混凝土强度换算值的标准差，精确至 0.01MPa；

n——对于单个检测的构件，取一个构件的测区数；对批量检测的构件，取被抽检构件测区数之和。

（3）结构或构件的混凝土强度推定值 $f_{\mathrm{cu},\mathrm{e}}$ 应按下列公式确定：

1）当该结构或构件测区数＜10 个时：

$$f_{\mathrm{cu},\mathrm{e}} = f_{\mathrm{cu},\mathrm{min}}^\mathrm{c}$$

式中　$f_{\mathrm{cu},\mathrm{min}}^\mathrm{c}$——构件中最小的测区混凝土强度换算值。

2）当该结构或构件的测区强度值中出现＜10.0MPa 时：

$$f_{\mathrm{cu},\mathrm{e}} < 10.0\mathrm{MPa}$$

3）当该结构或构件测区数≥10 个或按批量检测时，应按下列公式计算：

$$f_{\mathrm{cu},\mathrm{e}} = m_{f_\mathrm{cu}^\mathrm{c}} - 1.645 S_{f_\mathrm{cu}^\mathrm{c}}$$

注：结构或构件的混凝土强度推定值是指相应于强度换算值总体分布中保证率不低于 95％的结构或构件中的混凝土抗压强度值。

(4) 对按批量检测的构件，当该批构件混凝土强度标准差出现下列情况之一时，则该批构件应全部按单个构件检测：

1) 当该批构件混凝土强度平均值<25MPa 时，$S_{f^c_{cu}}>4.5MPa$；

2) 当该批构件混凝土强度平均值≥25MPa 时，$S_{f^c_{cu}}>5.5MPa$。

14.6 建 筑 砂 浆 试 验

14.6.1 试验依据

《建筑砂浆基本性能试验方法标准》（JGJ/T 70—2009）

14.6.2 砂浆拌合物取样及试样制备

1. 砂浆拌合物取样方法

(1) 建筑砂浆试验用料应根据不同要求，可从同一盘砂浆或同一车砂浆中取出。取样量应不少于试验所需量的 4 倍。

(2) 施工中取样进行砂浆试验时，其取样方法和原则按相应的施工验收规范执行。应在使用地点的砂浆槽、砂浆运送车或搅拌机出料口，至少从三个不同部位集取。

(3) 砂浆拌合物取样后，应尽快进行试验，试验前应经人工再翻拌，以保证其质量均匀。

2. 砂浆拌合物试验室制备方法

(1) 主要仪器。

1) 砂浆搅拌机。

2) 磅秤　称量 50kg，感量 50g。

3) 台秤　称量 10kg，感量 5g。

4) 拌合铁板、拌铲、抹刀、量筒等。

(2) 一般要求。

1) 试验室拌制砂浆进行试验时，拌合用的材料要求提前 24h 运入室内，拌合时试验室的温度应保持在 20±5℃。

注：需要模拟施工条件所用的砂浆时，试验室原材料的温度宜保持与施工现场一致。

2) 试验用原材料应与现场使用材料一致。砂应以 5mm 筛过筛。

3) 试验室拌制砂浆时，材料用量应以质量计。称量精度：水泥、外加剂、掺合料等为±0.5%；砂为±1%。

4) 试验室用搅拌机搅拌砂浆时，搅拌的用量宜为搅拌机容量的 30%～70%，搅拌时间不应少于 2min。掺有掺合料和外加剂的砂浆搅拌时间不应少于 180s

(3) 拌合步骤。

机械搅拌法

1) 先拌适量砂浆（应与试验用砂浆配合比相同），使搅拌机内壁粘附一层砂浆，以保证正式拌合时的砂浆配合比准确。

2) 称出各材料用量，将砂、水泥装入搅拌机内。

3) 开动搅拌机，将水缓缓加入（混合砂浆需将石灰膏等用水稀释成浆状加入），搅拌约 3min。

4）将砂浆拌合物倒在拌合铁板上，用拌铲翻拌约两次，使之均匀。

人工搅拌法

1）将称量好的砂子倒在拌合板上，然后加入水泥，用拌铲拌合至混合物颜色均匀为止。

2）将混合物堆成堆，在中间作一凹坑，将称好的石灰膏倒入凹坑（若为水泥砂浆，将称量好的水的一半倒入坑中），再倒入适量的水将石灰膏等调稀，然后与水泥、砂共同拌合，逐次加水，仔细拌合均匀。每翻拌一次，需用铁铲将全部砂浆压切一次。一般需拌合 3～5min（从加水完毕时算起），直至拌合物颜色均匀。

14.6.3　砂浆稠度试验

1. 试验目的

通过测定砂浆的稠度，求得达到规定稠度所需的用水量。

2. 主要仪器

（1）砂浆稠度测定仪　由试锥、容器和支座三部分组成，如图 14-27 所示。试锥由钢材或铜材制成，其高度为 145mm，锥底直径为 75mm，试锥连同滑杆的质量应为（300±2）g；圆锥筒由钢板制成，筒高为 180mm，锥底内径为 150mm；支座分底座、支架及稠度显示三个部分，由铸铁、钢或其他金属制成。

（2）捣棒、拌铲、抹刀、秒表等。

3. 试验步骤

（1）将圆锥筒和试锥表面用湿布擦干净，并用少量润滑油轻擦滑杆，然后将滑杆上多余的油用吸油纸擦净，使滑杆能自由滑动。

（2）将砂浆拌合物一次装入圆锥筒，使砂浆表面低于容器口约 10mm 左右，用捣棒插捣 25 次，然后轻轻地将容器摇动或敲击 5～6 下，使砂浆表面平整，随后将圆锥筒置于稠度测定仪的底座上。

（3）拧开试锥滑杆的制动螺丝，向下移动滑杆，当试锥尖端与砂浆表面刚接触时，拧紧制动螺丝，使齿条测杆下端刚接触滑杆上端，读出刻度盘上的读数，精确至 1mm。

（4）拧开制动螺丝，同时计时间，待 10s 立即固定螺丝，将齿条测杆下端接触滑杆上端，从刻度盘上读出下沉深度，精确至 1mm，二次读数的差值即为砂浆的稠度值。

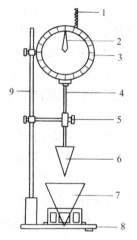

图 14-27　砂浆稠度测定仪
1—齿条测杆；2—指针；
3—刻度盘；4—滑杆；
5—固定螺丝；6—试锥；
7—圆锥筒；8—底座；
9—支架

（5）圆锥筒内的砂浆，只允许测定一次稠度，重复测定时，应重新取样测定。

4. 试验结果

（1）砂浆稠度值取两次试验结果的算术平均值，计算精确至 1mm。

（2）两次试验值之差如大于 10mm，则应另取砂浆搅拌后重新测定。

14.6.4　砂浆分层度试验

1. 试验目的

测定砂浆拌合物在运输及停放时间内各组分的稳定性。

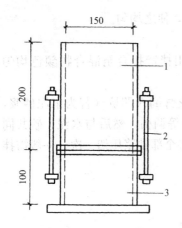

图 14-28 砂浆分层度筒
1—无底圆筒；2—连接螺栓；
3—有底圆筒

2. 主要仪器

（1）砂浆分层度筒　如图 14-28 所示，内径为 150mm，无底圆筒高度为 200mm、有底圆筒净高为 100mm，用金属板制成，上、下层连接处需加宽 3～5mm，并设有橡胶垫圈。

（2）水泥胶砂振动台　振幅 0.5±0.05mm，频率 50±3Hz。

（3）砂浆稠度测定仪。

（4）捣棒、拌铲、抹刀、木锤等。

3. 试验步骤

（1）标准法。

1）将砂浆拌合物按稠度试验方法测定稠度。

2）将砂浆拌合物一次装入分层度筒内，待装满后，用木锤在容器周围距离大致相等的 4 个不同地方轻轻敲击 1～2 下，如砂浆沉落到低于筒口，则应随时添加，然后刮去多余的砂浆并用抹刀抹平。

3）静置 30min 后，去掉上节 200mm 砂浆，剩余的 100mm 砂浆倒出放在拌合锅内拌 2min，再按稠度试验方法测其稠度。前后测得的稠度之差即为该砂浆的分层度值。

（2）快速测定法。

1）将砂浆拌合物按稠度试验方法测定稠度。

2）将分层度筒预先固定在振动台上，砂浆一次装入分层度筒内，振动 20s。

3）去掉上节 200mm 砂浆，剩余 100mm 砂浆倒出放在拌合锅内拌 2min，再按稠度试验方法测其稠度，前后测得的稠度之差即为该砂浆的分层度值。

4）有争议的，以标准法为准。

4. 试验结果

（1）取两次试验结果的算术平均值作为该砂浆的分层度值，单位为 mm。

（2）两次试验分层度值之差如大于 10mm，应重做试验。

14.6.5　保水性试验

1. 试验目的

测定砂浆保水性，以判定砂浆拌合物在运输及停放时内部组分的稳定性。

2. 主要仪器

（1）金属或硬塑料圆环试模　内径 100mm、内部高度 25mm；

（2）可密封的取样容器　应清洁、干燥；

（3）2kg 的重物；

（4）金属滤网：网格尺寸 0.045mm，圆形，直径为 110±1mm；

（5）超白滤纸　符合《化学分析滤纸》GB/T 1914 规定的中速定性滤纸，直径 110mm，单位面积质量为 200g/m²；

（6）天平　量程 200g，感量 0.1g；量程 2000g，感量 1g；

（7）2 片金属或玻璃方形或圆形不透水片，烘箱等。

3. 试验步骤

（1）称量下不透水片与干燥试模质量 m_1 和 8 片中速定性滤纸质量 m_2。

（2）将砂浆拌合物一次性填入试模，并用抹刀插捣数次，当填充砂浆略高于试模边缘时，用抹刀以 45°角一次性将试模表面多余的砂浆刮去，然后再用抹刀以较平的角度在试模表面反方向将砂浆刮平。

（3）抹掉试模边的砂浆，称量试模、下不透水片与砂浆总质量 m_3。

（4）用金属滤网覆盖在砂浆表面，再在棉纱表面放上 8 片滤纸，用不透水片盖在滤纸表面，以 2kg 的重物把不透水片压着。

（5）静止 2min 后移走重物及不透水片，取出滤纸（不包括棉纱），迅速称量滤纸质量 m_4。

（6）从砂浆的配比及加水量计算砂浆的含水率，若无法计算，可按（5）的规定测定砂浆的含水率。

4. 试验结果

砂浆保水性应按下式计算：

$$W = \left[1 - \frac{m_4 - m_2}{\alpha \times (m_3 - m_1)} \right] \times 100\%$$

式中　W——保水率（%）；

　　　m_1——底部不透水片与干燥试模质量（g）；

　　　m_2——8 片滤纸吸水前的质量（g）；

　　　m_3——试模、底部不透水片与砂浆总质量（g）；

　　　m_4——8 片滤纸吸水后的质量（g）；

　　　α——砂浆含水率（%）。

取再次试验结果的平均值作为结果，如两个测定值中有 1 个超出平均值的 5%，则此组试验结果无效。

5. 砂浆含水率测试方法

称取 100±10g 砂浆拌合物试样，置于一干燥并已称重的盘中，在（105±5）℃的烘箱中烘干至恒重，砂浆含水率应按下式计算：

$$\alpha = \frac{m_5}{m_6} \times 100\%$$

式中　α——砂浆含水率（%）；

　　　m_5——烘干后砂浆样本损失的质量（g）；

　　　m_6——砂浆样本的总质量（g）；

砂浆含水率值应精确至 0.1%。

14.6.6　砂浆立方体抗压强度试验

1. 试验目的

测定砂浆的强度，确定砂浆是否达到设计要求的强度等级。

2. 主要仪器

（1）试模　由铸铁或钢制成的立方体带底试模，内壁边长为 70.7mm，应具有足够的刚度并拆装方便。

（2）压力试验机　精度为 1%，其量程应能使试件的预期破坏荷载值不小于全量程的

20%，也不大于全量程的 80%。

（3）捣棒、刮刀等。

3. 试件制作及养护

（1）采用立方体试件，每组试件 3 个。

（2）应用黄油等密封材料涂抹试模的外接缝，试模内涂刷薄层机油或隔离剂，将拌制好的砂浆一次性装满砂浆试模，成型方法根据稠度而定。当稠度不小于 50mm 时采用人工振捣成型，当稠度小于 50mm 时采用振动台振实成型。

人工振捣：用捣棒均匀地由边缘向中心按螺旋方式插捣 25 次，插捣过程中如砂浆沉落低于试模口，应随时添加砂浆，可用油灰刀插捣数次，并用手将试模一边抬高 5～10mm 各振动 5 次，使砂浆高出试模顶面 6～8mm。

机械振动：将砂浆一次装满试模，放置到振动台上，振动时试模不得跳动，振动 5～10 秒或持续到表面出浆为止；不得过振。

（3）待表面水分稍干后，将高出试模部分的砂浆沿试模顶面刮去并抹平。

（4）试件制作后应在室温为（20±5）℃的环境下静置（24±2）h，当气温较低时，可适当延长时间，但不应超过两昼夜，然后对试件进行编号、拆模。试件拆模后立即放入温度为（20±2）℃，相对湿度为 90% 以上的标准养护室中养护。养护期间，试件彼此间隔不小于 10mm，混合砂浆试件上面应覆盖以防有水滴在试件上。

4. 试验步骤

（1）试件从养护地点取出后，应尽快进行试验。试验前先将试件擦拭干净，测量尺寸，并检查其外观。尺寸测量精确至 1mm，并据此计算试件的承压面积 A（mm^2）。如实测尺寸与公称尺寸之差不超过 1mm，可按公称尺寸进行计算。

（2）将试件安放在试验机的下压板（或下垫板）上，其承压面应与成型时的顶面垂直，试件中心应与试验机下压板（或下垫板）中心对准。开动试验机，当上压板与试件接近时，调整球座，使接触面均衡受压。承压试验应连续而均匀地加荷，加荷速度应为 0.25～1.5kN/s（砂浆强度 5MPa 及 5MPa 以下时，取下限为宜，砂浆强度 5MPa 以上时，取上限为宜）。当试件接近破坏而开始迅速变形时，停止调整试验机油门，直至试件破坏，记录破坏荷载 N_u（N）。

5. 试验结果

砂浆立方体抗压强度 $f_{m,cu}$ 按下式计算，精确至 0.1MPa：

$$f_{m,cu} = \frac{N_u}{A}$$

式中　N_u——试件极限破坏荷载（N）；

　　　A——试件受压面积（mm^2）。

砂浆立方体试件测值的算术平均值的 1.3 倍（f_2）作为该组试件的砂浆立方体试件抗压强度平均值（精确至 0.1MPa）。

当三个测值的最大值或最小值中有一个与中间值的差值超过中间值的 15%，则把最大值及最小值一并舍除，取中间值作为该组试件的抗压强度值；如有两个测值与中间值的差值均超过中间值的 15% 时，则该组试件的试验结果无效。

14.7 烧结普通砖试验

14.7.1 试验依据

《砌砖墙试验方法》GB/T 2542—2003

《砌墙砖检验规则》JC 466—1996

《烧结普通砖》GB 5101—2003

14.7.2 抽样方法

做砖的各项指标试验时，须按照规定的随机抽样方案和抽样方法抽取规定数量的砖，并在每块砖样上注明试验内容和编号，不得随便更换砖样和更改试验内容。各项检验抽取砖数如表 14-12 所示。

单项试验所需砖样数　　　　　　　　　　　　表 14-12

检验项目	外观质量	尺寸偏差	强度等级	泛霜	石灰爆裂	冻融	吸水率和饱和系数
抽取砖样数（块）	50	20	10	5	5	5	5

14.7.3 砖的尺寸偏差检查

1. 试验目的

检查砖的尺寸偏差是否在允许的范围内，并为评定砖的质量等级提供依据。

2. 量具

砖用卡尺，分度值为 0.5mm，如图 14-29 所示。

3. 测量方法

长度应在砖的两个大面的中间处分别测量两个尺寸；宽度应在砖的两个大面的中间处分别测量两个尺寸；高度应在两个条面的中间处分别测量两个尺寸，如图 14-30 所示。当被测处有缺损或凸出时，可在其旁边测量，但应选择不利的一侧。

4. 结果评定

（1）每一尺寸测量不足 0.5mm 按 0.5mm 计，每一方向尺寸以两个测量值的算术平均值表示。

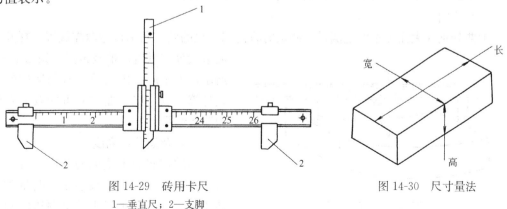

图 14-29　砖用卡尺
1—垂直尺；2—支脚

图 14-30　尺寸量法

（2）检验样品数为 20 块。样本平均偏差是 20 块试样同一方向测量尺寸的算术平均值减去其公称尺寸的差值，样本极差是抽检的 20 块试样中同一方向最大测量值与最小测量值之差值。

14.7.4 砖的外观质量检查

1. 试验目的

检查砖的外观质量是否满足国家标准的要求，并为评定砖的质量等级提供依据。

2. 量具

（1）砖用卡尺。

分度值为 0.5mm，如图 14-29 所示。

（2）钢直尺。

分度值为 1mm。

3. 测量方法

（1）缺损。

缺棱掉角在砖上造成的破损程度，以破损部分对长、宽、高三个棱边的投影尺寸来度量，称为破坏尺寸，如图 14-31 所示。缺损造成的破坏面，系指缺损部分对条、顶面的投影面积，如图 14-32 所示。

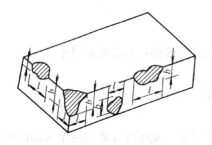

图 14-31　缺棱掉角
三个破坏尺寸量法

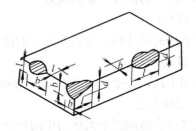

图 14-32　缺棱掉角在条、
顶面上造成破坏面的示意图

（2）裂纹。

裂纹分为长度方向、宽度方向和水平方向三种，以被测方向的投影长度表示。如果裂纹从一个面延伸至其他面上时，则累计其延伸的投影长度。

（3）弯曲。

弯曲分别在大面和条面上测量，测量时将砖用卡尺的两支角沿棱边两端放置，择其弯曲最大处将垂直尺推至砖面，如图 14-33 所示，但不应将因杂质或碰伤造成的凹处计算在内。以弯曲中测得的较大者作为测量结果。

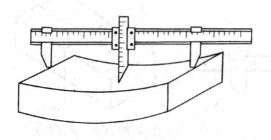

图 14-33　弯曲量法

（4）杂质凸出高度。

杂质在砖面上造成的凸出高度，以杂质距砖面的最大距离表示。测量时将砖用卡尺的两支角置于凸出两边的砖平面上，以垂直尺测量，如图 14-34 所示。

4. 结果处理

外观测量以 mm 为单位，不足 1mm 者，按
1mm 计。

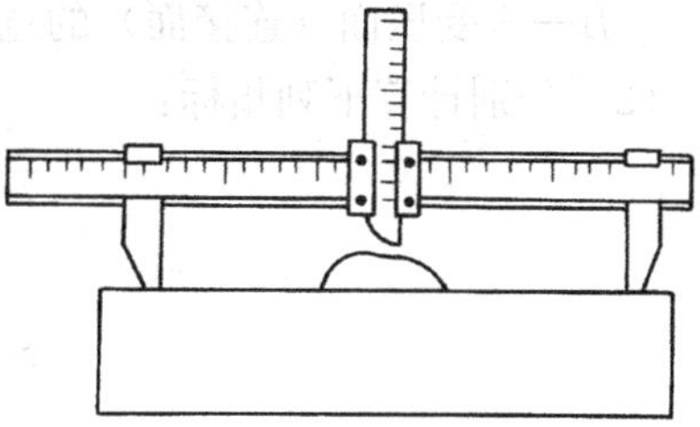

14.7.5 砖的抗压强度试验

1. 试验目的

测定砖的抗压强度，以评定砖的强度等级。

图 14-34 杂质凸出量法

2. 主要仪器

（1）压力机　量程 300～500kN。

（2）锯砖机或切砖器、钢直尺、镘刀等。

3. 试样制备

将试样切或锯成两半截砖，断开的半截砖长不得小于 100mm，如图 14-35（a）所示。
如果不足 100mm，应另取备用试样补足。在试样制备平台上，将已断开的半截砖放入室
温的净水中浸 10～20min 后取出，并以断口相反方向叠放，如图 14-35（b）所示，两者
中间抹以厚度不超过 5mm 的稠度适宜的水泥净浆粘结，水泥净浆用强度等级为 32.5 的普
通硅酸盐水泥调制，上下两面用厚度不超过 3mm 的同种水泥净浆抹平。制成的试样上下
两面须相互平行，并垂直于侧面。用同样的方法制备 10 块试样。

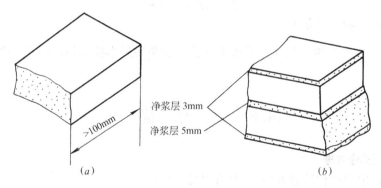

图 14-35

（a）半截砖样；（b）抹面试件

制成的抹面试样应置于温度不低于 10℃的不通风室内养护 3d，再进行试验。

4. 试验步骤

（1）测量每个试样连接面或受压面的长 L（mm）、宽 B（mm）尺寸各两个，分别取
其平均值，精确至 1mm。

（2）将试样平放在压力机的承压板中央，均匀平稳地加荷，不得发生冲击或振动。加
荷速度以 4kN/s 为宜，直至试样破坏，记录最大破坏荷载 P（N）。

5. 试验结果与评定

（1）每块试样的抗压强度 f_i 按下式计算，精确至 0.1MPa：

$$f_i = \frac{P}{LB}$$

式中　P——最大破坏荷载（N）；

　　　L——受压面（连接面）的长度（mm）；

B——受压面（连接面）的宽度（mm）。

（2）分别计算下列指标：

$$\overline{f} = \frac{1}{10}\sum_{i=1}^{10}f_i$$

$$S = \sqrt{\frac{1}{9}\sum_{i=1}^{10}(f_i - \overline{f})^2}$$

$$\delta = \frac{S}{\overline{f}}$$

式中　f_i——单块试样抗压强度的测定值，精确至 0.01MPa；

　　　　$\overline{f}$——10 块试样抗压强度算术平均值，精确至 0.1MPa；

　　　　S——10 块试样的抗压强度标准差，精确至 0.01MPa；

　　　　δ——砖强度的变异系数，精确至 0.01。

（3）评定方法

1）平均值—标准值方法

变异系数 $\delta \leqslant 0.21$ 时，按抗压强度平均值 $\overline{f}$ 和强度标准值 f_k 评定砖的强度等级。样本量 $n=10$ 时的强度标准值按下式计算，精确至 0.1MPa：

$$f_k = \overline{f} - 1.8S$$

2）平均值—最小值方法

变异系数 $\delta > 0.21$ 时，按抗压强度平均值 $\overline{f}$ 和单块最小抗压强度值 f_{min} 评定砖的强度等级。

14.8　钢　筋　试　验

14.8.1　试验依据

《金属材料室温拉伸试验方法》GB/T 228—2010

《金属材料弯曲试验方法》GB/T 232—2010

《钢筋混凝土用钢　第 1 部分：热轧光圆钢筋》GB 1499.1—2008

《钢筋混凝土用钢　第 2 部分：热轧带肋钢筋》GB 1499.2—2007

14.8.2　钢筋的验收及取样方法

（1）钢筋混凝土用热轧钢筋，应有出厂证明书或试验报告单，每捆（盘）钢筋均应有标牌。验收时应抽样做机械性能试验，包括拉伸试验和冷弯试验两个项目。两个项目中如有一个项目不合格，该批钢筋即为不合格品。

（2）同一批号、牌号、尺寸、交货状态分批检验和验收，每批质量不大于 60t。

（3）取样方法和结果评定规定。自每批钢筋中任意抽取两根，于每根距端部 500mm处各取一套试样（2 根试件），每套试样中一根做拉伸试验，另一根做冷弯试验。在拉伸试验中，如果其中有一根试件的屈服点、抗拉强度和伸长率三个指标中有一个指标达不到钢筋标准规定的数值，应再抽取双倍（4 根）钢筋，制成双倍（4 根）试件重做试验。复检时，如仍有一根试件的任意一个指标达不到标准要求，则不论该指标在第一次试验中是否达到标准要求，拉伸试验项目也判为不合格。在冷弯试验中，如有一根试件不符合标准要求，应同样抽取双倍钢筋，制成双倍试件重新试验，如仍有一根试件不符合标准要求，冷弯试验项目即为不合格。整批钢筋不予验收。另外，还要检验尺寸、表面状态等。如使用中钢筋有脆断、焊接性能不良或机械性能显著不正常时，尚应进行化学分析。

（4）钢筋拉伸和弯曲试验不允许车削加工，试验时温度为 $10\sim35℃$。如温度不在此范围内，应在试验记录和报告中注明。

14.8.3 拉伸试验

1. 试验目的

测定钢筋的屈服强度、抗拉强度及伸长率，注意观察拉力与变形之间的关系，为检验和评定钢材的力学性能提供依据。

2. 主要仪器设备

（1）拉力试验机。试验时所有荷载的范围应在试验机最大荷载的 $20\%\sim80\%$。试验机的测力示值误差应小于 1%。

（2）钢筋划线机、游标卡尺（精确度为 0.1mm）、天平等。

3. 试件制备

（1）抗拉试验用钢筋不得进行车削加工，直接截取长度 尺寸如图 14-36 所示。试件在 l_0 范围内，按 10 等分划线、分格、定标距、量出标距，长度 l_0（精确度为 0.1mm）。

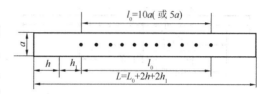

图 14-36 钢筋拉伸试件
a—试件直径；l_0—标距长度；
h_1—$0.5\sim1d$；h—夹具长度

（2）测试试件的质量和长度，不经车削的试件按质量计算截面面积 A_0（mm^2）：

$$A_0 = \frac{m}{7.85L} \times 1000$$

式中　m——试件质量，g；

　　　L——试件长度，mm；

　7.85——钢材密度，g/cm^3。

计算钢筋强度时所用截面面积为公称横截面面积，故计算出钢筋受力面积后，应据此取靠近的公称受力面积 A（保留 4 位有效数字），如表 14-13 所示。

钢筋的公称横截面面积 表 14-13

公称直径（mm）	公称横截面面积（mm²）	公称直径（mm）	公称横截面面积（mm²）
8	50.27	22	380.1
10	78.54	25	490.9
12	113.1	28	615.8
14	153.9	32	804.2
16	201.1	36	1018
18	254.5	40	1257
20	314.2	50	1964

14.8.4　试验步骤

（1）将试件上端固定在试验机夹具内，调整试验机零点，装好描绘器、纸、笔等，再用下夹具固定试件下端。

（2）开动试验机进行试验，拉伸速度，屈服前应力施加速度为 10MPa/s；屈服后试验机活动夹头在荷载下移动速度每分钟不大于 $0.5l_c$（$l_c = l_0 + 2h_1$），直至试件拉断。

（3）拉伸过程中，描绘器自动绘出荷载-变形曲线，由荷载变形曲线和刻度盘指针读出屈服荷载 F_s（N）（指针停止转动或第一次回转时的最小荷载）与最大极限荷载 F_b（N）。

（4）量出拉伸后的标距长度 l_1。将已拉断的试件在断裂处对齐，尽量使轴线位于一条直线上。如断裂处到邻近标距端点的距离大于 $l_0/3$ 时，可用卡尺直接量出 l_1；如果断裂处到邻近标距端点的距离小于或等于 $l_0/3$ 时，可按下述移位法确定 l_1：在长段上自断点起，取等于短段格数得 B 点，再取等于长段所余格数（偶数如图 14-37a）之半得 C 点，或者取所余格数（奇数如图 14-37b）减 1 与加 1 之半得 C 与 C_1 点。移位后的 l_1 分别为 $AB + 2BC$ 或 $AB + BC + BC_1$。如用直接量测所得的伸长率能达到标准值，则可不采用移位法。

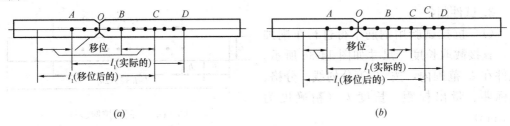

(a)　　　　　　　　　　　　　　　　　(b)

图 14-37　用移位法计算标距

14.8.5　结果计算

（1）屈服强度 σ_s（精确至 5MPa）：

$$\sigma_s = F_s/A \text{（MPa）}$$

（2）抗拉强度 σ_b（精确至 5MPa）：

$$\sigma_b = F_b/A \text{（MPa）}$$

（3）断后伸长率 δ（精确至 1%）：

$$\delta_{10}\text{（或 }\delta_5\text{）} = \frac{l_1 - l_0}{l_0} \times 100\%$$

式中：δ_{10}、δ_5 分别表示 $l_0 = 10a$ 和 $l_0 = 5a$ 时的断后伸长率。

如拉断处位于标距之外，则断后伸长率无效，应重作试验。

测试值的修约方法：当修约精确至尾数 1 时，按"四舍六入五单双方法"修约；当修约精确至尾数为 5 时，按二五进位法修约（即精确至 5 时，≤2.5 时尾数取 0；>2.5 且 <7.5 时尾数取 5；≥7.5 时尾数取 0 并向左进 1）。

注：四舍六入五单双法：四舍六入五考虑，五后非零应进一，五后皆零视奇偶，五前为偶应舍去，五前为奇则进一。

14.8.6　冷弯试验

1. 试验目的

冷弯是在苛刻条件下对钢材塑性和焊接质量的检验，是钢材的重要工艺性质。

2. 主要仪器设备

压力机或万能试验机。有两支承辊，支辊间距离可以调节。具有不同直径的弯心，弯心直径由有关标准规定（如图 14-38 所示）。

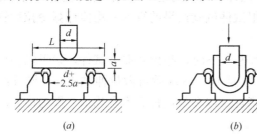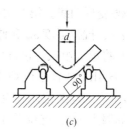

图 14-38　钢筋冷弯试验装置

(a) 装好的试件；(b) 弯曲 180°；(c) 弯曲 90°

3. 试件制作

试件长 $L=0.5\pi(d+a)+140$（mm），a 为试件直径，d 为弯心直径，π 为圆周率，其值取 3.1。

4. 试验步骤

(1) 如图 14-38 (a) 调整两支辊间的距离为 x，使 $x=d+2.5a$。

(2) 选择弯心直径 d，Ⅰ级钢筋 $d=a$，Ⅱ、Ⅲ级钢筋 $d=3a$（$a=8\sim25$mm）或 $4a$（$a=28\sim40$mm），Ⅳ级钢筋 $d=5a$（$a=10\sim25$mm）或 $6a$（$a=28\sim30$mm）。

(3) 将试件按图 14-38 (a) 装置好后，平稳地加荷，在荷载作用下，钢筋绕着冷弯压头，弯曲到要求的角度（Ⅰ、Ⅱ级钢筋为 180°，Ⅲ、Ⅳ级钢筋为 90°），如图 14-38 (b) 和 (c) 所示。

5. 结果评定

取下试件检查弯曲处的外缘及侧面，如无裂缝、断裂或起层，即判为冷弯试验合格。

14.8.7　钢筋冷拉、时效后的拉伸试验

钢筋经过冷加工、时效处理以后，进行拉伸试验，确定此时钢筋的力学性能，并与未经冷加工及时效处理的钢筋性能进行比较。

1. 试验目的

对钢材进行冷拉，并时效处理，可以提高钢材的屈服强度和极限强度，达到节约钢材的目的。通过试验，应掌握钢材冷拉时效试验方法，熟悉钢材的性质。

熟悉钢筋冷拉、冷拉时效处理试验方法，掌握钢材性质。

2. 主要仪器设备

(1) 拉力试验机。试验时所有荷载的范围应在试验机最大荷载的 20%～80%。试验机的测力示值误差应小于 1%。

(2) 钢筋划线机、游标卡尺（精确度为 0.1mm）、天平等。

3. 试件制备

按标准方法取样，取 2 根长钢筋，各截取 3 段，制备与钢筋拉伸试验相同的试件 6 根并分组编号。编号时应在 2 根长钢筋中各取 1 根试件编为 1 组，共 3 组试件。

4. 试验步骤

(1) 第 1 组试件用作拉伸试验，并绘制荷载-变形曲线，方法同钢筋拉伸试验。以 2

根试件试验结果的算术平均值计算钢筋的屈服点 σ_s，抗拉强度 σ_b 和伸长率 δ。

(2) 将第 2 组试件进行拉伸至伸长率达 10%（约为高出上屈服点 3kN）时，以拉伸时的同样速度进行卸荷，使指针回至零，随即又以相同速度再行拉伸，直至断裂为止。并绘制荷载-变形曲线。第 2 次拉伸后以 2 根试件试验结果的算术平均值计算冷拉后钢筋的屈服点 σ_{sL}、抗拉强度 σ_{bL} 和伸长率 δ_L。

(3) 将第 3 组试件进行拉伸至伸长率达 10% 时，卸荷并取下试件，置于烘箱中加热 110℃恒温 4h，或置于电炉中加热 250℃恒温 1h，冷却后再做拉伸试验，并同样绘制荷载-变形曲线。这次拉伸试验后所得性能指标（取 2 根试件算术平均值）即为冷拉时效后钢筋的屈服点 σ'_{sL}、抗拉强度 σ'_{bL} 和伸长率 δ'_L。

5. 结果计算

(1) 比较冷拉后与未经冷拉的两组钢筋的应力-应变曲线，计算冷拉后钢筋的屈服点、抗拉强度及伸长率的变化率 B_s、B_b、B_δ：

$$B_s = \frac{\sigma_{sL} - \sigma_s}{\sigma_s} \times 100\%$$

$$B_b = \frac{\sigma_{bL} - \sigma_b}{\sigma_b} \times 100\%$$

$$B_\delta = \frac{\delta_L - \delta}{\delta} \times 100\%$$

(2) 比较冷拉时效后与未经冷拉的两组钢筋的应力-应变曲线，计算冷拉时效处理后，钢筋屈服点、抗拉强度及伸长率的变化率 B_{sL}、B_{bL}、$B_{\delta L}$：

$$B_{sL} = \frac{\sigma'_{sL} - \sigma_s}{\sigma_s} \times 100\%$$

$$B_{bL} = \frac{\sigma'_{bL} - \sigma_b}{\sigma_b} \times 100\%$$

$$B_{\delta L} = \frac{\delta'_L - \delta}{\delta} \times 100\%$$

6. 试验结果评定

(1) 根据拉伸与冷弯试验结果按标准规定评定钢筋的级别。

(2) 比较一般拉伸与冷拉或冷拉时效后钢筋的力学性能变化，并绘制相应的应力-应变曲线。

14.9 沥 青 试 验

14.9.1 试验依据

《沥青针入度测定法》GB/T 4509—2010

《沥青延伸度测定法》GB/T 4508—2010

《沥青软化点测定法》GB/T 4507—1999

14.9.2 取样方法

（1）同一批出厂，同一规格牌号的沥青以 20t 为一个取样单位，不足 20t 亦作为一个取样单位。

（2）从每个取样单位的不同部位取 5 处洁净试样，每处所取数量大致相等，共 1kg 左右，作为平均试样，对个别可疑混杂的部位，应注意单独取样进行测定。

14.9.3 沥青针入度试验

本方法适用于测定针入度＜500 的沥青。沥青的针入度以标准针在一定的荷重、时间及温度条件下垂直穿入沥青试样的深度来表示，每 0.1mm 为 1 度。如未另行规定，标准针、针连杆与附加砝码的合计质量为 $100 \pm 0.05g$，温度为 $25 \pm 0.1℃$，时间为 5s。特定试验条件参照表 14-14 的规定。

针入度特定试验条件规定 表 14-14

温度（℃）	荷重（g）	时间（s）
0	200	60
4	200	60
46	50	5

1. 试验目的

测定沥青的针入度，以确定其粘滞性，同时它也是划分沥青牌号的主要指标。

2. 主要仪器

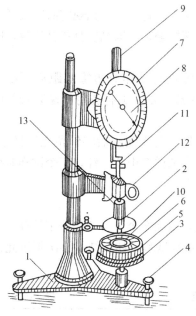

图 14-39 针入度仪

1—底座；2—观察镜；3—圆形平台；
4—调平螺丝；5—保温皿；6—试样；
7—刻度盘；8—指针；9—活动齿杆；
10—标准针；11—连杆；12—制动按钮；
13—砝码

（1）针入度仪 构造如图 14-39 所示，其支柱上有两个悬臂，上臂装有分度为 360°的刻度盘 7 及活动齿杆 9，活动齿杆上下运动使指针转动；下臂装有可滑动的针连杆（其下端安装标准针），总质量为 $50 \pm 0.05g$。设有控制针连杆运动的制动按钮 12，基座上设有放置玻璃皿的可旋转圆形平台 3 及观察镜 2。

（2）标准针 应由硬化回火的不锈钢制成，其尺寸应符合规定。

（3）试样皿 金属或玻璃的圆柱形平底容器。针入度小于 40 时，试样皿内径 33~55mm，内部深度 8~16mm；针入度小于 200 时，试样皿内径 55mm，内部深度 35mm；针入度在 200~350 时，试样皿内径 55~75mm，内部深度 45~70mm；针入度在 350~500 时，试样皿内径 55mm，内部深度 70mm。

（4）恒温水浴 容量≥10L，能保持温度在试验温度的±0.1℃范围内。

（5）平底玻璃皿、秒表、温度计、金属皿或瓷柄皿、筛子（孔径 0.3~0.5mm）、砂浴或密闭电炉（可控温度）。

3. 试样制备

（1）小心加热样品，不断搅拌以防局部过热，加热到使样品能够易于流动。加热时焦油沥青的加热温度不得比试样估计软化点高 60℃，石油沥青的加热温度不得比试样估计软化点高 90℃。加热时间在保证样品充分流动的基础上尽量短。加热、搅拌过程中避免试样中进入气泡。

（2）将试样倒入预先选好的两个试样皿中，试样深度应至少是预计穿入深度的 120%。如果试样皿的直径小于 65mm，而预期针入度高于 200，每个实验条件都要倒三个样品。如果样品足够，浇筑的样品要达到试样皿边缘。

（3）将试样皿松松地盖住以防灰尘落入。在 15～30℃ 的室温下，小试样皿（ϕ33mm×16mm）中的样品冷却 45min～1.5h；中等试样皿（ϕ55mm×35mm）中的样品冷却 1～1.5h；较大试样皿中的样品冷却 1.5～2.0h。冷却结束后将试样皿和平底玻璃皿一起放入测试温度下的水浴中，水面应没过试样表面 10mm 以上。在规定的试验温度下恒温，小试样皿恒温保持 45min～1.5h，中等试样皿恒温 1～1.5h，大试样皿保持 1.5～2h。

4. 试验步骤

（1）调整针入度仪调平螺丝使底座水平。检查活动齿杆自由活动情况，将已擦净的标准针固定在连杆上，按试验要求条件放上砝码。

（2）将试样皿自水槽中取出，置于水温严格控制为 25℃ 的平底保温玻璃皿中，试样表面以上水层高度应不小于 10mm，再将保温玻璃皿置于针入度仪的旋转圆形平台上。

（3）调节标准针使针尖与试样表面恰好接触，不得刺入试样。移动活动齿杆使其与标准针连杆顶端接触，并将刻度盘指针调整至 "0"。

（4）用手紧压按钮，同时开动秒表，标准针自由地穿入沥青试样，到规定时间放开按钮，使针停止穿入。拉下活动齿杆使其与标准针连杆顶端接触，读取刻度盘指针读数，即为试样的针入度。

（5）在试样的不同点重复试验三次，各测点间及测点与试样皿边缘的距离不小于 10mm。每次试验后，将针取下，用浸有溶剂（煤油、苯或汽油）的棉花将针端附着的沥青擦干净。

（6）测定针入度＞200 的沥青试样时，至少用三根针，每次测定后将针留在试样中，直至三次测定完成后，才能把针从试样中取出。或者每个试样皿中扎一针，三个试样皿得到三个数据。

5. 试验结果

取三次测定结果的算术平均值作为该沥青的针入度，精确至个位。三次测定的针入度值相差不应超过表14-15的数值，否则利用第二个样品重复试验，如果结果再次超过允许值，重新进行试验。

针入度测定允许最大差值   表 14-15

针入度（1/10mm）	0～49	50～149	150～249	250～350	350～500
最大差值	2	4	6	8	20

14.9.4 沥青延度（延伸度）试验

1. 试验目的

延度是沥青塑性的指标，是沥青成为柔性防水材料的最重要性能之一。

2. 主要仪器

（1）延度仪　如图14-40（a）所示，由丝杠带动滑板移动，速度为（5±0.25）cm/min 滑板指针在标尺上显示移动距离。仪器在开动时应无明显的振动。

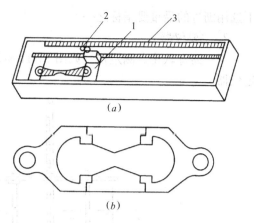

（2）延度模具　黄铜制成，由两个端模和两个侧模拼装而成，如图14-40（b）。

（3）水浴、瓷皿或金属皿、支撑板、温度计、筛子、隔离剂、砂浴或密闭电炉（可控温度）。

3. 试样制备

（1）将隔离剂拌匀涂在磨光的金属板上和侧模的内侧面，然后将模具在金属板上组装好。

图14-40　沥青延度仪及模具

（a）延度仪；（b）延度模具

1—滑板；2—指针；3—标尺

（2）小心加热样品，充分搅拌以防局部过热，直到样品容易倾倒。加热时焦油沥青的加热温度不得比试样估计软化点高60℃，石油沥青的加热温度不得比试样估计软化点高90℃。加热时间在保证样品充分流动的基础上尽量短。然后将试样呈细流状自模的一端至另一端往返注入，并略高出模具表面。

（3）浇注好的试样在空气中冷却30～40min，然后放在25±0.5℃的水浴中保持30min取出，用热的直刀或铲将高出模具的沥青刮出，使试样与模具齐平。

（4）将支撑板、模具和试样一起放入水浴中，并在25±0.5℃下保持85～95min，然后从板上取下试样，拆掉侧模，立即进行拉伸试验。

4. 试验步骤

（1）取出试样放入延度仪水槽中，将模具两端的孔分别套在滑板及槽端的金属柱上，取下侧模，保持水槽中水面高出试样表面不少于25mm。

（2）调节水槽水温为25±0.5℃，将滑板指针对零，开动延度仪，滑板移动，至试样拉断时记录指针在标尺上的读数。

（3）试验时，如发现沥青细丝浮于水面或沉入槽底中，则应在水中加入乙醇或食盐水调整水的密度，使其与试样的密度相近后，再进行试验。

（4）试样拉断时指针所指标尺上的读数，即为试样的延度，单位为cm。

5. 试验结果

（1）在正常情况下，试样拉断后应呈锥形或线形或柱形，直至在断裂时实际横断面面积接近于零或一均匀断面。如不能得到上述结果，则应报告在此条件下无测定结果。

（2）若三个试件测定值在其平均值的5%内，取平行测定三个结果的平均值作为测定结果。若三个试件测定值不在其平均值的5%以内，但其中两个较高值在平均值的5%之内，则弃去最低测定值，取两个较高值的平均值作为测定结果，否则重新测定。

14.9.5　沥青软化点试验

1. 试验目的

软化点是反映沥青在温度变化时，其粘滞性和塑性改变程度的指标，它是在不同环境下选用沥青的最重要指标之一。

2. 主要仪器

(1) 沥青软化点测定仪 如图 14-41 所示，包括烧杯、测定架、试样环、钢球和钢球定位器。

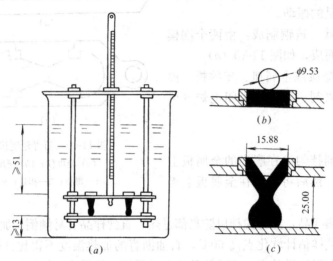

图 14-41 软化点测定仪

(a) 测定装置；(b) 试验前钢球位置；(c) 试验后钢球位置

(2) 电炉或其他加热设备、筛子、温度计、金属板、刮刀、砂浴、隔离剂等。

3. 试样制备

(1) 将试样环放在涂有隔离剂的金属板上，将沥青在不高于沥青估计软化点 110℃ 的温度下加热软化，搅拌过筛后注入试样环内，使沥青略高出环面。如估计软化点在 120℃ 以上时，应将环与金属板预热至 80～100℃。

(2) 让试件在室温下至少冷却 30min。对于在室温下较软的样品，应将试件在低于预计软化点 10℃ 以上的环境中冷却 30min。从开始倒试样时起至完成试验的时间不得超过 240min。

(3) 当试样冷却后，用稍加热的小刀或刮刀干净地刮去多余的沥青，使得每一个圆片饱满且和环的顶部齐平。

4. 试验步骤

(1) 在烧杯内注入新煮沸并冷却至约 5±1℃ 的蒸馏水（估计软化点不高于 80℃ 的试样），或注入约 30±1℃ 的甘油（估计软化点高于 80℃ 的试样），使水面或甘油略低于连接杆上的深度标记。

(2) 从水或甘油保温槽中取出试样环放在测定架中层的圆孔中，套上钢球定位器，将测定架放入烧杯内，调整水面或甘油面至深度标记，注意测定架上任何部分不得有气泡。将温度计由上层板中心孔垂直插入，使水银球底部与试样环下面齐平。

(3) 将烧杯移放至有石棉网的三脚架或电炉上，然后将钢球放在试样环上立即加热，试样环平面在加热时间内应处于水平状态。开始加热 3min 后，应使烧杯内水或甘油温升控制在 5±0.5℃/min，否则应重做试验。

（4）试样受热软化下坠至与下层底板接触时，读取温度计的温度值，即为试样的软化点，单位为℃。

5. 试验结果

（1）取平行测定的两个结果的算术平均值作为试验结果。如果两个温度的差值超过1℃，则重新试验。

（2）重复测定两次结果的差值不得大于1.2℃。

（3）同一试样由两个试验室各自提供的试验结果之差不应超过2.0℃。

14.10 弹性体改性沥青防水卷材（SBS卷材）试验

14.10.1 试验依据

《弹性体改性沥青防水卷材》GB 18242—2008

《建筑防水卷材试验方法 第2部分：沥青防水卷材 外观》GB/T 328.2—2007

《建筑防水卷材试验方法 第4部分：沥青防水卷材 厚度、单位面积质量》GB/T 328.4—2007

《建筑防水卷材试验方法 第6部分：沥青防水卷材 长度、宽度和平直度》GB/T 328.6—2007

《建筑防水卷材试验方法 第8部分：沥青防水卷材 拉伸性能》GB/T 328.8—2007

《建筑防水卷材试验方法 第10部分：沥青和高分子防水卷材 不透水性》GB/T 328.10—2007

《建筑防水卷材试验方法 第11部分：沥青防水卷材 耐热性》GB/T 328.11—2007

《建筑防水卷材试验方法 第14部分：沥青防水卷材 低温柔性》GB/T 328.14—2007

《建筑防水卷材试验方法 第18部分：沥青防水卷材 撕裂性能（钉杆法）》GB/T 328.18—2007

14.10.2 取样方法

以同一类型、同一规格10000m² 为一批，不足10000m² 时亦可作为一批。在每批产品中随机抽取5卷进行单位面积质量、面积、厚度及外观检查。从单位面积质量、面积、厚度及外观合格的卷材中随机抽取1卷进行物理力学性能试验。

14.10.3 单位面积质量、面积、厚度及外观检查

1. 面积

用钢卷尺在整卷卷材宽度方向的两个1/3处测量长度，精确到10mm；用钢卷尺或直尺在距卷材两端头各1±0.01m处测量宽度，精确到1mm；以长度和宽度的平均值相乘得到卷材的面积。

2. 厚度

保证卷材和测量装置的测量面没有污染，在开始测量前检查测量装置的零点，在所有测量结束后再检查一次。

在测量厚度时，测量装置下足慢慢落下避免使试件变形，在卷材宽度方向均匀分布10点测量并记录厚度，最边的测量点应距卷材边缘100mm。

结果取10点厚度的平均值，修约到0.1mm。

对于细砂面防水卷材，去除测量处表面的砂粒再测量卷材厚度；对矿物粒料防水卷材，在卷材留边处，距边缘 60mm 处，去除砂粒后在长度 1m 范围内测量卷材的厚度。

3. 单位面积质量

称量每卷卷材质量，除以其面积，即得到单位面积质量，单位 kg/m²。

4. 外观

抽取成卷卷材放在平面上，小心地展开卷材，用肉眼检查整个卷材上、下表面有无气泡、裂纹、孔洞或裸露斑、疙瘩或任何其他能观察到的缺陷存在。

5. 试验结果

在抽取的 5 卷样品中，上述各项检查结果均符合规定时，判定其单位面积质量、面积、厚度与外观合格。若其中一项不符合规定，允许在该批产品中另取 5 卷样品，对不合格项进行复查，如全部达到标准规定时则判为合格；若仍不符合标准，则判该产品不合格。

14.10.4 性能试验

1. 试件制作

将取样卷材切除距外层卷头 2500mm 后，取 1m 长的卷材按 GB/T 328.4 取样方法均匀分布裁取试件，卷材性能试件的形状和数量按表 14-16 裁取。

试件尺寸和数量表　　　　　　　　　　表 14-16

试验项目	试件尺寸（纵向×横向）(mm)	数量（个）
可溶物含量	100×100	3
拉力和延伸率	(250～320)×50	纵横向各 5
不透水性	150×150	3
耐热性	125×100	纵向 3
低温柔性	150×25	纵向 10
钉杆撕裂强度	200×100	纵向 5

2. 拉力及最大拉力时延伸率试验

(1) 主要仪器。

1) 拉伸试验机　有连续记录力和对应距离的装置，能按规定的速度均匀地移动夹具，有足够的量程（至少 2000N）和夹具移动速度 100±10mm/min，夹具宽度不小于 50mm。

2) 量尺　精确度为 1mm。

(2) 试验步骤。

1) 试验应在 23±2℃的条件下进行，将试件放置在试验温度和相对湿度（30～70)% 的条件下不少于 20h。

2) 将试件紧紧地夹在拉伸试验机的夹具中，注意试件长度方向的中线与试验机夹具中心在一条线上。夹具间距离为 200±2mm，为防止试件从夹具中滑移应作标记。

3) 开动试验机使受拉试件受拉，夹具移动的恒定速度为 100±10mm/min。

4) 连续记录拉力和对应的夹具间距离。

(3) 试验结果。

1）分别计算纵向或横向 5 个试件最大拉力的算术平均值作为卷材纵向或横向拉力，单位 N/50mm，平均值达到标准规定的指标时判为合格。

2）延伸率 E（％）按下式计算：

$$E = \frac{L_1 - L_0}{L} \times 100\%$$

式中 L_1——试件最大拉力时的标距（mm）；

L_0——试件初始标距（mm）；

L——夹具间距离（mm）。

分别计算纵向或横向 5 个试件最大拉力时延伸率的算术平均值作为卷材纵向或横向延伸率，平均值达到标准规定的指标时判为合格。

3. 不透水性试验

（1）主要仪器设备。

组成设备的装置见图 14-42 和图 14-43，产生的压力作用于试件的一面。试件用 7 孔圆盘盖上，孔的尺寸形状符合图 14-44 的规定。

（2）试验步骤。

1）卷材上表面作为迎水面，上表面为砂面、矿物粒料时，下表面作为迎水面，下表面也为细

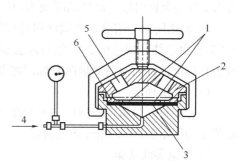

图 14-42 高压力不透水性试验装置
1—狭缝；2—封盖；3—试件；4—静压力；
5—观测孔；6—开缝盘

砂时，试验前，将下表面的细砂沿密封圈一圈除去，然后涂一圈 60～100 号热沥青，涂平待冷却 1h 后检测不透水性。

2）将图 14-42 装置中充水直到满出，彻底排出水管中的空气。

3）将试件的迎水面朝下放置在透水盘上，盖上规定的 7 孔圆盘，放上封盖，慢慢夹紧直到试件夹紧在盘上，用布或压缩空气干燥试件的非迎水面，慢慢加压到规定的压力。

图 14-43 狭缝压力试验装置 封盖草图

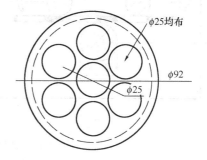

图 14-44 7孔圆盘

4）达到规定压力后，保持压力 30±2min。观察试件的不透水性（水压突然下降或试件的非迎水面有水）。

（3）试验结果。

三个试件在规定的时间不透水认为不透水性试验通过。

4. 耐热性试验

(1) 主要仪器。

鼓风烘箱、热电偶、光学测量装置等。

(2) 试验步骤。

1) 将烘箱预热到规定试验温度，温度通过与试件中心同一位置的热电偶控制。整个试验期间，试验区域的温度波动不超过±2℃。

2) 将制备好的一组三个试件露出的胎体处用悬挂装置夹住，涂盖层不要夹到。

3) 将试件垂直悬挂在烘箱的相同高度，间隔至少 30mm。此时烘箱的温度不能下降太多，开关烘箱门放入试件的时间不超过 30s。放入试件后加热时间为 120±2min。

4) 加热周期一结束，将试件和悬挂装置一起从烘箱中取出，相互间不要接触，在 23±2℃自由悬挂冷却至少 2h。然后除去悬挂装置，在试件两面画第二个标记，用光学测量装置在每个试件的两面测量两个标记底部间最大距离，精确到 0.1mm。

(3) 结果评定。

计算卷材每个面三个试件的滑动值的平均值，精确到 0.1mm；上表面和下表面的滑动值平均值不超过 2.0mm 认为合格。

5. 低温柔性试验

(1) 主要仪器设备。

试验装置操作的示意和方法见图 14-45 (*a*)、(*b*)。该装置有两个直径 20±0.1mm 不旋转的圆筒，一个直径 30±0.1mm 的圆筒或半圆筒弯曲轴组成，该轴在两个圆筒中间，能上下移动。两个圆筒间的距离可以调节，即圆筒和弯曲轴间的距离能调节为卷材的厚度。

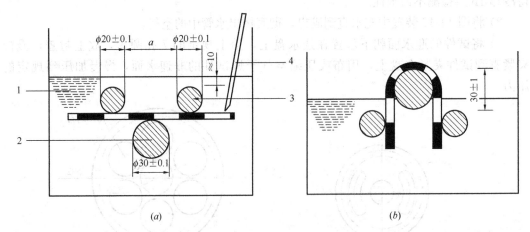

图 14-45　试验装置原理和弯曲过程
(*a*) 开始弯曲；(*b*) 弯曲结束
1—冷冻液；2—弯曲轴；3—固定圆筒；4—半导体温度计

整个装置浸入能控制在 +20～-40℃、精度 0.5℃温度条件的冷冻液中。冷冻液用任一混合物：

——丙烯乙二醇/水溶液（体积比 1：1）低至 -25℃，或

——低于 -20℃的乙醇/水混合物（体积比 2：1）。

用一支测量精度0.5℃的半导体温度计检查试验温度，放入试验液体中与试验试件在同一水平面。

试件在试验液体中的位置应平放且完全浸入，用可移动的装置支撑，该支撑装置应至少能放一组五个试件。

试验时，弯曲轴从下面顶着试件以360mm/min的速度升起，这样试件能弯曲180°，电动控制系统能保证在每个试验过程和试验温度的移动速度保持在360±40mm/min。裂缝通过目测检查，在试验过程中不应有任何人为的影响。为了准确评价，试件移动路径是在试验结束时，试件应露出冷冻液，移动部分通过设置适当的极限开关控制限定位置。

（2）试验方法与步骤。

1）按照试件厚度调节两个圆筒间的距离，即弯曲轴直径＋2mm＋两倍试件的厚度。然后将装置放入已冷却的液体中，圆筒的上端在冷冻液面下约10mm，弯曲轴在下面的位置。

2）冷冻液到规定的试验温度，试件放于支撑装置上，且在圆筒的上端，保证冷冻液完全浸没试件。试件放入冷冻液达到规定温度后，开始保持在该温度1h±5min。半导体温度计的位置靠近试件，检查冷冻液温度。

3）两组各5个试件，一组是上表面试验，另一组是下表面试验。试件放置在圆筒和弯曲轴之间，试验面朝上，然后设置弯曲轴以360±40mm/min速度顶着试件向上移动，试件同时绕轴弯曲。轴移动的终点在圆筒上面30±1mm处（见图14-45）。试件的表面明显露出冷冻液，同时液面也因此下降。

4）在完成弯曲过程10s内，在适宜的光源下用肉眼检查试件有无裂纹，必要时，用辅助光学装置帮助。假若有一条或更多的裂纹从涂盖层深入到胎体层，或完全贯穿无增强卷材，即存在裂缝。

（3）试验结果。

一个试验面5个试件在规定温度至少4个无裂缝为通过，上表面和下表面的试验结果要分别记录。

6. 撕裂强度试验

（1）主要仪器。

1）拉伸试验机 有连续记录力和对应距离的装置，能按规定的速度分离夹具。有足够的量程（至少2000N）和足够的夹具分离距离，夹具拉伸速度为100±10mm/min，夹持宽度不小于100mm。

2）U形装置 U形装置一端通过连接件连在拉伸试验机夹具上，另一端有两个臂支撑试件。臂上有钉杆穿过的孔，位置应符合要求，见图14-46。

（2）试验步骤。

1）试件放入打开的U形头的两臂

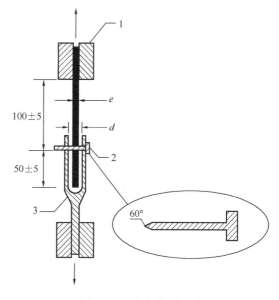

图14-46 钉杆撕裂试验

1—夹具；2—钉杆（直径2.5±0.1）；3—U形头；

e—样品厚度；d—U形头间隙（$e+1 \leqslant d \leqslant e+2$）

中，用一直径 2.5 ± 0.1mm 的尖钉穿过 U 形头的孔位置，同时钉杆位置在试件的中心线上，距 U 形头中的试件一端 50 ± 5mm，见图 14-46。钉杆距上夹具的距离是 100 ± 5mm。

2）把该装置试件一端的夹具和另一端的 U 形头放入拉伸试验机，开动试验机使穿过材料面的钉杆直到材料的末端，拉伸速度 100 ± 10mm/min。

3）连续记录穿过试件钉杆的撕裂力。

（3）试验结果。

每个试件分别列出试验的最大拉力值，计算平均值，精确到 5N。

7. 材料性能试验结果判定

材料性能各项试验结果均符合标准规定时，判该批产品材料性能合格。若有一项指标不符合标准规定，允许在该批产品中再随机抽取 5 卷，并从中任取 1 卷对不合格项进行单项复验。达到标准规定时，则判该批产品材料性能合格。

14.10.5 结果总评

单位面积质量、面积、厚度、外观与材料性能均符合标准规定的全部技术要求时，则判该批产品合格。

附表：建筑材料试验报告

水泥物理性能检验报告

水泥厂家名称				水泥批号	
出厂编号		出厂日期		水泥品种及 强度等级	
工程部位		代表数量（t）			
检验项目		标准要求	检验结果		结　论
细度（%） （80μm 方孔筛筛余）					
标准稠度（%）					
凝结时间	初凝				
	终凝				
安定性	试饼法	沸煮合格			
	雷氏法	膨胀值≤5（mm）			
强度 （MPa）	3d 抗折				
	28d 抗折				
	3d 抗压				
	28d 抗压				
检验依据					
结　论					

299

砂检测报告表

报告日期：

附表2

No.

委托单位			样品编号		
工程名称			代表数量		
样品产地、名称			收样日期	年 月 日	
检验条件			检验依据		
检验项目	检测结果	附记	检验项目	检测结果	附记
表观密度（kg/m³）			有机物含量		
松散堆积密度（kg/m³）			云母含量（%）		
紧密堆积密度（kg/m³）			轻物质含量（%）		
含泥量（%）			坚固性质量损失率（%）		
泥块含量（%）			硫酸盐、硫化物含量（%）		
氯离子含量（%）		人工砂	石粉含量（%）		
含水率（%）			MB值		
吸水率（%）			压碎值指标（%）		
碱活性			贝壳含量（%）		

筛 分 析 试 验									检测结果
公称粒径（mm）		10.0mm	5.00mm	2.50mm	1.25mm	630μm	315μm	160μm	细度模数
颗粒级配区	Ⅰ区	0	10～0	35～5	65～35	85～71	95～80	100～90	
	Ⅱ区	0	10～0	25～0	50～10	70～41	92～70	100～90	
	Ⅲ区	0	10～0	15～0	25～0	40～16	85～55	100～90	
实际累计筛余（%）									级配区属区砂
结论		备注							

技术负责人：　　　　　校核：　　　　　检验：　　　　　检测单位：（盖章）

石子检测报告表

报告日期：

No.

委托单位		样品编号	
工程名称		代表数量	
样品产地、名称		收样日期	年 月 日
检验条件		检验依据	
检验项目	检测结果	附记	检验项目	检测结果	附记
表观密度（kg/m³）			有机物含量		
松散堆积密度（kg/m³）			坚固性质量损失率（％）		
紧密堆积密度（kg/m³）			岩石强度（MPa）		
吸水率（％）			压碎值指标（％）		
含水率（％）			S_3O含量（％）		
含泥量（％）			碱活性		
泥块含量（％）					
针状和片状颗粒总含量（％）					

颗 粒 级 配											
公称粒径(mm)	80.0	63.0	50.0	40.0	31.5	25.0	20.0	16.0	10.0	5.00	2.50
标准颗粒级配范围累计筛余(％)											
实际累计筛余(％)											
检测结果											

结 论		备注	

技术负责人：　　　　校核：　　　　检验：　　　　检测单位：(盖章)

普通混凝土配合比通知单

附表4

设计强度等级		搅拌方法	
施工配制强度		振捣方法	
坍落度要求		工程部位	

			原　材　料					
水泥厂家		品种				强度等级	检验编号	
砂子产地								
砂子品种		细度模数		含泥量（％）		泥块含量（％）	检验编号	
石子产地								
石子品种		公称粒径（mm）		含泥量（％）		泥块含量（％）	检验编号	
掺合料厂家		名称				掺量	合格证号	
外加剂厂家		名称				掺量	合格证号	

水胶比	每立方米混凝土材料用量（kg）					
	水泥	水	砂子	石子	掺合料	外加剂

	质　量　比					
	水泥	水	砂子	石子	掺合料	外加剂

砂率（％）	每盘混凝土材料用量（kg）					
	水泥	水	砂子	石子	掺合料	外加剂

说明	
备注	

混凝土立方体试块抗压强度检验报告

组号	设计强度等级	工程结构部位	成型日期		检验日期		龄期(d)	试件尺寸（mm）			受压面积(mm²)	养护条件	破坏荷载(kN)	抗压强度(MPa)		取值描述	换算系数	折合标准立方体强度(MPa)	达到设计强度(%)
			月	日	月	日		长	宽	高				单块	取值				
检验依据																			
备 注																			

回弹法检测混凝土抗压强度检验报告 　　　　　　　　　　　附表6

结构部位及构件名称	设计等级	施工日期	回弹值（N）				测区数	混凝土抗压强度换算值（MPa）			现龄期混凝土强度推定值 $f_{cu,e}$（MPa）
		检测龄期（d）	各测区平均回弹值（R_m）	最小测区回弹值	碳化深度			平均值 $m_{f_{cu}^c}$（MPa）	标准差 $S_{f_{cu}^c}$（MPa）	最小值 $f_{cu,min}^c$（MPa）	

回弹仪生产厂：　　　　　　型号：　　　　　　出厂编号：　　　　　　检定证号：

检验说明	

砂浆立方体试块抗压强度检验报告

组号	设计强度等级	工程结构部位	制作日期		试验日期		龄期(d)	试件尺寸(mm)	受压面积(mm²)	养护条件	破坏荷载(kN)	立方体抗压强度(MPa)	抗压强度平均值(MPa)	达到设计强度(%)
			月	日	月	日								
检验依据														
备 注														

烧结普通砖检验报告

生产单位									代表数量（万块）				

强度等级	工程部位	检测项目	标准要求	实测结果									判定
				受压面（连接面）		受压面积（mm²）	最大破坏荷载（kN）	抗压强度（MPa）	抗压强度平均值 $\overline{f}$（MPa）	变异系数 δ	标准差 s	强度标准值 f_k（MPa）	
				长度（mm）	宽度（mm）								
		强度等级	1. 抗压强度平均值 $\overline{f} \geqslant$ MPa 2. 变异系数 $\delta \leqslant$ 0.21 时,强度标准值 $f_k \geqslant$ MPa 3. 变异系数 $\delta >$ 0.21 时,单块最小强度值 $f_{min} \geqslant$ MPa									单块最小强度值 f_{min}（MPa）	

抗风化性能 （1、2、3、4、5 地区外）						抗风化性能 （1、2、3、4、5 地区）		

要求值	吸水率		饱和系数		抗冻性	
	平均值	单块最小值	平均值	单块最小值	质量损失	冻后外观质量
规定值						
测定值						
石灰爆裂						
检验依据						
结　论						

钢筋混凝土用热轧钢筋力学和工艺性能检验报告

| 生产厂家 | | | | | | | | | | | | | | | | | 牌号 | | | 生产批号 | | | |

组号	拉伸试件编号	工程部位	公称直径 d (mm)	代表数量 (t)	拉 伸 试 验									弯曲试验				单组判定
					屈服点 σ_s (MPa)			抗拉强度 σ_b (MPa)			伸长率 δ (%)		拉伸试验判定	弯曲试件编号	弯曲性能		弯曲试验判定	
					标准要求	实测结果		标准要求	实测结果		标准要求	实测结果			标准要求	实测结果		
						拉力 (kN)	强度 (MPa)		拉力 (kN)	强度 (MPa)								
	1													3				
	2													4	弯心直径			
	1													3	弯曲 180° 后受弯部位表面无裂纹			
	2													4				
	1													3				
	2													4				

检验依据	

备 注	

沥 青 检 验 报 告

样品名称		生产单位		
规格型号		代表数量（t）		
试验项目	规定标准	实测值	平均值	单项判定
针入度（1/10mm）				
延度（cm）				
软化点（℃）				
检验依据				
结　　论				
备　　注				

弹性体改性沥青防水卷材检验报告

样品名称		生产单位	
规格型号		代表数量（m²）	

序　号	检测项目		标准规定	检验结果	单项判定
1	可溶物含量（g/m²）				
2	不透水性				
3	耐热度（℃）				
4	拉力	纵向 （N/50mm）			
		横向 （N/50mm）			
5	最大拉力时延伸率	纵向 （%）			
		横向 （%）			
6	低温柔度（℃）				

检验依据	
结　　论	
备　　注	

参 考 文 献

1. 现行建筑材料规范大全. 北京：中国建筑工业出版社，1995.

2. 现行建筑材料规范大全（增补本）. 北京：中国建筑工业出版社，2000.

3. 赵述智，王忠德主编. 实用建筑材料试验手册. 北京：中国建筑工业出版社，1997.

4. 符芳主编. 建筑材料（第2版）. 南京：东南大学出版社，2001.

5. 刘祥顺主编. 建筑材料. 北京：中国建筑工业出版社，1998.

6. 霍洪缓等编. 建筑材料. 北京：中央广播电视大学出版社，2001.

7. 高琼英主编. 建筑材料（第2版）. 武汉：武汉工业大学出版社，2002.

8. 建筑材料标准汇编——水泥（续集）. 北京：中国标准出版社，2000.

9. 杨斌主编. 建筑材料标准汇编——建筑墙体材料. 北京：中国标准出版社，2001.

10. 汪绯，杨东贤主编. 建筑材料应用技术. 哈尔滨：黑龙江科学技术出版社，2001.

11. 建筑用钢筋标准汇编. 北京：中国标准出版社，2002.

12. 张海梅主编. 建筑材料. 北京：科学出版社，2001.